抗震设防技术指南丛书

西北农居抗震设防技术指南

王兰民 袁中夏 等编著

地震出版社

图书在版编目（CIP）数据

西北农居抗震设防技术指南/王兰民，袁中夏等编著. —北京：地震出版社，2011.9
ISBN 978 - 7 - 5028 - 3890 - 4

Ⅰ.①西…　Ⅱ.①王…②袁…　Ⅲ.①农村住宅—防震设计—西北地区　Ⅳ.①TU241.4

中国版本图书馆 CIP 数据核字（2011）第 074855 号

地震版　XM2161

西北农居抗震设防技术指南

王兰民　袁中夏　等编著
责任编辑：张友联
责任校对：庞亚萍

出版发行：**地震出版社**

北京民族学院南路 9 号　　　　　　邮编：100081
发行部：68423031　68467993　　　传真：88421706
门市部：68467991　　　　　　　　传真：68467991
总编室：68462709　68423029　　　传真：68455221
专业图书事业部：68467982　68721991
网址：http://www.dzpress.com.cn

经销：全国各地新华书店
印刷：北京鑫丰华彩印有限公司

版（印）次：2011 年 9 月第一版　2011 年 9 月第一次印刷
开本：787×1092　1/16
字数：506 千字
印张：20.25
书号：ISBN 978 - 7 - 5028 - 3890 - 4/TU（4531）
定价：68.00 元

西北农居抗震设防技术指南
编著委员会

主　编：王兰民

副主编：袁中夏

编著委员会委员：王兰民　袁中夏　夏　坤
　　　　　　　　贾冠华　钟秀梅　孙军杰
　　　　　　　　王　强　徐舜华

序

地震是一种极具破坏力的自然现象，地震引起的土木工程灾害以及次生灾害是地震中造成人员伤亡和经济损失的根本原因。在目前地震预报仍然处于科学探索阶段的情况下，世上无数事实已经证明加强建（构）筑物和次生灾害源的抗震设防，无疑是减轻地震灾害损失的有效和可靠途径。

我国地震灾害十分严重，20 世纪以来在我国大陆上发生的破坏性地震约占全球陆地上的破坏性地震的 1/3，死亡人数近 70 万，约占全球近 1/2。2004年国务院确立了我国防震减灾的奋斗目标，即到 2020 年，我国基本具备综合防御 6 级左右、相当于各地区地震基本烈度的地震的能力，大中城市和经济发达地区的防震减灾能力力争达到中等发达国家的水平。目前，我国城市各类建（构）筑物和基础设施工程已有强制性的相关抗震设计技术规范作为抗震设防的科学依据，因此，一般来说对于通常的一般建筑工程，只要能按照现行的抗震设计规范进行抗震验算，即使对于重大工程、生命线工程和容易引起次生灾害的工程来说也只需在建设时按照工程场地地震安全性评价所确定的设防要求进行相应的抗震设防和设计，在有效的监督管理条件下进行施工，一般可以保证地震时的安全。同时，对城市中的大量既有的甚至是老旧的建（构）筑物和基础设施工程来讲，只要认真按照已有的法规对既有的建筑物进行抗震鉴定和抗震加固，同时加强对建设工程的监督管理，到 2020 年实现防震减灾奋斗目标，应该是可以预期的。可是对广大的农村地区，特别是大量的农村民居，情况却十分令人担忧。

我国地震灾害主要发生在农村地区，而地震造成农村地区重大人员伤亡的直接原因是房屋倒塌。目前，我国有 8 亿人口居住在农村地区，其中约 6.5 亿人口居住在地震烈度高于Ⅵ度的地震危险区。农村地区社会和经济发展水平较低，防震减灾意识淡薄，国家又未将农村地区建房纳入规范管理，绝大多数房屋未经正规设计、施工，自行建造，基本上处于不设防状态，村镇房屋抗震能力普遍低下，直接危及人民生命财产安全。近年来，6 级左右地震甚至一些 4 级左右地震都会在农村地区造成人员伤亡和经济损失，如果地震发生在人口稠密地区或夜间，伤亡人数更可能会大幅上升，甚至会导致大量农村居民无家可归，以致直接影响社会稳定。显而易见，广大的农村地区是我国目前防震减灾工作的一个极其薄弱的环节，如果没有农村民居的地震安全，防震减灾奋斗目标就难以实现。为此，国务院文件（国发〔2004〕25 号）明确要求，地方各级人民政府必须高度重视并尽快改变农村民居基本不设防的状况，提高农民的居住安全水平。并将"逐步实施农村民居地震安全工程"作为我国防震减灾工作的重点任务之一。

本书作者王兰民研究员在从事黄土地震工程与黄土动力学研究的同时，长期关心农村防震减灾工作。自 2002 年起，他就在各种场合多次呼吁要重视和加强对农居地震安全的研究，他于 2007 年在甘肃省文县组织实施的农居地震安全示范工程在 2008 年我国汶川 8.0 级特大地震中经受住了考验，在地震烈度为Ⅷ度的影响下，在周边村镇的农居大量受损和倒塌，人员伤亡十分严重的环境里，他组织的示范工程中竟然出现了建筑物零损坏，经济零损失，人员零伤亡的可喜现象。

除此以外，在他负责的"全国农居地震安全工程典型经验分析"政策研究课题中，组织调查研究了全国农居的典型结构类型及其分布，分析了各种类型农居的抗震能力，为全国各地提供了推进农居地震安全工程的 5 种模式。他领导的科研团队先后承担了甘肃省科技攻关项目"甘肃省农居抗震技术研究"（2003～2006）和科技部社会公益专项"西北农村民房建设抗震设防技术研究"（2004～2007）。在整理、归纳和总结研究成果和现场震害调查结果的基础上，王兰民和袁中夏等人编著了《西北农居建设抗震设防技术指南》一书，为农居建筑工匠、相关技术人员和管理人员提供了简明易懂和科学实用的农居抗震设防技术指南和培训教材。

《西北农居抗震设防技术指南》一书有如下 4 个特点：

（1）内容实用。这本书的内容大体分为四个部分：第一部分是地震和地震灾害常识，虽然篇幅不多，但对公众必须了解的基本常识都做了介绍；其中尤其对我国防震减灾体系的介绍，可谓别具匠心、独创一格，使广大公众对防震减灾工作的内容和相关工作部门的职责一目了然；第二部分是农居震害的机理和确保农居地震安全的基本建造原则。这部分提纲挈领让读者理解造成农居震害的原因，并简明扼要地解释了能确保地震安全的农居布局、结构形状和构造特征。并以实例说明了怎样灵活应用这些原则，使之能举一反三，指导农居的抗震设防实践。第三部分是具体的抗震设防技术和操作。这部分内容不仅全面系统，而且还详尽地介绍各项技术细节，此外还大量地采用了构造图件和实例，称之为"指南"，恰如其分。第四部分是农居使用和维护的问题以及常用的工程计算。这两部分常为一般的书籍所忽略。实际上，农居的抗震性能不仅仅是建成就完事了，合理的使用和维护同样重要。而工程量计算使得农民便于估算投资，也是非常实用的内容。

（2）全书章节内容系统而又相对独立，详简相宜。读者既可以通读全书，获得系统全面的知识。也可以根据自己的需要单独阅读感兴趣的相关章节以节省时间和精力。即使对从事建筑抗震的科技和教学人员乃至管理人员，相信也能从这册指南中受益匪浅。无论是从事农村震害防御管理，还是农村地震安全技术培训，抑或进行科普教育都需要这样一本书作为教材。

（3）具有鲜明的地区特色。无论从设防要求、地基类型、结构种类、作业技术无不渗透出浓郁的地方特色。例如，在设防要求上，既考虑房屋结构的设防要求，又考虑西北常见场地震害（地表破裂带、滑坡、泥石流、不均匀震陷、液化等）的防御要求；在地基类型上包括了黄土地基、冻土和寒湿地基、戈壁砾石土地基、冲洪积和坡积、残积地基等；在结构地震安全技术方面突出了土木结构、砖木结构和生土窑洞。

（4）文字生动，深入浅出，简明易懂。抗震设防理论与技术往往会使工作在广大农村地区的工程技术人员感到枯燥和困扰，要编著一部面向农村的书，就必须要考虑让读者读起来流畅，学起来明白，做起来心中有底。这就需要作者在编排上以及语言的运用上花点功夫。翻阅本书，大家都会发现本指南的编著者在语言运用、实例选择和图件设计上都力求生动和简明，让大家在掌握相关知识的同时不会觉得繁琐和头疼。

为此，我愿意将此书推荐给从事农村房屋建设的基层技术人员、农村工匠、震害防御管理人员和相关科技人员！

谢礼立

2011 年 9 月 22 日

前　言

我国西北地区是地震多发区。陕、甘、宁、青、新都曾发生过 8 级以上地震，而 5 级以上地震在西北地区每年都会发生，地震灾害颇为严重。在该地区地震造成人员伤亡的主要原因是农村民居的倒塌和破坏，而且地震造成经济损失的 70%～90% 来自农村民居的破坏。究其原因，一方面是经济实力、气候环境和民俗文化的综合影响使得西北农村地区存在着大量的抗震能力薄弱的土木结构和生土窑洞等农居类型；另一方面，由于缺乏相关知识和地震安全技术指导，使得在农居建设中对地震安全考虑不足，未采取必要的抗震设防技术措施。

为此，调查农居建设实际，梳理农居建设存在的问题，分析农居地震破坏的机理，在经济实用的原则下，将科学可行的农居抗震设防技术并以适当的文字和丰富的图件提供给相关人员以提升农居地震安全科学知识，推进相关技术的应用，无论对于农村防震减灾还是对于新农村建设都有着现实意义。

我们在科技部社会公益研究专项资金（2004DIB3J130）和甘肃省汶川地震灾后恢复重建项目的资助下，基于课题研究成果，并结合农村建设的实际需求，试图给基层农居建设技术人员、农村工匠和防震减灾管理人员提供一部既可以作为学习培训教材，又可以兼作农居建造施工的抗震设防技术参考书。作者编著出版的《西北农居抗震设防技术指南》以期达到这一目的。书中的农居抗震设防技术涵盖了农居的场地选址、地基抗震处理、不同场地和烈度下的基础要求、典型结构的地震安全技术、影响抗震性能的农居使用和维护问题以及农居建设的相关工程量计算。书中也同时介绍了地震的基本知识和我国的防震减灾体系以及美国、日本的震害防御体系。读者可根据需要有针对性地从任何一章开始阅读或者选择任何一部分用于技术参考。值得一提的是，本书虽然以西北地区农居为主，但其抗震设防技术对我国其他地区同类农居也有普遍的借鉴意义。

本书力求将系统性、技术实用性和易读性结合起来。首先，农居的地震安全涉及多方面的问题，片面介绍某个方面很容易误导读者，因此，本书从场地、地基到结构，从建设、使用到维护，都全面涉及。再者，农居的地震安全固然涉及到很多基础知识，但是对建造而言，需要提供具体的技术措施方案。因此，本书在适当介绍相关基础知识后，力求提供具体实用的技术资料，如细部构造图和各类地震安全技术要求，这样，读者在理解知识之后，就可以应用相应的技术。最后，我们觉得本书可适合不同文化水平和专业水平的人士学习，它具有很好的易读性，简明、易懂和生动的文字，让初学者或者临时需要参考本书的读者感到很方便。

鉴于农居地震安全涉及地震学、地质学、工程地质学、土力学与地基基础、土动力学、地震工程学等多个学科领域，加上西北地区在农居建设方式和农居类型上的差异，我们还不能说这本书可以解决所有农居抗震设防的技术问题。但作者相信，以此书作为培训教材和实用技术参考，由相关科技人员对农居建设技术人员（包括农村建筑工匠）和管理人员开展广泛地培训，将会对建造地震安全农居，提高农村地区的防震减灾能力发挥重要的作用。

本书编著出版得到了科技部社会公益研究专项（2004DIB3J130）和甘肃省汶川地震灾后恢复重建项目的资助，中国地震局震害防御司、科技司和政策法规司、甘肃省发展和改革委员会、甘肃省住房和城乡建设厅、甘肃省地震局给予了热心指导和大力支持。甘肃省汶川地震现场应急工作队和甘肃省地震局石玉成、刘小凤、张守洁、林学文、侯景瑞、王谦、秋仁东和董林提供了有价值的资料。在此一并表示衷心的感谢！

作者

2011 年 9 月 21 日

术语和符号说明

1. 术语

地震作用——由地震引起的结构动态作用，包括水平地震作用和竖向地震作用。

地震反应——地震震动使工程结构产生内力与变形的动态反应。

地震烈度——指某一地区的地面和各种人工建筑物遭受一次地震影响的强弱程度。

地震烈度表——按照地震时人的感觉、地震所造成的自然环境变化和工程结构的破坏程度所列成的表格。可作为判断地震强烈程度的一种宏观依据。

抗震设防——各类工程结构按照规定的可靠性要求，针对可能遭遇的地震危害性所采取的工程和非工程措施。

抗震设防标准——衡量抗震设防要求的尺度，由抗震设防烈度、地震动参数和建筑使用功能的重要性确定。

抗震设防烈度——按国家规定的权限批准作为一个地区抗震设防依据的地震烈度。

基本烈度——在50年期限内，一般场地条件下，可能遭遇的超越概率为10%的地震烈度值，相当于474年一遇的烈度值。

多遇地震烈度——在50年期限内，一般场地条件下，可能遭遇的超越概率为63%的地震烈度值，相当于50年一遇的地震烈度值。

罕遇地震烈度——在50年期限内，一般场地条件下，可能遭遇的超越概率为2%～3%的地震烈度值，相当于1600～2500年一遇的地震烈度值。

抗震设计——对地震区的工程结构进行的一种专业设计。一般包括抗震概念设计、结构抗震计算和抗震构造措施三个方面。

抗震概念设计——根据地震灾害和工程经验等所形成的基本设计原则和设计思想，进行建筑和结构总体布置并确定细部构造的过程。

抗震措施——减轻地震灾害的各种处理办法，包括工程方面的和非工程方面的。

抗震构造措施——根据抗震概念设计原则，一般不需计算而对结构和非结构各部分采取的各种细部要求。

结构抗震性能——在地震作用下，结构构件的承载能力、变形能力、耗能能力、刚度及破坏形态的变化和发展。

结构自振频率——当外力不复存在时，结构体系每秒振动的次数。又称固有频率。

自振周期——结构按某一振型完成一次自由振动所需的时间。

共振——结构系统受激励的频率与该系统的固有频率相接近时，使系统振幅明显增大的现象。

场地——是指建造工业与民用建筑物的建筑场地，如一个厂矿区、居民小区和自然村或不小于 1.0 km² 的平面面积。同一类场地应具有相近的反应谱特征。

场地卓越周期——地震波在土层中传播时，经过不同性质界面的多次反射，将出现不同周期的地震波，若某一周期的地震波与地表土层固有周期相近时，由于共振的作用，这种地震波的振幅将得到放大，此周期称为场地卓越周期。

土层剪切波速——是指横波在土体内的传播速度，单位是 m/s。剪切波速是抗震区确定场地土类别的主要依据。

地震地基失效——由于地震引起的滑坡、不均匀变形、开裂和砂土、粉土液化等使地基丧失承载能力的破坏现象。

非结构构件——通常包括建筑非结构构件和固定于建筑结构的建筑附属机电设备的支架。建筑非结构构件指建筑中除承重骨架体系以外的固定构件和部件，主要包括非承重墙体，附着于楼面和屋面结构的构件、装饰构件和部件、固定于楼面的大型储物架等；建筑附属机电设备指与建筑使用功能有关的附属机械、电气构件、部件和系统，主要包括电梯，照明和应急电源、通信设备，管道系统，空调系统，烟火监测和消防系统，公用天线等。

刚度——结构或构件抵抗弹性变形的能力，用产生单位应变所需的力或力矩来量度。

延性——是一种物理特性。其所指的是材料在受力而产生破坏之前的塑性变形能力，与材料的延展性有关。

结构体系——是指结构抵抗外部作用的构件总体组成的方式。在砌体结构中比如有横墙承重体系，高层建筑中有框架结构体系等。

装配式结构——指建筑物的主要构件，如柱子、屋架、屋面板等，都是在现场（或工厂）预制后，再在施工现场将构件进行组装的结构。有别于"装配式结构"施工方法的是现浇混凝土施工方法。

抗震横墙——主要用以抵抗地震水平作用的墙体。

防震缝——为减轻不规则体形对抗震性能的不利影响，将建筑物分割为若干规则单元的间隙。

混凝土凿毛——凿毛是使用专用工具把已经完成的混凝土结构面凿出凹痕，作用是使两个施工阶段的施工面粘结牢固。

鞭梢效应——在地震作用下，建（构）筑物顶部细长突出部分振幅剧烈增大的现象。

2. 符号

m——表示长度单位米，1 m = 100 cm = 1000 mm。

cm——表示长度单位厘米，1 cm = 10 mm = 0.01 m。

mm——表示长度单位毫米，1 mm = 0.1 cm = 0.001 m。

m²——表示面积单位平方米，1 m² = 10⁴ cm² = 10⁶ mm²。

cm²——表示面积单位平方厘米，1 cm² = 10^{-4} m² = 10² mm²。

mm²——表示面积单位平方毫米，1 mm² = 10^{-6} m² = 10^{-2} cm²。

m³——表示体积单位立方米，1 m³ = 10⁶ cm³ = 10⁹ mm³。

cm³——表示体积单位立方厘米，1 cm³ = 10^{-6} m³ = 10³ mm³。

mm³——表示体积单位立方毫米，$1\ mm^3 = 10^{-9}\ m^3 = 10^{-3}\ cm^3$。

km——表示长度单位千米，$1\ km = 1000\ m = 1$ 公里。

km²——表示面积单位平方千米，$1\ km^2 = 10^6\ m^2 = 1$ 平方公里。

Pa——表示压强单位帕，$1\ Pa = 1\ N/m^2$。

kPa——表示压强单位千帕，$1\ kPa = 1000\ Pa$。

MPa——表示压强单位兆帕，$1\ MPa = 10^6\ Pa$。

GPa——表示压强单位，$1\ GPa = 10^9\ Pa$。

g——重力加速度，$1\ g = 9.8\ m/s^2$。

℃——摄氏度。

3∶7——本书中此种表示方法一般指组合材料中各原材料的用量体积比例，比如3∶7灰土指石灰和土的体积比为3∶7。

240 mm×180 mm——本书中此种表示方法一般指构件截面面积，比如 240 mm×180 mm指截面积的长为 240 mm，宽为 180 mm。

240 mm×115 mm×53 mm——本书中此种表示方法一般指构件体积，长为 240 mm，宽为 115 mm，高为 53 mm。

Ⅴ、Ⅵ、Ⅶ、Ⅷ、Ⅸ、Ⅹ——罗马序号，即为阿拉伯数字5、6、7、8、9、10，本书用于表示烈度，Ⅵ度表示烈度为6度。

2ϕ6——构件配筋符号，表示2根直径为6 mm的钢筋，其中ϕ表示钢筋直径，单位为 mm。

ϕ6@250——构件配筋符号，表示直径为6 mm的钢筋按间距为250 mm沿构件长度布置，其中@表示钢筋间距，单位为 mm。

4ϕ10，ϕ6@250——构件配筋符号，一般用于构件截面配筋图中。表示截面配置4根ϕ10的纵筋，沿截面长度配置间距为250 mm的ϕ6箍筋。

MU——用（MU＋数字）来表示砌块的强度等级，如MU15。

M——用（M＋数字）来表示砂浆的强度等级，如M5。

C——用（C＋数字）来表示混凝土的强度等级，如C20。

目　录

第一章　地震基本知识

1.1　地震的成因和类型

1.1.1　地震的成因类型

地球的生命不仅是其上形形色色的物种，而且地球本身也是"活动"的。地球自身的物质构成不断运动、发展和变化。自从其诞生之日起，地球就不断地在变化，其中构造运动是地球演化的主要方式，沧海桑田就是地球构造运动的结果。我国的青藏高原地区在2亿年前还是汪洋大海，但是后来逐渐隆升，现在已经成为世界屋脊！

地球的构造运动除了造成地表改观、物质运移外，还往往伴随着地震活动。地球上大多数地震都是地球构造运动的结果。但是，其它原因导致地球的地壳和上地幔一定位置局部应力失衡时，也可能引发地震。所以，虽然构造运动是地震的主要原因，但是导致地震的原因却有很多种。

地震根据成因可分为构造地震、火山地震、陷落地震等五类（表1-1）（蒋溥，戴丽思，1993；建筑抗震设计常用资料速查手册，2006）。

表1-1　地震主要成因类型表

地震类型	成　因　和　特　点
构造地震	由地质构造所致。占地震总数90%以上，以浅源地震、大陆地震对人类危害最大。
火山地震	火山活动所致。主要分布于环太平洋、地中海、大西洋中脊和东非等地区，约占地震总数的7%，震级一般较小。
陷落地震	由洞穴的崩塌所引起，影响范围有限。
水库诱发地震	常在大型水库蓄水后诱发地震。
爆破地震	核爆、化学爆炸等。

1）构造地震

构造地震亦称断层地震（图1-1），它是由岩石圈地质构造的运动所引起。岩石圈在地质构造运动中发生形变，当变形超出了岩石的承受能力，岩层就会发生突然断裂和猛烈错动，引起地震。构造地震多发生在特定的地质构造或其邻近地区，活动断层是构造地震发生最多的地方。活动断层是指全新世（距今11500年）以来仍然在活动的断层，活动断层的端点、转折点和不同断层的交汇处是构造地震发生最多的地方。

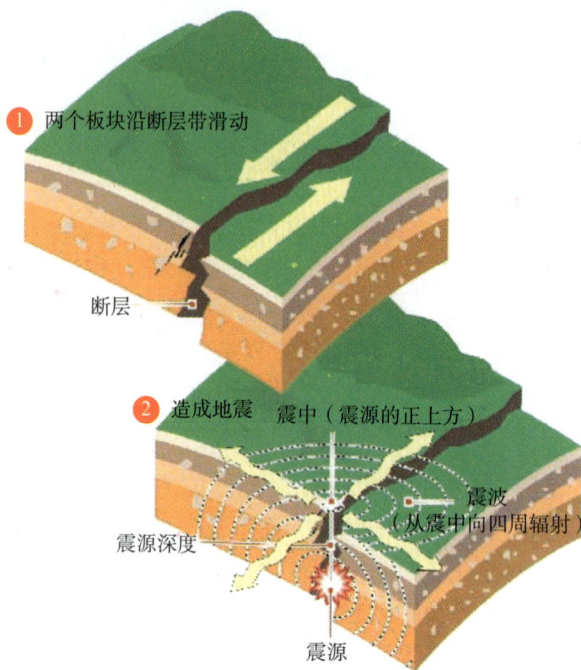

图 1-1　构造地震示意图

世界上 90% 以上的破坏性地震都是构造地震。构造地震活动频繁，余震延续时间较长，影响范围最广，破坏性最大。以下是一些典型的构造地震（图 1-2）：

（1）1976 年 7 月 28 日河北省唐山发生里氏 7.8 级强烈地震，震源深度 11 千米。顷刻间，唐山市被夷为平地，死亡 24.2 万人，重伤 16.4 万余人，震害遍布唐山外围十余县，直接经济损失近百亿元，震后重建投资达百亿元（图 1-2（a））。

（2）1995 年 1 月 17 日日本神户发生里氏 7.3 级强烈地震。地震造成约 6500 人死亡，公路、隧道、高架桥等受损严重，因瓦斯外泄并且木结构房屋密集，引起快速的连锁性大火，损失惨重（图 1-2（b））。

（3）2008 年 5 月 12 日四川省汶川发生里氏 8.0 级特大地震，震源深度 10～20 千米，破坏性巨大。地震波及四川、重庆、甘肃、陕西、河南、云南、湖北、湖南、贵州 9 省市的 52 个县市区。截至 2008 年 8 月 21 日，汶川特大地震造成 69262 人遇难、18389 人失踪、374177 人受伤、住院治疗 96373 人；倒塌房屋 450 万间，1400 多万人无家可归；受灾总人数达 4600 万人，直接经济损失达 8451 亿元人民币（图 1-2（c））。

（4）2010 年 1 月 12 日海地太子港发生里氏 7.3 级地震。地震导致 23 万人死亡，尸体遍地、一片废墟（图 1-2（d））。

（5）2011 年 2 月 22 日新西兰克莱斯特彻奇发生里氏 6.3 级地震，震源深度仅有 4 千米，对于抗震设防水平较高的新西兰也造成了比较严重的震害，地震造成建筑物倒塌，道路发生扭曲，新西兰总理称其为："最黑暗的一天"（图 1-2（e））。

（6）2011 年 3 月 11 日日本本州岛仙台港东 130 千米处发生 9.0 级地震，地震引发的大规模海啸淹没了日本东北部地区，造成大量人员伤亡。地震也导致了福岛核电站发生泄漏，引发恐慌，灾民大规模外撤，核电站的地震安全问题对抗震救灾提出了又一个难题（图 1-2（f））。

（a）1976年中国唐山7.8级地震

（b）1995年日本神户7.3级地震

（c）2008年中国汶川8.0级地震

（d）2010年海地太子港7.3级地震

（e）2011年新西兰克莱斯特彻奇6.3级地震

（f）2011年日本仙台9.0级地震

图1-2　典型的构造地震

　　构造地震成因的解释目前最为广泛接受的是"弹性回跳说"（白建方，2010）。弹性回跳说是美国地球物理学家瑞德（H. F. Reid）根据1906年旧金山大地震时发现圣安德烈斯断层产生水平移动而提出的。地震的发生是由于地下岩石在应力积累过程中积聚了巨大的能量，当应力的积累超过了岩石应力强度极限时，则沿着岩层的脆弱部分急速地发生破裂和错动，并使原来受力的岩体达到新的应力平衡状态，同时在破裂和错动的一瞬间使之前所积累起来的巨大能量急剧释放，有一部分以弹性波的形式引起地壳振动，从而产生地震（图1-3）。另外，在已有的断层面上，由于应力的作用，使断层两侧的岩石块体，再一次发生错动，引起地震。

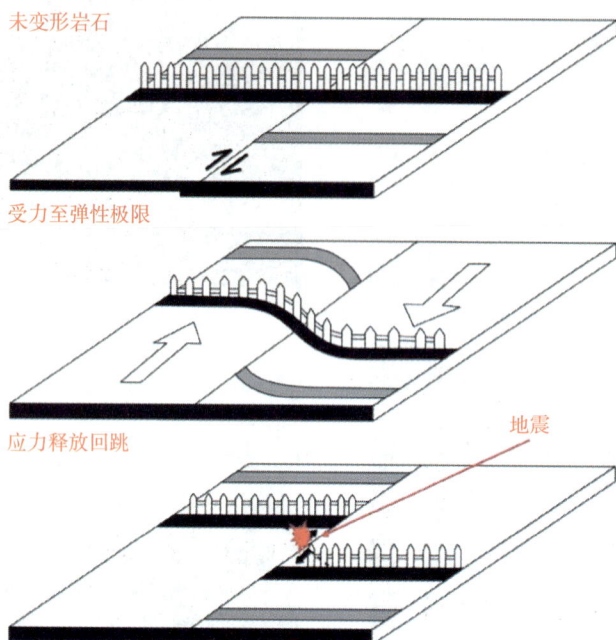

未变形岩石

受力至弹性极限

应力释放回跳

地震

图1-3　弹性回跳说示意图

2）火山地震

火山地震是由于火山爆发时岩浆在高压下猛烈上冲，激发地壳振动产生的地震（图1-4）。有时火山地震也很强烈，如1883年8月27日印度尼西亚喀拉喀拉火山爆发时引起的相当于7级左右的地震，激起海浪高达30米，竟然把150千米外的雅加达市的墙窗震裂。1976年8月16日加勒比海中的瓜德罗普岛上的苏拂里埃尔火山爆发后两三天内发生了1000多次地震。不过多数火山地震都不太强烈，火山地震所波及的地区也多限于火山附近的几十千米远的范围内，火山地震占地震总次数的7%左右，多数危害较轻。我国的火山多为休眠火山，如黑龙江五大连池火山、黑龙江镜泊湖火山、吉林长白山天池火山、新疆阿什库勒火山、海南琼北火山等。

图1-4　火山地震示意图

3）陷落地震

陷落地震是由洞穴的崩塌所引起的。如在石灰岩发育的喀斯特地区，大面积的溶洞崩塌或地下岩石陷落都可以造成小地震。盐丘和松软地层经地下水冲蚀后，也可能发生塌穴

而发生地震。此外，人工开采地下资源如矿石、煤炭、地热、天然气等也会诱发地震。地下矿体被采掘后，使周围的岩石失去支托，往往会引起崩塌而形成地震。多数情况下，此类地震震级不大，但这种地震有时也能造成灾难性的破坏，需要慎重对待。1989 年澳大利亚纽卡斯特煤矿采空诱发了一次 5.6 级地震，致使数百间房屋倒塌，13 人丧生，165 人受伤。地热可作为清洁能源来利用，但开发地热不当也会引发灾难。2007 年瑞士巴塞尔在钻井开采地热过程中引发了 3.4 级的地震，造成了当地居民的恐慌。陷落地震只占地震总次数的 3% 左右，一般震级很小，影响范围有限。

4）水库诱发地震

水库诱发地震常发生在大型水库蓄水后。水渗透到岩层中，降低岩层的摩擦力和岩石的强度，造成局部应力失衡，进而诱发地震。1962 年广东省新丰江水库蓄水后不久诱发了最大达 6.1 级的一系列地震。世界上最大的水库诱发地震是 1962 年 12 月印度柯伊那水库地区发生的一次 6.5 级地震，大坝受到破坏，造成严重损失。

5）爆破地震

爆破地震是由地下爆破和核爆炸引起的。爆破地震和天然地震的地震动频率特性是不同的，两者可以相互区分。联合国禁核组织在全球范围内布设的核查台阵就是利用地震动记录来监视核爆破试验的。有时候出于科学研究的需要，科学家也会通过人工爆破产生小地震来研究地壳深部构造。

1.1.2　按震源深度分类

表 1-2 是根据震源深度（地震发生地点距离地表的垂直深度）给出的地震分类（蒋溥，戴丽思，1993；胡聿贤，2006；宋波，黄世敏，2008）。

表 1-2　根据震源深度的地震分类

地震类型	震源深度（千米）	说　明
浅源地震	<70	破坏性最大、数量最多
中源地震	70～300	破坏力大大减小
深源地震	>300	仅在少数地区分布

就一年中全球所有地震释放的能量来分析比较其结果表明，85% 的能量来自浅源地震，12% 来自中源地震，3% 来自深源地震。绝大多数地震是浅源地震，特别是在大陆上，95% 以上的地震是浅源地震。近 50 年来我国邢台、通海、海城、唐山、松潘、汶川等地发生的强烈地震都是浅源地震。

浅源地震发生于地下 70 千米以内，特别是地下 5～20 千米的范围内，浅源地震由于引起的地表震动最为强烈，所以即便震级不太高也会造成破坏。1995 年的广西大化地震震级只有 3.8 级，但因震源深度仅 2.5 千米，造成 1000 多间房屋的破坏。这样的地震有时不仅震级大而且震源浅，所以在抗震设防水平不高的情况下，很容易造成严重的地震灾害。

中源地震的震源深度在 70～300 千米之间。中源地震比较少，我国境内也有，如1973 年 9 月 11 日发生在我国赤尾屿（台湾省东北）的一次 6.7 级地震，震源深度 141 千米，就是一个中源地震。

深源地震主要发生在太平洋中的深海沟附近，即使震级超过 7 级也不会带来严重破坏。目前记录到震源最深的地震是 1934 年 6 月 29 日发生在印度尼西亚苏拉威西岛东的地震，震源深度 720 千米，震级为 6.9 级。我国吉林省汪清县在 1999 年和 2002 年发生的7.0 级和 7.2 级地震因为震源深度分别达 540 千米和 566 千米，所以虽然这两次地震震级很高，但并没有造成人员伤害和房屋破坏。

1.1.3 按震中距分类

震中：震源在地表的垂直投影称震中。

震中距：所在场地到震中的距离叫做震中距。

按照震中距的远近将地震划分为地方震、近震和远震（表 1-3）（蒋溥，戴丽思，1993）。从震源区震级强度到场点上的地震动强度，有一个衰减过程。地震动衰减关系有地区性特征，不同的地质构造、震级大小、距离远近的影响很大，因此，有很强的地区性特征。但从一般情况来看，随着震中距离的增加，地震动强度在不断地减弱，因此，地震所引起的震害也相对较轻。

表 1-3　根据震中距的地震分类

地震类型	震中距（千米）
地方震	<100
近　震	100～1000
远　震	>1000

1975 年 2 月 4 日辽宁海城发生的 7.3 级大地震，对于辽南金县地震观测站来说算是地方震，对于北京地震观测站来说算是近震，而对于新疆地震观测站来说算是远震了。这是指同一地震对不同地震台而言，至于同一个地震台对不同地区的地震来说，道理也是一样的（宋波，黄世敏，2008）。

1.1.4 按地震序列分类

一般把一次强震发生前后一定时间内（几天、几个月或几年）发生的大大小小地震按时间排列起来称为一个地震序列。并根据各个地震序列中大小地震比例关系、能量释放特征等，将地震分为以下几类（宋波，黄世敏，2008）：

（1）孤立型地震：是指前震、余震都很稀少且与主震震级相差非常大的地震序列。在地震序列中没有前震，余震小且少，并与主震震级相差悬殊，地震能量主要是通过主震一次性释放的，这类地震比较少见。

（2）主震-余震型地震：由于岩层的破裂往往不是沿一个平面发展，而是形成由一系列裂缝组成的破碎地带，沿整个破碎地带的岩层不可能同时达到平衡，因此，在一次强烈地震（即主震）之后，岩层的变形还有不断的零星调整，从而形成一系列余震。具有这类地震序列特点的地震叫"主震-余震型地震"。主震-余震型地震中，最大的地震特别突出，所释放的能量占全序列能量的 90% 以上。这个最大的地震叫主震，其他较小的地震中，发生在主震前的叫前震，发生在主震后的叫余震。余震的震级一般比主震小 2 级左右。2008 年汶川地震主震震级 8.0，其后多次发生余震，最大余震 6.5 级。

（3）双震型地震：一个地震活动序列中，90% 以上的能量主要由发生时间接近、地点接近、大小接近的两次地震释放。例如，2003 年 10 月 25 日甘肃民乐先后发生 6.1 级和5.8 级两次地震。

（4）震群型地震：地震序列的主要能量（80% 以上）是通过多次震级相近的地震释放的，没有明显的"老大"。1966 年邢台地震和 1989 年巴塘地震都属于此类。

1.2　板块构造与地震活动

1.2.1　板块构造

地球的岩石圈不是完整连续的，而是像由一些不规则的拼图板拼接而成，这些相对独立的"拼图板"叫做"岩石圈板块"，简称"板块"。图 1-5 是全球的主要板块划分：欧亚、太平洋、美洲、非洲、印度洋与南极洲板块。板块之间的边界是大洋海岭、深海沟、断层和巨山等。板块交界处地震、火山等频繁发生（宋波，黄世敏，2008）。

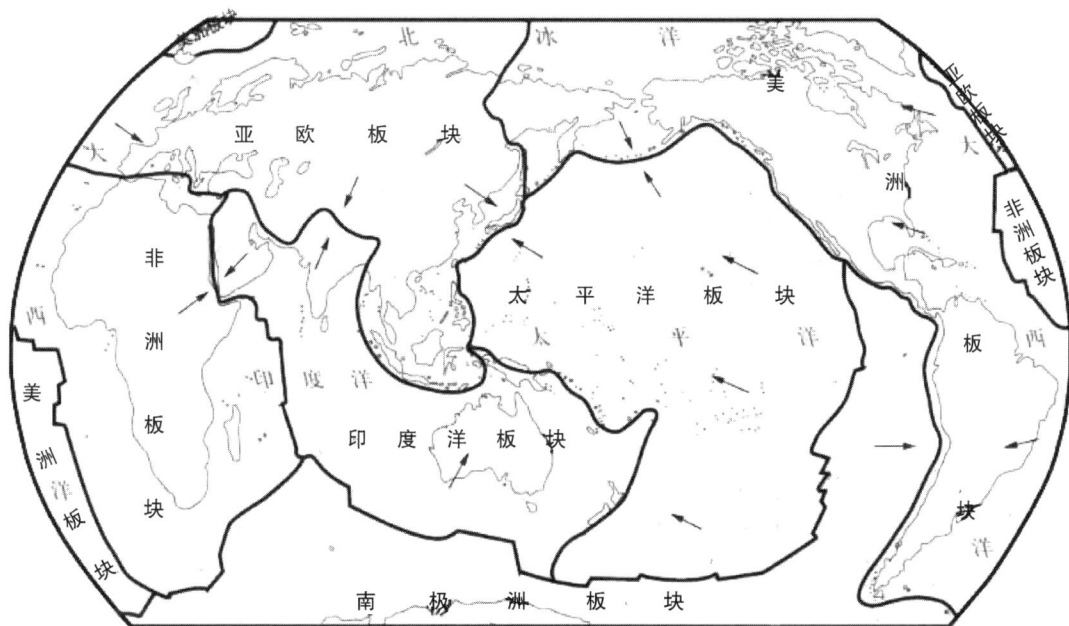

图 1-5　地球的板块构造与板块运动方向

板块之间的相对运动速度平均约为每年几厘米，板块漂移和相遇碰撞迸发出无与伦比的能量。在板块的边界有时发生巨大的变化，如 1969 年 2 月葡萄牙、西班牙、摩洛哥一带发生一起破坏性地震，造成断裂带一侧岩石上升 1 米多。2008 年 5 月的汶川地震，造成地表最大水平滑移 10 米左右，最大垂直上升 6～7 米左右。

板块边界可分为以下几类（表1-4）（袁中夏，王兰民，2010；蒋溥，戴丽思，1993）：

表1-4　板块边界类型比较

板块边界类型	地震活动强弱	典型地区
汇聚型	强	喜马拉雅山脉
错动型	中	美国圣安德烈斯断层
分裂型	弱	东非大裂谷

1）汇聚型板块边界

两个相互碰撞的大陆板块形成汇聚型板块边界（图1-6）。喜马拉雅山脉就是印度洋板块和欧亚板块碰撞形成的造山带。目前印度洋板块还继续以每年5厘米的速率向北运动，而欧亚板块向北运动的速率只有每年2厘米，这样二者之间发生碰撞，使得青藏高原抬升并伴随着地震活动。我国新疆、西藏、云南和四川发生的许多地震就与此有关。

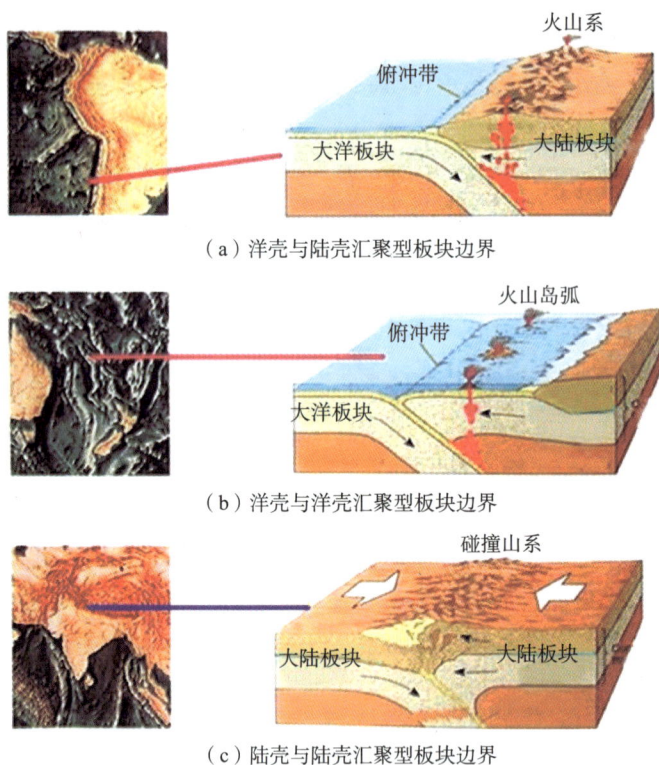

（a）洋壳与陆壳汇聚型板块边界

（b）洋壳与洋壳汇聚型板块边界

（c）陆壳与陆壳汇聚型板块边界

图1-6　汇聚型板块边界

2）错动型板块边界

两个运动的相邻板块之间虽然没有发生直接碰撞，但是因为板块不规则，相互之间存在错动摩擦，这种板块边界叫错动边界。美国的圣安德烈斯断层就是太平洋板块和美洲板块北部之间的错动边界。圣安德烈斯断层通过的美国西海岸地区是美国最活跃的地震带（图1-7）。

图 1-7　美国圣安德烈斯断层

3）分裂型板块边界

两个背向运动的板块之间形成分裂型板块边界。分裂型板块边界发生的地震在频度和能量积累远不如汇聚型和错动型边界，构造地震较少，如东非大裂谷就是在两块大板块发生分离时形成的（图 1-8）。但是分裂型板块边界附近区域的岩浆运动活跃，火山活动频繁，由火山引起的火山地震频繁。

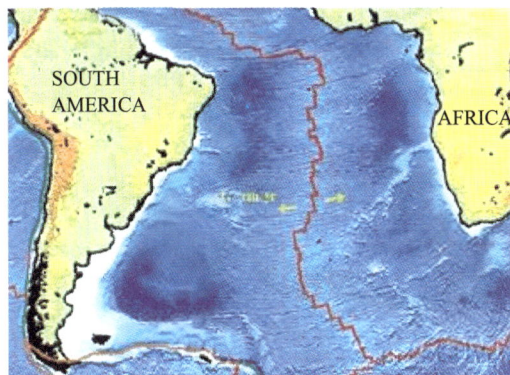

（a）大西洋地区板块的离散运动　　　　　　　（b）东非大裂谷形成的板块运动

图 1-8　分裂型板块边界示意图

1.2.2　全球主要地震带

全世界每年大约发生 500 万次地震，其中，人能够感觉到的地震也有 5 万次左右。而每年平均记录到震级 $M \geq 5$ 的地震约千次（宋波，黄世敏，2008）。地震并不是均匀地分布于地球的各个部位，根据地震发生位置的资料，若将每年发生地震的震中绘到地图上，则可得到如图 1-9 的震中分布图。地震集中分布的地带称为地震带。全球地震带的分布与板块的边界十分一致，全球地震能量的 95% 都是在板块边界释放出来。由此可见，板块运动是引起地震的主要原因，在板块内部地震活动相对较少。

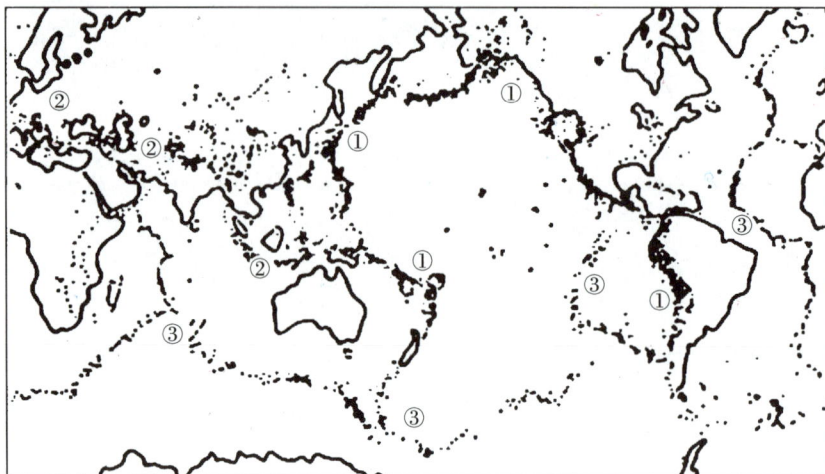

①环太平洋地震带；②欧亚地震带；③海岭地震带

（a）世界地震带分布图

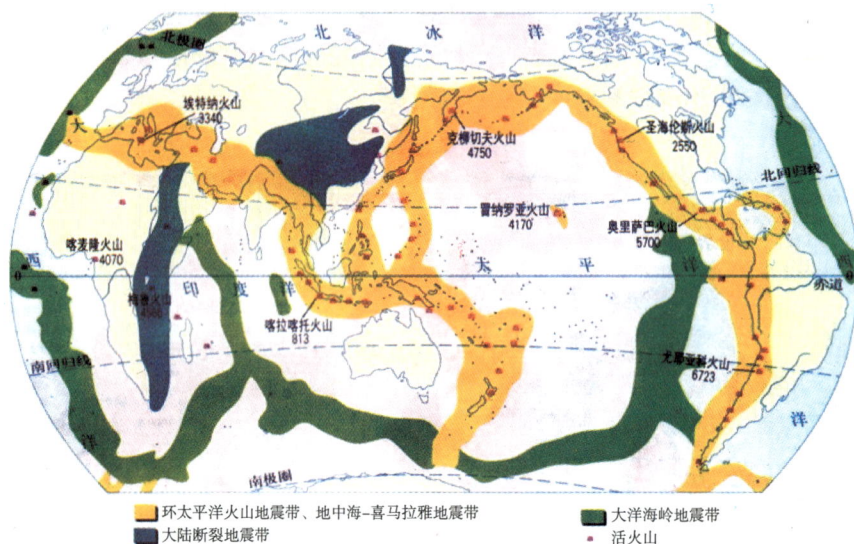

（b）世界火山和地震带分布示意图

图1-9 世界地震带分布图

由图1-9可见，全球主要有以下三个地震带（胡聿贤，2006；蒋溥，戴丽思，1993）：

1）环太平洋地震带

沿美洲西海岸、经阿留申、勘察加、千岛群岛到日本列岛，然后分成两支，西支经我国台湾省、菲律宾、印度尼西亚至新几内亚；东支经马里亚纳群岛至新几内亚；两支汇合后，经罗门到汤加，突转向南到新西兰。这一地震带的地震活动最强，是地球上最主要的地震带，全世界地震总数的75%左右发生于此，所释放的地震能量约占全部能量的80%，但其面积仅占世界地震区总面积的一半。追溯历史，环太平洋火山地震带已发生了无数次强地震，1960 年 5 月 22 日在智利发生的里氏 8.9 级地震、2008 年 5 月 12 日中国汶川 8.0 级地震、2011 年 3 月 11 日日本 9.0 级地震均发生在环太平洋地震带上。

　　2）地中海 – 喜马拉雅地震带

　　东起环太平洋地震带的新几内亚，经印度尼西亚南部和西部、缅甸，进入我国西南部和西部与印度北部，再经中亚、土耳其、希腊、意大利南部等地中海地区和非洲北部，至大西洋亚速尔群岛。从地震活动性来看，该地震带仅次于环太平洋地震带。其大部分位于欧亚大陆，因此也称欧亚地震带。由于它大多分布于大陆上，所以常造成很大的灾害。全世界地震总数的 22% 左右发生于此地震带内，释放能量占全部地震能量的 15%。

　　3）海岭地震带

　　从西伯利亚北岸靠近勒那河口开始，穿过北极经斯匹次卑根群岛和冰岛，再经过大西洋中部海岭到印度洋的一些狭长的海岭地带或海底隆起地带，并有一分支穿入红海和著名的东非裂谷区。

　　地震带内的地震活动在时间分布上是不均匀的，表现为显著活动和相对平静交替。各地震带的重复期从几十年到几百年，甚至千年以上。各地震带的大地震发生方式有单发式和连发式之分。前者以一次 8 级以上地震和若干中小地震来释放带内积累的能量；后者在一定时期内以多次 7～7.5 级地震释放其绝大部分积累的能量。

1.2.3　我国的地震和地震带

　　我国地震活动频度高、强度大、震源浅，而且地震活动的范围很广，是一个震灾严重的国家（宋波，黄世敏，2008）。我国大陆地震约占世界大陆地震的 1/3。20 世纪以来，中国共发生 6 级以上地震近 800 次，遍布除贵州、浙江两省和香港特别行政区以外所有的省、自治区、直辖市。1900 年以来，我国死于地震的人数达 55 万之多；1949 年以来，100 多次破坏性地震袭击了 22 个省（自治区、直辖市）。本世纪以来全球大陆 7 级以上强震，我国约占 35%。这些地震给人类、其他生物种群以及赖以生存的环境带来了巨大的灾难，夺走了数十万人的生命，使我们失去了许多无可替代的宝贵财富，我们不得不为大自然的威力所震撼。表 1 – 5 给出了我国大陆地区从公元前 78 年至 2010 年 12 月破坏性地震的频次。

表 1 – 5　我国大陆地区破坏性地震

震级	发生次数	占总次数的百分率（%）
$5 \leqslant M_S < 6$	2072	75.5
$6 \leqslant M_S < 7$	540	19.7
$7 \leqslant M_S < 8$	116	4.2
$8 \leqslant M_S < 9$	18	0.6
总计	2746	100

　　我国位于世界两大地震带——环太平洋地震带与欧亚地震带之间，地处欧亚板块东南部，以大陆为主体，被印度洋板块、太平洋板块和菲律宾板块所夹持。印度洋板块和太平洋

板块向中国大陆推挤导致了地壳升降幅度上的巨大差异。喜马拉雅地区自上新世晚期以来，上升幅度在 4000 米以上，而青藏高原以北的新疆、甘肃地区则表现为大面积的沉降盆地与隆起山系相间的格局。中国东部升降幅度较西部小得多，华南以幅度不大（几百到几千米）的抬升为主，东北东西两侧上升，松辽下降，相对幅度小于 1000 米。综上所述，由于我国所处的特殊地理位置，使得我国地震断裂带十分发育。图 1 – 10 绘出了我国 23 个地震带。

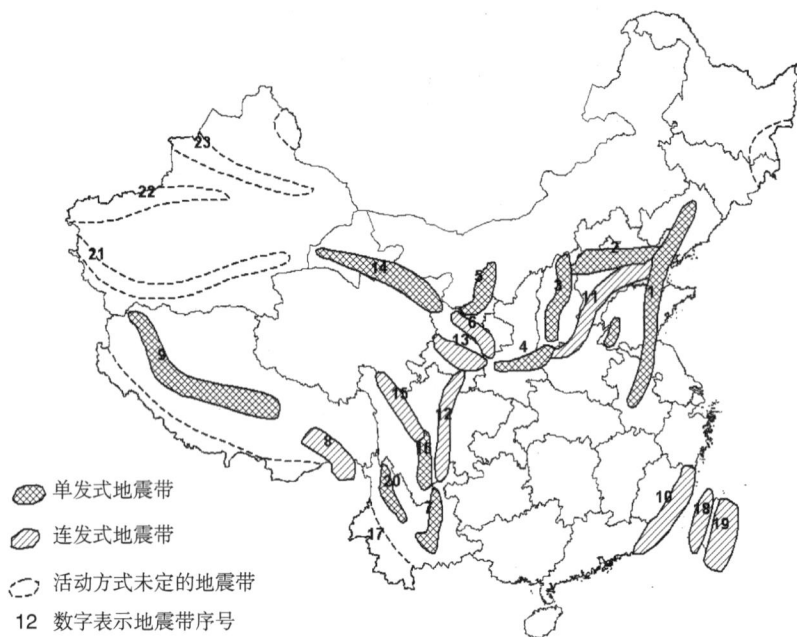

图 1 – 10　我国地震带

由图 1 – 10 可见，我国 23 个地震带中五个较大地震带除台湾地震带与西藏南部地震带属于大板块边缘地震带外，中枢地震带（北起民勤、中卫至天水、武都、文县、泸定南到滇西）、华北地震带（西起宝鸡经渭汾河入晋北到山西北部）以及郯城 – 庐江断裂带均属板块内地震带。发生在板块内部的地震叫板内地震，又因其多发生在大陆，也称为大陆地震。板内地震更容易造成严重震害，其主要原因如下（胡聿贤，2006）：

（1）复发周期长，突发性强，板内地震发生的地点零散，频度较低，难以经济地防御，也导致这些地区的地震防御意识和水平低。

（2）板内地震大多发生在人类居住集中的大陆板块内部，那里地壳较厚，岩层年龄较老，震源大都在 10 ~ 30 千米深度之内，容易引起伤亡和财产损失。

（3）板内地震的震源机制复杂，原因是板内受力状态复杂，而且各地不同，另外，大陆地壳在较长时期的受力状态下，形成了极为复杂的裂缝和褶皱，所以，地震震中分布零散，成因复杂，难以预测，以至于对地震灾害认识不足，相应的地震防御较为困难。

因此，相对于板块边界地震，大陆地震的数量较少，但是由于很多大陆地震都发生在人口比较密集的地方，而且大陆地震的发震机理和孕震过程比较复杂，所以大陆地震的破坏性较大，难以预报。我国遭受的灾难性地震如 1920 年海原 8.5 级地震、1976 年唐山 7.8

级地震、2008 年汶川 8.0 级地震和 2010 年玉树 7.1 级地震都是大陆地震。

1.3　震级、烈度、基本烈度和抗震设防烈度

1.3.1　地震震级

震级是地震时度量地震释放能量大小的指标。通常由仪器的观测来确定震级的大小（表 1 - 6）。

表 1 - 6　震级等级划分

地震等级	影响程度	里氏震级	地震影响	发生频率（约）
微震	极微	<2.0	很小，人们感觉不到，只有仪器才能记录下来	每天 8000 次
有感地震	甚微	2.0～2.9	人一般没感觉，仪器可以记录	每天 1000 次
	微小	3.0～3.9	常常有感觉，但是很少会造成损失	每年 49000 次
	弱	4.0～4.9	室内东西摇晃出声，不太可能有大量损失。当地震强度超过 4.5 级时，已足够让全球的地震仪监测得到	每年 6200 次
破坏性地震	中	5.0～5.9	可在小区域内对设计（建造）不佳的建筑物造成大量破坏，但对设计（建造）优良的建筑物则只会有少量损害	每年 800 次
	强	6.0～6.9	可破坏方圆 160 千米以内的居住区	每年 120 次
强烈地震（大震）	甚强	7.0～7.9	可对更大的区域造成严重破坏	每年 18 次
特大地震	极强	8.0～8.9	可摧毁方圆数百千米区域内的建（构）筑物	每年 1 次
	超强	≥9.0		每 20 年 1 次

表 1 - 7 列出了一些常用的震级概念（袁中夏，王兰民，2010）。

表 1 - 7　常用震级种类

种　类	确定方法	测定范围	资料来源
里氏震级 M_L	由 Wood-Anderson 扭转地震仪，用两水平分量记录均值而定	最大周期为 0.1～3 s，相应波长约 10 千米，适应于 2～6 级地震标度	Richter，1935
面波震级 M_S	根据以角度表示的震中距 15°～130°距离范围内的地震用周期 20 s 的面波振幅确定 $$M_S = 1.13M_L - 1.08$$	周期为 20 s，最大波长约 60～70 千米，适用于大于 4 而小于 8 级之间地震标度	Gutenberg-Richter 1936，1945
体波震级 M_B	由 P 波和 S 波的振幅与周期比值而确定 $$M_S = 1.59M_B - 4$$	周期为 0.5～12 s，相应最大波长约 70 千米	Gutenberg，1945

种　类	确定方法	测定范围	资料来源
短周期体波震级 M_b	由全球短周期（1 s）台网记录的垂直分量中 P 波到达后最初几秒中一个最大振幅来确定	周期为 1 s 左右，最大波长约 10 千米，主要用于核爆监测	国际地震中心 1963，1964
矩震级 M_W	以地震矩 M_0 为基础而定义的震级，为克服震级饱和而提出 $$M_W = \frac{2}{3}\lg M_0 - 6$$	周期 10 s ～∞，最大波长∞	金森，1977

（1）里氏震级（M_L）。中国目前使用的震级标准是国际上通用的里氏分级表。其原始定义是 1935 年美国地震学家里克特首先提出的，震级的概念是采用标准地震仪（周期 0.8 s，阻尼系数为 0.8，放大倍数为 2800 的地震仪）在距离震中 100 千米处记录到的以微米（$1\mu m = 10^{-6}m$）为单位的最大水平地面位移 A 的常用对数值来表示，即 $M = \lg A$（式中，M 为地震震级，通常称为里氏震级；A 为由记录到的地震曲线图上得到的最大振幅）。例如，在距震中 100 千米处地震仪记录的振幅是 1 毫米，即 1000 微米，其对数为 3，根据定义这次地震就是 3 级。里克特的震级确定方法适用于距离地震台较近的地震，所得到的震级也叫地方震级（M_L）。

实际上因为地震发生的随机性，地震仪不可能恰好位于震中距 100 千米的地方，而对于 6 级以上地震要设计振幅超过 1 米的地震仪也很不方便。所以后来又提出了多种补充和改进震级确定方法，以便让不同位置、不同地震仪和远震记录都可以用来确定地震震级。

（2）面波震级（M_S）。它是另一种常用的震级，是利用瑞利波记录确定的，面波震级与地方震级的关系为 $M_S = 1.13M_L - 1.08$。事实上，对于距离地震台较远地方发生的地震（远震），利用世界上不同地方地震台的数据计算所得到的面波震级基本一致。

（3）体波震级（M_B）。它是由体波中的 P 波和 S 波的振幅与周期比值而确定，体波震级与面波震级的关系为 $M_S = 1.59M_B - 4$。

（4）短周期体波震级（M_b）。它是由全球短周期（1 s）台网记录的垂直分量中 P 波到达后最初几秒中一个最大振幅来确定，对深源地震应用较好。

（5）矩震级（M_W）。M_L 和 M_S 在有效段内和里克特震级是一致的，所以通常也将它们都称为里氏震级。里氏震级虽然应用很广，但是物理含义不明确。1979 年，美国麻省理工学院的两位科学家又提出了具有明确物理意义的矩震级的概念。确定矩震级首先要确定地震矩：

$$M_0 = A \cdot d \cdot G \qquad (1-1)$$

式中，M_0 为地震矩；A 为断层面破裂面积；d 为平均滑移距离；G 是岩石的剪切模量，它表示岩石在一定剪切力作用下变形大小。

矩震级（M_W）的计算为

$$M_W = \frac{2}{3}\lg M_0 - 6 \qquad (1-2)$$

矩震级在提出时也是尽量让其结果和里氏震级接近。除了有明确的物理意义外，矩震级不存在震级饱和问题，确定大地震较好，所以目前地震学家在研究中采用矩震级越来越多。

1.3.2　震级和能量

一次地震只有一个震级，震级直接与震源释放能量的多少有关，可以用下式表示：

$$\lg E = 4.2 + 1.5M \tag{1-3}$$

式中，M 为地震震级；E 为地震释放的能量（单位是焦耳）。

从地震震级的定义可以看出，地震的能量与地震的震级大小密切相关。一个 8.5 级地震释放出来的能量如果换算成电能，相当于我国甘肃省刘家峡水电站（122.5 万千瓦）工作两年 4 个月所能发出的电量总和。这还不是地震所具有的全部能量，因为有一部分能量在地震发生过程中转变成热能和使岩层发生断裂位移的机械能了，还有一部分能量没有释放出来。震级每差 0.1 级，能量的大小约差 1.416 倍；震级差 0.2 级，能量则差 1.416^2；震级差 0.3 级，能量则差 1.416^3……以此类推，震级相差 1 级时，能量相差 1.416^{10} 倍，即大约 31.5 倍。增加 2 级，则能量增加至大约 1000 倍。一年中地球上全部地震释放出来的能量约为 $10^{18} \sim 10^{20}$ 焦耳，其中绝大部分来自 7 级和 7 级以上的地震（表 1-8）。

表 1-8　不同震级地震的能量

震级	能量（焦耳）	TNT 当量（吨）
5.0	5.01×10^{11}	1.19×10^2
5.5	2.81×10^{12}	6.71×10^2
6.0	1.58×10^{13}	3.77×10^3
6.5	8.91×10^{13}	2.12×10^4
7.0	5.01×10^{14}	1.19×10^5
7.5	2.82×10^{15}	6.71×10^5
8.0	1.58×10^{16}	3.77×10^6

注：1 吨 TNT 为 4.2×10^9 焦耳。

1.3.3　地震烈度、基本烈度和烈度表

地震烈度简称烈度，是最早建立的用于描述地震影响强弱程度的指标，它是地震发生时一定地点的地面震动强弱程度的尺度。烈度代表一定范围内的地震强弱程度的平均水平，其度数大者，地震动作用强，度数小者，地震动作用弱。烈度根据人的感觉、器物的反应、建筑物的破坏程度和地形地貌的改观等宏观现象来判定。地震烈度的评定，在低烈度时以人的感觉和器物的反应为准，而在高烈度时一般以建筑物的破坏程度和地面破坏效应等定性指标加以确定[①]。

烈度表是地震烈度的等级划分和强烈程度的评定标准，一般制成相应的烈度表。也可以说，通常以表列的形式给出不同烈度值相应的各项标志，这种表就称之为烈度表。根据

---

① 夏坤，2010，地震作用下"人的感觉"和"器物的反应"研究，硕士论文。

一个地点附近的各种宏观地震现象，由烈度表中的标志就可以综合评定该地点的地震烈度。所以说，烈度表是评定烈度的标准。目前全世界除日本外，各国普遍采用 12 度的烈度表。表 1 – 9 是我国 2008 年批准实施的烈度表。图 1 – 11 给出了 2008 年 5 月 12 日汶川 8.0 级地震的烈度图（李勇，黄润秋，2009）。一次地震发生后，合理评价各地区受影响的程度，需要有一个极为综合而简便的评价标准，这就必然要使用到地震烈度。

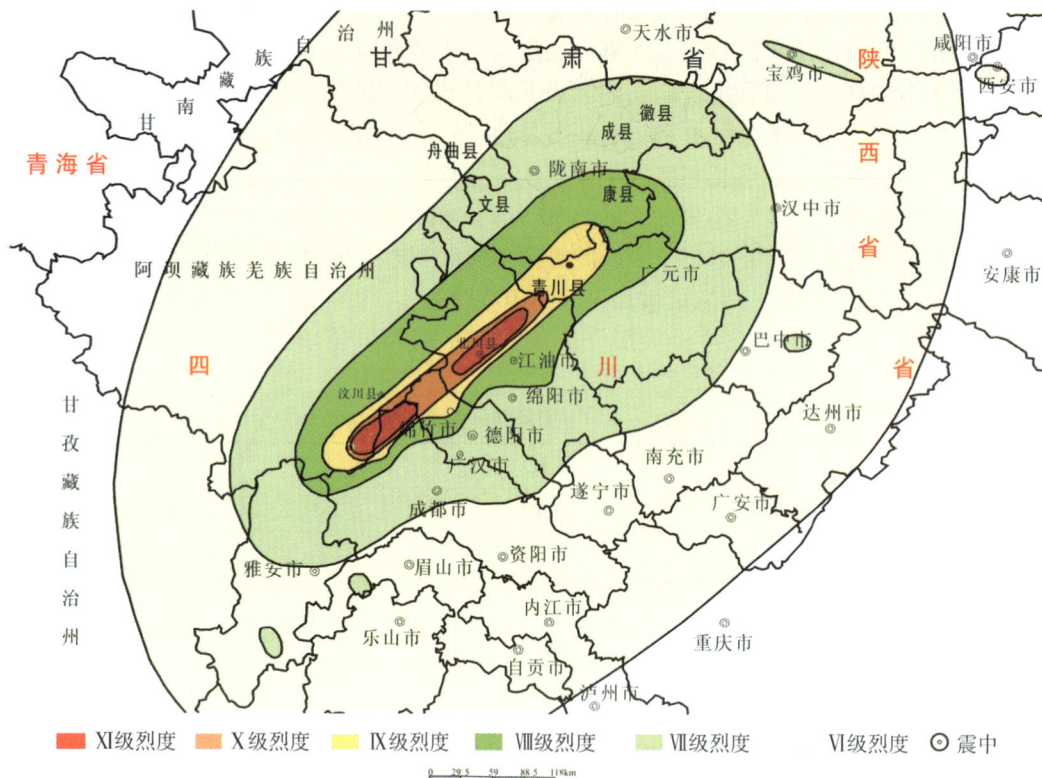

图 1 – 11　汶川 8.0 级地震烈度图

目前，在许多国家尤其是在我国，由于烈度概念的久远历史和使用简单等优点，烈度不仅作为地震宏观破坏或地震动强弱的量度，而且也作为抗震设防的目标。例如，我国就是以基本烈度大于和等于Ⅵ度的地区作为考虑抗震设防地区。因此，烈度在工程界有较为广泛的使用。除此之外，在地震灾害评估、各种工程结构的抗震设防以及抗震性能研究等工作中都涉及到烈度问题。

地震基本烈度是指该地区今后一定时间内（一般是指设计基准期 50 年内），一般场地条件下，可能遭遇超越概率为 10% 的地震烈度，它是一个地区进行抗震设防的依据。在建筑物的设计使用寿命期限内，会遭遇到不同频度和强度的地震，从安全性和经济性的综合协调考虑，建筑物对这些地震应具有不同的抗震能力。具体来说，建筑结构在遭受到对于发生可能性较大而强度较小的地震，结构不损坏；要求在遭受到对于发生可能性较小而强度较大的地震，结构可以损坏，但是不应该倒塌。一个地区只有一个地震基本烈度（龚思礼，2002）。中国地震局颁布的《中国地震烈度区划图》（第四代）给出了全国各地基本烈度的分布（图 1 – 12）。

表 1-9 中国地震烈度表（2008）

地震烈度	人的感觉	房屋震害			其他震害现象	水平向地震动参数	
		类型	震害程度	平均震害指数		峰值加速度（m/s²）	峰值速度（m/s）
Ⅰ	无感	—	—	—	—	—	—
Ⅱ	室内个别静止中的人有感觉	—	—	—	—	—	—
Ⅲ	室内少数静止中的人有感觉	—	门、窗轻微作响	—	悬挂物微动	—	—
Ⅳ	室内多数人、室外少数人有感觉，少数人梦中惊醒	—	门、窗作响	—	悬挂物明显摆动，器皿作响	—	—
Ⅴ	室内绝大多数、室外多数人有感觉，多数人梦中惊醒	—	门窗、屋顶、屋架颤动作响，灰土掉落，个别房屋墙体抹灰出现细微裂缝，个别屋顶烟囱掉砖	—	悬挂物大幅度晃动，不稳定器物摇动或翻倒	0.31（0.22～0.44）	0.03（0.02～0.04）
Ⅵ	多数人站立不稳，少数人惊逃户外	A	少数中等破坏，多数轻微破坏和（或）基本完好	0.00～0.11	家具和物品移动；河岸和松软土出现裂缝，饱和砂层出现喷砂冒水；个别独立砖烟囱轻度裂缝	0.63（0.45～0.89）	0.06（0.05～0.09）
		B	个别中等破坏，少数轻微破坏，多数基本完好				
		C	个别轻微破坏，大多数基本完好	0.00～0.08			
Ⅶ	大多数人惊逃户外，骑自行车的人有感觉，行驶中的汽车驾乘人员有感觉	A	少数毁坏和（或）严重破坏，多数中等和（或）轻微破坏	0.09～0.31	物体从架子上掉落；河岸出现塌方，饱和砂层常见喷水冒砂，松软土地上地裂缝较多；大多数独立砖烟囱中等破坏	1.25（0.90～1.77）	0.13（0.10～0.18）
		B	少数中等破坏，多数轻微破坏和（或）基本完好				
		C	少数中等和（或）轻微破坏，多数基本完好	0.07～0.22			

续表

地震烈度	人的感觉	房屋震害 类型	房屋震害 震害程度	房屋震害 平均震害指数	其他震害现象	水平向地震动参数 峰值加速度 (m/s²)	水平向地震动参数 峰值速度 (m/s)
Ⅷ	多数人摇晃颠簸，行走困难	A	少数毁坏，多数严重和（或）中等破坏	0.29~0.51	干硬土上出现裂缝，饱和砂层绝大多数喷砂冒水；大多数独立砖烟囱严重破坏	2.50 (1.78~3.53)	0.25 (0.19~0.35)
		B	个别毁坏，少数严重破坏，多数中等和（或）轻微破坏				
		C	少数严重破坏和（或）中等破坏，多数轻微破坏	0.20~0.40			
Ⅸ	行动的人会摔倒	A	多数严重破坏和（或）毁坏	0.49~0.71	干硬土上多处出现裂缝，可见基岩裂缝、错动，滑坡、塌方常见；独立砖烟囱多数倒塌	5.00 (3.54~7.07)	0.50 (0.36~0.71)
		B	少数毁坏，多数严重和（或）中等破坏				
		C	少数毁坏和（或）严重破坏，多数中等和（或）轻微破坏	0.38~0.60			
Ⅹ	骑自行车的人会摔倒，处不稳状态的人会摔离原地，有抛起感	A	绝大多数毁坏	0.69~0.91	山崩和地震断裂出现，基岩上拱桥破坏；大多数独立砖烟囱从根部破坏或倒塌	10.00 (7.08~14.14)	1.00 (0.72~1.41)
		B	大多数毁坏				
		C	多数毁坏和（或）严重破坏	0.58~0.80			
Ⅺ	—	A	绝大多数毁坏	0.89~1.00	地震断裂延续很大，大量山崩滑坡	—	—
		B		0.78~1.00			
		C					
Ⅻ	—	A	几乎全部毁坏	1.00	地面剧烈变化，山河改观	—	—
		B					
		C					

注：①"个别"为10%以下；"少数"为10%~45%；"多数"为40%~70%；"大多数"为60%~90%；"普遍"为80%以上。
②用于评定烈度的房屋，包括以下三种类型。A类：木构架和土、石、砖墙建造的旧式房屋；B类：未经抗震设防的单层或多层砖砌体房屋；C类：按照Ⅷ度抗震设防的单层或多层砖砌体房屋。

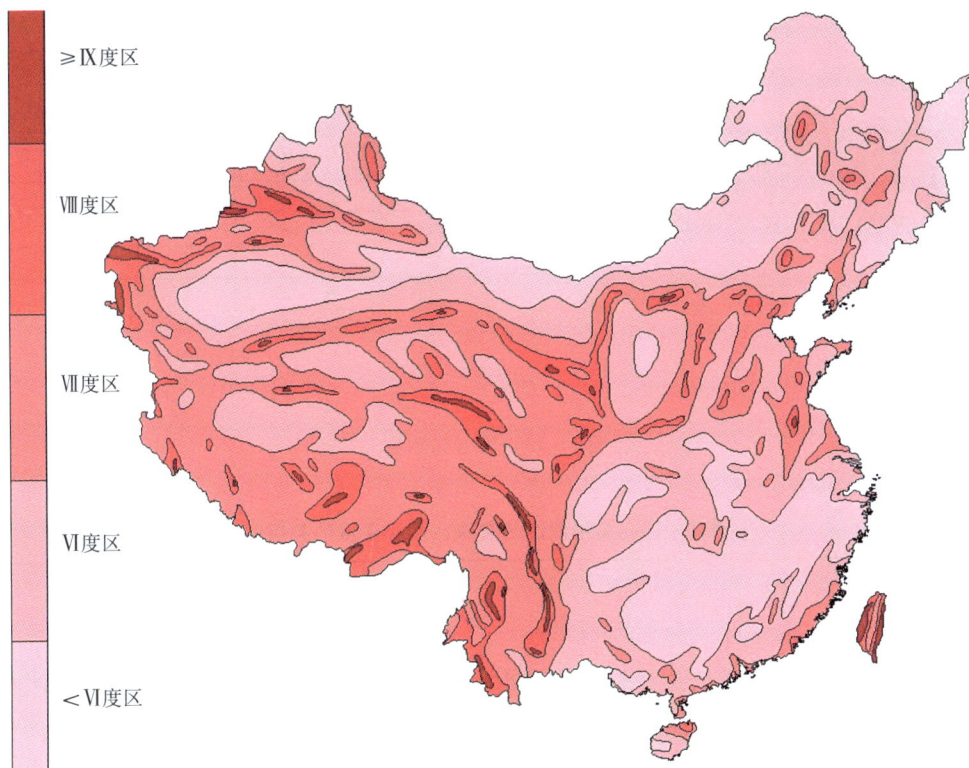

图 1 - 12 中国地震烈度区划图

　　震级与烈度是两个完全不同的概念。震级反映地震的大小，只跟地震释放能量的多少有关，而烈度则表示地面受到地震的影响程度。一次地震只有一个震级，因为一次地震释放多少能量是一定的。至于一次地震在各地表现出来的不同影响，应该用不同的地震烈度来表示，而不能说是震级有了变化。譬如说，1976 年 7 月 28 日河北唐山地震的震级是 7.8 级，北京受到的影响当然小些，这只能说是北京和唐山烈度有所不同，而不能说两地震级不同。震级和烈度各有自己的标准，不能混为一谈。现在一般都把震级的标准称为级，烈度的标准称为度，以示两者的区别。

　　通常越靠近震中，烈度越高（图 1 - 13（a））。一次地震引起破坏的最高烈度都集中在震中地区，即地震震源垂直至地面范围，震中区亦称极震区，这一地区的烈度称为震中烈度（I_0），它是一次地震的最高烈度。震中烈度大小主要受到震级和震源深度的影响。一般来说，震级越大，震中烈度越高，但在震级相同的情况下，震源深度越深，则震中烈度也将相应降低。震级 M_S、震中烈度 I_0 和震源深度 h 的经验关系为：

$$I_0 = 1.60506 + 1.38136M_S - 0.742272\ln(h + 10) \qquad (1 - 4)$$

　　对于此经验关系式，表 1 - 10 给出具体结果。平均来说，震源深度每增加 10 千米，则在 M_S 不变的情况下震中烈度 I_0 降低约 0.2 度左右。

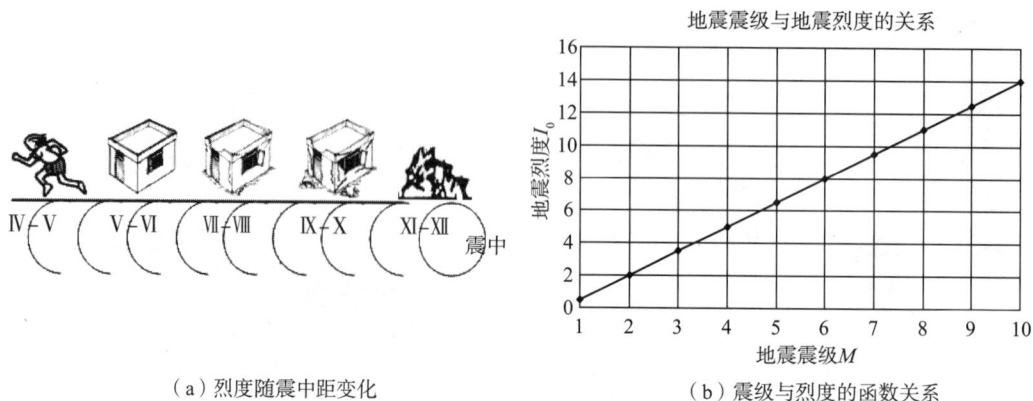

（a）烈度随震中距变化

（b）震级与烈度的函数关系

图1-13   震级与烈度

表1-10   震中烈度与震级、震源深度的关系

h ＼ M_s	5.0	5.5	6.0	6.5	7.0	7.5	8.0	8.5
0	6.8	7.5	8.2	8.9	9.6	10.3	10.9	11.6
5	6.5	7.2	7.9	8.6	9.3	10	10.6	11.3
10	6.3	7.0	7.7	8.4	9.1	9.7	10.4	11.1
15	6.1	6.8	7.5	8.2	8.9	9.6	10.3	11.0
20	6.0	6.7	7.4	8.1	8.7	9.4	10.1	10.8

一般来说，震中烈度是地震大小和震源深度两者的函数。但是，对人民生命财产影响最大的、发生最多的地震的震源深度一般为 $10 \sim 30$ 千米，所以我们可以近似认为震源深度不变，来进行震中烈度 I_0 与震级 M 之间关系的研究。震级的经验公式为，$M = 0.58 I_0 + 1.5$。地震震级与震中烈度存在如图1-13（b）所示的关系。

地震烈度与地震时地面加速度也存在一定关系，通常地面加速度越大，破坏程度越强，地震烈度越高。表1-11是对《中国地震烈度表（2008）》中简化的描述及对应的经验加速度值。

表1-11   地震烈度与地面平均加速度对应表

地震烈度	Ⅵ	Ⅶ	Ⅷ	Ⅸ	Ⅹ
主要特征	人站立不稳 房屋轻微破坏 烟囱裂缝	人惊逃 房破坏 地开缝	行路难 房有塌 烟囱破坏	人摔倒 房多坏 滑坡多	人抛起 房多塌 山地崩
平均加速度（m/s²）	0.63	1.25	2.50	5.00	10.00

1.3.4　抗震设防烈度

抗震设防烈度是房屋建筑或其他工程抗震设计的一个指标，是按国家规定的权限审批、颁发的文件（图件）确定，作为一个地区抗震设防依据的地震烈度。具有不同重要性的结构可采用不同的抗震设防水准，一般民用建筑的抗震设防烈度可取用当地地震基本烈度值。抗震设防标准是基于地震发生的概率估计，结构重要性分类，工程投资经济效益分析以及社会对地震灾害的承受能力而做出的综合决策（龚思礼，2002）。

抗震设防依据是抗震设防烈度（或地震动参数）。一般情况下，抗震设防烈度可以采用中国地震烈度区划图的地震基本烈变（图1-12），或采用与GB 50011—2001《建筑抗震设计规范》涉及基本地震加速度对应的地震烈度。表1-12给出了西北地区主要城镇抗震设防烈度。

表1-12　西北地区主要城镇抗震设防烈度

省份	设防烈度	主要城镇
陕西	VIII	西安（未央、莲湖、新城、碑林、灞桥、雁塔、阎良、临潼）、渭南、华县、华阴、潼关、大荔、陇县
	VII	咸阳（秦都、渭城）、西安（长安）、高陵、兴平、周至、户县、蓝田、宝鸡（金台、渭滨、陈仓）、咸阳（杨凌特区）、千阳、岐山、凤翔、扶风、武功、眉县、三原、富平、澄城、蒲城、泾阳、礼泉、韩城、合阳、略阳、凤县、安康、平利、乾县、洛南、勉县、宁强、南郑、汉中、白水、淳化、麟游、永寿、商洛（商州）、太白、留坝、铜川（耀州、王益、印台）、柞水
	VI	延安、清涧、神木、佳县、米脂、绥德、安塞、延川、延长、志丹、甘泉、商南、紫阳、镇巴、子长、子洲、吴旗、富县、旬阳、白河、岚皋、镇坪、定边、府谷、吴堡、洛川、黄陵、旬邑、洋县、西乡、石泉、汉阴、宁陕、宜川、黄龙、宜君、长武、彬县、佛坪、镇安、丹凤、山阳
甘肃	≥IX	古浪
	VIII	天水（秦州、麦积）、礼县、西和、白银（平川区）、宕昌、肃北、肃南、成县、徽县、文县、兰州（城关、七里河、西固、安宁）、武威、永登、天祝、景泰、靖远、陇西、武山、秦安、清水、甘谷、漳县、会宁、静宁、庄浪、张家川、通渭、华亭、两当、舟曲
	VII	康乐、嘉峪关、玉门、酒泉、高台、临泽、肃南、白银（白银区）、兰州（红古区）、永靖、岷县、东乡、和政、广河、临潭、卓尼、迭部、临洮、渭源、皋兰、崇信、榆中、定西、金昌、阿克塞、民乐、永昌、平凉、张掖、合作、玛曲、金塔、敦煌、瓜洲、山丹、临夏、临夏县、夏河、碌曲、泾川、灵台、民勤、镇原、环县、积石山
	VI	华池、正宁、庆阳、合水、宁县、西峰

省份	设防烈度	主 要 城 镇
青海	Ⅷ	玛沁、玛多、达日
	Ⅶ	祁连、甘德、门源、治多、玉树、乌兰、称多、杂多、囊谦、西宁（城中、城东、城西、城北）、同仁、共和、德令哈、海晏、湟源、湟中、平安、民和、化隆、贵德、尖扎、循化、格尔木、贵南、同德、河南、曲麻莱、久治、班玛、天峻、刚察、大通、互助、乐都、都兰、兴海
	Ⅵ	泽库
宁夏	Ⅷ	海原、石嘴山（大武口、惠农）、平罗、银川（兴庆、金凤、西夏）、吴忠、贺兰、永宁、青铜峡、泾源、灵武、固原、西吉、中卫、中宁、同心、隆德
	Ⅶ	彭阳
	Ⅵ	盐池
新疆	≥Ⅸ	乌恰、塔什库尔干
	Ⅷ	阿图什、喀什、疏附、巴里坤、乌鲁木齐（天山、沙依巴克、新市、水磨沟、头屯河、米东）、乌鲁木齐县、温宿、阿克苏、柯坪、昭苏、特克斯、库车、青河、富蕴、乌什、尼勒克、新源、巩留、精河、乌苏、奎屯、沙湾、玛纳斯、石河子、克拉玛依（独山子）、疏勒、伽师、阿克陶、英吉沙
	Ⅶ	木垒、库尔勒、新和、轮台、和静、焉耆、博湖、巴楚、拜城、昌吉、阜康、伊宁、伊宁县、霍城、呼图壁、察布查尔、岳普湖、鄯善、乌鲁木齐（达坂城）、吐鲁番、和田、和田县、吉木萨尔、洛浦、奇台、伊吾、托克逊、和硕、尉犁、墨玉、策勒、哈密、五家渠、克拉玛依（克拉玛依区）、博乐、温泉、阿合奇、阿瓦提、沙雅、图木舒克、莎车、泽普、叶城、麦盖提、皮山
	Ⅵ	额敏、和布克赛尔、于田、哈巴河、塔城、福海、克拉玛依（乌尔禾）、阿勒泰、托里、民丰、若羌、布尔津、吉木乃、裕民、克拉玛依（白碱滩）、且末、阿拉尔

1.4　地震波 （沈聚敏等，2000）

地震波是一种由震源发出，在地球内部传播的波。地震发生时，震源处的岩层发生断裂、错动，岩层所积累的能量突然释放，其中部分能量引起振动，以波的形式从震源向四周传播，传到地球表面各处，这种波即是地震波（胡聿贤，2006），如图 1-14 给出了用地震仪记录到的地震波。以地震波形式释放的地震能量虽然仅占地震能量的 10% 左右，但是地震波能量却是传播范围广，造成破坏最多的能量。一次 5 级左右的地震，地震波影响的范围在几十千米到一百多千米。而一次 8 级地震，其影响范围可达 500 千米以上。

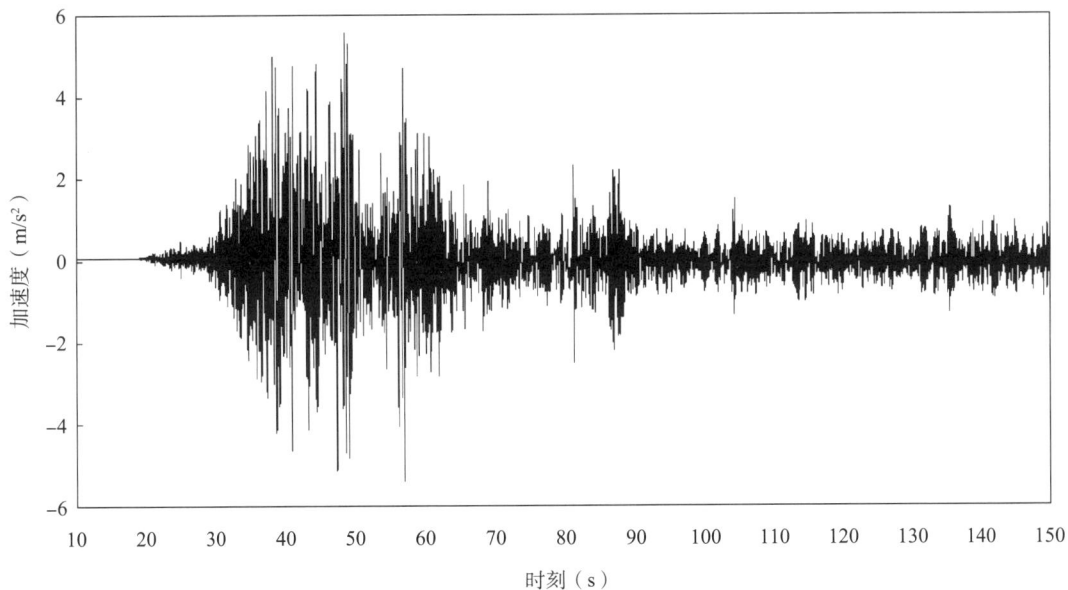

图 1 - 14　中国汶川地震八角地震台东西方向地震加速度记录

1.4.1　体波和面波

1）体波

体波为在地球内部传播的波，根据其质点振动方向和波传播方向的不同分为纵波和横波。

纵波是由震源通过介质的质点以疏密相间的方式向四周传播的压缩波，其介质质点振动方向和波传播的方向相同。纵波一般周期较短，振幅较小，波速较快，在地面上引起上下颠簸振动。纵波由于波速较快，在地震发生时往往最先达到，因此也称初波、P 波、压缩波或拉压波（图 1 - 15（a））。

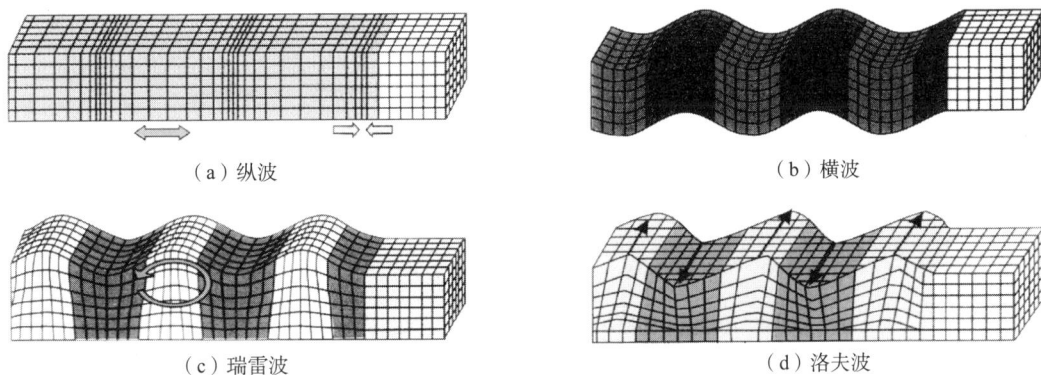

（a）纵波　　　　　　　　　　　　　　（b）横波

（c）瑞雷波　　　　　　　　　　　　　（d）洛夫波

图 1 - 15　地震波的传播方式

横波是介质的质点在垂直于传播方向以上下往复振动的形式传播。横波传播时，物体的体积不变，但形状改变，即发生剪切变形，故又称为剪切波。对于没有固定形状的液体，横波无法通过。与纵波相比，横波一般周期较长、振幅较大、波速较慢。横波由于波速较慢，在地震发生时到达的时间将比纵波慢，因此横波也称为次波、S波、剪切波、畸主波和等体积波（图1-15（b））。最常见的横波的例子就是两个人摇动绳子时形成的波。

2）面波

从震源发生的以弹性波形式向各个方向传播的体波到达地球表面后，经过途中层状地壳岩层界面的折射和反射，产生沿地表传播的波称为面波。面波主要有两种——瑞雷波和洛夫波。

瑞雷波传播时，质点在波的传播方向和地面法线所确定的铅垂平面内，以滚动形式作逆进椭圆运动（图1-15（c））。而洛夫波传播时，质点在地面上作垂直于波传播方向的振动，以蛇形运动的方式前进（图1-15（d））。

面波是经过地层界面的多次反射、折射形成的次生波，其周期长、振幅大，只在地表附近传播，振幅随深度的增加迅速减小，速度约为横波的90％，面波比体波衰减慢，能传播到很远的地方。

1.4.2　地震定位的原理

地震发生时，在地震仪上可记录到如图1-16所示的地震记录。最先到达的是纵波，表现出周期短、振幅小的特点。其次到达的是横波，表现出周期长、振幅大的特点。接着是面波中的洛夫波和瑞雷波。视介质密度和刚度的差异，纵波的传播速度大约是5.5～7千米/秒，而横波的传播速度较慢，大约为3.2～4千米/秒，地震定位就是利用这个速度差。

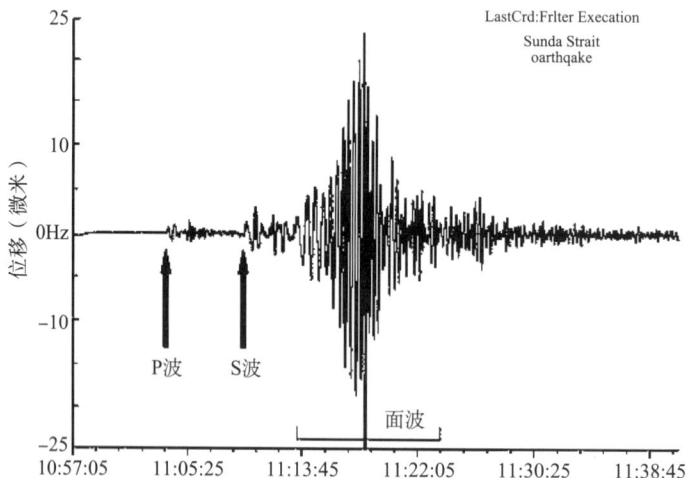

图1-16　昆明地震台记录2006年印尼巽它海峡6.0级地震

我们将举一个简单的例子来说明地震定位的原理，真实的情况虽然要复杂得多，但原理是相同的。

1）确定走时

$$P 波走时 = 距离/P 波传播速度$$
$$S 波走时 = 距离/S 波传播速度$$

2）确定到时差

因为 P 波的传播速度比 S 波速度快，震中距越远两者的走时差就越大（图 1-17）。

$$P 波与 S 波的到时差 = S 波走时 - P 波走时$$

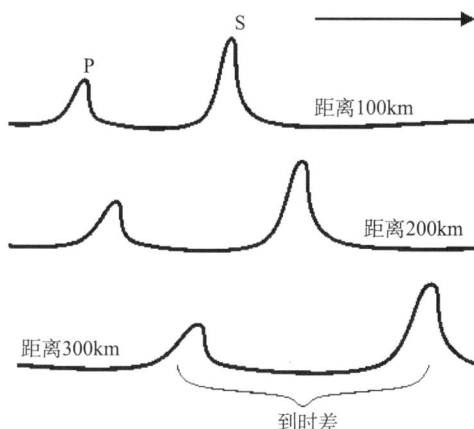

图 1-17 P 波与 S 波到时差

3）确定地震到台站的距离

由于地球结构的复杂性，在震中距 50～500 千米的范围内，可以用近似公式估计地震到台站的距离：距离 = 8 ×（P 波与 S 波的到时差）。

4）确定地震发生的方向

知道地震离台站的距离后，可以断定地震一定位于以台站为中心、震中距为半径的圆周上（图 1-18）。

5）确定地震震中位置

利用三个台站的资料，就可以画出三个圆，三个圆的交点就是地震的震中（图 1-19）。

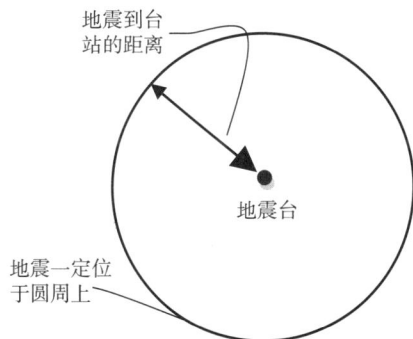

图 1-18 确定地震发生的方向

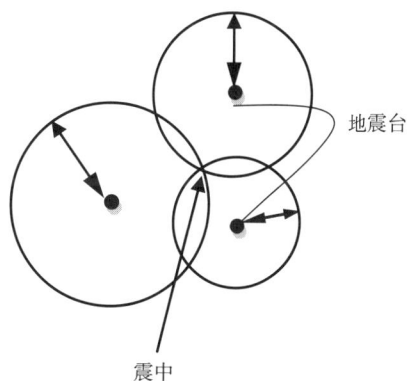

图 1-19 三台站测量确定震中位置

因为距离越长，横波和纵波到达同一地点的时差就越长。一个地震台站的地震波记录就可以确定一个地震纵波和横波最初到达时间差（简称"到时差"），并由此确定地震发生位置的距离半径。理论上，根据三个不在同一条直线上的台站的地震波记录就可以确定出地震发生的精确位置。当然，实际中因为纵波和横波初到判断存在一定难度，所以需要超过三个以上台站的地震动记录来相互验证，以便得到更准确的结果。

1.4.3　地震波与震害

地震波引起的地震动与建筑结构的破坏有直接的关系。地震动记录一般有三个分量组成（南北、东西、水平）。图 1 - 20 是典型的强震记录，从图中可以看出，地震动是由不同频率、不同幅值（或强度）在一个有限时间范围的集合。通常用幅值、频率和持时三个方面参数来表达地震动特点（刘惠珊，张在明，1994）。

地震动幅值与震害。地震动峰值的大小反应了地震过程中某一时刻地震动的最大强度。除近场外，在一般情况下地震动垂直方向的幅值都小于水平向幅值。对结构物的影响而言，危害主要来自地震产生的水平剪切运动。地震动峰值的大小直接反映了地震力及其产生的振动能量和引起结构地震变形的大小，是地震对结构影响大小的尺度。一般而言，当地震动的幅值越大时，其对结构物的破坏作用就越强，所造成的地震灾害也就越严重。

地震动频率特性与震害。地震动有其特有的频率特性，而且每个结构物也有其特有的固有频率特征。当地震的频率范围接近建筑物的固有频率时，容易引发结构物的共振或类共振，使结构物破坏，震害严重。

地震动持续时间与震害。强震持续时间对结构物的影响，主要是因为随时间的增长，对结构疲劳现象起关键的作用，结构物的累积损伤加重。从震害的实例可以看出，尽管地震的强度相差不大，但地震持续时间和地震震害却有较大差别。一般随持续时间的增长，地震震害越严重。典型的例子是 1966 年 6 月 28 日美国帕克菲尔德地震动大小 0.5g，对应的震害为Ⅶ度，而 1940 年 5 月 28 日美国埃尔森特罗地震峰值加速度仅为 0.32g，而其对应的震害达Ⅷ度，对比两者的持续时间，后者是前者的 4～10 倍左右。而且，强震持续时间对饱和松散沉积砂土类地层的震动液化有重要的作用，持续时间越长，土体发生砂土液化的可能性就越大，土体发生破坏的程度就越强。例如，圣费尔南多坝在 1971 年地震时产生的液化失效似乎发生在地震动的尾端，导致了坝顶及以下几英尺的坝体失效。如果该次地震持时很短，失效也许根本不会发生。

总的来说，纵波的地震破坏效应最轻，横波所引起的震害较重；面波的地震破坏效应最大。纵波的地震破坏效应最轻是因为其频率高，振幅小。横波的振幅比纵波大，频率也低，具有一定的破坏效应。地震破坏效应最大的是面波，这是因为面波集中在地表附近，而且一般振幅大，频率范围接近建筑物的固有频率，容易引发共振，尤其在厚层软土场地上，面波成分更丰富，作用更强，地震破坏效应也更大，这就是为什么一般在软土场地上震害较重的原因。不过，面波随着深度呈指数衰减，所以地表以下面波强度迅速降低，因此，往往地下结构的震害要轻于地表结构。

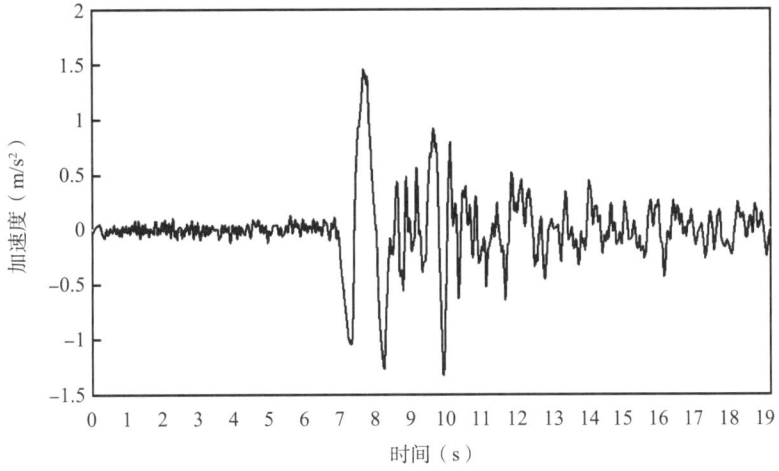

（a）宁河地震波

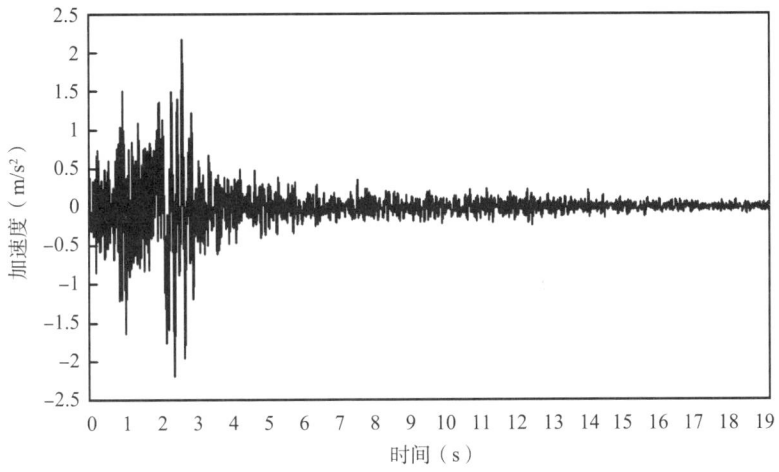

（b）迁安地震波

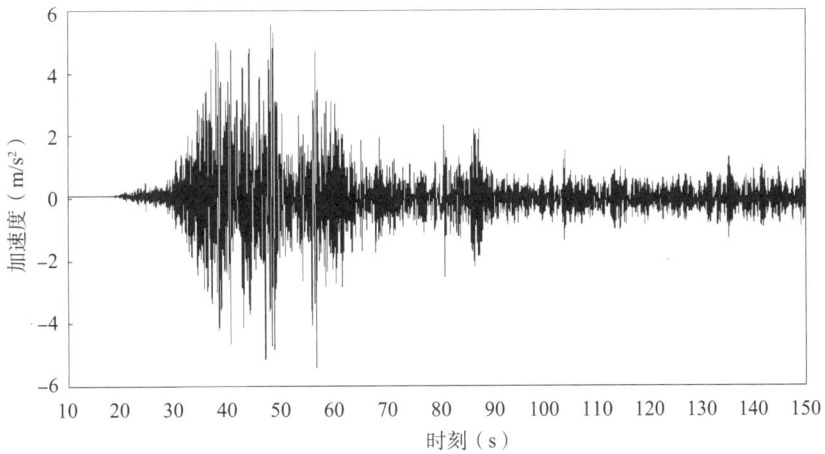

（c）八角地震波

图 1-20　典型的强震记录

过去一般认为，面波的振幅最大，横波和面波都到达时振动最为剧烈，使工程结构物发生破坏。但近年来，尤其是从1995年1月17日的日本阪神大地震震后的宏观调查及地震记录中发现，由纵波造成的破坏也是不容忽视的。

1.4.4 地震波的应用

目前最深的钻井深度也仅能探测地球的表层，这比在大象身上扎一根绣花针还要浅得多，入地谈何容易。现在我们仍然是利用地震（波）来研究地球内部的情况，有专家说"地震是照亮地球内部的一盏明灯"。

事实上，地震波一直是探测地球内部结构的主要手段，也是最有效的手段。用"逐次逼近"的研究方法，用地震记录来研究震源、地球内部结构和地震波本身是地震学的主要内容。地震波之所以可以反映地球内部的结构，是因为地震波经由地下介质传播的过程中，传播路径、振动方向、波的性质、波形和能量都随地下介质性质的变化而变化。通常，科学家运用地震波可进行如下研究：

（1）确定地球的结构：全球结构（波速随深度的变化，成层结构以及横向非均匀）；局部结构（特别是地壳的成层结构与地质现象相关的复杂结构）。

（2）研究震源以及地震与板块构造、地质现象的关系。

（3）地球物理勘探，如寻找石油等。

（4）地震和火山灾害的监测防治。

（5）侦察核爆炸，为检查、执行全面禁止核试验条约提供依据。

1.5 地震灾害

1.5.1 地震灾害的分类

地震灾害是由于地震发生而导致的人员伤亡、财产损失和环境破坏。地震成灾的程度既取决于地震本身的大小，还与震区场地、各类工程结构、经济社会发展和人口等条件有很大关系。发生在无人区的大地震，一般不会造成灾害；而发生在经济发达、人口稠密地区的一次中等地震却可能造成极为严重的灾害。地震灾害可分为直接灾害、次生灾害和诱发灾害（表1-13）。

表1-13 地震灾害分类

灾害类别	主 要 种 类
直接灾害	地裂缝、断层破裂带、沉降、液化、软土震陷等
次生灾害	崩塌、滑坡、泥石流、水灾、火灾、海啸、毒气泄漏、爆炸、放射性污染等
诱发灾害	流行瘟疫、饥荒、人的心理创伤、社会动乱等

直接灾害是由地震作用直接产生的地表破坏、各类工程结构的破坏及由此而引发的人

员伤亡与经济损失，也称为原生灾害。主要包括强烈的地面振动、断层错动、地裂缝、地面倾斜、隆起、沉降等灾害形式。

次生灾害是由于地震动作用而引起的山体失稳、河道堰塞、堤坝溃决、垮坝以及地震时引发的火灾、爆炸、海啸、毒气扩散和放射性污染等（图1-21）。

诱发灾害是由地震灾害引起的各种社会性灾害，如震后物资匮乏、卫生环境恶化引起的流行瘟疫、饥荒、心理创伤以及社会秩序混乱等。

图1-21 2011年3月11日本仙台9.0级地震所引发的工厂爆炸

事实上，在很多破坏性地震中，由直接灾害会引起次生灾害，而地震次生灾害引起的生活条件、社会秩序、环境恶化进而诱发各种灾害，它们形成有关联的灾害系统，我们称之为灾害链，此类现象在许多强震灾害过程中都可以见到（图1-22）。

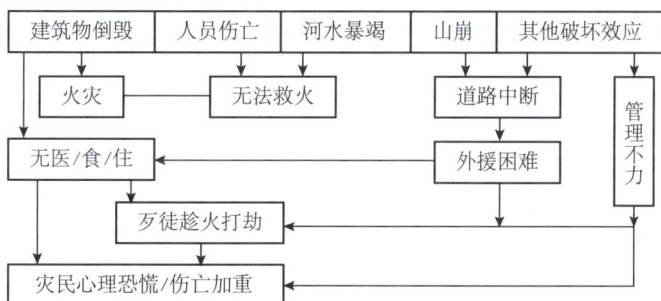

图1-22 地震灾害链关系图

1.5.2 直接灾害

地震作用产生直接灾害有地表破坏和结构破坏两种。其中地表破坏有裂缝、断层形成的地表破裂带、地震沉降、土层液化、震陷五种形式，下面分别介绍。

1.5.2.1　地震裂缝

地震裂缝是指地震在地面上所造成的没有明显垂直位移的裂隙。地震裂缝是Ⅵ度以上地区常见的一种破坏现象（表1-14），大都发生在现代松散沉积物中，大小长短不一，常有规律地排列，有时密集成具有一定方向的裂隙带。在低洼地区沿这些裂隙带常有喷砂冒水的现象，持续相当长的时间，形成一连串小型沙丘或小型沙梁。这些裂隙的产生有的明显受地形控制，有的与构造活动有关。在古河道、河堤岸边、陡坡等土质松软地方发生交错裂缝，大小形状不一，规模也较前一种小（图1-23）。

表1-14　地震裂缝的最大水平位移量

时　间	地　震	震中烈度	裂缝最大水平位移量（米）
1906 年	美国旧金山地震	Ⅺ	6～7
1957 年	苏联穆伊斯克地震	Ⅹ	1.2
1957 年	中国新疆阿尔泰地震	Ⅹ	8.85
1973 年	中国四川炉霍地震	Ⅺ	3.6
1975 年	中国辽宁海城地震	Ⅸ	0.2
1976 年	中国河北唐山地震	Ⅺ	1.5
2001 年	中国青海昆仑山口西地震	Ⅺ	7.6
2008 年	中国四川汶川地震	Ⅺ	9.0
2010 年	中国青海玉树地震	Ⅸ	1.8

图1-23　伽师地震地裂缝

1.5.2.2　断层形成的地表破裂带

地震中断层错动产生的地表破裂带，实际上就是地震断层在地表的露头。它通常由雁行排列的张性或张扭性破裂组成（图1-24）。往往伴生挤压脊（地震鼓包）、地震沟槽、小地堑等。1906年旧金山7.8级大地震的地表断裂长达430千米；1932年甘肃昌马7.5级地震的地表破裂带长达120千米；1931年新疆富蕴8级地震的地表断裂带长达150千米。大量资料表明，一般大于6.5级（或7级）的地震都有地表断层出现。

图1-24 玉树地震破裂带尾端的雁列式张裂隙

2001年昆仑山口8.1级地震，地震发生在海拔4900米以上的高原和山地，地震地表破裂带全长42.6千米，宽数米至数百米。最大地表同震左旋水平位移6.4米，最大垂直位移为4米（图1-25（a）、（b））。

2008年汶川8.0级地震使四川多地产生地表破裂。在四川省青川县沙州镇白水江大桥南端的斜坡顶部，地裂缝宽近20厘米，形成的局部高差近30厘米，延伸近100米，并造成所经处的围墙和石坝破坏。有的房屋受地表破裂带的影响而发生破坏（图1-25（c）、（d））（黄润秋，李为乐，2009）。

2010年青海玉树地震地表破裂带由3条主破裂左阶组成，总体走向310°，北侧主破裂长约16千米，中间主破裂长约9千米，南侧主破裂长约7千米，总长约31千米，另在微观震中南侧见有约2千米长的雁列式张裂缝。各主破裂均由一系列支破裂雁列组成，支破裂表现为一系列挤压鼓包与张裂缝相间排列或雁列式张裂缝。破裂为左旋走滑性质，最大走滑位移量位于北侧主破裂上，约1.8米（图1-25（e）、（f））。

1.5.2.3 地震沉降

强烈地震是新构造运动的一种突发事件，在短期内可引起变幅较大的区域性地面垂直变形。另外，强震使软土地基震陷和古河道新近沉积土液化，也可造成局部地区的地面下沉。

《宋史》卷六七《五行志》记载的1125年8月30日甘肃兰州地震，沉陷数百家。1556年1月23日陕西华县大地震，在很大的范围内都发生了"拥沙"与"陷没"现象。"……渭南县中，街之南北皆下陷一、二丈许，……"高大的赤水山几乎全部下陷入地。

图 1 – 26（a）为 2003 年伽师 6.8 级地震由于地面不均匀沉降造成电线杆的倾斜；图 1 – 26（b）为 2003 年岷县 5.2 级地震由于地面沉降造成的裂缝和空洞。

（a）昆仑山口地震太阳湖西地表破裂带上的挤压脊

（b）昆仑山口地震地表破裂横切青藏公路（海拔4700米）

（c）汶川地震白水江大桥南端斜坡顶产生的地裂缝

（d）汶川地震地裂缝造成的房屋破坏

（e）玉树地震裂缝和鼓包

（f）玉树地震人工石墙左旋同震位错1.8米

图 1 – 25　典型地震的地表破裂带

（a）伽师地震中电线杆不均匀沉降　　　　　　　　（b）岷县地震中的地面沉降

图 1 - 26　典型地震中的沉降现象

1.5.2.4　土层液化

土层液化是地震动过程中孔隙水压力不断提高，导致有效应力消失使土层承载能力下降，变形迅速增长的过程。土层液化会引起地表喷砂冒水。土层液化是引起建筑物地基基础失效、建筑物倒塌的重要因素之一。饱和砂土与粉土在地震动作用下容易发生液化，砂土液化为最典型的土层液化。

1964 年日本新潟 7.5 级地震和 1964 年美国阿拉斯加 8.4 级地震引起的土层液化导致大量的地面与结构物的严重破坏。而我国 1966 年邢台 6.8 级地震、1970 年通海 7.7 级地震、2001 年昆仑山口 8.1 级地震、2003 年伽师 6.8 级地震、2008 年汶川 8.0 级地震等均发生了液化灾害事件（图 1 - 27）。

2001 年昆仑山口 8.1 级地震虽然发生在冻土区，但出人意料地发现了许多液化地点。在库塞湖北岸和红水河河谷都可找到由地震引起的砂土液化喷砂冒水口。液化主要发生在河谷和湖岸地震形变带附近，地震后在喷砂冒水处形成由冰和砂组成的冻结喷冒锥，融化后可见喷冒出的固体物质，主要为中 - 细砂，砂粒成分主要为石英和长石等。地质雷达勘测表明，液化层位于地下 2～4 米深度范围内，沿一些通道喷上地表的（图 1 - 28）。可见，在河床和湖岸地表冻土层较薄，其下存在饱水的融土层，在地震作用下砂土融土层中孔隙水压力增大，引起砂土液化，液化物质喷出地表。

一般认为砂土液化会导致地基失效，使地基部分丧失承载力和产生不均匀沉降，导致房屋破裂、下沉或倾斜。但通过一些强震的考察与计算分析表明，砂土液化并不一定能加重震害，当可液化砂土埋藏在一定深度之内（例如 10 米以内）时，其作用是加重震害；但当可液化砂层埋藏较深，上覆坚硬土层足以承载上部结构而不至于产生不均匀沉陷时，不但不影响地基承载力，反而减轻了上部结构的震害。这是由于液化了的砂层不能传递地震剪切波，从而减弱了上部土层的水平振动，起到了隔震作用。且在某种情况下，周围喷水冒砂严重，房屋却未破坏，因此不应把地基液化与上部建筑结构破坏等同起来。

1.5.2.5　震陷

震陷是在地震过程中与地震后立即发生的一种剪切塑性破坏。影响震陷的因素可以分

（a）昆仑山口地震昆仑山-库塞湖畔喷砂冒水孔

（b）昆仑山口地震喷砂冒水孔

（c）伽师地震砂土液化破坏大桥

（d）伽师地震琼乡六村喷砂孔直径达3米

（e）汶川地震武都元坝农村田地砂土液化

（f）汶川地震四川雅安农村田地砂土液化

图 1-27　典型地震的土层液化

为两类：一类是与地震动作用相关的，如地震动作用的强弱、持续时间等。另外是土层本身的性质，如土层的沉积年代（沉积时间越长的土层，固结较好，结构相对稳定，不易发生震陷。对黄土而言第四纪中更新世以前的土层一般不会发生震陷）、埋深、含水量、相对密度、塑性指数等都对其震陷存在影响（王兰民等，2003）。

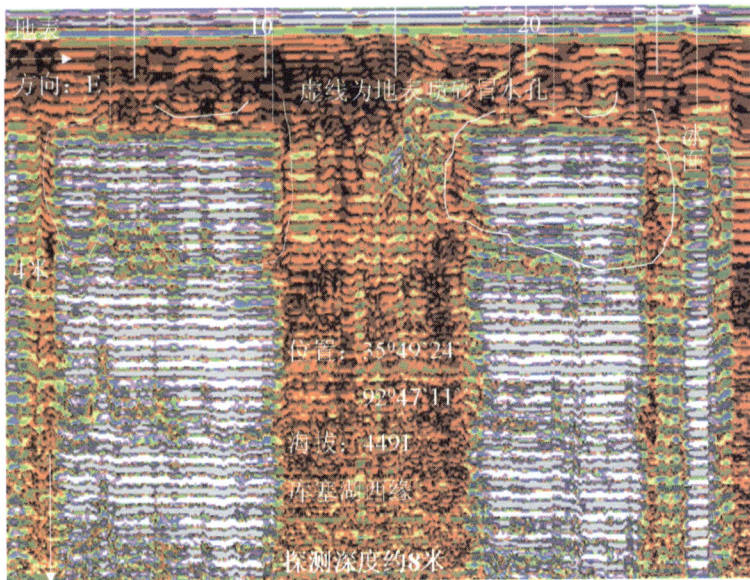

图 1 – 28　2001 年昆仑山口 8.1 级地震喷砂冒水地质雷达探测结果

震陷的实质是在外加荷载作用下软土层发生的突然变形，在宏观上可以造成地基沉陷、斜坡台阶式开裂等现象。震陷主要发生在较软弱的土层中，软土层的厚度越大，震陷越大，而土层的湿度较高，震陷也相对容易发生。在分布有新近沉积软土和湿陷性黄土的地区，在强烈地震作用下，可能会发生震陷，造成地基下沉、房屋开裂甚至倒塌。如果震陷的沉降是不均匀的，其危害更大（王兰民，2003）。如图 1 – 29 为 2003 年永登 5.2 级地震、2003 年民乐 6.1 级地震、2008 年汶川 8.0 级地震的震陷情况。

1.5.2.6　结构破坏

地震暴露了农村房屋的脆弱性。广大村镇以土木结构和砌体结构为主，房屋抗剪和抗弯强度均较低，加之结构设计不合理、场址选择不当、地基处理不善、砌筑质量较差以及农民建房受传统观念的影响随意性大等不利因素，震害非常严重。

农村民房主要震害表现为：

（1）屋盖坠落；

（2）墙体倒塌或墙体破裂、酥碎；

（3）承重柱与墙体脱节；

（4）纵墙与横墙咬合不好，产生裂缝；

（5）屋檐本身及其与前墙顶部接触处产生裂缝；

（6）房屋檩条出现松散、掉落；

（7）吊顶开裂。

1.5.3　次生灾害

研究表明，地震震级大于 4.0 级时便会触发滑坡、崩塌等地质灾害。而在山区一次大地震可以触发数千甚至数万次滑坡、崩塌，其分布范围可达几十万平方千米。次生灾害所造成的损失平均占地震总损失的 1/3 左右，在山区会更多。

（a）永登地震中的黄土震陷

（b）民乐–山丹地震中的震陷坑

（c）汶川地震中天水市清水县黄土震陷

图 1-29 典型地震中的震陷

1.5.3.1 崩塌

地震崩塌是地震震动引起岩体或土体，在重力作用下极其快速地下滑、堆积的过程。

1920 年海原 8.5 级地震，山崩极为严重，如会宁清江驿东 5 里的两处山崩，将长约 2500 米的一段响水河完全填塞，且越过河道堆积于对岸，将其下五里桥及村庄完全压没（国家地震局兰州地震研究所，1980）。

2001 年昆仑山口 8.1 级地震，在冻土区未见滑坡现象，崩塌也较少见，且规模都不大，在震区主要存在三个类型的崩塌（即冰雪崩塌、冻土崩塌和基岩崩塌），主要发生在地形较陡的软弱岩土中。这些岩土或裂隙发育或土质软弱，在地震力和重力共同作用下发生崩塌（图 1-30（a））（孙崇绍，蔡红卫，1997）。

2008 年汶川 8.0 级地震诱发了大量的崩塌滑坡，影响面积超过 10 万平方千米，主要是沿发震断裂带分布，最远影响到甘肃省合水县。据国土资源部门对有人居住区和公路沿线初步统计就达 2 万~3 万个，实际的崩塌滑坡数量应该远远超过这个数。在灾害严重的区县，平均灾害点密度达到 29 处/100km²。地震崩塌滑坡还造成道路中断，破坏生命线工程等等，此次地震崩滑等地质灾害造成的损失超过地震总损失的 1/3（图 1-30（b））（谢洪等，2008；赵成，2009）。

2010年玉树7.1级地震引发地质灾害及隐患点295处，其中崩塌92处，如在扎西科河等处发生了大量崩塌与滚石（图1－30（c））。

（a）昆仑山口地震红水河谷基岩崩塌

（b）汶川地震山体崩塌砸毁房屋

（c）玉树地震山体崩塌砸毁房屋

图1－30　典型地震的崩塌

1.5.3.2　滑坡

滑坡是斜坡上不稳定的土体（或岩体）在地震力或重力作用下沿一定的滑动面（滑动带）整体向下滑动的现象，是地震灾害中的主要次生灾害。地震滑坡灾害可毁坏建筑，压埋生命；破坏农田、水利设施；导致交通通讯中断，救灾困难；使河流断阻，形成堰塞湖并诱发洪灾等。强烈地震时，地震诱发的滑坡灾害，特别是在山丘地区，其危害常常比地震直接造成的还要大（张永双等，2008）。

除了地震动直接作用下发生的地震滑坡外，受地震作用的影响，斜坡产生裂缝或者重心偏移等导致稳定性降低，并在地震后因降雨等其他诱发因素作用下发生滑坡（韩金良等，2009）。

地震对滑坡的诱发作用有两方面：

（1）地震力的作用触发了滑动。

（2）地震力的作用造成地表变形和裂缝的增加，降低了土体强度，增加了破裂程度，引起了地下水位的上升和径流条件的改变，创造了滑坡的形成条件。

地震滑坡的活动与地震震级及烈度具有明显的关系。根据近年多次强震调查统计，滑坡多发生在Ⅶ度及以上地区。某些特殊情况下Ⅵ度区即可发生滑坡。在烈度Ⅷ度以上区域，如果地震条件不良，滑坡就会很密集（孙崇绍，蔡红卫，1997）。

地震滑坡与自然滑坡相比，规模大，形成时间短。一般来说，自然滑坡发育过程要经历较长的时间，有明显的阶段性。而地震滑坡因地震的突发作用，使处于极限平衡或接近极限平衡的山坡在刹那间就完成了从开裂到下滑的全过程。

一次强震之后发生大量的滑坡，为形成大型的泥石流提供了物质来源。泥石流流动的过程中，下切河床，冲刷和刮挖两岸，使边坡又失去平衡，产生新的滑坡。这样循环反复互为因果，因而地震滑坡灾害延续时间长，从地震开始一直延续到次年以至于数年之内。（施斌等，2008）

1920年海原8.5级地震的滑坡数量多，规模大。海原、固原和西吉县滑坡数量大到无法统计的地步。在西吉南夏大路至兴平间65平方千米内，滑坡面积竟达31平方千米。滑坡堵塞河道，形成众多的串珠状堰塞湖。这些自然灾害造成的湖泊，成为黄土高原上独特的地震地貌景观（图1-31（a））。

2008年汶川8.0级地震，导致四川9个县（市、区）发生严重山体滑坡。据统计，发生面积为0.6平方千米以下的滑坡，占流域滑坡发生总数的77%，占滑坡总面积的47.84%；而面积大于0.88平方千米以上的滑坡单体或群体占滑坡总数的13.51%，但这些规模巨大的滑坡单体或群体累计面积占到流域滑坡总面积的37.49%，反映了滑坡灾害强度大和区域滑坡地形的严重性（图1-31（b））。

2010年玉树7.1级地震发生在高原地区，山顶植被很少，4000～5000米海拔的山顶（高原面）至少经历了80～100万年的侵蚀，风化层很厚，加上这次地震造成岩体疏松，到同年5～6月份冻土融化或雨季冲刷造成滑坡或泥石流等次生灾害（图1-31（c））。

2011年日本仙台9.0级地震使得包括东京在内的关东地区、东北地区等大范围内均有强烈晃动。此后余震不断，部分地区发生高达10米的大海啸，海陆空交通受到严重影响，通讯也一时中断。山体滑坡、火灾等次生灾害和人员伤亡报告不断（图1-31（d））。

1.5.3.3　泥石流

地震泥石流绝大多数由暴雨激发。按照地震与泥石流爆发的时间顺序，可以将地震泥石流分为同发型和后发型地震泥石流。同发型泥石流指在发生地震的同时爆发泥石流，如1970年5月31日秘鲁渔港钦博特市7.6级地震引发特大泥石流，1974年5月11日云南省永善-大关地区7.1级地震时，长房沟和马家湾等处爆发了沟谷泥石流，小岩坊和嵩子坝等处爆发了坡面泥石流。后发型泥石流指在发生地震后，由暴雨、堰塞湖溃决等诱发因素激发产生泥石流，如日本1847年信农善光寺地震，1858年飞驒-越中地震和1931年关中大地震都不同程度地激发了泥石流活动；1973年2月6日四川省炉霍地区发生7.6级地震，1976年8月16～23日四川省松潘平武接连发生7.2级、6.7级和7.2级地震，震区内绝大多数的泥石流是地震后爆发的。表1-15给出了7级以上地震激发的泥石流情况（黄润秋等，2009）。

（a）海原地震孙家沟滑坡

（b）汶川地震滑坡

（c）玉树地震滑坡

（d）日本仙台地震新潟地区山体滑坡冲毁铁路

图 1-31　典型地震的滑坡

表 1-15　7 级以上地震激发泥石流活动

时　间	地　点	震　级	泥石流沟（条）
1303-09-17	山西洪洞	8.0	21
1654-07-12	甘肃天水	8.0	36
1718-06-19	甘肃通渭	7.5	175
1879-07-01	甘肃武都	8.0	210
1920-12-16	宁夏海原	8.5	220
1933-08-25	四川叠溪	7.5	51
1970-01-05	云南通海	7.7	27
1973-02-06	四川炉霍	7.9	Ⅶ度以上烈度区 148
1974-05-11	云南永善-大关	7.8	7
1976-05-29	云南龙纹	7.3～7.4	18
1976-08-16	四川松潘平武	6.7～7.2	Ⅶ度以上烈度区 130
2008-05-12	四川汶川	8.0	304（截止到 2008 年 6 月 15 日）

2008 年汶川地震中汶川县境内泥石流总塌方量至少已达 70 万立方米，多条铁路公路被泥石流阻断，许多房屋被泥石流冲毁（图 1-32）。

图 1-32 2008 年汶川地震泥石流

1.5.3.4 地震海啸

地震发生在海底时，引起连续波浪，当这些波浪到达浅水处时，前后的波浪发生重叠，产生更大的波浪，如果地震的强度足够，地震引起的波浪足够多，就会在海边形成巨浪，叫作地震海啸。通常 6.5 级以上的地震，震源深度小于 20～50 千米时，才能发生破坏性的地震海啸。2004 年 12 月 26 日印尼苏门答腊岛附近海域发生的 7.9 级强烈地震引发的印度洋巨大海啸，吞噬了 15 万多人的生命（图 1-33（a））。2011 年 3 月 11 日日本北部海域发生 9.0 级地震，地震引发的大规模海啸淹没了东北部地区，造成人员大量伤亡（图 1-33（b））。

1.5.3.5 地震火灾和爆炸

地震中民用炉火、电气设施损坏以及易燃、易爆物质是引起火灾的主要原因（图 1-34）。1906 年 4 月 18 日美国旧金山 8.3 级地震，火炉翻倒引起大火，供水系统破坏，大火持续三天三夜，10 平方千米的市区化为灰烬。1923 年 9 月 1 日日本关东 8.2 级地震，引起的大火持续三天两夜，横滨被烧光，东京烧掉三分之二。1964 年 6 月 16 日日本新潟 7.5 级地震，油库受震起火，直至原油烧尽，300 多所民房工厂无一幸免。2011 年 3 月 11 日日本仙台 9.0 级地震导致福岛核电站发生爆炸引起大规模火灾。

1.5.3.6 地震水灾

地震可能会造成大坝崩溃直接形成洪水。地震发生在山区，山体崩塌等可能堵塞河道，形成堰塞湖，垮塌后会造成洪水。2008 年汶川地震造成的唐家山堰塞湖，滑坡体坝高约 82～124 米，集雨面积达 3550 平方千米，蓄水容积约 3.2 亿立方米，一旦决溃后果不堪设想（图 1-35）。

1.5.3.7 核辐射

核电站在设计中一般按照最高等级的抗震设计，因为一旦发生核辐射和泄露产生的后果不堪设想。2011 年日本仙台附近海域发生的 9.0 级地震导致了福岛核电站发生泄漏，引发恐慌，灾民大规模外撤（图 1-36）。

（a）2004年印尼7.9级地震引发的印度洋巨大海啸

（b）2011日本北部海域9.0级地震引发的大规模海啸

图1-33　典型地震引发的海啸

（a）1906年美国旧金山地震引发火灾　　　　　　（b）1923年日本关东地震引发火灾

（c）1964年日本新潟地震引发火灾　　　　　　（d）2011年日本仙台地震引发火灾

图1-34　典型地震引发的火灾

（a）唐家山堰塞湖形成前后对比　　　　　　　　（b）堰塞湖淹没北川苦水坝电站

图 1 - 35　2008 年汶川地震形成的堰塞湖

（a）卫星图片福岛核电站冒出白烟　　　　　　　　（b）核辐射检测

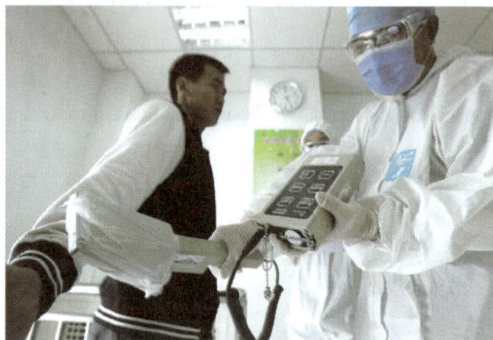

图 1 - 36　2011 年日本仙台地震导致的核泄漏

1.5.4　诱发灾害

1.5.4.1　瘟疫

瘟疫是由于一些强烈致病性微生物，如细菌、病毒引起的传染病。一般是地震灾害后，环境卫生不好引起的。地震灾害发生后，由于洁净饮用水和食物供应受到影响，同时周边生态环境等受到破坏，极易引起肠道传染疾病、呼吸道传染疾病，急性出血性结膜炎、乙脑疫情等传染病的流行：

（1）肠道传染疾病，主要是通过粪口传播的肠道传染疾病等。这些疾病是通过摄入了受到污染的水、食物等导致的，比如痢疾、手足口病、甲肝等。

（2）呼吸道传染疾病。地震后人员聚集程度高，流动性大，相互之间接触频繁，容易导致麻疹、风疹和感冒等呼吸道感染疾病。

（3）急性出血性结膜炎，俗称"红眼病"。地震后人员接触频繁，同时，原有的生活规律被打乱。特别是一些灾区群众为了节省饮水，往往几个人共用一盆洗脸水或共用一条毛巾等，容易引发红眼病的暴发。

（4）可能出现的乙脑疫情，这种疾病主要通过蚊虫叮咬传播。

受到各种因素影响，地震后传染病的预防工作非常繁重。要从自己做起，争取避免传染病流行，确保不摄入受污染的食物和水。特别是对饮用水，有条件的地区要向当地有关部门索取饮用水消毒片，消毒后煮沸再饮用。避免与他人共用毛巾、餐具和洗脸水等。用过的餐具尽量用沸水消毒。生活垃圾和粪便等尽量远离避险地，同时不要处置在水源附近。有条件的地区，可以使用漂白粉等对周边环境进行消毒。对孳生蚊虫的积水，可以用敌敌畏等进行消毒。同时，可以投放一定的灭鼠饵料，避免老鼠造成疾病传播。

1.5.4.2　心理创伤

经历灾难、面对灾难的人们在地震发生后的日子里将经受心理的痛苦和煎熬。面对突如其来的灾难，生命的无助和渺小，会在很大程度上摧垮人内心的安全感；失去亲人、家庭破碎的现实使人永远失去了熟悉安定的心理环境；身体的伤害甚至残疾，将使人在以后的生活中面对极大的困难；失去赖以生存的家园，会使人面临前途未卜、困难重重的严酷现实。随着时间的推移，很多人能扶平内心的伤口和创痛，有些人则会陷入心理的创痛中难以自拔以致影响到心理健康，影响正常的生活和工作。地震事件会对人的心理带来严重不利的影响，使人恐慌、焦虑、不安，对失去亲人的无尽的悲痛和哀思，对生活信念和人生价值观带来深远的影响。

国内外的研究表明：在遭受和直接经历了灾难的人群中，将会有高达10%的人在以后的日子里，陷入心理的创痛中难以自拔以致影响到心理健康，影响正常的生活和工作，迫切需要得到关心和救助。遗憾的是，虽然经历了唐山大地震等灾害，重视心理创伤的救助也是最近的事情，缺少系统科学实用的指导性方案供大家学习、使用。

1.6　我国的防震减灾体系

我国发生过多次灾难性大地震，但是直到20世纪70年代后我国才建立起比较完善的防震减灾体系。我国的防震减灾体系是一个政府主导，部门负责，群众参与的综合性体系，它反映了我国的国情，也由我国防震减灾的现状和主要任务所决定。

1.6.1　我国的防震减灾机构和职责

我国的防震减灾体系的最高领导机构是国务院防震减灾工作联席会议。国务院防震减灾工作联席会议讨论和制定全国性的防震减灾政策并指导相关部门协作完成防震减灾工作任务。国务院防震减灾工作联席会议一般由一位国务院副总理任主席，其成员单位有中国地震局、城乡建设部、民政部等十多个相关部委。中国地震局是我国的地震行政主管部门，其职责主要包括地震监测、地震预报、震害预防、地震应急以及推进地震科技的发展。城乡建设部负责建设领域的震害防御工作，如建筑抗震设计、抗震规划以及抗震科技的发展。民政部负责发生地震后的救援行动、物资供应和灾后安置等工作。国务院抗震救灾指挥部是发生较大规模地震时，国家的地震应急指挥中心。视地震灾害的严重程度，国务院抗震救灾指挥部通常由总理或者一位副总理任指挥长。

我国各省都设有防震减灾领导小组和抗震救灾指挥部。前者负责各省的防震减灾政策的制定、重大工作部署和重大问题的决策，后者在地震灾害发生时进行抗震救灾指挥和协调。它们的构成和组织形式分别与国务院防震减灾工作联席会议和国务院抗震救灾指挥部类似。各省地震局负责各自行政区域内的防震减灾日常工作。目前,我们的防震减灾体系已经延伸到市、县级。很多地方已经设有、县地震局,其中有的市、县地震局与科技局或者城乡建设局合署办公。市、县地震局的设立有利于推动基层的防震减灾工作。

经过30多年的发展,我国已经形成了以相关法律为基础,领导机构完善的地震监测预报、震害防御和地震应急救援三大防震减灾体系,同时地震科技事业也不断进步。

1.6.2　我国的防震减灾法规和防震减灾规划

《中华人民共和国防震减灾法》是我国的最高防震减灾法律。这部法律涵盖了防震减灾的目的、要求、组织机构、职责分工等。十一届全国人大常委会第六次会议于2008年通过了修订后的防震减灾法。修订后的防震减灾法首次明确农村民居抗震设防要求。国家对需要抗震设防的农村村民住宅和乡村公共设施将给予必要的支持。我们国家很多地方农村民居是长期处于不设防的状态,因此增加规定了县级以上地方人民政府应该加强对农村村民住宅和乡村公共设施抗震设防的管理,组织开展农村实用抗震技术的研究和开发,推广达到抗震设防要求、经济适用、具有当地特色的建筑设计和施工技术,培训相关的技术人员,建设示范工程,逐步提高农村村民住宅和乡村公共设施的抗震设防水平。

各省根据自己的实际情况制定了本省的防震减灾法规。此外,由国务院或者相关部门颁发的《地震安全性评价管理条例》和《建设工程抗震设防管理条例》也都对防震减灾的相关领域作出了规定。中央和省级防震减灾法规体系是我国防震减灾工作的法律依据和最重要的工作指导。

各类防震减灾的相关规范和标准也是防震减灾法规的必要补充。每10年左右修订一次的"全国地震动参数区划图"根据中长期地震预报和地震科研成果提供对未来一定概率水平的地震灾害预测,它是一般工程建设必须执行的强制性规范。此外,地震、建设等部门还编制各类技术规范和标准,用以指导防震减灾工作。

除了法规外,我国还有各级防震减灾规划。中央的防震减灾规划指导全国的防震减灾工作,制定防震减灾目标,确定防震减灾重要工作任务和重点建设项目。各省以及部分市、县也制定自己的防震减灾规划以指导和推动防震减灾工作。

1.6.3　监测预报

地震监测预报是防震减灾工作的基础,它为其他防震减灾工作提供科学基础。我国建成了世界上规模居于前列,监测项目相对齐全的地震监测网络。构成地震监测预报网络的台站主要分为两大类:测震台站和前兆台站。前者监测地震活动及时获取地震震级、地点、时间等信息,后者主要监测与地震发生相关的物理和化学指标如地电场、地应力、大地形变和地下水同位素等。

测震台站记录地震时的地震动,它又可分为测震台和强震台。测震台记录主要用于地震的定位和震级计算以及发震时刻的确定。强震台主要用来记录对抗震设计有意义的强地面运动。近年来,我国也开始进行地震预警试验性台网的建设。地震预警台网可以向离开震中一定距离的地区或工程在强地震作用尚未到达时提供地震预警,以减少地震时的人员伤亡,防止次生灾害发生,减轻重要设施如电网、石油化工等易燃易爆设施的破坏。

前兆台站记录地震前后地球电场、磁场、重力场、地下水位和水中同位素、红外温度、地应力和地壳变形等的变化。这些记录可以为地震发生的机理和发震过程的研究提供有价值的线索，也是研究地震预报的基础数据。

我国的地震台站由国家台站、省级台站、市县台站和企业台站组成。国家台站是中国地震局负责建设的地震监测台站。国家台站是我国地震监测网络的核心，一般而言技术手段较为先进，而且所有国家台站均已联网，地震监测数据可以及时传输到区域或者国家地震台网中心。省级台站主要由省级地震部门负责建设和管理，并在业务上接受中国地震局的指导。省级地震台站也基本实现了联网，可以对本省及其邻近地区的地震进行监测。市县台站是由各市、县建立的地震监测台站。企业台站是我国有些大企业出于地震安全考虑而建设的地震台站。市县台站和企业台站虽然数量不多，但也是我国地震监测网络的必要补充。

我国的地震预报工作是中国地震局和各省地震局的一项重要工作。地震科技人员、地震预报爱好者都可以进行地震预报相关研究和预测意见上报。但是，目前总体而言地震预报是一个尚未攻克的科学难题，地震预报的成功率不高。尽管如此，地震预报工作还是给我国的震害防御和地震应急提供了许多有价值的参考，降低了震害防御部署和地震应急决策的盲目性和不确定性。所以，坚持进行地震预报科研和日常工作仍然是我国防震减灾体系的一项主要工作。

1.6.4　震害防御

震害防御是在地震未发生前通过宣传、教育、政策指导、规划法规、工程技术措施等进行地震灾害的事先防御以达到减轻地震灾害的目的。震害防御主要涉及各类震害防御规划、抗震设防、抗震设计以及震害防御科研。目前我国的震害防御主要由各级政府、地震行政主管部门和建设部门以及其它相关部门共同实施。各级政府主要出台各类震害防御规划、政策并安排震害防御工作经费。地震行政主管部门主要负责抗震设防要求的确定、地震安全性评价、地震小区划等震害防御工作。建设部门主要负责抗震设计规范制定、抗震设计审查以及城市抗震规划编制等工作。

由于震害防御工作涉及领域较多，工作内容繁杂，所以震害防御工作除了地震和建设部门外，其它如水利、交通、铁路、能源、电信等部门以及各企事业单位甚至社区、村镇在承担各自的震害防御职责，实施相应的防御措施，全社会共同防御地震灾害的局面正在逐步形成。

1.6.5　应急救援

我国的地震应急救援是各级政府领导下的地震部门、民政部门、武警、消防和解放军以及相关部门共同参与，全社会动员的体系。其中，地震部门主要负责应急救援技术支持和地震灾害考察、评估并指导现场生命抢救；民政部门主要负责救援物资保障和灾后安置；武警、消防和解放军是现场救援和排险抢险的主要生力军。此外，交通、水利、建设、国土资源、铁路、民航、电信、发改委、财政等部门也都积极参加重大地震灾害的应急救援行动，以形成多部门协作、全社会动员的高效有序的地震应急救援体系。在我国有些村镇和社区还建有地震应急救护站或者地震应急志愿者队伍，他们接受过地震应急救援培训，可以在地震灾害发生时帮助群众脱险或者提供医疗救护、心理安抚等服务。

1.6.6　地震科技

地震科技是防震减灾工作的支撑，也是防震减灾事业发展的动力。世界上主要的地震灾害国家如日本、美国、意大利、希腊等都对地震科技非常重视，投入大量资金，动用大批科技人员进行地震科学研究。我国的地震科技工作主要由科技部、国家自然基金委员会、中国地震局和住房与城乡建设部分别组织。但是其他部门如交通、水利、国防、铁路、能源也都根据各自的防震减灾任务和工作需求，不同程度地开展抗震科研。科技部设立和组织大型地震科技项目的科研工作，国家自然基金委员会资助基础性地震科技研究项目，中国地震局负责行业地震科研工作，住建部负责工程抗震科研工作。值得一提的是，高校和相关科研院所已成为一支重要的地震科技力量，他们的研发活动已涉及到地震科技的各个领域。目前中国地震局的地震科研工作主要涉及基础地震科学研究、震害防御技术研究、应急救援技术研究以及防灾科技研究。地震科技是地震部门的一项重要工作，它是防震减灾三大工作体系（监测预报、震害防御和应急救援）的重要支撑和引领。

1.7　日本和美国的震害防御体系

1.7.1　日本

日本地处环太平洋地震带，属于地震多发国。在地震灾害防御方面，日本采取了一系列防震减灾措施，极大降低了地震灾害的影响程度。1998～2007年，日本共发生6.0级以上地震199次，约占全球同等震级地震总数961次的20.7%，但由地震导致的灾害死亡人数仅占世界的9%。

日本震害防御体系的特点是：政府补贴、政府干预突出（国家资本主义、全民防灾）；法律与教育的实用性和操作性很强；重视科技研发，抗震技术水平高。

1）主要机构和职能

1995年阪神大地震之后，日本政府开始建立中央防灾指挥系统。刚开始时，确定由内阁官房副长官负责这一防灾工作。内阁中设立了由公安委员长兼任的防灾大臣，统筹自卫队、警察、海上保安厅等救灾力量。同时，在中央政府内，设立了由地震专家、央行行长、电视放送协会会长、电信公司总裁、全国红十字会会长和全体内阁成员组成的"中央防灾会议"，由首相亲自担任会长。该机构主要负责防灾措施和中央各机构应急预案的制定，负责灾情信息的预报和发布，以及在灾害发生时作出最迅速和最权威的判断和指挥。

重视建立平时全民逃生自救训练体系和避难措施、避难场所，有效降低了灾害程度，最大程度地提高获救率。日本将关东大地震发生日定为全国"防灾日"，"防灾日"所在一周定为"防灾周"。在每年"防灾周"举行全国范围的大规模综合防灾演练，以普及防灾知识和提高全民防灾意识。

2）相关法律

通过对灾害认知程度的提高以及历次救灾得失的总结，日本逐步建立了一系列的抗震救灾法律体系。主要有：《灾害救助法》（1947年）、《建筑基准法》（1950年）、《灾害对策基本法》（1961年）、《地震保险法》（1965年）、《地震财特法》（1980年）、《地震防灾对策特别措置法》（1995年）、《建筑物耐震改修促进法》（1995年）、《受灾者生活再建法》（1998年）等等。这些法律既是救灾工作的行动指南，又是救灾经验的总结，对救灾的及时性、成效性都提供了基本保障。

阪神大地震之后，日本在认真反思，总结经验教训的基础上，在地震监视体制、地震信息通讯、应急救助、防灾减灾法规等，特别是增强和提高公共危机管理方面作为灾前准备的重点，做了大量的卓有成效的改进工作，并以法律形式予以规范。

阪神大地震倒塌最多的房子是居民的木结构房子，这也成为这一次震灾的最大杀手。因此，日本政府从1996年开始连续3次修改《建筑基准法》，把各类建筑的抗震基准提高到最高水准，除木结构住宅外，尤其是商务楼要求能够8级地震不倒，使用期限能够超过100年。

3）技术优势

对于日本这样的多地震国家，房屋建筑的设计对抗震设防的要求更为严格。有句话说，日本的地震造就了日本的建筑业发展。抗震性和安全性是日本建设公路、铁路和公园等城市基础设施的重点，日本拥有先进的建筑防震技术，他们在建筑抗震、防火等安全性方面的规定复杂而严格。

日本在突发公共事件应急信息化发展方面，已经建立起覆盖全国、功能完善、技术先进的防灾通讯网络。一有震感，人们习惯于马上打开电视，几分钟内，电视一定会播报地震消息：震中在哪里，几级地震，震区情况如何，让公众一清二楚。

日本能够快速传递地震信息，得益于覆盖日本的地震监测网。日本气象厅和消防厅在全国设置了大约3000多个地震计。与此同时，防灾科学研究所又在全国设立高敏感度地震计1800个、宽频带地震计70个、强震计约1000个，并且开发出了简易的家用地震计。

1.7.2 美国

美国西部沿海和中部的新马德里地区地震危险较高（图1-37），所以美国的主要震

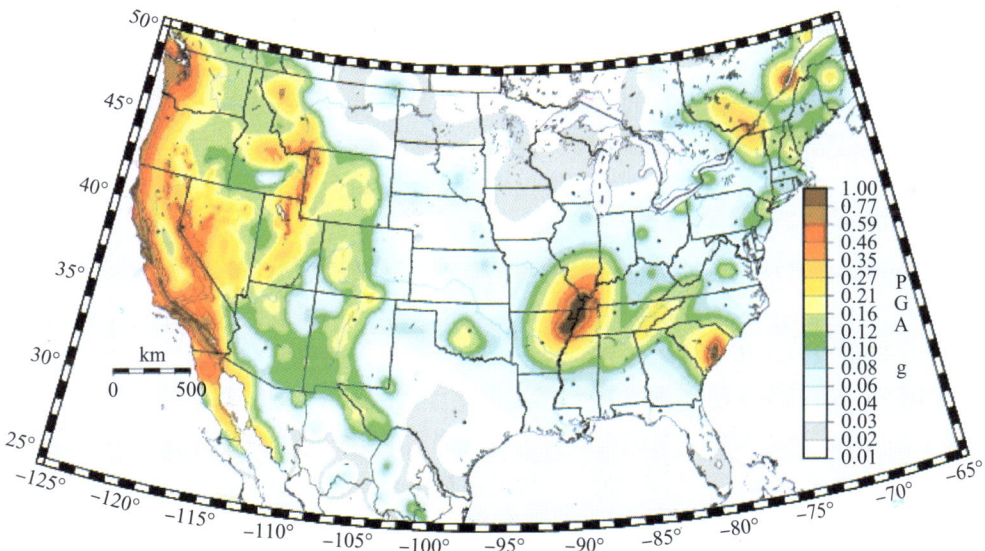

图1-37 美国地震灾害区划图（USGS网站）

害防御工作集中在这两个地区。而加州地区由于地震相对较多，是美国对震害防御最为重视的地区。

1）多层次的震害防御管理体系

美国的震害防御体系在联邦层次主要是隶属于国土安全部的联邦紧急事务管理局（FEMA）和隶属于内政部的美国地质调查局（USGS）。前者主要是协助地方政府进行震后应急救援以及提供地震安全技术服务，后者主要从事地震领域的基础科学研究以及防灾减灾科技项目。美国各州和地方政府是震害防御政策实施的主体，负责各种地震相关政策和法案的实施。另外，美国的相关专业学会通过编制规范等方式也会参与震害防御工作。

2）尽量利用市场机制和法律体系推动震害防御工作

美国长期奉行的是自由市场资本主义。政府一般不进行直接投资，而通过市场手段调节利益关系，使房屋产权者不得不重视地震安全。比如加州民法（Califorlnia Civil Code）1103.2 款要求在房屋产权交易中必须有自然灾害披露声明。如果交易房屋位于地震区内，出售者或者代理方包括提供售房资料协助的公司都有责任将相关信息完整披露并提供书面声明。否则可视为不诚实交易。为了增加这方面的法律执行力度，1998 年加州又通过了"自然灾害披露法"（Natural Hazards Disclosure Act）对相关问题做了更严格的规范。

为了鼓励地震加固，加州议会在 2000 年和 2006 年通过两项提案分别规定：1979 年前建造住房抗震加固成本的 55% 可以计入个人所得税课税抵扣（提案号：AB1756）；征收财产税时抗震加固部件不计为新建项目，免征相关税费（提案号：SCA4）。另外，加州各地方政府也有鼓励抗震加固的税收优惠，比如伯克利（Berkeley）市规定，在产权交易后一年内自愿进行房屋加固的，经查验后可以获得最高三分之一的产权交易税优惠。

美国联邦、各州是主要的法律制定者，此外地方也还有一些法规。其法律体系庞大浩繁。就地震安全而言：联邦救灾、保险、建筑、规划、房屋交易、税收等多种法律都有所涉及。

1977 年制定的"地震减灾法案"（Earthquake Hazards Reduction Act of 1977），因为其主要内容是"国家地震减灾规划"，在 2004 年修订后又称为"国家地震减灾规划重新授权法"（National Earthquake Hazards Reduction Program Reauthorization Act）。

该法主要包括立法依据、目的、术语定义、地震减灾规划、相关研究和政策报告、组织机构、标准、接受捐赠、联邦政府以外经费来源、震后调查、预算拨款、地震科学研究、地震工程模拟网络。但其中心是围绕国家地震减灾规划的。

美国地震减灾规划的目标是：①发展有效的地震减灾措施；②通过资金、合同、技术协助，建立相关标准规范，提供地震危险性信息，促进地震减灾措施从联邦政府到私人的应用；③提高地震对社区、建筑、生命线等影响的科学认识以及人们对相关工程、自然科学、社会、经济以及决策等科学研究的认识；④发展用于地震研究的监测网络系统和小约翰·布朗（George Brown Jr.）地震工程模拟网络。

该法也从地震减灾规划涉及的组织机构、各部门的工作任务等做了具体的规定，所需要的经费从 1978 年以来一直到 2009 年都有具体指标。

该法对震害防御、地震监测、地震科研（包括震后科学考察）都系统地做了法律要求，并且都有具体内容和操作的细节。

1974 年制定的"罗伯特·T·斯塔夫德灾害救援和应急协助法"（Robert T. Stafford

Disaster Relief and Emergency Assistance Act），这是一部综合的灾害救援和应急管理法律，其涉及的不仅有自然灾害而且有人为灾害如恐怖主义活动。

这部法律的执行主体是总统和联邦紧急事务管理局（FEMA），但同时对地方和相关实体的职责和作用也有规定，它是一部操作性强，涉及全面的灾害救援及应急法律指南，同时也对部门和组织间协调配合做出了详尽的规定。此法的最后一次修订是 2007 年受恐怖主义和"卡特里娜"飓风的影响所做的修订。

可以说，该法是美国很重要的一部联邦法律，它不仅体现美国防灾应急的思路，而且就地震应急管理而言，能纳入这样一部重要的法律，有利于集中资源快速高效进行应急管理。

第二章 西北地区的地震灾害

2.1 西北地区的地震和受灾状况

2.1.1 西北地区的地震

西北地区5级以上地震主要分布在天山地震带、西昆仑－阿尔金地区、祁连山地震带、柴达木－共和地块、甘东南地区和库玛地震带。天山地震带5级以上地震主要分布在南、北天山地区，地震活动频度高，强度大，曾发生1902年阿图什8.0级和多次7级地震，1949年以来发生最大地震为1985年8月23日乌恰7.4级地震。祁连山地震带自1920年海原8.5级地震开始，陆续发生了1927年古浪8.0级、1932年昌马7.6级、1954年山丹7.3级地震。1949年以来，5级以上地震主要集中在祁连山中西段的景泰－古浪－张掖－肃南地区、祁连山东端的海原－固原地区和龙首山地区，最大地震为1954年山丹7.3级。甘东南地区在历史上曾发生过3次8级大地震，是西北地区主要的地震活跃带。1949年以来，该地区地震活动主要以5级地震为主，发生最大地震为1987年迭部5.8级。1949年以来柴达木－共和地块地震活动主要集中在兴海、共和、霍布逊湖和德令哈地区，最大地震为1990年共和7.0级地震。库玛地震带地震频度高、强度大，1949年以来记录的5级以上地震主要集中在库玛断裂带及附近地区，发生最大地震为2001年昆仑山口西8.1级地震。

2.1.1.1 1949年以前西北地区地震情况

图2－1、表2－1给出了1949年以前西北地区7级以上大地震。图2－2是1949年以前西北地区6.0级以上地震的分布图（时振梁，1986；中国地震简目编汇组，1988；中央地震工作小组办公室，1971，1989；中国地震目录，1984；国家地震局震害防御司，1996）。

表2－1 1949年以前西北地区7级以上大地震目录

序号	地震时间	地　点	纬度(°)（N）	经度(°)（E）	震源深度（千米）	震级	烈度	死亡人数（人）	损失情况
1	143.10	甘肃甘谷西	34.7	105.3		7.0	IX		
2	180.9	甘肃高台西	39.4	99.5		7.5	X		
3	734.3.19	甘肃天水	34.6	105.6		7.0	IX	100	
4	1125.8.30	甘肃兰州	36.1	103.7		7.0	IX		
5	1352.4.18	甘肃会宁东南	35.6	105.3		7.0	IX		
6	1501.1.19	陕西朝邑	34.8	110.1		7.0	IX	400	严重

序号	地震时间	地　点	纬度(°)（N）	经度(°)（E）	震源深度（千米）	震级	烈度	死亡人数（人）	损失情况
7	1556.1.23	陕西华县	34.5	109.7		8.0	XI	830000	非常严重
8	1561.7.25	宁夏中卫	37.5	106.2		7.25	IX	1000	中等
9	1609.7.12	甘肃酒泉	39.2	99.0		7.25	X	840	中等
10	1622.10.25	宁夏固原北	36.5	106.3		7.0	IX	18000	严重
11	1654.7.21	甘肃天水	34.3	105.5		8.0	X$^+$		
12	1709.10.14	宁夏中卫南	37.4	105.3		7.5	X		
13	1718.6.19	甘肃通渭南	35.0	105.2		7.5	X		
14	1739.1.3	宁夏平罗、银川	38.8	106.5		8.0	XI		
15	1812.3.8	新疆绥定东	43.7	83.0		7~8			
16	1842.6.11	新疆巴里坤	43.6	93.0		7.0	IX		
17	1879.7.1	甘肃武都南	33.2	104.7		8.0	XI	10430	非常严重
18	1895.7.5	新疆塔什库尔干	37.7	75.1		7.0	IX		
19	1902.8.22	新疆阿图什北	39.9	76.2	30	8.0	XI	200	严重
20	1906.12.23	新疆沙湾南	43.5	85.0	12	8.0	X		
21	1914.8.4	新疆巴里坤西	43.5	91.5		7.5	X	280	严重
22	1920.12.16	宁夏海原	36.5	105.7	17	8.5	XII	200000	非常严重
23	1920.12.25	宁夏海原西北	36.6	105.2		7.0			
24	1924.7.3	新疆民丰东	36.8	83.8		7.25			
25	1924.7.12	新疆民丰东	37.1	83.6		7.2			
26	1927.5.23	甘肃古浪	37.6	102.6	12	8.0	XI	80000	非常严重
27	1931.8.11	新疆富蕴	47.1	89.8	14	8.0	XI		
28	1931.8.18	新疆富蕴	47.2	90.0		7.25			
29	1932.12.25	甘肃昌马	39.7	96.7	60	7.6	X	70000	中等
30	1937.1.7	青海托所胡西	35.5	97.6	20	7.5	X		
31	1944.3.10	新疆新源东北	44.0	84.0		7.2			
32	1944.9.28	新疆喀什西南	39.1	75.0		7.0			
33	1947.3.17	青海达日	33.3	99.5	60	7.7	X		

注：没有提供经济损失评估的地震，按定性的破坏等级分类。

　　中等：700万~3500万元；严重：3500万~17500万元；非常严重：17500万元以上。

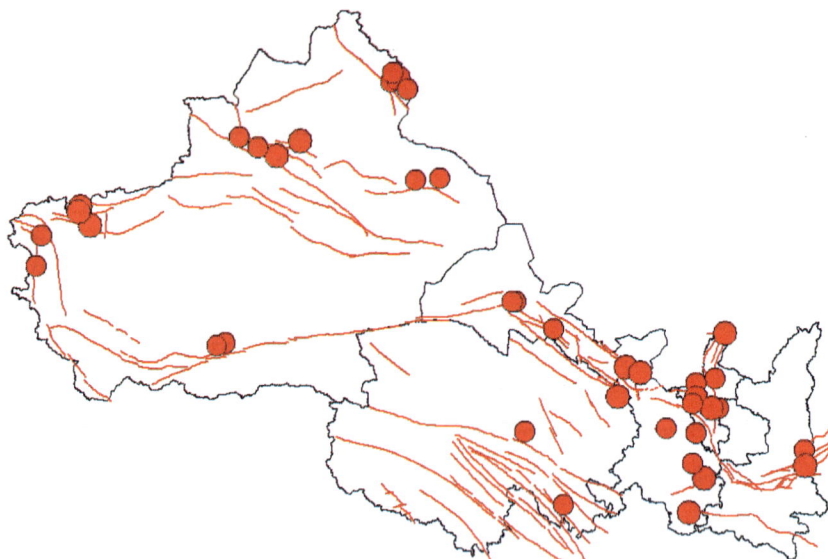

图 2 – 1　1949 年以前西北地区 7 级以上地震分布图

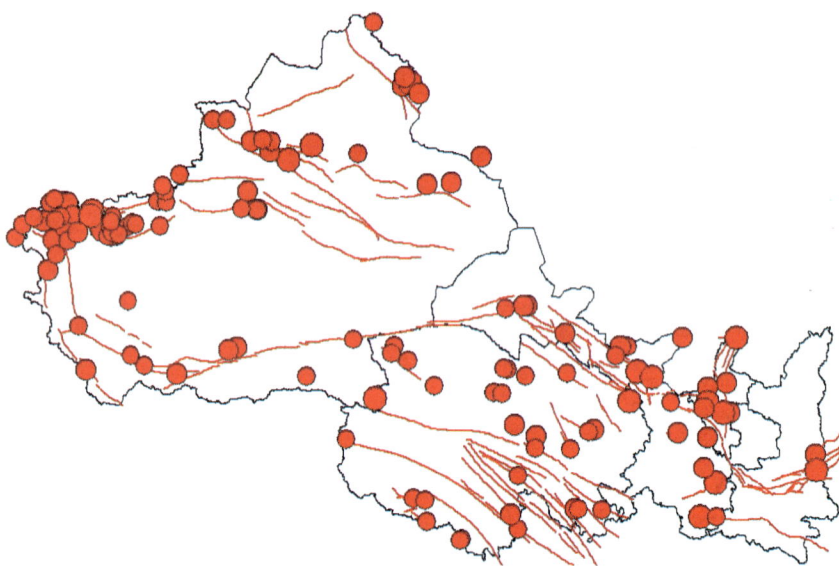

图 2 – 2　1949 年以前西北地区 6 级以上地震分布图

　　1949 年以前西北地区 7 级以上大地震造成的死亡人数与震级的关系如图 2 – 3 所示。

　　1949 年以前，陕西省发生 7 级以上地震 2 次，分别是 1501 年 1 月 19 日陕西朝邑 7.0 级地震，震中烈度Ⅸ度，地震造成 400 人死亡及严重的经济损失；1556 年 1 月 23 日陕西华县 8.0 级地震，震中烈度Ⅺ度，地震造成 83 万人死亡和非常严重的经济损失。

　　1949 年以前，甘肃省发生 7 级以上地震 11 次，其中 7.0～7.9 级地震 8 次，8 级以上地震 3 次。其中，1927 年 5 月 22 日甘肃古浪 8.0 级地震，震中烈度Ⅺ度，地震造成 20 万人死亡和非常严重的经济损失（图 2 – 4）。

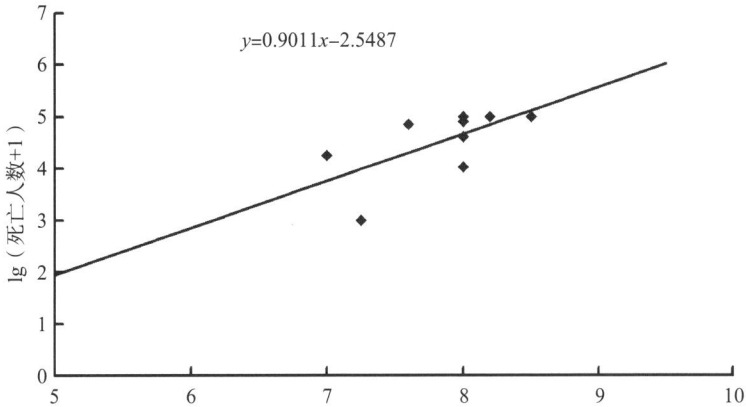

$y=0.9011x-2.5487$

图 2-3 7 级以上地震死亡人数与震级的关系

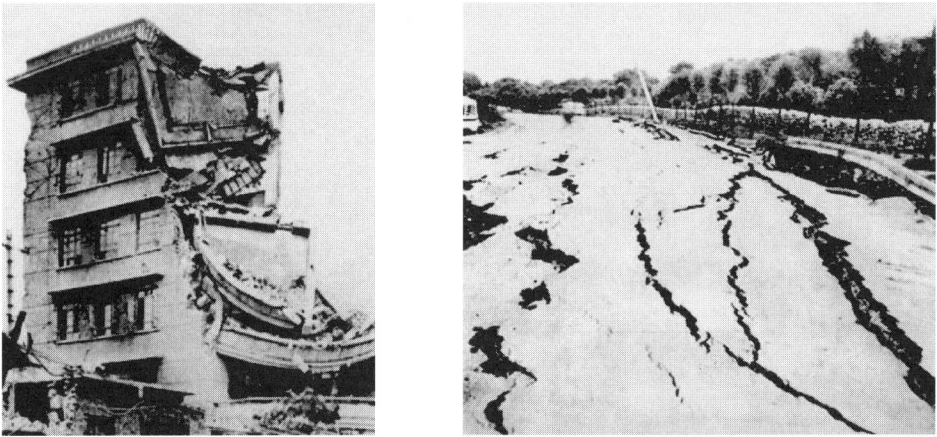

图 2-4 1927 年 5 月 22 日甘肃古浪 8.0 级地震造成的灾害

1949 年以前，宁夏回族自治区发生 7 级以上地震 7 次，其中 7.0～7.9 级地震 4 次，8 级以上地震 3 次。发生过的最大地震为 1920 年 12 月 16 日宁夏海原 8.5 级地震，震中烈度 XII 度，地震造成近 23.5 万人死亡和非常严重的经济损失（图 2-5）。

1949 年以前，青海省发生 7 级以上地震 2 次，分别是 1937 年 1 月 7 日青海都兰南托索湖 7.5 级，震中烈度 X 度；1947 年 3 月 17 日青海达日 7.7 级地震，震中烈度 X 度。

1949 年以前，新疆维吾尔自治区发生 7 级以上地震 12 次，其中 7.0～7.9 级地震 9 次，8 级以上地震 3 次。

图 2-5 1920 海原地震造成的灾害

2.1.1.2　1949年1月至2010年8月西北地区地震情况

据不完全统计，西北五省发生过94次6级以上的大地震，其中6.0～6.9级地震80次，7.0～7.9级地震13次，1次8级以上的特大地震（图2-6、表2-2）。发生过的最大地震为2001年11月14日青海昆仑山口西8.1级地震，震中最大烈度为Ⅺ度（时振梁，1986；中国地震简目编汇组，1988；中央地震工作小组办公室，1971，1989；中国地震目录，1984）。

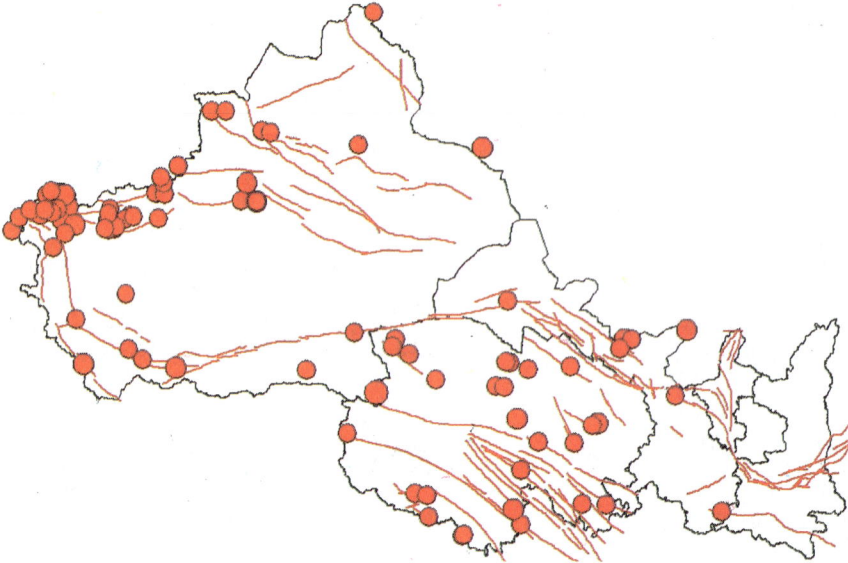

图2-6　1949年1月至2010年8月西北地区6级以上地震空间分布

表2-2　1949年1月至2010年8月西北地区6级以上地震目录

序号	地震时间	地　点	纬度(°)(N)	经度(°)(E)	震源深度(千米)	震级	烈度	死亡人数(人)	损失情况
1	1949.2.23	新疆库车东北	41.9	83.2		7.25		有伤亡	房屋倒塌
2	1949.2.24	新疆轮台	42.0	84.0		7.25	Ⅸ		
3	1949.5.25	新疆库车	42.0	83.6		6.25			
4	1949.6.15	青海班玛西北	33.3	100.0		6.0			
5	1951.12.27	甘肃肃北东	39.6	95.7		6.0			
6	1952.10.6	青海乌图美仁	37.1	93.2		6.0			
7	1952.11.1	青海久治	33.3	101.0		6.0			
8	1953.7.10	新疆巴楚	39.9	78.3		6.0			
9	1954.2.11	甘肃山丹东北	39.0	101.3	10	7.25	Ⅹ	47	
10	1954.2.11	甘肃山丹东北	39.0	101.5		6.0	Ⅹ		

序号	地震时间	地 点	纬度(°)（N）	经度(°)（E）	震源深度（千米）	震级	烈度	死亡人数（人）	损失情况
11	1954.7.31	甘肃民勤东	38.8	104.2		7.0			
12	1955.4.15	新疆乌恰西	39.9	74.7		7.0	Ⅸ	18	严重破坏
13	1955.4.24	新疆精河东南	44.2	83.6		6.5			
14	1958.12.21	新疆赛里木湖	44.33	80.52	地壳内	6.5			
15	1959.4.27	青海唐古拉山口	33.2	92.6	地壳内	6.0			
16	1959.6.28	新疆温宿北	41.9	80.0	20	6.75			
17	1959.11.15	新疆公格尔山	38.45	75.19	40	6.4		有伤亡	部分民房倒
18	1961.4.1	新疆巴楚西	39.55	77.48	20	6.75			
19	1961.4.4	新疆巴楚西	39.9	77.8	地壳内	6.4			
20	1961.4.14	新疆巴楚西	39.8	77.7	20	6.8	Ⅸ		
21	1961.9.5	新疆乌孜别里	38.5	73.2	100	6.0			
22	1962.5.21	青海北霍布逊湖	37.1	96.0	25	6.8			
23	1962.8.20	新疆赛里木湖	44.41	81.35		6.4	Ⅷ		
24	1963.4.19	青海阿拉克湖	35.7	97.0		7.0	Ⅷ⁺		
25	1963.6.26	新疆麻扎西	36.4	76.7	90	6.0			
26	1963.8.29	新疆乌恰西	39.8	74.2		6.5		有伤亡	民房大部分倒
27	1963.10.16	新疆乌孜别里山	38.8	73.3		6.6			
28	1965.11.13	新疆乌鲁木齐东	43.9	87.8	60	6.6	Ⅷ		房屋有破坏
29	1966.10.14	新疆阿其克库勒	36.5	87.4	14	6.0			
30	1969.2.12	新疆乌什东北	41.27	79.22	10	6.3	Ⅶ⁺	有伤亡	较大破坏
31	1971.3.23	新疆乌什北	41.3	79.4	20	6.1			
32	1971.3.24	青海东给措纳湖	35.27	98.00	13	6.3			
33	1971.4.3	青海杂多南	32.11	95.13	20	6.3			
34	1971.4.3	青海杂多南	32.09	95.08	20	6.5			
35	1972.1.15	新疆柯坪西南	44.20	83.32	31	6.2			
36	1973.6.2	新疆精河东南	44.20	83.32	18	6.0			
37	1974.7.4	新疆巴里坤东北	45.0	94.2	地壳内	7.1			

续表

序号	地震时间	地　点	纬度(°)（N）	经度(°)（E）	震源深度（千米）	震级	烈度	死亡人数（人）	经济损失（万元）
38	1974.8.11	新疆乌孜别里山	39.4	73.8	30	7.3			
39	1974.8.11	新疆乌恰西南	39.4	73.5	33	6.4			
40	1974.8.27	新疆乌恰西北	39.9	73.9	33	6.0			
41	1975.4.28	新疆和田南	36.0	79.9	地壳内	6.1			
42	1975.5.5	青海卡塞渡口	33.2	92.9	12	6.4			
43	1975.6.4	新疆和田南	36.13	79.45		6.1			
44	1977.1.1	青海茫崖西北	38.2	91.2	16	6.4			土坯房全倒
45	1977.1.19	青海北霍鲁逊湖	37.1	95.8	18	6.3	未考察	0	未考察
46	1977.12.18	新疆伽师东北	39.53	77.30	21	6.2	Ⅶ	0	较轻
47	1978.10.8	新疆乌恰西南	39.4	74.8	50	6.0			
48	1979.3.29	新疆库车	41.54	83.15	25	6.0	Ⅵ	0	未考察
49	1979.3.29	青海玉树南	32.4	97.3	45	6.2	未考察	0	未考察
50	1983.2.13	新疆乌恰	40.1	75.3	33	6.8	Ⅷ	0	较轻
51	1983.4.5	新疆乌恰西北	40.0	75.0	33	6.2		一些	中等
52	1985.8.23	新疆乌恰	39.4	75.6	7	7.4	Ⅸ	71	严重
53	1987.1.24	新疆乌什	41.5	79.3	29	6.3	Ⅳ	0	中等
54	1987.2.26	青海茫崖	38.04	91.15	24	6.1	Ⅵ	0	未考察
55	1990.1.14	青海茫崖	37.53	92.02	16	6.6	Ⅷ	0	1000万
56	1990.4.17	新疆乌恰	39.5	74.5	29	6.4	Ⅷ	0	350万
57	1990.4.26	青海共和	36.1	100.3	30	7.0	Ⅸ	119	1.6亿
58	1990.10.20	甘肃天祝	37.1	103.5	15	6.2	Ⅷ	2	5371万
59	1991.2.25	新疆柯坪	40.4	79.4	21	6.5	Ⅷ	1	461万
60	1993.10.2	新疆若羌县东南	38.2	88.9	27	6.6	Ⅷ	0	277万
61	1993.10.26	青海祁连县	38.0	98.7	20	6.0	未确定	无人区	未考察
62	1993.12.1	新疆疏附	39.18	75.39	39	6.2	Ⅶ	2	5931万
63	1994.1.3	青海共和县	36.07	100.16	8	6.0	Ⅷ	0	5745万
64	1994.6.30	青海唐古拉山	32.37	93.40	10	6.2	未考察	无人区	未考察

序号	地震时间	地 点	纬度(°)（N）	经度(°)（E）	震源深度（千米）	震级	烈度	死亡人数（人）	经济损失（万元）
65	1995.2.18	青海玛多县	34.29	97.21	30	6.2	未考察	0	218万
66	1996.3.13	新疆阿勒泰	48.6	88.0	30	6.1	Ⅶ+	0	3411万
67	1996.3.19	新疆伽师阿图什	39.9	76.8	17	6.9	Ⅸ	24	3.87亿
68	1996.11.19	新疆喀喇昆仑山	35.2	78.0	16	7.1	Ⅷ	无人区	未考察
69	1997.1.21	新疆伽师	39.6	77.4	18	6.0	Ⅷ	24	11.2亿
70	1997.1.21	新疆伽师	39.6	77.4	19	6.2			
71	1997.3.1	新疆伽师	39.5	76.9	17	6.0	Ⅶ		
72	1997.4.6	新疆伽师	39.5	76.8	17	6.4	Ⅷ		
73	1997.4.6	新疆伽师	39.6	76.9	32	6.2			
74	1997.4.11	新疆伽师	39.7	76.8	29	6.4			
75	1997.4.16	新疆伽师	39.6	76.9	23	6.2			
76	1998.8.2	新疆伽师	39.6	77.5	22	6.1	Ⅶ		
77	1998.8.27	新疆伽师－巴楚	39.9	77.9	27	6.4	Ⅷ		
78	1998.3.19	新疆阿图什东北	40.2	76.8	15	6.0	Ⅶ	0	2211万
79	1998.5.29	新疆皮山县	37.57	79.03	36	6.2	Ⅶ	0	5487万
80	2000.9.12	青海兴海－玛多	35.3	99.3	15	6.6	Ⅷ	0	542万
81	2001.11.14	青海昆仑山口西	35.9	90.5	10	8.1	Ⅺ	0	4793万
82	2003.2.24	新疆伽师	39.5	77.2		6.8		268	12.9亿
83	2003.4.17	青海德令哈	37.5	96.8	14	6.6		0	1.1亿
84	2003.7.7	青海西藏交界	34.6	89.5		6.1			
85	2003.10.25	甘肃省民乐、山丹	38.4	101.2	12	6.1	Ⅷ	10	5亿
86	2003.12.1	新疆伊犁哈萨克自治州				6.1		11	3600万
87	2004.4.6	新疆兴都库什山脉				6.2			
88	2005.2.15	新疆乌什	41.6	79.2		6.2		0	1.6亿
89	2008.3.21	新疆和田	35.6	81.6	33	7.3		无人区	1000万
90	2008.7.24	陕西汉中	32.8	105.5		6.0			
91	2008.10.5	新疆乌恰县	39.5	73.9	33	6.8	Ⅷ	0	6728万

序号	地震时间	地　点	纬度(°)（N）	经度(°)（E）	震源深度（千米）	震级	烈度	死亡人数（人）	经济损失（万元）
92	2008.11.10	青海海西蒙古族藏族自治州	37.6	95.9	10	6.3		0	1.4亿
93	2009.8.28	青海海西蒙古族藏族自治州	37.6	95.8	7	6.4		0	1.2亿
94	2010.4.14	青海玉树县	33.1	96.7	33	7.1	Ⅸ	2698	非常严重

注：没有提供经济损失评估的地震，按定性的破坏等级分类。

中等：700万～3500万元；严重：3500万～17500万元；非常严重：17500万元以上。

西北地区6～6.9级地震在不同年份平均经济损失如图2－7所示。

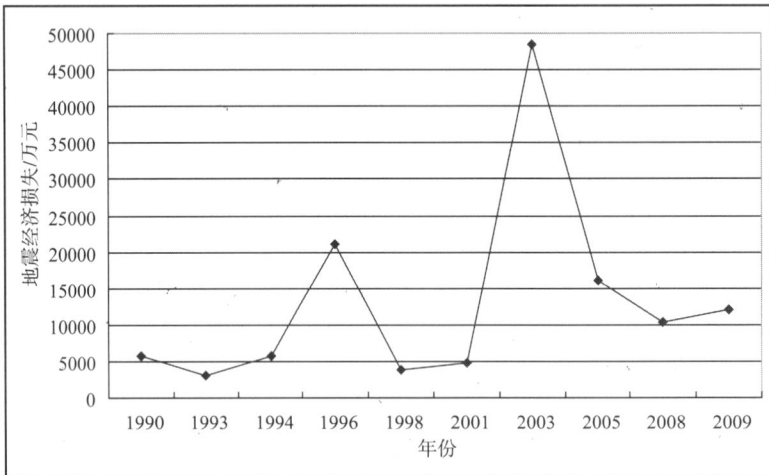

图2－7　经济损失与震级的关系

1949年1月至2010年8月，陕西省发生6级以上地震1次，即2008年7月24日陕西汉中6.0级地震。

1949年1月至2010年8月，甘肃省发生6级以上地震6次，其中6.0～6.9级地震4次，7.0～7.9级地震2次，无8级以上地震。发生过的最大地震为1954年2月11日甘肃山丹东北7.25级地震，震中烈度Ⅹ度。此外，地震造成的经济损失较严重的如2003年10月25日甘肃民乐－山丹6.1级地震，震中烈度Ⅷ度，震源深度12千米，地震造成10人死亡，46人受伤，261万平方米房屋破坏，直接经济损失5亿多元（图2－8）。

1949年1月至2010年8月，宁夏回族自治区没有发生过6级以上地震。据不完全统计，宁夏及边邻地区发生5.0级以上地震11次，均为5.0～5.9级，最大地震为1962年12月18日灵武5.5级地震和1982年4月14日海原5.5级地震，极震区最大烈度为Ⅶ度强，震源深度小于23千米。

图 2 - 8　2003 年 10 月 25 日甘肃民乐 - 山丹 6.1 级地震造成的灾害

　　1949 年 1 月至 2010 年 8 月，青海省发生 6 级以上地震 27 次，其中 6.0～6.9 级地震 23 次，7.0～7.9 级地震 3 次，8 级以上地震 1 次。发生过的最大地震为 2001 年 11 月 14 日昆仑山口西 8.1 级地震，震中最大烈度为 XI 度。

　　1949 年 1 月至 2010 年 8 月，新疆维吾尔自治区发生 6 级以上地震 60 次，其中 6.0～6.9 级地震 52 次，7.0～7.9 级地震 8 次，无 8 级以上地震。发生过的最大地震为 1985 年 8 月 23 日乌恰 7.4 级地震，震中烈度 IX 度，震源深度 7 千米，地震造成 71 人死亡和严重的经济损失。此外，地震造成较惨重的人员伤亡和经济损失的如 2003 年 2 月 24 日新疆巴楚 - 伽师 6.8 级地震，死亡 268 人，伤 4853 人，684 万平方米房屋破坏，直接经济损失近 14 亿元（图 2 - 9）。

图 2 - 9　2003 年 2 月 24 日新疆巴楚 - 伽师 6.8 级地震造成的灾害

　　根据中国地震局的地震目录，1990 年 1 月至 2010 年 8 月的 20 年间，西北地区共发生 M_S5.0 级以上破坏性地震（含强余震）185 次，其中陕西省 6 次，甘肃省 12 次，青海省 86 次，新疆维吾尔自治区 81 次，仅宁夏回族自治区近年没有遭受 M_S5.0 级以上地震。这

20 年期间，西北地区共发生 M_S6.0 级以上破坏性地震（含强余震）40 次，其中陕西省 1 次，甘肃省 2 次，青海省 13 次，新疆维吾尔自治区 24 次，仅宁夏回族自治区近年没有遭受 M_S6.0 级以上地震。就破坏性地震的数目而言，M_S5.0 级以上破坏性地震，陕西占 3.2%，甘肃占 6.5%，青海占 46.5%，新疆占 43.8%，宁夏没有遭受 M_S5.0 级以上地震（图 2-10）。同样，M_S6.0 级以上破坏性地震，陕西占 2.5%，甘肃占 5%，青海占 32.5%，新疆占 60%（图 2-11）。

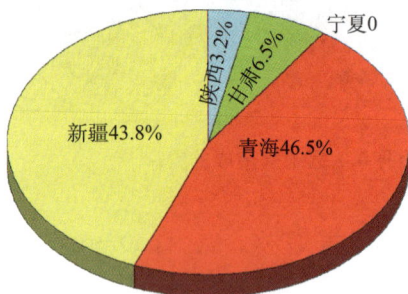

图 2-10 1990～2010 年西北 5.0 级
以上地震分省构成

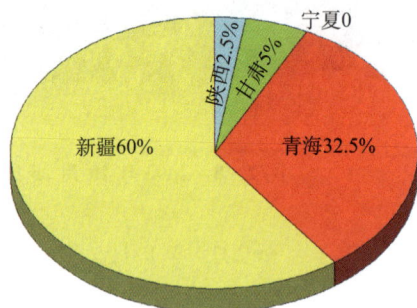

图 2-11 1990～2010 年西北 6.0 级
以上地震分省构成

2.1.2 西北地区地震灾害与经济条件的对比

西北地区地震频度高、强震多。即使西部部分地震发生在无人区或者人口极为稀少的地区，并未造成严重的地震灾害，西北地区的地震灾害仍然是比较严重的。西北地区由于经济水平条件制约，气候环境和风俗文化影响等使得西北地区农村民房抗震能力普遍较差。在人口不太稀疏的地区，4 级以上地震就有可能致灾，而发生在人口居住区的 5 级以上地震通常导致显著的地震灾害。就全国而言，西北农村地区不仅地震灾害严重而且其损失相较其经济水平更为惨重。一次 6 级以上的地震，可能导致上万乃至十多万的贫困人口。地震灾害无疑对西北地区社会经济可持续发展及贫困人口减少带来严峻的挑战。

从农民年均纯收入而言，西北地区农村人均纯收入较低，五省农村人均纯收入均低于全国农村的平均水平，并且低收入贫困人口比例较高（图 2-12～2-14）。例如，2007 年全国人均收入低于 1067 元的低收入贫困人口 4320 万，约为农村总人口的 4.6%。西北地区农村低收入贫困人口合计 1227 万，为全国农村低收入人口的 28.4%。而除宁夏和新疆外，农村低收入人口的比例均在所在省份人口的 10% 以上，其中甘肃省最高达到 17.2%。与之相应，西北地区农民人均纯收入也较低，人均从 2329 元到 3183 元，所占比例也仅为全国平均水平的 56.3% 到 76.9%。

从地震经济损失而言，1990～2010 年 9 月期间（因 2010 年 4 月 14 日青海玉树地震造成的直接经济损失尚有争议，此次分析未加入），西北五省 6.0 级以上地震造成的直接经济损失情况中，发生在陕西境内地震造成的经济损失预估为 1 亿，大约相当于本省 4 万户农民一年的纯收入；甘肃境内地震造成的经济损失为 6 亿左右，大约相当于本省 25 万户农民一年的纯收入；青海境内地震造成的经济损失 8 亿左右，大约相当于本省 30 万户

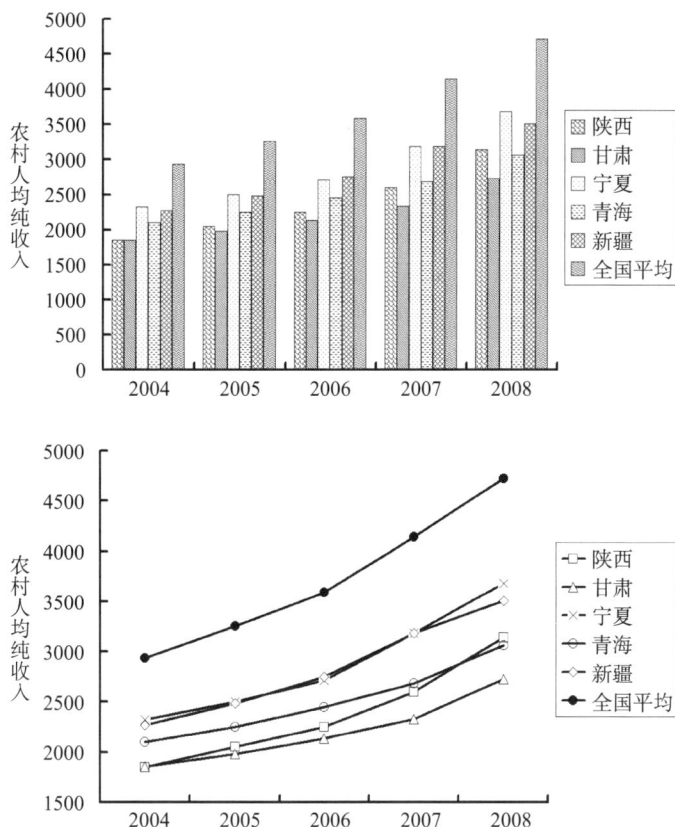

图 2 - 12 2004～2008 年西北五省农村人均纯收入

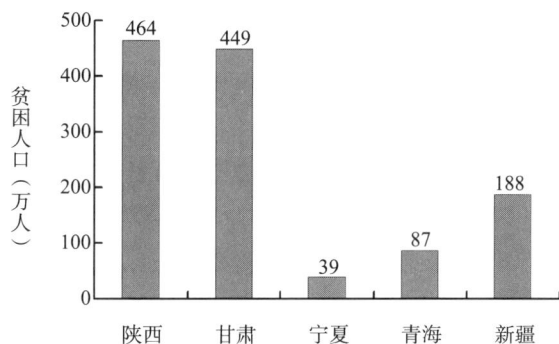

图 2 - 13 2007 年西北农村贫困人口

农民一年的纯收入；新疆境内地震造成的经济损失 45 亿左右，大约相当于本省 150 万户农民一年的纯收入；宁夏没有遭受 $M_S6.0$ 级以上地震。可见，新疆是西北地区遭受破坏性地震最为频繁的地区，长期以来造成的地震损失也最大（图 2 - 15）。

西北地区城市化程度低，农村人口比例大，农村经济欠发达，农民人均纯收入严重低于全国平均水平，低收入贫困人口比例较高，这客观上也造成西北地区农村震害预防意识淡薄，防震减灾经济承受能力较差。

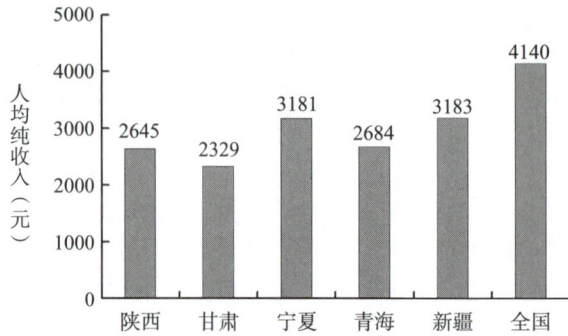

图 2 - 14 2007 年西北农村人均纯收入

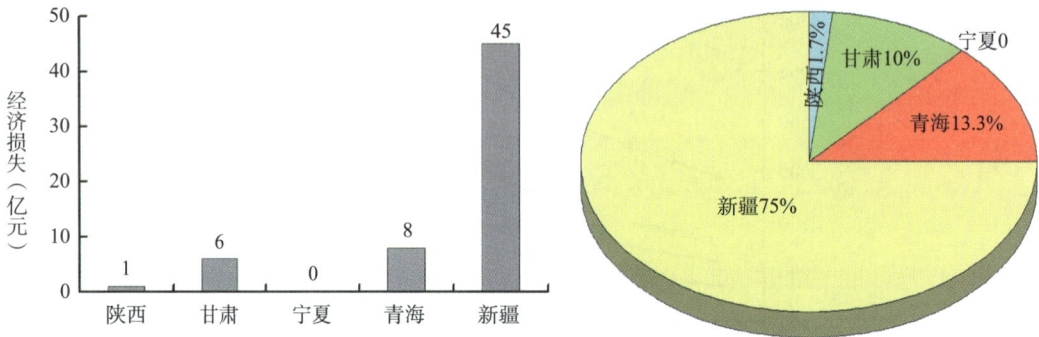

图 2 - 15 1990 ～2010 年西北各省境内 6.0 级以上地震造成的经济损失情况

2.1.3 西北地区地震灾害与东部地区的对比

1996 ～2000 年我国西北与东部地震数量情况见表 2 - 3，各年的地震情况如下：

1996 年我国共发生 5 级以上地震 38 次，其中包括西北 11 次（新疆 8 次、青海 2 次、甘肃 1 次），内蒙古包头西地震 1 次。本年我国大陆地区有 12 次地震成灾事件，它们是由 17 次地震造成的，其中西北 4 次、东部 1 次。

1997 年我国共发生 5 级以上地震 54 次，其中包括西北 19 次（新疆 18 次、青海 1 次），东部 2 次（广东三水地震、福建永安地震）。本年我国大陆地区有 10 次地震成灾事件，它们是由 20 次地震造成的，其中西北 3 次、东部 2 次。

1998 年我国共发生 5 级以上地震 36 次，其中包括西北 9 次（新疆 9 次），东部 2 次（河北尚义东地震、山西临猗 - 永济地震）。本年我国大陆地区有 16 次地震成灾事件，它们是由 20 次地震造成的，其中西北 8 次、东部 2 次。

1999 年我国共发生 5 级以上地震 72 次，其中包括西北 10 次（新疆 7 次、青海 3 次），东部 5 次（内蒙古锡林浩特北地震、河北张北地震、吉林汪清地震、山西大同 - 浑源地震、辽宁岫岩满族自治县地震）。本年我国大陆地区有 15 次地震成灾事件，它们是由 16 次地震造成的，其中西北 5 次、东部 4 次。

2000 年我国共发生 5 级以上地震 50 次，其中包括西北 16 次（新疆 2 次、青海 13 次、甘肃 1 次），东部 1 次（辽宁海城岫岩地震）。本年我国大陆地区有 10 次地震成灾事件，它们是由 13 次地震造成的，其中西北 4 次、东部 2 次。

表 2 - 3　我国西北与东部同一时期地震情况对比（1996～2000 年）

地区	5 级以上地震次数	成灾次数	人员伤亡（人）	直接经济损失（万元）
西北	65	24	466	180000
东部	11	11	12089	285000

2.1.4　汶川地震和玉树地震

北京时间 2008 年 5 月 12 日 14 时 28 分，在我国四川省阿坝藏族羌族自治州汶川县境内、四川省成都市西北偏西方向 90 千米处发生了里氏 8.0 级特大地震。根据中国地震局的数据，此次地震的面波震级达 $M_S 8.0$，破坏地区超过 10 万平方千米。地震烈度最高达到 XI 度，地震波及大半个中国及多个亚洲国家，除黑龙江、吉林、新疆外均有不同程度的震感，其中以陕甘川三省震情较为严重。VI 度区的面积约 314906 平方千米（图 2 - 16），最东部为陕西省镇安县，最西为四川省道孚县，最北达到宁夏回族自治区固原县，最南为四川省雷波县。汶川地震中共有 69197 人遇难，374176 人受伤，失踪 18209 人，倒塌房屋 536.25 万间，损坏房屋 2142.66 万间，直接经济损失达 8451 亿元，是自建国以来影响最大的一次地震（图 2 - 17）（李勇，黄润秋，2009）。

图 2 - 16　汶川地震与玉树地震 VI 度以上地区示意图

图 2-17 汶川地震震害图片

北京时间 2010 年 4 月 14 日，在我国青海省玉树藏族自治州的玉树县境内发生了里氏 7.1 级地震，地震波及至四川甘孜藏族自治州部分地区、西藏昌都及那曲东三县部分地区。地震烈度最高达到Ⅸ度，2698 人遇难，12135 人受伤，其中 1434 人重伤，倒塌房屋 15000 户（图 2-18）。确定因玉树地震新增的地质灾害及隐患点 295 处，其中崩塌 92 处、滑坡 41 处、泥石流 84 条、地裂缝 13 处、不稳定斜坡 65 处。

图 2-18 玉树地震震害图片

2.1.5 玉树地震与"5·12"汶川地震的主要差异

（1）从主震特征来看，玉树地震所释放的能量仅相当于汶川地震的大约 1/30。玉树地震的发震断层较单一，震源机制为走滑型地震，地表破裂带长度大约在 31～46 千米之间。而汶川地震由龙门山中央断裂产生逆冲兼具走滑运动引发的强震，断层破裂长度达 300 千米，同时牵动前山断裂也产生约 60 千米长的破裂。

（2）从地震序列特征来看，玉树地震是前震—主震—余震型，主震之前约两小时曾发生 4.7 级前震，只可惜它没有起到警示作用，地震主震与最大余震之间的震级差是 0.8

级，时间差为 96 分钟，空间位置相差仅 20 千米，3.0 级以上余震只有 12 次。而汶川"5·12"地震是突发强震，没有前震，属主震－余震型，余震过程持续时间较长，直到 2011 年 2 月 14 日理县还发生 3.2 级地震，主震与最大余震的震级差是 1.6 级，时间差是 13 天，空间位置相差达 300 千米，4.0 级以上余震有 300 余次。

（3）从地震的灾害来看，玉树地震主要是因房屋被震垮所造成的人员伤亡和财产损失，次生灾害少。汶川地震由次生地质灾害所造成的人员伤亡较大，因堰塞湖排险所造成的经济损失也很大。

另外，虽然这两次地震都发生在巴颜喀拉地块边界的活动断裂上，但两者发震断层之间并没有直接的构造联系，分属于不同的二级构造单元。两次地震序列之间并未出现相互的呼应，可以看作是两个独立的地震事件。

2.2 西北地区活动断层分布

2.2.1 西北地区活动断层分布

我国活动断层的分布，总体来说是继承了老的断裂构造，尤其是中生代和第三纪以来断裂构造的格架。

西北地区的活断层分布如图 2－19 所示，从图中可以看出，西北地区的活动断层以北西和北西西走向的走滑和逆冲－走滑断层为主，这主要由该地区的构造应力场大格局所决定。

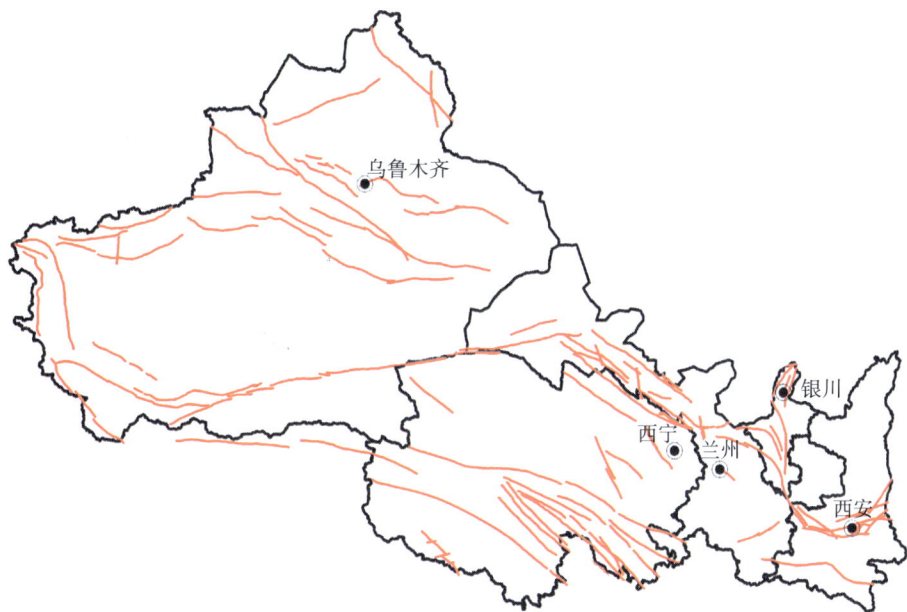

图 2－19 西北地区活动断层分布简图

2.2.2　西北地区主要地震带及典型地震

西北地区主要地震带如图 2-20 所示。

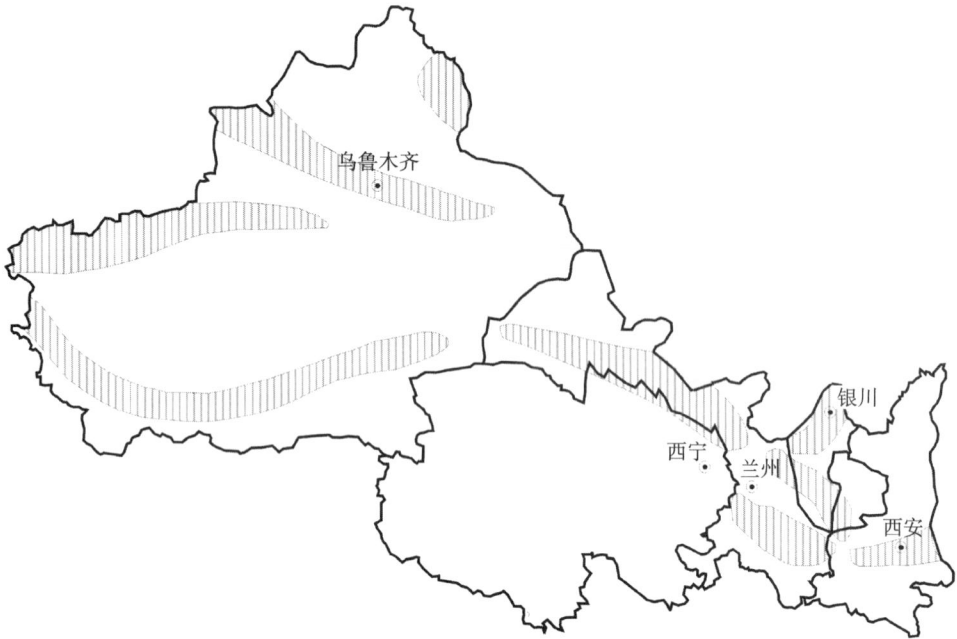

图 2-20　西北地区地震带

1）新疆及其邻区

新疆及其邻区地震带属于印度板块和欧亚板块的结合最为显著部位或称弧顶，或称应力最为集中区。这一地区地震活动背景值较一般内陆地区地震活动水平高，是中国大陆地震最活动的区域之一。据不完全统计，自 1600～1990 年共发生 $M \geqslant 4.7$ 以上地震 1300 余次，其中，6 级以上地震 110 余次，特别是 20 世纪以来，曾发生 7.7 级以上地震达 30 余次。

新疆及邻区地震发震断层主要有 4 组，它们是阿勒泰断裂、北天山断裂、南天山断裂和塔里木南缘及阿尔金断裂。20 世纪以来这 4 组发震构造均有 7 级以上地震发生，如 1902 年阿图什 8.2 级地震；1906 年在沙湾 8.0 级地震；1931 年新疆富蕴 8.0 级地震；1944 年新源 7.2 级地震和喀什 7.0 级地震；1949 年轮台－库车 7.2 级地震；1955 年乌恰 2 次 7 级地震；1985 年乌恰 7.4 级地震。乌恰地区和阿克苏、柯坪和库尔勒以东一带是近几年中强地震较为集中的地区。

2）青海和祁连山地震带

青海和祁连山地震带属青藏高原北部地震区，在这里 7 级以上强烈地震和中强地震的活动有非常明显的相关关系，该区有其自己的地震活动规律和周期性。

青海及其邻区北边界为祁连山断裂，南边界可认为唐古拉山断裂，西边界为阿尔金断裂，北部边界不明显。青海中部有舒玛断裂，曾先后发生过 1937 年 7.5 级地震、1963 年

7.0 级地震和 1971 年 6.8 级地震，也是一个孕育较强地震的构造。

青海地区 6 级以上地震有以下几个特点：

（1）$M_S > 6.0$ 地震成丛和集中发生，如唐古拉山一带 6 级地震就很密集，1981 年以来集中发生了 5 次地震，其中 1988 年青海西南部西捷与沱沱河沿之间 6.8 级地震。

（2）青海地震和甘肃河西祁连山地震带上 7.0 级地震在时间上有呼应现象，一般青海地震在前。如 1932 年昌马 7.6 级地震前，青海哈拉湖、木里一带 1930 年 7 月 14 日发生 6.5 级地震；1927 年 5 月 23 日古浪 8 级地震前，青海哈拉湖 1927 年 3 月 16 日发生 6.0 级地震；1986 年 8 月 26 日门源 6.4 级地震前，唐古拉山于 1986 年 8 月 21 日发生 6.5 级地震。

（3）6 级地震的频发区，一般强度不至于突破 7 级。

3）南北地震带北段

南北地震带是以青藏高原地壳为主体和兼并了扬子地块西部而成的新生构造实体，具弥漫性边界。构成其基本格架的巨型反 S 形或缓弧形构造带，分布在中部的弧顶朝南的弧形构造以及发育在东界附近的旋卷构造。南北地震带北段范围亦较大，南起甘肃东南部以及甘川交界一带，北至宁夏、内蒙古交界或更北些的地方。这一地区的地震活动比较复杂。

武都—天水—临夏—玛曲地区，地震主要发生在武都—礼县—天水一线；固原—景泰地区地震密集于西吉、海原、固原地区，该区域横穿西秦岭多条东西向断裂带；南、西华山—六盘山断裂带和固原—青铜峡断裂带在该区域复合；古浪—山丹—雅布赖地区深断裂带围限的古浪、武威、门源地区地震最多，其次是民勤东侧地区、山丹地区地震集中成团，且都位于深大断裂带上；肃南肃北地区地震不在祁连山个断裂带上，向西止于阿尔金断裂带与祁连山断裂带交汇的地区。

2.2.3 西北地区各省主要活断层活动情况以及典型地震

2.2.2.1 新疆地区

新疆断块区是挤压环境下的再生造山断块和盆地断块发育区，以活动逆断裂－褶皱带和压陷盆地发育为主要特色，它们也是控制地震的主要发震类型，区内与之相关的大型走滑断裂及走滑型地震也有发育。塔里木和准噶尔盆地断块均是结构完整、整体活动性强的断块，天山和阿尔泰山断块都是新生代再生造山断块，山前前陆盆地内活动逆断裂－褶皱带与地震关系十分密切，如天山南北两侧山前的活动逆断裂－褶皱带，再生造山带内部活动逆断裂和压陷盆地发育，与地震有紧密的关系。东昆仑山和柴达木盆地是相互耦合的一对山盆系统，在压陷型柴达木盆地内发育一系列北西向活动褶皱，划分东昆仑－柴达木断块的是西秦岭北缘－青海南苑－柴达木北缘断裂，全新世左旋走滑速率变化范围为 1.7～4.5 毫米/年，祁连山断块内部发育了两组共轭的断层，其中，北西西向左旋走滑断层的水平速率可达 2.5～5.4 毫米/年，逆断层型垂直滑动速率为 0.4～1.2 毫米/年，北北西向右旋走滑断裂水平滑动速率可达 2～3.5 毫米/年。

新疆地区断裂构造十分发育，其中，天山地震带是新疆地震活动的主体区域。天山地震带又分为南天山地震带和北天山地震带，南天山地震带的地震活动水平高于北天山。天山地区活断层非常发育，主要为近东西向、北西－北西西向、北东向 3 组。近东西向规模较大，具有较长的发育历史，以挤压逆冲为主，许多强震和大震均发生在此组断裂上，北西向断裂以艾比湖－伊连哈比尔尕断裂带最为典型，它们斜截天山，以右旋走滑为主；北东向断裂主要集中分布在柯坪断块区，以左旋走滑为主。上述几组断裂构成了天山的构造格架。绝大多数活断层的倾角在45°以上，尤其是55°和70°倾角的活断层所占比例较大。新疆及毗邻地区主要活断层的长度在100～500千米区间内比较集中，发生1931年8级大震的可可托海－二台活断层长达600千米以上，此类活断层比较少见。新疆活断层大部分是倾滑型的逆断层，个别为横断型的走滑断层，1000千米以上的是走滑型断层，比如著名的阿尔金断层。

阿尔金断裂，地处西藏、新疆、青海、甘肃交界的阿尔金山脉地区，是中国西部一条著名的北东东向左行走滑断裂带（图2－21）。它西起新疆与西藏交界的拉竹龙，向北东东方向斜切昆仑山及祁连山，东端隐没于巴丹吉林沙漠之下，全长达1600千米以上。它由多条长达数百千米的断裂组合而成，总体呈北东70°方向直线状延伸，断层面倾角70°以上。卫星影像图上主干断裂具有舒缓波状的线性特征。

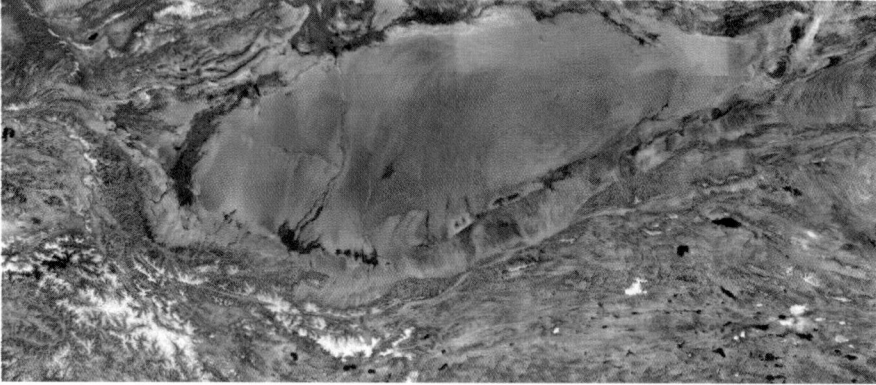

图2－21　阿尔金断裂卫星图片

新疆可可托海－二台活动断裂带（简称二台活动断裂带）位于阿尔泰山西南坡富蕴、青河县境内，走向北北西，是晚更新世以来还在活动的断裂带（图2－22）。该断裂带自富蕴县大桥林场以北经可可托海、吐尔洪盆地西侧，然后出阿尔泰山，沿阿尔泰山山前向南延伸，一直切过乌伦古河，二台活动断裂带主要为断层面东倾的逆断层，有右旋走滑活动。它由11条次级断层构成，其中二叉河—阿克沃巴次级断层与买增萨依－喀腊萨木尔森次级断层呈右行右阶排列，在阶区形成喀依尔提拉分型盆地；而卡布尔特山口副断层与夏贝尔特－喀腊朔克阔腊次级断层呈右行左阶排列，于阶区形成推挤型隆起。该断裂晚更新晚期以来至少发生过7次地震，其中就包括1931年新疆富蕴8.0级地震。

1）天山中段乌苏—和静—轮台地区

天山中段地区是天山地震带的中强震活跃区域之一。这里构造密集，走向复杂，属于天山纬向构造带的中东段。在这个地区北天山地震带一系列呈北西西向展布的博罗科努断裂、亚马特断裂等，与南天山东段一系列近东西的库姆格列木断裂、拱拜孜断裂和焉耆盆地南、北缘断裂等在此汇聚（图2－23）。在北天山由南向北发育有3排新生代活动的逆

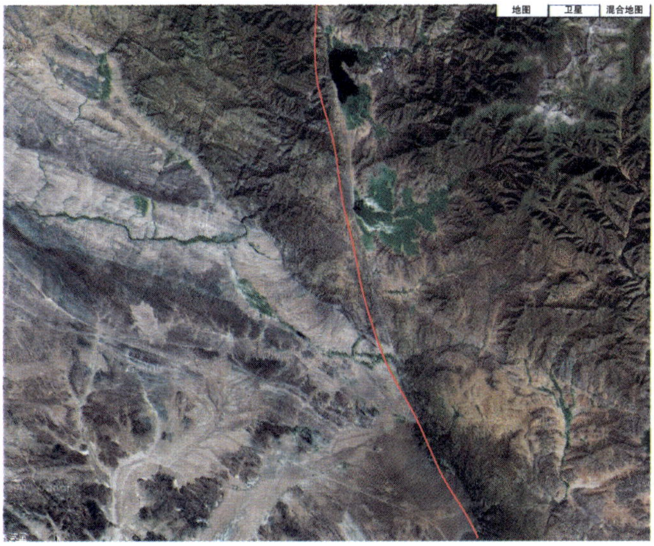

图 2-22 可可托海-二台断裂卫星图片

断裂-褶皱带，其中在第 2 排逆断裂-褶皱带上曾发生 1906 年的玛纳斯 7.7 级地震；沿博罗科努断裂曾发生过 1944 年乌苏 7.2 级地震和 1955 年精河 6.5 级地震。自 1973 年精河 6.0 级地震后，北天山地区 6 级地震平静已经长达近 40 年。在南天山东段的拱拜孜断裂以南发育有 4 排逆断裂褶皱背斜带，这些褶皱背斜带是控制南天山东段地区中强地震的主要发震构造。其中沿秋立塔格断裂曾发生 1949 年库车 $7\frac{1}{4}$ 级地震和 1979 年库车 6 级地震。

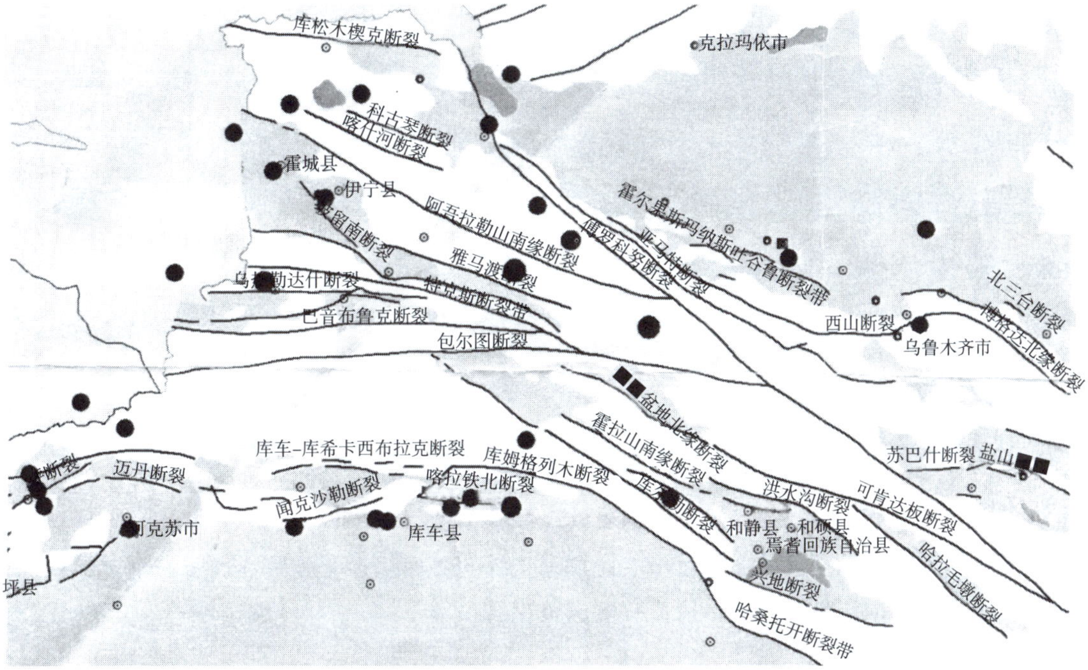

图 2-23 天山中段地质构造图及 $M \geqslant 6$ 地震分布（邓起东，2000）

该地区除少数断裂为晚第四纪以来活动性质不明的断裂，其他绝大多数断裂都是全新世以来活动断裂。该地区具备发生中强地震的能量积累水平。

2）阿合奇—巴楚地区

柯坪块体位于南天山地震带的西段，是南天山构造运动最强烈的地区之一，主要由阔克沙勒断裂、柯坪断裂、托特拱拜兹断裂、阿合奇断裂带及秋立塔克等断裂围限而成。该区断裂构造以北东向为主，往西南转为近东西向，总体呈向东南突出的弧形。该区历史强震以 6 级地震活动为主，多发生在两端构造的复合部位，最大地震为柯坪推覆体西段的 1902 年阿图什 8 级地震。最近的 6 级地震为其东段 2005 年发生的乌什 6.3 级地震（图 2 - 24）。据 GPS 观测资料显示，南天山西段喀什以东至库车以西的地区现今地壳缩短速率约为 13 毫米/年；利用平衡地质剖面方法研究柯坪活动断裂 - 褶皱带的地壳缩短结果表明，第四纪以来，该地区的地壳缩短量为 40～45 千米，其最小缩短速率为 15.4～17.3 毫米/年。该地区的活动断裂 - 褶皱带具有较高的变形速率，且从晚第四纪以来中强地震较为活跃。

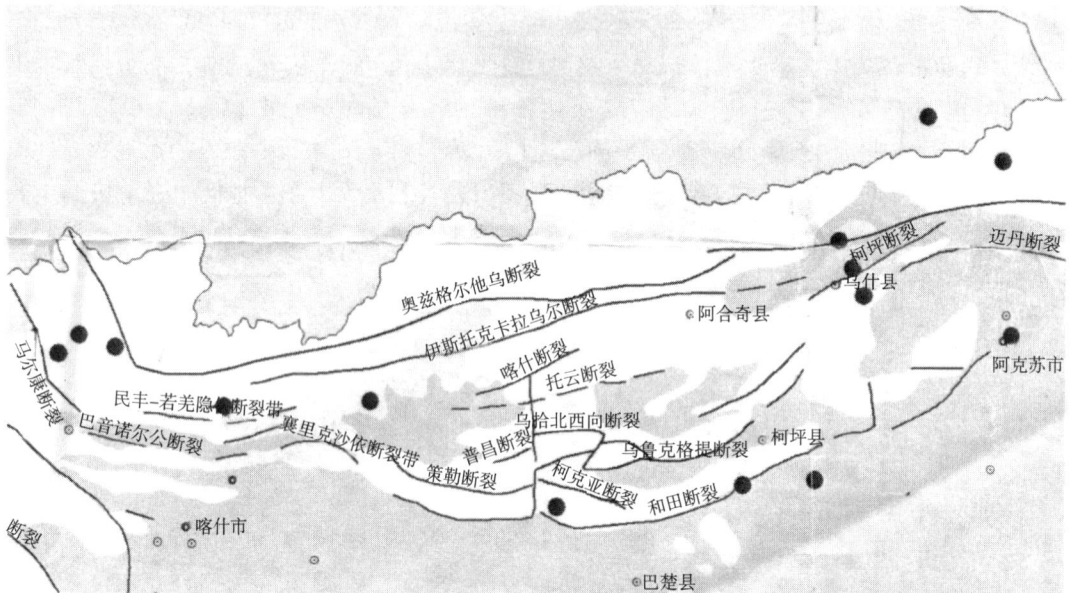

图 2 - 24　柯坪块体地质构造图及 $M \geqslant 6$ 地震分布（邓起东，2000）

2.2.2.2　青藏高原北部地区

青藏高原北部地区活动构造十分复杂，主要发育了两组主导性活动构造。断裂活动性质主要为挤压逆冲兼走滑剪切活动、走滑活动为主，兼逆冲分量，以晚更新世 - 全新世活动断裂为主。北西 - 北西西向断裂为边界深大活动断裂，断裂规模大，延伸长，以左旋走滑活动为主，是发生强震的主要场所。区域地壳缩短和山体隆升主要通过一系列北西西向逆冲断裂和褶皱而实现。根据区内主要断裂活动性质及区域介质特征，将其划分为 4 个构造单元。

1）祁连山地震带

祁连山次级地块位于青藏高原东北边缘，四周分别被深大走滑活动断裂包围，形成一个相对独立的、十分活动的次级地块，在区域主要应力场作用下祁连山次级地块内部发生挤压逆冲，形成一系列推覆体构造，由西向东分别为酒西盆地的北祁连山冲断推覆构造、老君庙冲断推覆带，武威盆地的古浪推覆体构造和陇西盆地的六盘山挤出构造。这些推覆体的总体特征为西部规模大，形成时代久，而东部的规模较小，形成时代相对较新。这些断裂第四纪以来具有很大的左旋走滑分量，造成整个地块具有向东滑移的趋势，反映了块体顺时针旋转的运动特征。该地区曾发生 1920 年海原 8.5 级地震、1927 年古浪 8 级地震和多次 7 级地震。

2）甘东南地区

甘东南地区北部边界为西秦岭北缘活动断裂，东部为岷山构造带和龙门山断裂带，1974 年玛曲 5.6 级地震，1987 年迭部 5.9 级地震均位于白龙江断裂带上。南部为玉树断裂，内部存在北西和北东两组构造，均以左旋或右旋走滑活动为主。在北东东和近东西向区域应力场作用下，柴达木－共和地块的顺时针旋转和向东南方向的挤出，导致了甘东南地区成为应力集中的主要地区，也是应力矢量最大的地区，历史上曾发生 1654 年天水 8 级地震、1879 年武都 8 级地震和多次六七级地震。

3）柴达木－共和地块

柴达木－共和地块是相对稳定的地区，在北北东和北东向区域应力场作用下，北西－北西西向断裂发生左旋走滑活动，而北北西向断裂发生右旋走滑活动，造成整个地块发生顺时针的旋转和向东南方向的挤出运动，这些边界深大断裂是强震和中强震孕育的主要场所，该地区发生最大地震为 1990 年共和 7.0 级地震。

4）库玛断裂带

库玛地震带主要由库玛断裂及附近的次级断裂组成，包括北东东向展布的玛尔盖茶卡断裂及以东的若拉错断裂、甘孜－玉树断裂等。库玛断裂带是青藏高原内部主要的块体边界活动断裂，以左旋走滑活动为主，规模大，切割深，是强震的主要孕育场所之一。该地区曾发生 1937 年托索湖 7.5 级、1963 年阿兰湖 7.0 级、2001 年昆仑山口西 8.1 级地震等（图 2－25）。

2.2.2.3 其他主要断裂带

1）西秦岭北缘断裂带

西秦岭北缘断裂带是秦岭－昆仑东西向复杂构造带的组成部分，也是祁吕贺兰山字型构造前弧的组成部分，东起天水市西北的凤凰山南麓，往西经甘谷、武山、漳县、车厂沟、锅麻滩至楼勒山，长约 250 千米（往西延入青海省境内）。是由多条近乎平行的断裂组成，总体走向北西西（280°～300°），局部地段方向略有变化。本带的主干断裂首尾贯穿，东起凤凰山麓，至洮河西侧附近消失，洮河以西活动性较强的断裂是锅麻滩北缘断裂。自晚更新世以来，本断裂以反扭走滑活动为主，其垂直活动很弱，并在洮河地区和鸳鸯镇地区呈左旋左阶关系。根据野外调查，西秦岭北缘主断裂带以鸳鸯镇拉分构造区为界，分为东段和西段，两端活断层、地震活动和断裂排气活动等特征差异很大。

2）海原断裂带

海原活动断裂带为典型的脆性剪切破裂带，其由 11 条不连续的次级剪切断层、8 个

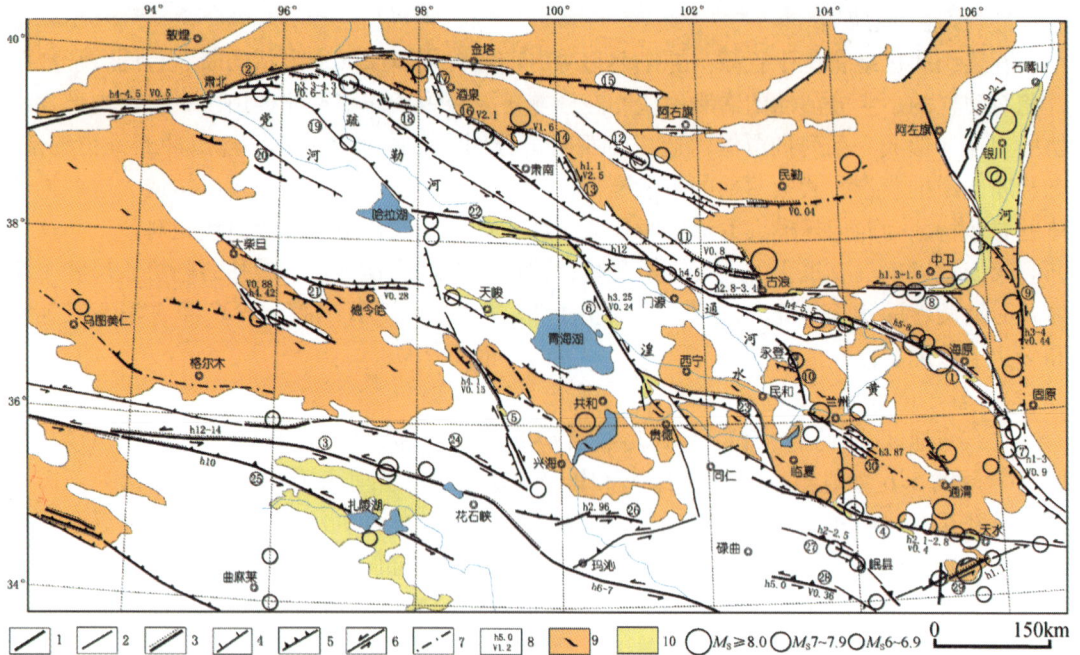

图 2-25 青藏高原北部地区地震地质图（袁道阳，2004）

1. 西秦岭北缘断裂；2. 礼县－罗家堡断裂；3. 海原断裂；4. 佛洞庙－红崖子断裂；5. 榆木山北缘断裂；6. 榆木山东缘断裂；7. 皇城－双塔断裂；8. 昌马断裂；9. 肃南断裂；10. 冷龙岭断裂；11. 毛毛山－老虎山断裂；12. 天桥沟－黄羊川断裂；13. 中卫－同心断裂；14. 会宁－义岗断裂；15. 马衔山北缘断裂；16. 巴音郭勒河北缘断裂；17. 热水－日月山断裂；18. 鄂拉山断裂；19. 东昆仑断裂；20. 阿尔金断裂

拉分盆地和 2 个推挤构造带组成。早更新世中晚期至中更新世初期断裂带初显左旋走滑运动以来，断裂带的水平滑动速率以中段最高，达 11.7～19.7 毫米/年。全新世距今 8000～6000 年以来，各次级剪切断层的水平滑动速率（上限）为 3.32～9.92 毫米/年，各次级剪切断层 8.5 级地震的平均重复间隔 6954～1282 年，其中以南西华山北缘断层最短，为 1780～1282 年。含 1920 年海原 8.5 级地震，在海原活动断裂带总共揭露出不同时期的 9 次地震时间，最早一次事件距今 11000～12000 年，7 级以上地震重复间隔为 1200 年。

3）昌马断裂带

此断裂位于青藏断块区，是印度板块与欧亚板块碰撞后持续的向北推挤和楔入作用造就了青藏高原的隆升和强烈变形，其影响范围直达 1600 千米以外的祁连山北缘和河西走廊盆地带（图 2-26）。组成青藏高原断块区北部边界的是阿尔金－祁连山北缘－海原断裂带，它是一条左旋逆走滑断裂带，其中阿尔金断裂全新世左旋走滑速率最大可达 4.4～6.8 毫米/年，逆冲速率可达 0.7～1.8 毫米/年；祁连山北缘断裂全新世左旋走滑速率最大可达 2.0 毫米/年，垂直运动速率可达 0.8～2.1 毫米/年；海原断裂带左旋走滑速率最大可达 3.3～9.2 毫米/年。

2.2.2.4 西北地区抗震设防地震动参数分布（窦远明等，2000）

表 2-4 为按地震动参数分区对西北地区各市县情况进行的相关统计。从表中可见，西北地区设计地震动参数 0.3 g 以上的市县有 12 个，其中甘肃省 6 个，新疆 5 个，宁夏 1

图 2 - 26　昌马断裂卫星影像图

个；设计地震动参数为 0.2 g 的市县有 122 个，占总数的 34.8% ；设计地震动参数为 0.15 g 和 0.1 g 的市县有 149 个，占总数的 42.5% 。数据揭示，西部地区在建设工程中对抗震设防的要求高，防震减灾任务十分艰巨。

表 2 - 4　西北五省地震动参数统计

市县数量（个） 省　份	设计基本地震加速度（g）					
	0.4	0.3	0.2	0.15	0.1	0.05
陕西省	0	0	40	0	10	43
甘肃省	1	5	30	28	17	6
青海省	0	0	3	5	34	1
宁夏省	0	1	18	1	0	1
新疆省	2	3	31	17	28	17
合计	3	9	122	51	98	68

第三章　农居地震安全的基本原则

3.1　我国的抗震设防标准

3.1.1　抗震设防的目的、准则和目标

抗震设防需要同时考虑地震风险水平和经济承受能力。如果地震风险水平高，那么在可能的经济承受能力下，抗震设防标准要提高。如果经济承受能力较高，那么在一定地震风险水平下，可以选择较高的抗震设防标准。所以，抗震设防水平是综合考虑地震风险水平和经济承受能力所做的一种选择。

工程结构抗震设防的基本目的就是在一定的经济条件下，最大限度地减轻工程结构的地震破坏，避免人员伤亡，减少经济损失（葛学礼等，2003）。为了实现这一目的，近年来许多国家和地区的抗震设计规范采用了"小震不坏、中震可修、大震不倒"作为工程结构抗震设计的基本准则。为了实现这一设计准则，《建筑抗震设计规范》（GB 50011 - 2010）规定了三水准设防目标，通俗说法为："小震不坏，中震可修，大震不倒"（图 3 - 1）。具体如下：

第一水准：当建筑遭受低于本地区抗震设防烈度的多遇地震影响时，一般不受损坏或不需修理可继续使用。

第二水准：当建筑遭受相当于本地区抗震设防烈度的地震影响时，可能损坏，经一般修理或不需修理仍可继续使用。

第三水准：当建筑遭受高于本地区抗震设防烈度的罕遇地震影响时，不致倒塌或发生危及生命的严重破坏。

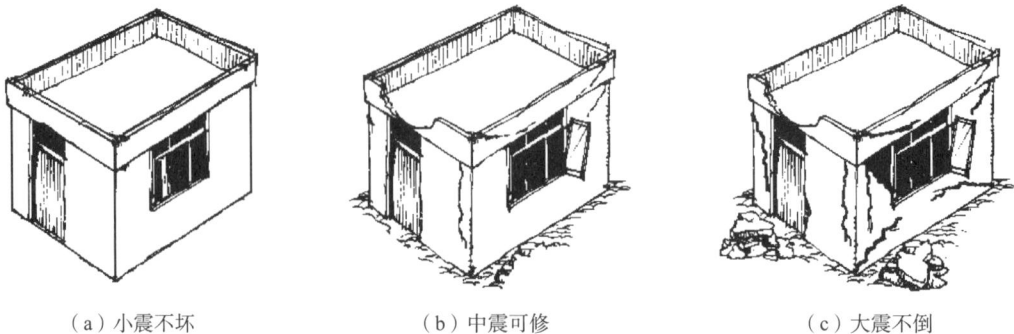

（a）小震不坏　　　　　　　　（b）中震可修　　　　　　　　（c）大震不倒

图 3 - 1　三水准设防目标

三水准的实际抗震设防目标是:

(1) 在遭遇多遇地震时,能保障人的生活、生产、经济和社会活动的正常运行;

(2) 在遭遇设防烈度地震时,保障人身安全和减少经济损失;

(3) 在遭遇罕遇地震时,避免建筑倒塌,以保障人身安全。

结构物在强烈地震中不损坏是不可能的,抗震设防的底线是建筑物不倒塌,只要不倒塌就可以大大减少生命财产的损失,减轻灾害。一般在设防烈度小于Ⅵ度地区,地震作用对建筑物的损坏程度较小,可不予考虑抗震设防,在Ⅸ度以上地区,即使采取很多措施,仍难以保证安全,故在抗震设防烈度大于Ⅸ度地区的抗震设计应按有关专门规定执行。所以《建筑抗震设计规范》适用于Ⅵ~Ⅸ度地区。

由此可见,抗震设防烈度是房屋建筑及其他工程抗震设计的一个指标。我国主要城镇地区都规定有明确的抗震设防烈度,一般建设工程需按设防烈度和设防地震动参数进行抗震设防。农村民居属于一般建设工程,在建造农村民居时应根据房屋所在地的抗震设防烈度和地震动参数采取相应的抗震措施。

3.1.2　相关法律、规范和文件

我国抗震设防相关的法律、法规见表 3 – 1。

表 3 – 1　我国抗震设防相关的法律、法规

序号	名称	主　要　内　容
1	中华人民共和国防震减灾法	共六章,48 条。主要内容包括:总则、地震监测预报、地震灾害预防、地震应急、震后救灾与重建、法律责任等
2	建设工程抗震设防要求管理规定	共 18 条。主要为了加强对建设工程抗震设防要求的管理,防御与减轻地震灾害,保护人民生命和财产安全
3	超限高层建筑工程抗震设防管理暂行规定	共 22 条。主要对超出现行有关技术标准所规定的适用高度、高宽比限值或体形规则性要求的高层建筑的抗震设防管理,包括报审、审查、勘察、设计、施工资质以及违规的处罚等要求
4	抗震设防区划编制工作暂行规定	共 32 条,规定了甲、乙、丙三种模式抗震区划编制的基本要求、主要内容、编制途径和成果表述等
5	中国地震动参数区划图 (GB 18306 – 2001)	主要内容:中国地震动峰值加速度区划图 (A1)、中国地震动反应谱特征周期区划图 (B1)、地震动反应特征周期调整表、地震动峰值加速度分区与地震基本烈度对照表
6	地震基本烈度Ⅹ度区建筑抗震设防暂行规定	主要对Ⅹ度区新建工程的批准、审查、设防标准、建筑设计及结构设计的具体要求
7	建筑地震破坏等级划分标准	共十章,41 条。确定了各种结构按基本完好、轻微破坏、中等破坏、严重破坏、倒塌 5 个等级的划分标准,以及建筑直接经济损失估算等
8	建筑抗震设防分类标准 (GB 50223 – 1995)	将建筑分为甲、乙、丙、丁 4 类,并按行业和建筑功能进行了具体的分类
9	实施工程建设强制性标准监督规定	共 24 条。主要是对各项工程建设的质量、安全、卫生及环境保护方面的监督与管理。内容包括:工程项目的规划、勘察、设计、施工、验收、采用的材料、设备等是否符合规定

除了这些国家性的法律法规外,各地区又根据自身的实际情况制定了当地的防震减灾法律法规。例如,为了防御与减轻地震灾害,保护人民生命和财产安全,保障社会主义建设顺利进行,根据《中华人民共和国防震减灾法》及有关法律、法规,结合甘肃省实际,制定了《甘肃省防震减灾条例》,此条例是 1998 年 9 月 28 日甘肃省第九届人民代表大会常务委员会第六次会议通过,甘肃省人民代表大会常务委员会公告第 3 号公布,自公布之日起施行。2007 年通过的《甘肃省地震安全评价条例》第 17 条"各级人民政府及其有关部门应当加强对农村民居建设工作的指导和监督,引导农牧民建设具有抗震性能的房屋。农村的建制镇、集镇规划区和村镇公用设施必须根据地震动参数区划图确定的抗震设防要求和抗震设计规范进行规划、设计和施工"。第 18 条"建设行政主管部门和地震工作部门应当加强对农牧民防震抗震知识的宣传,提供农村民居的地震安全的技术指导和服务。对于农村民居等建筑,应当采取建设示范点、免费提供设计图纸等措施,组织实施农村民居地震安全工程"。

海南省也制定了防震减灾条例,《防震减灾条例》特别强调重大建设工程、生命线工程和地震后可能产生严重次生灾害的建设工程等 27 项工程必须进行地震安全性评价,还对 27 项工程建设项目以外的其他工业与民用建筑工程,规定要按照国家颁布的地震动参数区划图进行抗震设防,以确保全省各类建设工程都能达到抗震设防要求。除此之外,江西省等省份也相继制定了一些防震减灾的相关法规。

农村民居的抗震设防问题是各界十分关注的热点问题,这些"防震减灾条例"的修订在农村地震安全方面明确规定,各级政府应当将农村抗震设防要求管理纳入村镇规划以及农村集中居住区的建设和管理,各级建设行政主管部门应当会同防震减灾行政主管部门推广经济适用、符合抗震设防要求的农村民居,免费为农村居民提供抗震房屋设计图纸和施工技术指导,对农村建筑施工队及工匠进行必要的培训。搬迁安置、扶贫救济等农村民居工程,应当按照抗震设防要求进行建设。各级政府、开发建设单位拨付的搬迁安置、扶贫救济资金中用于农村居民自建房屋部分,应当包含抗震设防所需费用。这样通过立法的形式,为解决各省的农村地震安全问题提供了法律保障,也是开我国关于农村民居地震安全立法之先河。

3.1.3 农居地震安全工程简介（王兰民等,2006;张守洁等,2006）

实施农村民居地震安全工程（以下简称农居工程）是国务院加强新时期防震减灾工作的重要举措,是坚持以人为本,把人民群众生命财产安全放在首位的具体体现。按照《国务院关于加强防震减灾工作的通知》（国发〔2004〕25 号）要求,各地积极推进实施农居工程,消除安全隐患,改善农民群众居住条件。农居地震安全工程的实施,是我国防震减灾战略由局部的重点防御向有重点的全面防御转变的重要标志之一,是实现 2020 年我国防震减灾奋斗目标的重大举措。实施农居地震安全工程是改变我国农村民居基本不设防、农村地震防御能力薄弱现状的急迫需求,是提高农村建设水平,促进城乡和谐发展的需求,同时通过统筹全局,综合考虑,农居地震安全工程也有利于继承传统建筑文化,创新农居风格,节约资源,保护环境。

按照国务院的部署和要求,中国地震局会同住房与城乡建设部在全国组织实施农居地震安全工程,开拓了震灾预防的新领域,在部分省（市、区）已取得了较快进展和显著的成效。但要全面、深入、持续、有效地推动这项创新的工作,所涉及的问题、困难、政策急需系统研究。另外，由于全国各地自然环境、经济社会发展状况和风俗习惯差别较大，农居工程实施的工作部署和决策的科学性出现了政策研究的客观需求。

目前，农居地震安全工程实施在我国呈现"两头热，中间难"的局面。

在东部经济发达地区，结合农村城镇化建设和其他农村发展工作，农居地震安全工程基本可以"自然地"得到实施。所谓"自然地"是指农居建设已被当地政府纳入规范管理，统一规划，按照国家相关技术规范设计和施工，农居抗震能力得到了保障。东部的农居建设规模大、速度快，虽然在有些地区也存在如技术指导不够和抗震设防管理措施不完善的情况，但总的来说，农居抗震水平提高很快，农居地震安全工程期望目标容易实现是不争的事实。

在西部多震区，政府对农居地震安全工程的响应比较积极。新疆和云南有专项财政支持在全省（区）范围内推进农居地震安全工作。当地党委、政府和社会均高度重视农居地震安全问题。新疆从 2004 年开始大刀阔斧地推进"城乡地震安居工程"，进行农居抗震重建和改造。目前工程已经基本完成，并受到了中央领导的肯定。西藏目前也通过财政支持推进农牧民农居地震安全工程。西部其他省区对农居地震安全的响应比较积极。多震省份如甘肃等都结合本地区的实际，通过政府主导推动，并结合扶贫、移民、危旧房改造、震后重建等项目逐步推进农居地震安全工程。西部省区推进农居地震安全工程的社会环境条件较好，工作进展形势良好。

在弱震的中部省区，农居地震安全工程的推进除了部分省地震局结合自身优势以宣传引导为主要工作内容取得了良好的效果外，大多数省份在推进农居地震安全工程时遇到一些困难。中部很多省份抗震设防地震动加速度值较低，地震危险性小，政府和农民对防震减灾的意识不强。地震部门推进工作的难度较大。中部省份在政治上对农居地震安全工程的实际需求远不如西部迫切，而在经济上又不如东部发达，所以农居地震安全工程在中部的实施更需要地震部门转变观念，面向政府和社会，加大协调力度，创新工作方法，采用灵活的做法开展工作。

3.2　农居地震安全的可行性

我国是世界上遭受地震灾害最严重的国家之一。房屋倒塌破坏是导致人员伤亡和经济损失的主要原因。如果这些倒塌的建筑物事先能采取一些抗震措施，就不会出现这样严重的破坏，许多悲剧就可以避免！在发生过的所有地震中，90% 以上的地震发生在农村地区，地震造成的经济损失 85% 以上在农村地区，对西北地区而言，其中 90% 以上是由于农居破坏所造成的。由此可见，加强农居地震安全措施是非常必要的。因此，应本着不增加或少增加造价的原则，提高和加强结构整体稳定性与抗震强度，改善施工方法，提高施工工艺及质量，以确保地震中人民生命财产的安全性。

3.2.1　经济可行性（王兰民等，2006）

近 10 年来，我国大陆发生的 8 次 6 级以上破坏性地震所造成的直接经济损失，主要是由于房屋的破坏引起的。房的破坏及房屋破坏造成室内财产相继破坏，在西部农村地区占全部直接经济损失的 90% 以上，具体情况如表 3 - 2 所示。历次破坏性地震给我们同样深刻的教训是，由于建筑物的破坏，造成了严重的人员伤亡和财产损失；而按《建筑抗震设计规范》要求，进行建筑结构的抗震设计、建造或加固，提高建筑物结构的抗震强度，是减轻地震灾害的根本途径。从抗震设防投资来讲，与没有进行抗震设防在地震中的经济损失相比，可以用"小巫见大巫"来形容，而且更为人道。不同类型结构的房屋抗震设防所增加总费用的比例如表3-3所示。由此可见，对于农居的投入与产出合理，农居地震安全在经济上是可行的。

表3-2　近十年我国大陆发生的8次6级以上地震破坏及直接经济损失

地　震	房屋建筑损失	室内财产损失	生命线工程损失	总直接经济损失（亿元）
1996.2.3 云南丽江，M7.0	23.53	4.44	2.52	30.49
	77.17%	14.56%	8.27%	
1996.5.3 内蒙古包头，M6.4	18.64	0.78	7.40	26.82
	69.50%	2.91%	27.59%	
1997.1.21 新疆伽师，M6.3～6.6	4.47	0.09	0.07	4.63
	96.54%	1.94%	1.51%	
1998.1.10 河北张北，M6.2	5.99	0.59	1.30	7.88
	76.02%	7.49%	16.50%	
1998.11.19 云南宁蒗，M6.2	2.53		1.39	3.92
	64.54%		35.64%	
2000.1.15 云南姚安，M6.5	8.12	0.43	1.61	10.16
	79.92%	4.23%	15.85%	
2003.2.24 新疆巴楚-伽师，M6.8	11.94	0.15	0.77	12.86
	92.85%	1.17%	5.99%	
2008.5.12 汶川，M8.0	4039.6	2560.7	1850.8	8451
	47.8%	30.3%	21.9%	
8次地震平均损失（亿元）	514.35	366.74	233.23	1114.32
（%）	46.16%	32.91%	20.93%	
损失总和（亿元）	4114.82	2567.18	1865.86	8547.86

表3-3　不同结构类型房屋建筑抗震设防增加总经费的比例

房屋类型	农村土木房屋	农村砖木房屋	城镇砖平房屋	城镇多层砖混房屋	多层钢混房屋
增加总经费比例	1%～3%	3%～4%	5%～7%	10%～15%	10%～16%

注：原文中土木房包括简单木架房、土墙承重房。

3.2.2　技术可行性

我国西北作为地震多发地区，在多次地震重建中积累了大量农居地震安全技术基础资料。而国家推行的新农村建设也为更好地推进农居地震安全技术服务提供了一个强有力的运行平台。因此，农居地震安全技术服务工程具有良好的社会实施基础。从技术上讲，地震部门、建设部门和部分院校进行了一些农居地震安全技术研究，取得了一些实用性的成果。国际上，发展中国家提出了许多简便易行农居地震安全技术措施，这些都可以为农居地震安全工程的实施提供参考。另外，在地震多发区农民已经自发采取一定形式的农居抗震措施，因此农居地震安全在技术上也是完全可行的。

3.2.3　农村社会发展需求

近年来随着我国经济的快速发展，国家对防御和减轻各种灾害给予了高度的重视，城镇新建建筑普遍采取了抗震设防，抗震能力得到显著提高。然而，全国各地农村民房抗震能力与城镇建筑相比还存在着相当大的差距，农居在地震中遭到的损失仍非常惨重。例如，1996 年天祝–古浪 5.4 级地震中，Ⅵ度区即有近 1/4 的农居毁坏和严重破坏无法修复，而在烈度Ⅶ度区，毁坏和严重破坏无法修复的农居达到了 1/3。2003 年民乐–山丹 6.1 级地震中，墙体承重农居（土坯、夯土墙农居）近 70% 毁坏和严重破坏无法修复，木构架农居 32% 毁坏和严重破坏无法修复，即便是建造年代比较新的砖木结构房屋，也有 28% 遭受毁坏或严重破坏无法修复，地震导致 261 万平方米房屋破坏，直接经济损失达 5 亿多元，相当于当年 33 万农民的人均纯收入的总和。2008 年 5 月 12 日的汶川地震中，造成 69262 人遇难、18389 人失踪、374177 人受伤、住院治疗 96373 人；倒塌房屋 450 万间，1400 多万人无家可归；受灾总人数达 4600 万人，直接经济损失达 8451 亿元人民币。等等诸如此类的地震不仅造成了惨重的人员伤亡，也造成了巨大的经济损失，对我国的国民经济和社会发展造成了非常不利的影响。由此可见，我国地震造成的伤亡人数仍居高不下，这已与国家的发展极不相称。除此之外，农村小震致灾的局面还在继续。例如，甘肃省农村震害防御水平低，地震灾害严重，一次 4.5 级左右的地震即可致灾，而一次 6 级地震即可在农村地区造成严重的地震灾害。因此，地震安全是农村可持续发展的保障，必须大力加强农居的地震安全建设，提高房屋的抗震能力，使人员伤亡和财产损失降到最低。

我国改革开放以来，在一些经济发展较快、经济条件好的农村地区，涌现了一批既考虑了未来的发展，又兼顾当前农工贸综合发展及改善、提高人居环境质量的需要；规划合理、设计质量高、建筑质量好、居住条件宽敞舒适的乡镇居民点，深受人们欢迎、称赞和好评，这是全国广大农村乡镇未来发展的方向。

3.2.4　环保、低碳的需求

我国现行的《建筑抗震设计规范》只是针对城镇房屋，对农村自建民房没有约束力。因此，农民建房随意性大，结构类型、建筑材料和建筑方法完全由房主和建筑工匠商定，有时可能沿用一些不科学的传统模式来进行建造，给农村民房带来了相当大的隐患。农民建房往往讲究房屋的外表，而忽视结构的安全。比气派、比漂亮的风气还较流行。建房时把相当多的费用花在房屋外貌和内装修上，不考虑房屋结构的抗震性能，使新房成了外强中干的"绣花枕头"，这些劣质的房屋在地震中不能起到保护人身安全的作用，因此，建造这样的房屋是极大的浪费。应在提高房屋的抗震性能方面多投入一点资金，当遭遇地震等灾害时，房屋质量上的投入就会显示出事半功倍的效果。此外，在乡镇企业和村镇居民点规划与建设中，首先要考虑地震安全和防灾减灾问题，使农民有一个安全的生存环境；其次，要做到功能分区明确，有利于经济与社会发展；再者，要立足于环保和土地资源保护及科学、合理使用，因为土地资源是不能再生的，一定要珍惜每一寸土地，尽量不占用耕地或少占用耕地，为子孙后代保护好有限的土地资源。

另外，在我国农村地区还存在着各类生土、石、竹木结构，这些农居类型，具有典型的因地制宜、就地取材、低消耗、低污染的特点，因此，结合传统的建筑类型研究绿色、低碳环保的地震安全技术也能起到有效降低资源和能源消耗的作用。

3.2.5　农居地震安全的实施效果（王兰民等，2006）

目前，农居地震安全工程的进展已经取得了良好的效益。各省在示范区（点）的带动下，农居地震安全工程也在不同程度上开展。

新疆"抗震安居工程"在2004年和2008年分别成功接受了乌什6.2级地震和于田7.3级地震的考验。在地震中所有抗震安居房无一受损，而没有采取抗震措施的民房则有870户遭受不同程度的破坏。

2006年6月21日甘肃文县5.0级地震就造成1人死亡，伤19人，14814户69054人受灾，毁坏和严重破坏民房1万多间。党中央、国务院和省委、省政府高度重视陇南抗震救灾和灾区重建工作，国务院领导和省委、省政府领导多次就抗震救灾和灾区重建工作做出批示，协调落实救灾和重建经费。在省政府和省有关部门的支持下，不到半年时间，通过市县乡政府和震区群众的共同努力，新建和改造了像武都区外纳乡稻畦村稻畦社、文县临江乡东风新村等一批达到抗震能力的地震安全示范性民居，这些民居都经受住了2008年汶川地震的Ⅷ度影响，完好无损。为当地社会主义新农村建设中的地震安全民居提供了示范和经验。文县经过三年的艰苦卓绝的灾后重建重建，120多个重建新村如一颗颗珍珠镶嵌在阴平大地上（图3-2）。

（a）尖山乡宋坝新村春景　　　　　　　　（b）临江东风新村

图3-2　甘肃文县新农居

各地农居地震安全工程的实施也展示出"百花齐放"的局面。各地农居地震安全工程示范遍布，起到了积极的宣传教育作用。这种遍地开花，处处宣传的效果非常明显。同时，各地结合实际，因地制宜，以不同方式推进农居地震安全工程并取得了许多成熟的经验。这些经验对推广农居地震安全工程具有重要借鉴意义。

研究表明，通过提供农居地震安全技术服务，可以让农民在不太高的投资水平下达到比较明显的防震减灾效果，保证农居在中强地震作用下不会发生严重的地震破坏。甘肃省地震灾区重建中，凡是在技术指导下按照抗震设防要求设计建造的农村民房，在以后地震中基本完好或者破坏轻微。因此，农居地震安全技术服务的防震减灾效益是显著的。就农村经济发展和农民农居建设投入而言，传统上农民重视农居建设并且投资占可支配收入比例较大。只要抗震技术措施适当，并符合农村生活和生产方式，相当一部分农民可以承担中等（2000～5000元）或低等（2000元以下）投入的农居地震安全措施。因此，高质量、寿命长的房屋是农村防震的需求。

3.3　推进农居地震安全的基本原则[70]

自从2004年以来，地震部门会同建设部门从中央到地方逐渐推进"农居地震安全工程"，这一工作在各地取得初步成效。提高农居地震安全水平是农村震害防御的重要内容，推进农居地震安全要结合实际，需按照下面的原则进行：

1）服务大局，结合实施

由于政府和各部门工作要点的限制，单独搞农居地震安全工程的难度较大。资金需求、人力和公共资源恐怕都是地震部门难以满足的。更为现实的是地震部门协同其他部门，灵活定位，积极运作，在一定的政府政策支持下，因地制宜，结合其他部门和地方政府的工作推进农居地震安全工程。将农居地震安全工作作为当地建设和社会发展服务的一项配套工作来做，则容易得到多方面的支持，工作推进相对容易得多。很多情况下，农居地震工程推进的思路应该是"锦上添花"，而不是搞大会战。

2）因地制宜，多样推进

农居地震安全工程最终要建房，但是不一定要在政府补贴下建房，也不一定要在几年内建成。传统上，我国农民的建房意识很强。农民有钱后最愿意干的事情是建更加漂亮和舒适的住房。

农居地震安全工程在低烈度地区可以以宣传引导为主，在中等烈度地区可以结合其他惠农项目实施，在高烈度地区可以考虑政府主导，全面推进；在经济发达地区可以以管理为主，在经济较好地区可以以提供公益性服务（技术资料、设计规划、工匠培训）和政策优惠，而在经济欠发达地区除了公益性服务和政策诱导外，还必须有一定的政府补贴和优惠金融政策。

3）科学规划，立足长远

农居地震安全工程有必要先宣传后实施，先技术后管理，先示范后推广，先试点后规范。整个推进的过程要循序渐进，制定长远的目标，建立长效性机制。指望短期内来解决农居地震安全问题有四个不现实：①技术成熟不现实；②大量资金投入不现实；③管理一步到位不现实；④试图加快农居更新换代不现实。

4）全面考虑，多点突破

农居地震安全工程的推进应当同时从规划、管理、研发、服务、宣教、培训、法规、监督等角度进行考虑。只有综合这些因素并从不同角度推进，从不同领域取得突破才有利于农居地震安全工程的顺利推进。只盯住一点则不利于顺利实施。

5）重点攻关，更要坚持

在我国西部多震区，地震多发，农村经济水平较低，即便正常的农居更新也很快，但是整体建设水平依然偏低。因此，西部多震区可以采取类似新疆的集中攻关来解决最突出的农居地震安全问题。而广大地区要重视建立长效机制，要将农居地震安全问题纳入防震减灾规划，纳入政府的工作范畴。

6）驾驭市场，借助金融

利用市场机制，完善市场链条，动用金融杠杆是顺利推进农居地震安全的手段。农居地震安全工程的经济效应是很大的。如果有配套的市场、经济和金融政策，会增加农居地震安全工程推进的力度，降低许多难度。同时，会刺激农村消费，拉动农村经济发展。

7）务实协作，灵活定位

地震部门要灵活定位，根据各地实际情况首先要做好"号手"，来积极宣传和鼓动地方政府和相关部门推进农居地震安全工程。在一定条件下要当好"助手"，在作为农居地震安全工程建设相关项目和领导机构的成员单位之一时要主动提供服务，主动献计献策，积极配合相关部门的工作，只要农居地震安全工程能够推进，部门利益和声誉应该让位。再者，地震部门要敢于创造条件，勇为"旗手"，勇于接受领导农居地震安全工程的角色，不怕困难，做好农居地震安全工程的组织实施工作。农居地震安全工程的实施很大程度上与地方政府的支持分不开。因此，地震部门要重视市县地震部门和地方政府的作用。

8）技术支撑，服务引导

作为公益事业单位，地震部门无论在什么情况下都有义务提供技术服务，通过技术研发、地震安全规划、咨询服务、工匠培训等手段以细致的服务，人性化的引导来鼓励农民提高农居抗震性能。

9）移风易俗，科学发展

传统上，我国农村地区建筑以木结构最多。木结构建筑质量好的话使用寿命可达100年左右，而质量差的话，寿命只有一二十年。目前我国大部分农村农居建设质量都不好，淘汰周期很短。新建大量的农居，必然给我国的环境资源保护带来严峻的问题。因此，农居地震安全工程的视野要广，观念要新，应当把在农村宣传新观念，推广新技术以及提供节约资源，保护环境的农居地震安全技术作为工作的重要内容，最终使农居地震安全工程符合科学发展观的要求。

3.4　抗震设防原则（查润华等，2007；葛学礼，2010；林学文，1980；陆鸣等，2006）

随着农村经济的发展，全国农村民居建筑呈现出从生土房向砖房发展的趋势。但是，由于我国农村民居建设缺乏管理和规划，建造方法也缺少规范和指导，所以农民建房基本处于自行设计、自行建造的自由状态。在这种状态下，为追求面积和美观，多数农民在建房时就忽略了房屋内部结构的合理性和抗震性，忽略了施工质量和方法，这就给房屋留下了地震安全隐患。

3.4.1　场地的安全原则

1）场地的概念

《建筑抗震设计规范》中场地的定义是：工程群体所在地，具有相似的反应谱特征。其范围相当于厂区、居民小区和自然村或不小于 1.0 平方千米的平面面积。按照这个定义，场地应该具有相似的地震反应特征，而且其范围要大于单个建筑。简而言之，地震安全角度所说的场地是指建筑物周围与建筑物所受地震作用强弱或者次生地震灾害严重程度密切相关的区域。

考虑农村房屋的实际情况，场地的范围大概是房屋周围几十米以内，地下 20 米以内。当然，如果房屋所在地比较平坦，土层没有显著变化，那么地震安全所需考虑的场地范围可以小到房屋周围十几米。反之，如果周围地形复杂，发生地震次生灾害的危险大或者土层不均匀，地震安全需要考虑的场地范围就要大些。总之，场地条件的复杂性及其对地震安全的影响决定场地范围的大小。表 3 - 4 是不同情况下单体农村房屋建设需要考虑的场地范围。

表 3 - 4　不同情况下单体房屋地震安全所需考虑场地范围

地　形	房屋层数	场地范围
平坦场地 （平原、平坦河流阶地等）	单层 2～4 层	房屋周围 10～15 米 房屋周围 15～20 米
基本平坦场地 （盆地、宽阔山谷）	单层 2～4 层	房屋周围 20～25 米 房屋周围 30～40 米
平缓丘陵 （相对高差小于 10 米）	单层 2～4 层	房屋周围 30～50 米 房屋周围 40～60 米
陡险山地	单层 2～4 层	房屋周围 50～100 米 房屋周围 60～150 米

注：此表给出的是一般情况下的建议，当场地地形复杂时，场地范围要根据具体情况确定。

另外，场地的大小也与建设工程的大小相关。除非场地地形复杂，单体房屋建设需要考虑的场地范围都不太大。但如果是整村建设，那么场地的范围就可能会大到十几平方千米甚至更多。

合理选择场地的范围可以合理地考虑场地的地震安全影响。所考虑的场地范围既不要忽视周围潜在的危险因素，也不要随意扩大考虑范围，造成建设投资的增加。

2）场地的地震安全意义

场地的地震安全意义基于以下原因：

（1）场地有着显著的地震动放大或者衰减作用。当地震波从震源出发，经过一定传播距离达到地表时，地表松散、破碎和不均匀的岩土条件会使地震波在地表附近发生多次折射和反射等复杂的变化，从而导致地震动的显著放大或者衰减。因此，场地影响到建筑物所承受地震动的强弱，土层越松散、越厚或者变化越复杂，其影响越大；地形越高、越陡或者变化越大其影响也越大[46]。

（2）场地条件决定了地震滑坡、震陷、液化等岩土地震灾害的严重程度。地震时除了地基振动直接引发结构的破坏外，岩土地震灾害如地震滑坡、震陷、液化、地裂缝等也会加重地震灾害。在滨海、山区等地区，由于地震引发的液化和滑坡往往是导致地震时生命和财产损失的主要原因之一。而这些次生地震灾害都是与场地条件分不开的，而且治理这些场地条件的花费也往往比较大。所以场地选择的合理与否决定岩土地震灾害的大小。

3）场地的地震安全原则

从地震安全而言，场地选择需要考虑的原则是：

（1）重视选址，避免盲目建设。农村房屋的建设不要随意选址，随处建设。（应根据场地土层、地形等，按照"避开危险地段，慎选不利地选，尽可能利用有利地段和可选一般地段"的原则进行选址。）应当根据场地地质、地貌、地形和土层等条件进行安全性分析。在农村，因为选址不当而引起的沉降、滑坡、液化等岩土灾害而使房屋变成危房甚至倒塌的例子很多。即便在平坦场地上，也要对地下水、土层分布有一些了解才不致带来安全隐患。而在山区、地下水较浅的地区，选址工作要做得更细一些。附近没有建造过房屋，场地条件情况完全不熟悉的地方最好能够做必要的工程勘察，至少也要挖个坑先看看。

（2）先避让，后防治。如果决定在地震危险场地或者不利场地进行建设而且要保证房屋的安全，那么后期所需要的岩土灾害防治和地基处理的成本可能是非常高的。而且很多处理也未必十分安全。所以，在条件允许时，选址时应当先避让抗震危险和不利地段。除了对断层通过的场地进行避让外，避让包括次生灾害：滑坡、泥石流、液化、不均匀沉降等容易发生次生灾害的地段。当无法避免时，再考虑进行防治。

（3）平坦比崎岖好，坚硬比松软好。缺乏专业技术措施时，可以简单认为平坦的场地比崎岖的更安全些，土层坚硬的土层比松软的好些。在坚硬的砂砾土场地上，地基承载力高，土层没有地震动放大效应，所以建设成本较低。而在松软土层上，地基承载力低，土层可能发生地震动放大作用，因此，基础埋深和基础的强度要求都会高些，加上其他方面的防护措施，房屋建设的成本就会高出许多。

（4）地下水深的比地下水浅的好，中部比边缘好。地下水浅时，地下水位上升容易引起地基沉降，地震时也容易发生液化。当场地位于斜坡上、台地上或者沟谷中时，凌空的边缘地带地震动放大效应比较强，而且也容易发生滑坡和崩塌等灾害，所以应当避免在边缘地带建造房屋，而应尽量向中部或者往里靠。

3.4.2　地基和基础的安全原则

1）地基和基础地震安全意义

农居建设中存在的安全问题比较多，而地基、基础病害是容易受到忽视的问题。就地震安全而言，农居在选址完成以后，对地基处理和基础设置需要认真考虑，甚至有时要花费较高的投资。"万丈高楼平地起",没有良好的地基基础作为保障,上部结构的地震安全无从谈起。

地基是直接承受建筑物荷载的土或基岩。地基的作用是将建筑物荷载安全地传递到支撑地层,并使荷载分散到足够大的地层面积上。地震对建筑物的破坏是通过地基传递给上部建筑物的。地基状况对基础和上部结构的震害有着直接的影响,这种影响有时候是灾难性的。许多震害,往往是由于地基失效而引起房屋破坏。

基础是建筑物埋在地下的一部分,在建筑物主体结构之下、地基之上,起到传递建筑物重量的作用。基础的设置很重要,如果基础承载力不够或者基础的强度不足,那么地震时基础往往首先发生破坏。而一旦基础破坏,上部结构势必遭受严重破坏。

2) 地基和基础的地震安全原则

(1) 应优先采用良好的天然地基,不宜在松软黏性土、新近填土等其他承载力较低的地基上建造建筑。

(2) 除岩石地基外,基础埋深不应小于50厘米。

(3) 当存在相邻建筑时,新建建筑的基础埋深不宜大于原有建筑基础。

(4) 基础的宽度决定下部应力的大小。基础越窄下部应力越大,越容易沉降。但是,基础也不是越宽越好,太宽了造价太高,而且太宽的基础由于所处场地条件的差异以及施工难度,其强度难以保证,反而容易遭受破坏。不同场地条件下的最小基础宽度至少为40厘米。

3.4.3 外形布局

1) 外形布局的地震安全意义

房屋的外形布局指其外部形状、几何特征、长宽高比例等。房屋的外形布局对其抗震性能有着重要影响。因为外形特征决定了结构部件(梁、柱、墙)的设置,因而也决定了房屋所承受的地震作用大小、方式等。好的布局使得结构在地震作用中受力分布均匀,避免局部应力集中。有利抗震的结构体型总体上说应是均匀规整,简洁对称。

2) 外形布局的地震安全原则

平面形状要方正。房屋平面形状以正方形、矩形为好,其抗震性能较强(图3-3)。L形、U形等比较复杂的平面布局是不利于抗震的。这些布局使得房屋交叉处以及转角的部位容易造成应力集中,严重时会导致扭转、开裂、挤压破碎等形式的破坏,从抗震角度而言是不推荐的(图3-4)。但是在实际工程中,由于建筑用地、城市规划、建筑艺术和使用功能等多方面要求,建筑物不可能都设计成正方形、矩形,必然会出现L形或U形等各样的平面形状。对于这些平

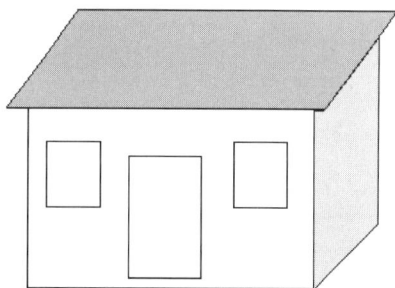

图3-3 利于抗震的房屋外形

面不规则的房屋,可以各部分分割修建,这样每个建筑单体仍然具有良好的外形。

立面形状要规则。房屋的立面和竖向剖面同样要求规则,外形几何尺寸和建筑的侧向刚度等沿竖向变化均匀。建筑的立面外形最好采用矩形、梯形等均匀变化的几何形状,尽量避免出现过大的内收或外挑的立面。因为立面形状的突然变化,必然带来质量和侧向刚度的剧烈变化,突变部位就会由于塑性变形集中效应而加重破坏。

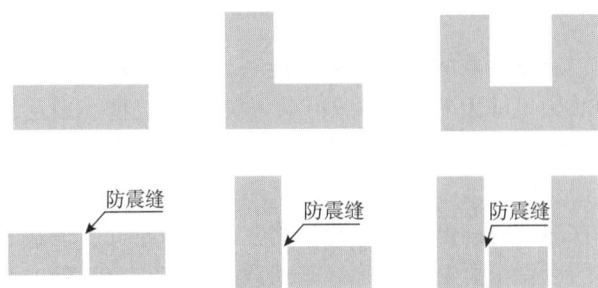

图3-4 不利于抗震的平面布置及处理方法

宽高比例要协调。为提高房屋地震安全性，应当使房屋的宽高比例适当，不要太高，也不要太长。宽高比例不协调会造成房屋各部分反应差异大、水平剪切力过大等后果，从而增加房屋的抗震强度要求。对农居而言，高宽长比例不协调具体有如下情况（图3-5）：①一排房屋的房间数不要太多。如果太多，场地延伸较长，各部分地震动条件有差异，不同部分的地震反应差别较大，因此造成局部震害加重。②房屋的高度不要太高。农居建材不是很好，抗剪能力有限，容易发生脆性破坏，高度太高，使得水平剪切作用增大，顶端效应显著。③房屋的进深不要太大。农居的进深应多控制在5米以内，如果进深太大，就需要增设柱子以提高房屋的抗剪能力。

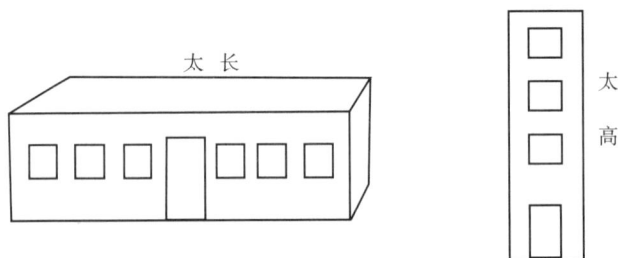

图3-5 不协调的宽高长比例

外形布局对称性。其就是指房屋的不同部分之间相似，没有较大的差异。对称的房屋因为各部分的反应相对一致，因此不容易发生倒塌。地震时，房屋所受的地震作用往往是多个运动的叠加，地震作用既有水平的，也有竖直的，还有旋转的。如果房屋是不对称的，很容易出现扭转效应。震害经验表明，非对称的房屋除了遭受往复运动外，还可能发生扭转。扭转对于支撑系统连接破坏显著，而且差异越大，房屋所遭受的扭转效应越大。对于房屋对称性比较重要的一方面是重心相对居中和主要结构部件设置对称，因为重心不对称和构件设置不对称引起的扭转效应比较常见（图3-6～3-9）（kanpur，2007）。

因此，布局的基本原则是具有近似对称的图形，无较大的凹角，楼层不宜错层。门窗位置、间距及尺寸应合理；房屋进深和跨度不宜过大；横隔墙的布置要均匀、合理，避免地震过程中局部地震力集中或强度降低过速快而造成破坏。

图 3 - 6　由于重心不对称引起的扭转效应

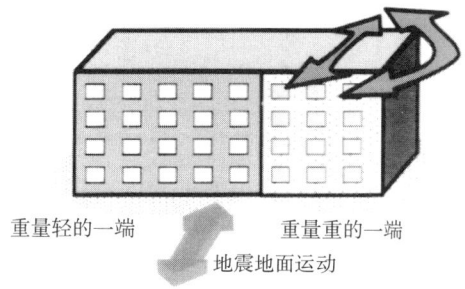

图 3 - 7　柱子长短不同引起的扭转效应

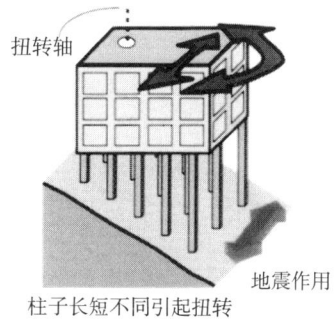

图 3 - 8　墙体开洞引起的扭转

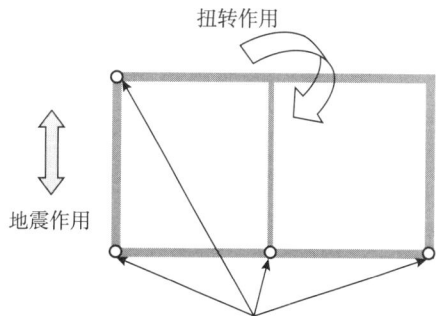

图 3 - 9　柱设置不对称引起的扭转

3.4.4　结构体系

1）结构体系的地震安全意义

结构体系是指结构抵抗外部作用的构件组成方式。抵抗水平力是设计的主要矛盾，因此，抗侧力结构体系的确定和设计成为结构设计的关键问题。如果结构体系的抗剪强度和变形能力不足，或结构抗震体系不合理，结构和构件在地震中容易破坏，易产生薄弱环节，致使房屋破坏及倒塌。

2）结构体系的地震安全原则

在房屋建造时为防止震害的发生，应尽量做到以下几点：

（1）好的整体性。建筑在地震作用下丧失整体性后，由于整个结构变成机动构架而倒塌，或者由于外围构件平面外失稳而倒塌。所以，确保结构整体性是必不可少的条件之一。要提高房屋的整体性，保证各个构件充分发挥承载力，首要的是加强构件间的连接，使之能满足传递地震力时的强度要求和适应地震时大变形的延性要求。只要构件间的连接不破坏，整个结构就能始终保持其整体性，充分发挥其空间结构体系的抗震作用。房屋的外形和墙体也尽可能完整，避免不必要的开洞，如圈梁等构件要闭合完整。此外，完整性还能避免造成局部应力集中及结构扭转破坏的发生。

（2）强的横向支撑。房屋的抗震问题，其实很大程度上是房屋的抗剪问题。增强房屋的抗剪强度，主要是通过支撑来实现的。可以简单地认为，支撑强度高了，房屋的抗剪强度就高了，房屋的地震安全性能也提高了。增强房屋的支撑，有加减法之分。加法就是增强、增多支撑部件，主要涉及开间、承重隔墙、柱子。在隔墙为承重墙的前提下，减小开间尺寸，增加开间数目，有利于增强房屋的地震安全性（图3－10）。质量好的承重隔墙也能增加房屋的支撑。而最为有效的是设置抗剪强度较高的柱子。减法就是调整房屋设计及构件，降低满足安全要求的支撑强度，主要涉及屋盖、大梁、楼板等。具体来说，就是降低屋盖重量，如采用较轻的保暖材料，水泥或者抹泥层不要太厚，不要用太多的装饰部件。大梁的设置也要合理，大梁虽然是重要的承重部件，其强度应当足够，但是大梁同时也增加房屋的抗剪要求，因此，大梁在满足承载力要求的前提下尽量不要太粗太重。很多情况下农村建房中对梁的设置有一个误区，认为梁作为关键部件越大越好，岂不知太大的梁增加了房屋重量，提高了支撑强度要求。"强梁弱柱"是抗震的大忌（图3－11）（kanpur，2007）。梁的选取以满足要求为好，不宜盲目增大。同样地，楼板也需要适当减负，最好选用强度高、重量轻的楼板，在必要时可以增铺轻质的隔音材料，质量差而很厚的楼板最好不要选用。对农村而言，最好是采用加筋现浇楼板，因为这样的楼板质量一般有保证，而且现浇楼板的连接性好。

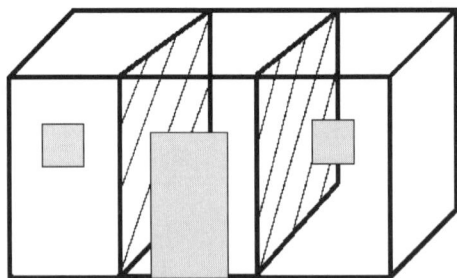

图3－10　小开间、多开间利于房屋地震安全

（3）多些连接。房屋在地震作用下，一方面不同部件的反应不尽相同，即便房屋的抗震设计是完美的，不同方向、不同部位的构件反应还是有差别，因此各部分之间的连接十分必要。如果存在一定的连接，那么只要地震作用没有超过允许的范围，房屋的整体性不会破坏。如果房屋的连接性不好，那么，房屋的地震反应会出现部分构件损坏、跌落、断

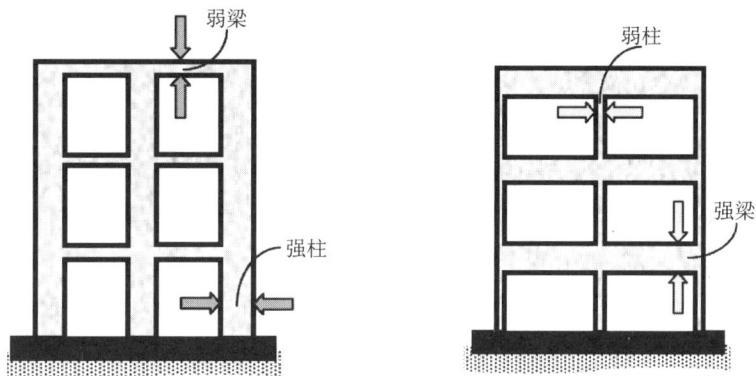

图 3-11 强柱弱梁有利抗震，强梁弱柱是大忌

裂等问题。农村常见的各类砌体结构，墙体容易发生脆性破坏，一旦脆性破坏发生，很容易造成贯穿性破裂甚至墙体倒塌，因此，保证房屋有一定的连接性是非常重要的。

（4）采取可靠的抗震构造措施。《建筑抗震设计规范》（GB 50011-2010）2.1.10 条定义抗震构造措施为：根据抗震概念设计原则，一般不需计算而对结构和非结构各部分必须采取的各种细部要求。可靠的抗震构造措施将墙体与墙体、墙体与楼盖之间连为牢靠的整体，可显著地提高结构的整体性和抗震能力。就农居而言，最常用、最有效的抗震构造措施是构造柱和圈梁。它们是农居建设施工图审查的重点内容。构造柱和圈梁联合形成抗震的空间骨架（图 3-12），其作用相当于一个弱框架体系。这个体系能提高砌体结构的整体性、抗剪强度和延性。整体性的提高可避免局部应力集中；抗剪强度的提高，可以使房屋承受更大的地震作用而不致破坏；延性（即可允许最大变形）的提高，使得房屋即便发生一定量的变形破坏，但是不容易倒塌（龚思礼等，2002；沈聚敏等，2000）。除此之外，砖垛、扶壁、墙体加筋这三种抗震构造措施，施工简

图 3-12 构造柱和圈梁构成的抗震骨架

单，投入不高。砖垛和扶壁更适用于抗震设防烈度不高（Ⅵ～Ⅶ度），场地条件比较好的情况，也可作为辅助的抗震技术措施。它们能够提高墙体交接和转角部位的抗剪强度，从而提高地震安全。墙体加筋所使用的材料可选择草、木、竹和钢筋，如果布置合理的话，即便在Ⅸ度设防烈度下也可以采用。

综上所述，抗震结构应有明确的受力和合理而不间断的地震作用传递途径。抗震结构应设多道防线，避免因部分结构和部件破坏而导致结构整体的破坏。抗震体系应具有完整性，避免形成局部薄弱楼层和薄弱部位。结构体系应体现"强柱弱梁"的原则，至少要延缓柱的破坏，防止因柱先破坏至使体系失稳。除此之外，还应增强房屋的支撑，降低屋盖重量，以提高房屋的抗剪能力，提高房屋的地震安全性能。

3.4.5　施工要求

地震过程中建筑物质量愈大，承受的地震惯性力亦愈大，高度愈高、造成的破坏愈重，所以要降低建筑物重心的高度和屋顶及墙体重量，提高结构的抗震强度和整体稳定性。为此必须改善和提高建材质量与强度，改进、提高不合理和不利于抗震的工艺流程与施工方法，提高施工质量。

（1）做好计划。建房是农民一生中最大的经济开支之一，如果缺乏计划、盲目建造可能造成浪费和严重的质量问题，所以在建房之前一定要做好计划。首先要考虑需要准备的材料，可以采用的房屋结构类型，并进行相关的预算和准备。地震中农村地区倒塌的都是投入少，结构简陋的房子，而投入适当，注重安全，质量较好的房子只受到轻微破坏，丝毫不影响居住。

（2）请好工匠。农村工匠因为教育程度、技术水平往往较低，对地震安全有的几乎一无所知。所以，如果所请的工匠技术水平不高、缺乏地震安全的常识，那么他们所建造的房屋在地震中很可能出现问题，因此，在请工匠时，至少要请 1～2 名技术水平高、对农村地震安全较为了解的工匠。有些地区的工匠经过一定的培训，有一定的建筑资质，他们建造的房屋质量有所保证，具有较好的抗震性能。

（3）求好不求快。质量是房屋地震安全的保障，所以在施工过程中不能因为要加快施工速度、缩短工期，而忽略了施工质量的重要性。例如，砌筑砖墙的速度应限制在一定的范围内，砌筑速度过快，下皮砖的混凝土还未固结好，这样砌筑的墙体抗震性能会有所降低。另外在选材，不能为了降低成本，擅自降低关键部件的用料（配筋、砂浆水泥标号等）、选择的等级。在资金有限的情况下，可通过减少装修部分的费用来保证主要部件的抗震性能。

第四章 西北地区农居现状及典型农居结构特征

4.1 西北地区自然环境和社会经济

4.1.1 西北地区地理气候条件

4.1.1.1 西北地区地理条件

西北地区五省（区），陕西、甘肃、青海、宁夏、新疆，地广人稀。五省（区）总面积310.73万平方千米，占到我国国土面积的32.4%（表4-1）。这里高山耸立，河流湍急，沟壑纵横，水土流失严重，是地形、地貌十分复杂的地区。现将西北地区的自然地理特征概述如下：

表4-1 西北地区各省（区）面积和所占百分比

省份	省（区）面积（万平方千米）	在五省（区）总面积中所占百分比
陕西	20.58	6.61%
甘肃	45.37	14.57%
宁夏	6.64	2.13%
青海	72.23	23.20%
新疆	166.49	53.49%

1）高原与山脉

西北五省（区）是青藏高原、黄土高原和蒙新高原的交汇处。雄踞于青藏高原上的青海省，地域辽阔，地势高峻，与西藏自治区同称为"世界屋脊"。青海全省海拔在3000米以上，其境内有许多耸立于雪线之上的高逾6000米的山峰。高原外缘高山环绕，壁立千仞，分别以4000～6000米的高度挺立于柴达木盆地、西宁盆地和青南高原之上，愈加衬托出高原峥嵘挺拔的雄伟气势。

青海省南部的青南高原，主要由昆仑山脉及其支脉可可西里山、巴颜喀拉山、阿尼玛卿山等组成，海拔高度多在5000米以上。这里雨雪较丰、湖泊众多，黄河、长江、澜沧江等均发源于这里的山区，故有"江河源"之称。青南高原的东北部地势较凹，黄河及其支流切割较深，形成许多台地和谷地，海拔在2500～3000米之间，气候温暖、灌溉便利，适宜农耕。

甘肃南部的甘南高原，属青藏高原东部边缘的一部分，面积约2.1万平方千米，这里大部分海拔超过 3000 米，有宽阔的草滩，丰茂的牧草，是甘肃的主要畜牧业基地。甘肃河西走廊以北的北山山地，主要包括马鬃山、合黎山和龙首山等一系列断续山脉，是属于蒙新高原的一部分。

分布在黄土高原上的陕北、甘肃中部地区和宁夏南部地区，是一个被黄土覆盖的相当宽阔的地域。黄土厚度自十余米到百余米不等，兰州九州台黄土厚度达 310 米，西津村黄土厚度达 409 米，陕北已发现黄土厚度大于 500 米的地层剖面。在这一地域范围内，除黄土塬、梁、峁、沟壑之外，还有石质山地、河谷等多种地貌类型。由于历史的原因和人为的破坏，陕甘宁黄土高原地区植被稀疏，水土流失严重，地表切割破碎，生态环境恶劣，农业生产很不稳定。

西北地区的山脉大致成东西走向。秦岭横贯陕西东西，既是我国黄河流域与长江流域的主要分水岭，又是我国南北方的主要分界线，主峰为太白山，山势北陡南缓，巍峨壮丽。甘肃境内山脉大多分布在省境边缘，主要为河西甘青交界处的祁连山，东西长达 1000 余千米，面积约 7 万余平方千米，山峰高度一般海拔 4000 米以上，冰川分布广泛，矿产资源丰富。陇南有甘川交界的岷山、陇东有甘陕交界的子午岭和甘宁交界的六盘山。贺兰山为宁夏和内蒙分界岭，主峰高达 3556 米，南北绵延数百千米，东西宽 40～50 千米不等，形成了阻隔腾格里大沙漠的天然屏障，保护了银川平原灌溉区不受风沙侵害。新疆南部新青交界处的喀喇昆仑山、昆仑山及阿尔金山，总称为昆仑山系，山系峻峭挺拔，平均山脊线 5000 米以上；北面有阿尔泰山，山川秀美；雄伟的天山山脉横贯中部，东西延绵 1700 千米，平均山脊线 4000 余米，把新疆分割成南疆和北疆两大部分。天山上的托木尔峰，海拔 7435 米，是天山最高峰，喀喇昆仑山山脉的乔戈里峰，海拔 8611 米，是世界第二高峰。

2）平原、盆地和沙漠

西北五省（区）境内还分布着许多平原、盆地和沙漠。陕西的关中平原，东起潼关，西至宝鸡，东西长约 300 多千米，宽约 30～80 千米，海拔 325～800 米，号称"八百里秦川"。这里土壤肥沃，气候温和，农产丰饶，自古以来就是著名的农业区。宁夏银川平原跨黄河两岸，自秦、汉两千年以来，各族人民在这里兴修水利，形成灌渠纵横，畦田成片，是盛产稻、麦、油、麻、甜菜和瓜果的平原灌溉区。"天下黄河富宁夏"就是指这块地方。位于祁连山以北，北山山地以南，东起乌鞘岭，西至甘新交界处的河西走廊，是一条长约 1000 千米，宽仅几千米至几百余千米的狭长地带。整个走廊地势平坦，灌溉便利，机耕条件良好，光热充足，有发展农业生产的良好条件。

新疆塔里木盆地底部面积约 53 万平方千米，是我国最大的内陆盆地。这里海拔约 1000 米，盆地深居内陆，周围高山环绕，海洋水汽不易到达，干旱少雨。盆地中心是塔克拉玛干沙漠，面积为 30 万平方千米，是我国最大的沙漠。准噶尔盆地是我国第二大盆地，面积为 30 多万平方千米，它大致呈三角形，海拔比塔里木盆地低，盆地的西北边缘有一些缺口，大西洋的水汽可以进入，因而降水较多，植物生长的条件比塔里木盆地要好。准噶尔盆地内的古尔班通特沙漠，是我国的第二大沙漠。吐鲁番盆地是天山地区陷落最深的盆地，最低处在海平面以下 155 米，是我国陆地最低的地方。吐鲁番盆地的面积约 5 万平方千米，周围环绕的山岭，海拔在千米以上到四五千米不等，盆地内部干燥，夏季炎热，素有"火州"之称。吐鲁番盆地东面的哈密盆地，也是天山地区的一个陷落盆地。

青藏高原上的柴达木盆地是我国第三大内陆盆地，南北宽约 300 多千米，面积 25 万余平方千米，盆地海拔 2600～3200 米之间，是青藏高原陷落最深的地区，系典型的封闭的高原盆地。柴达木盆地地势平旷，土地辽阔，自然资源丰富，有"聚宝盆"之称。

位于秦岭与大巴山之间的汉中盆地，海拔一般在 1200～2500 米之间，面积约为 7.4 万平方千米。这里气候温和，雨量充沛，是陕西农林特产和矿产资源的宝库。

甘肃河西走廊北部与宁夏回族自治区、内蒙交界处的巴丹吉林沙漠、腾格里沙漠，宁夏与内蒙交界的乌兰布和沙漠，陕北与内蒙交界处的毛乌素沙漠是西北地区面积较小的几个主要沙漠。

3）河流和湖泊

西北地区的河流大致可分为黄河水系、长江水系和内陆河水系三个系统。黄河是黄河水系的干流，在西北地区流经青海、甘肃、宁夏和陕西，湟水、大夏河、庄浪河、祖厉河、洮河、泾河、渭河等都是它的支流，其中渭河是黄河最大的支流，全长 787 千米，横贯整个关中平原，到潼关注入黄河。

长江发源于青海唐古拉山主峰格拉丹冬冰峰，源头由沱沱河、楚玛尔河和当曲河组成。嘉陵江、西汉水、白水江、白龙江均是它的支流。发源于陕西宁强县的汉水是长江最大的支流，全长 1532 千米，流经秦巴山区，至湖北武汉注入长江。

甘青两省的内陆河主要有黑河、北大河、疏勒河、党河、石羊河等。这些内陆河大都发源于祁连山，最后流入内陆湖泊或消失于沙漠戈壁之中。它们具有流程较短，上游水量大，水流湍急，下游河谷浅、水量小，河床多变等特点。这些内陆河是青海东部及甘肃河西走廊工农业用水的主要来源。

新疆地区的河流大部分是内流河，水源多靠山地降水和高山雪水供给，较大的有塔里木河、玛纳斯河、伊犁河、叶尔羌河等，塔里木河是我国最大的内流河，全长 2179 千米。额尔齐斯河是我国唯一属于北冰洋水系的外流河。

西北地区的湖泊主要分布在青海与新疆。在青海省水面大于 1 平方千米以上的湖泊共 266 个，总面积 1.26 万平方千米，其中淡水湖 151 个；咸水湖 85 个；盐湖 30 个。最大的湖泊是青海湖，面积 4573 平方千米，平均深度约 18 米，矿化度 15.5 克/升。新疆有我国最大的内陆淡水湖博斯腾湖，还有乌仑古湖、赛里木湖、天池等湖泊。

4.1.1.2　西北地区气候条件

西北五省（区）面积广阔，气候条件非常复杂，包括了四种气候类型。

1）亚热带季风气候

陕西秦岭以南，陕南地区，甘肃武都、文县东南大部及康县东南一小部分河谷地带为西北五省的亚热带季风气候，这部分地区面积很小。此地区冬季一月份平均气温 0℃ 以上，河流不结冰；夏季炎热高温，雨水多；全年降水 1000 毫米，降水较为丰沛。

2）温带季风气候

陕西秦岭以北，陕西中部地区，甘肃陇南地区为温带季风气候类型。其特点是夏季温暖多雨，冬季寒冷干燥，一年四季分明。适应这一气候特点，季相更替明显的落叶阔叶林，是它典型的地带性植被。

3）温带大陆性气候

陕北地区，甘肃大部分地区，宁夏、新疆全部为温带大陆性气候。其特征概括起来就是：冬冷夏热，年温差大，降水集中，四季分明，年降雨量较少，大陆性强。由于远离海洋，湿润气候难以到达，因而干燥少雨，气候呈极端大陆性，气温年、月较差为各气候类型之最。而且，越趋向大陆中心就越干旱，气温的年、日较差也越大，植被也由森林过渡到草原、荒漠。

4）高原山地气候

青海全省、甘肃甘南高原大部分地区处于高原内陆，地势高耸，相对高差大，气候属高原大陆性气候，干燥、少雨、多风、寒冷、缺氧、日温差大、冬长夏短、四季不分明，气候区分布差异大、垂直变化明显。

气候类型的不同决定了各省（区）的年平均气温和平均降水量的差异。表4-2为西北地区各省（区）年平均气温和降水量。

表4-2   西北地区各省（区）年平均气温和平均降水量

省份	年平均气温（℃）	年平均降水量（毫米）
陕西	13.7	638.9
甘肃	8.9	447.2
宁夏	3.5	429.8
青海	9.2	263
新疆	10.9	165.6

注：表中除新疆维吾尔族自治区的数据为2007年的统计数据，其余省份为2008年统计数据。

4.1.2   西北地区农村人口分布状况

西北地区地广人稀，人口密度相对我国其他地区要小很多。西北五省（区）的总人口数大约9600万，仅占我国总人口数的7%左右。西北地区同时也是少数民族聚居的主要地区，几乎囊括了我国全部的56个民族。同时，西北地区城市化程度低，农村人口占的比例很高，农业人口几乎是城镇人口的2倍。农业人口主要以农业和牧业为主要经济收入。

西北地区各省（区）的总人口数、城镇和乡村人口数及所占总人口的比例见表4-3和图4-1。西北地区各省（区）少数民族数、少数民族人数及所占总人口比例见表4-4和图4-2。

表4-3   西北地区各省（区）人口总数及城镇人口数和农村人口分布

省份	总人口数（万人）	城镇人口数（万人）	城镇人口所占比例	农村人口（万人）	农村人口所占比例
陕西	3772	1641	43.5%	2131	56.5%
甘肃	2617	827	31.6%	1790	68.4%
宁夏	600	218	36.3%	382	63.7%
青海	557	234	42.0%	323	58.0%
新疆	2095	690	32.9%	1405	67.1%

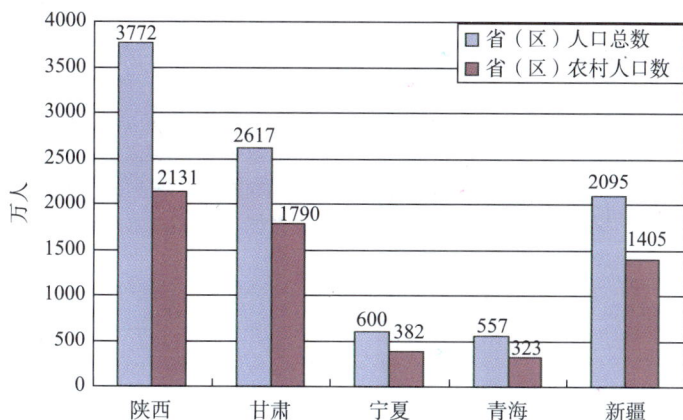

图4-1 西北地区各省（区）人口总数及农村人口分布

表4-4 西北地区各省（区）人口总数及少数民族人口数和所占比例

省份	少数民族数	少数民族人口数 （万人）	少数民族人口数 所占人口比例（%）
陕西	53	18	0.5
甘肃	54	220	8.4
宁夏	45	218	36.3
青海	53	258	46.3
新疆	47	1272	60.7

图4-2 西北地区各省（区）人口总数及少数民族人口分布

4.1.3 西北地区农村社会经济发展

西北地区农村社会经济发展有其特点。西北农村经济占国民经济的比例并不高，其中以陕西省最低，为10.8%，略低于全国平均水平11.3%。甘肃和新疆两省（区）农业所占比例较高（图4-3）。这说明，西北地区除甘肃和新疆外，各地农业所占国民经济比重

农业占国民经济百分比

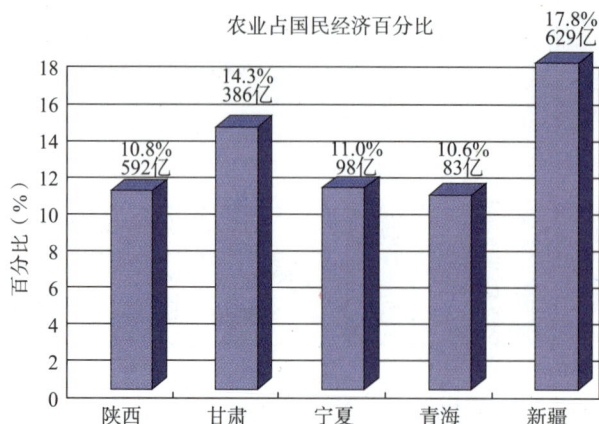

图 4-3　2007 年西北各省（区）农业产值及所占国民经济百分比

基本与全国持平。

就农村人口而言，西北地区农村人口比例均高于全国 2007 年农村人口百分比 55%（图 4-4）。这说明西北地区城市化程度较全国水平低，大部分地区尚未摆脱农村社会经济阶段。其中，甘肃省农村人口仍然保持在 68%，城市化程度最低，农村发展程度位于西北之末。从农村绝对人口构成来看，陕西省农村绝对人口最多，占西北地区农村总人口的 37%，其次为甘肃占 30%，而青海和宁夏农村人口最少，都在 390 万左右。

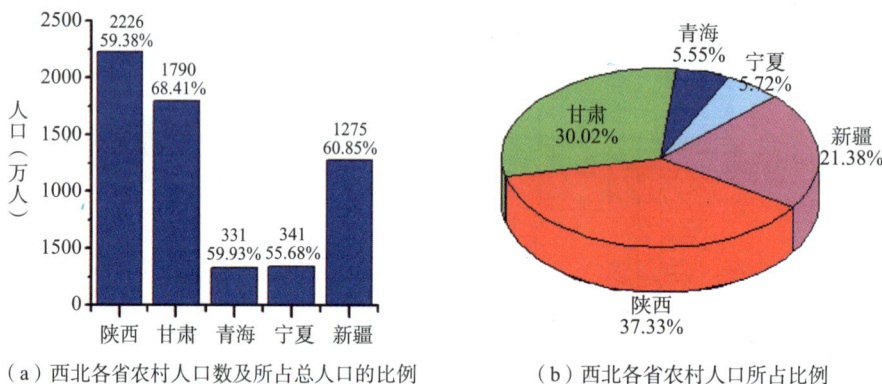

（a）西北各省农村人口数及所占总人口的比例　　　　（b）西北各省农村人口所占比例

图 4-4　2007 年西北各省农村人口统计情况

西北地区农村低收入贫困人口比例较高（图 4-5、4-6）。2007 年全国人均收入低于 1067 元的低收入贫困人口 4320 万，约为农村总人口的 4.6%。西北地区农村低收入贫困人口合计 1227 万，为全国农村低收入人口的 28.4%。而除宁夏和新疆外，农村低收入人口的比例均为所在省份人口的 10% 以上，其中甘肃省最高达到 17.2%。与之相应，西北地区农民人均纯收入也较低，人均从 2329 元到 3183 元，所占比例也仅为全国平均水平的 56.3% 到 76.9%。

西北地区城市化程度低，农村人口比例大，农村经济欠发达，农民人均纯收入严重低于全国平均水平，低收入贫困人口比例较高，这客观上也造成西北地区农村震害预防意识淡薄，防震减灾经济承受能力较差。因此，研究中低投入下，抗震有效，经济实用的西北农村民房抗震设防技术不仅意义重大，而且有着特殊的技术要求。

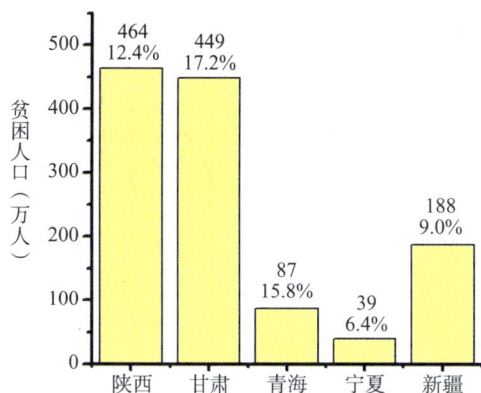

图 4-5　2007 年西北农村贫困人口

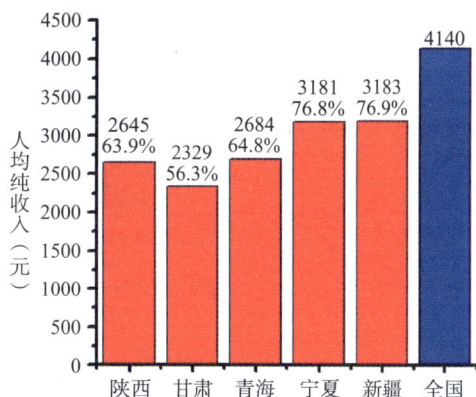

图 4-6　2007 年西北农村人均纯收入

从西北地区农村民房的情况来看，有两个方面值得注意：

（1）与全国水平相比较，农村人均住房面积低于全国水平。除陕西低于全国水平12%以外，其余各省低于全国水平近30%～40%。这说明，今后西北地区农村民房建设的需求量较全国水平更大（图4-7）。

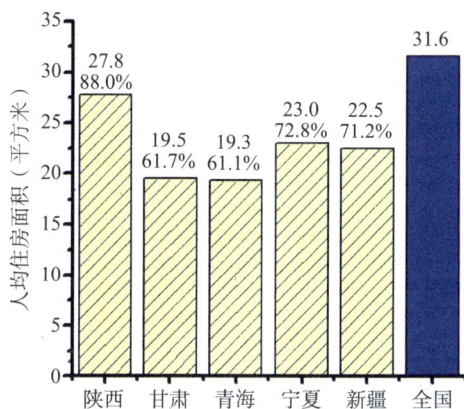

图 4-7　2007 年西北农村人均住房面积

（2）从西北地区农村民房构成而言，钢筋混凝土加上砖木结构所占比例除陕西外，其余各省份都较低，其中甘肃、青海和新疆还不到全国的一半。这里面除去气候条件和文化风俗影响而外，也说明西北各省份农村住房标准还都比较低，农村住房建设的任务还很艰巨（图4-8）。

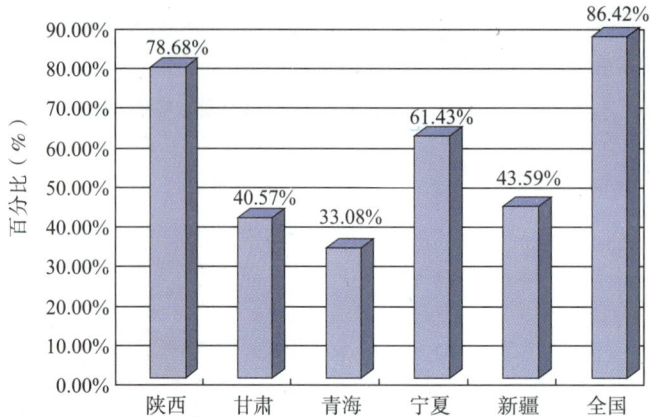

图4-8　2007年西北农村钢混及砖木住房面积比例

4.2　西北地区农居类型

4.2.1　农居分类原则

我国西北五省，面积广阔，地形多样，既有源远流长的历史传统，又有丰富多彩的民族文化。而西北的农村民房也从一个侧面体现着这些地域特色和文化传统。西北农村民房根据其特点可分为两大类：通用类型农居和民族特色农居。

现存的通用类型农村民房绝大多数是20个世纪80年代以后修建的，在各省区普遍存在。通用类型农居按照不同的分类原则可以分为不同的类型，常见的分类原则如下：

（1）按建筑材料分：在西北地区常见的建筑材料有生土（夯土、土坯）、砖、木、砌块和钢筋混凝土。所以按照建筑材料通常可分为生土房屋（图4-9）、木结构房屋（图4-10）、砖砌体房屋、砌块房屋、钢筋混凝土房屋。砌石房屋在西北地区数量很少，本书不再专门讨论。

图4-9　生土房屋（甘肃永昌）

图4-10　木结构房屋（甘肃夏河）

（2）按承重方式分：屋盖和楼板的承重分墙体承重、构架承重和混合承重三种情况。墙体承重民房的屋盖（檩、梁）直接搭在墙体上，不设柱子，屋盖和楼板的重量完全由墙体承担（图4-11、4-12）。构架承重民房是由木构件承担屋盖和楼板的重量，墙体只起分割空间和承受自重的作用（图4-13、4-14）。混合承重的民房是墙体和构件共同承重，房屋墙除起到分割空间作用之外也承担屋盖和楼板的重量，此外房屋中的木柱或砖柱也分担部分屋盖或楼板的重量（图4-15、4-16）。

图4-11　墙体承重单层砖木平房

图4-12　墙体承重单层土木平房

图4-13　木构件承重二层砖木房屋

图4-14　木构件承重二层土木房屋

图4-15　墙体和木柱混合承重农居

图4-16　墙体和砖柱混合承重农居

4.2.2　主要农居类型

根据前述农居的分类原则，并参考常用的农村民房分类名称，西北地区农村民房可分为 5 种类型，即土木结构、砖木结构、单层砖混结构、多层砌体结构、钢筋混凝土结构（图 4 - 17 ～ 4 - 20）。鉴于钢筋混凝土结构在西北农村地区数量很少，而且其有专门的抗震规范和施工要求，相关研究和技术标准已经成熟，本书不再讨论。

图 4 - 17　砖箍窑

图 4 - 18　地坑窑

图 4 - 19　单层混合承重土木房屋

图 4 - 20　单层混合承重砖木房屋

土木结构、砖木结构、单层砖混结构、多层砌体结构民居可以根据承重方式和房屋局部结构的不同，进一步划分出主要的小类（表 4 - 5）。这些类型基本涵盖了绝大部分西北农村地区农村民房。当然，农村民房建设条件和施工工艺存在不同程度的差异，并具有一定的随意性，虽然大类的划分一般不会存在什么问题，但是也会有少量农村民房在小类归属上难于确定。所以表 4 - 5 所给的小类既非全部，也不十分完善。

4.2.3　民族特色农居

西北地区少数民族众多，使得该地区拥有很多民族特色的房屋，比如回族风格房屋（图 4 - 21）、藏族石砌结构（图 4 - 22）、哈萨克毡房（图 4 - 23）、新疆风格农居

（图 4－24）等。这些建筑具有地域性和民族性。其特点是适应当地气候地理环境并反映地方民俗文化，是我国传统建筑文化的重要组成部分。

图 4－21　回族装饰风格农居

图 4－22　藏族石砌房屋

民族特色农居震害经验差别大，震害研究少，不同结构之间的可比性差。从发展而言，此类建筑逐渐萎缩，少量成为文化景观。但是其装饰艺术和造型风格仍然还有采用。目前，在少数民族聚居地新建很多仅仅采用了当地民族的装饰艺术和造型风格民居，其实质仍然是通用民房类型。鉴于民族特色农居目前数量很少，本书除将部分仍然常见的该类房屋纳入相应的通用类型房屋，对数量很少的民族特色农村民房只做简单介绍外不做专门技术指导。

图 4－23　哈萨克毡房

图 4－24　新疆风格农居

表 4－5　西北地区农村民房分类

民房类型	使用建材	次级类型	特　征
土、木、石结构	1. 墙体：夯土、土坯、石块及天然土层； 2. 屋盖：木材、天然土层、石块； 3. 构架：木构架或无构架	窑洞：崖窑、地坑窑、各类箍（拱）窑（图 4－17、4－18）	（1）崖窑和地坑窑利用天然土层承载力，实质为简单改造的人工洞穴； （2）各类箍（拱）窑为利用土坯、砖、石等建造的一种无构架的墙体和屋盖一体的特殊砌体结构

续表

民房类型	使用建材	次级类型	特 征
		墙体承重土木结构（图4-12）	（1）屋盖重量由夯土或者土坯墙承担； （2）不设柱，"硬山搁檩"为典型
		木架承重单层土木结构	（1）由檩、梁、柱、椽组成完整的木构架，屋盖重量由木构架承担； （2）墙体主要起围护和分割空间的作用
		混合承重土木结构（图4-19）	（1）设置砖柱或者简易木架承担部分屋盖重量； （2）部分前墙为砖墙
		木架承重多层土木结构（图4-14）	（1）木构架构成楼板和屋盖承重体系； （2）层数多为二层，三层罕见
砖木结构	1. 墙体：砖及砂（灰）浆； 2. 屋盖：木屋盖； 3. 构架：木构架或无构架	木架承重（图4-13）	（1）木架起主要的承重作用； （2）砖墙主要起围护和分割空间的作用
		砖墙承重（图4-11）	（1）砖墙承重，不设木柱； （2）墙角可设砖柱，但其实质为墙体的增强
砖混结构	单层	1. 墙体：砖及砂（灰）浆； 2. 屋盖：混凝土、钢架； 3. 构架：无构架，但圈梁和构造柱可形成弱构架	砖墙混凝土屋顶	（1）屋顶为预知混凝土楼板，有采用混凝土梁柱和简单钢架的； （2）砖墙为主要承重体系； （3）仅设置地圈梁的也可归入此类
	多层	1. 墙体：砖、砌块及砂浆； 2. 屋顶（楼板）：预制（现浇）凝构件、木屋盖； 3. 构架：无构架，但圈梁和构造柱可形成弱构架	设圈梁构造柱	（1）砖墙为主要的承重体系； （2）设有完整的圈梁构造柱体系
			抗震结构	（1）设有完整的圈梁构造柱； （2）层数以2～3层最多，少数为4层； （3）墙体为主要的承重体系
			简易结构	（1）可能设有基础圈梁，但没有构造柱； （2）墙体为主要承重体系； （3）层数以2～3层最多，少数为4层

4.3　西北地区农居类型的分布

4.3.1　农居类型分布特征

根据相关统计和调查数据，西北地区主要农村民房类型的分布情况如图4-25。

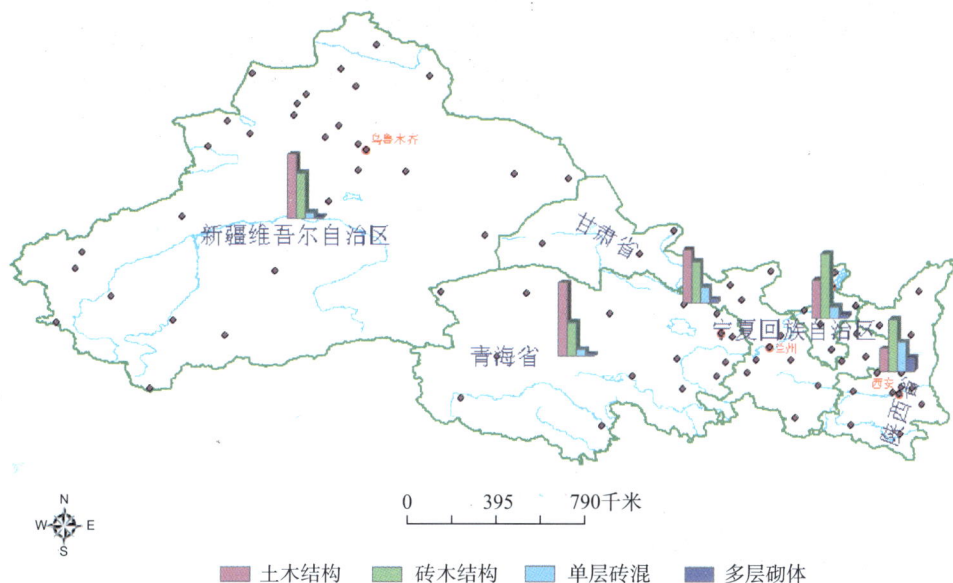

图4-25　西北地区主要农村民房类型分布图

由图可知，西北地区数量最多的是土木和砖木结构。土木结构在新疆、青海和甘肃仍然是最主要的农居类型，在新疆和青海比例尤高，超过了一半。其次是砖木结构，在各省比例从接近1/3到半数。

从各类农居类型的区域分布来看（图4-26～4-29），有如下认识：

（1）土木结构在南疆和青海西部分布比例最高，都在60%以上。一是当地居民有长期使用土木结构的习惯，另外在南疆气候干旱，客观上也适宜土木结构房屋。其次，在新疆北疆的哈密、塔城、昌吉等地区，甘肃的陇南和陇中，宁夏南部等地区所占比例也较多。土木结构在陕西关中地区、宁夏银川周围所占比例最低，多在10%～20%之间。另外，在经济较发达的城市周围所占比例也较低（阿肯江·托呼提，2008）。

（2）砖木结构在宁夏河套平原、关中地区以及其他省区大城市周围经济较发达地区所占比例最高。而以宁夏银川周围最高，超过了60%。砖木结构所占比例最低的是南疆和青海西部。

（3）单层砖混结构在陕西关中、宁夏银川周边及甘肃酒泉、张掖两市所占比例较高，多超过20%。单层砖混结构在南疆、青海西部及宁夏南部数量较少。

（4）多层砖混结构在西北多数地区所占比例不高，大多低于5%。比例较高的是陕西的关中及陕北相对富裕的地区，一般超过10%。此外，在省会城市及农民人口比例很低的

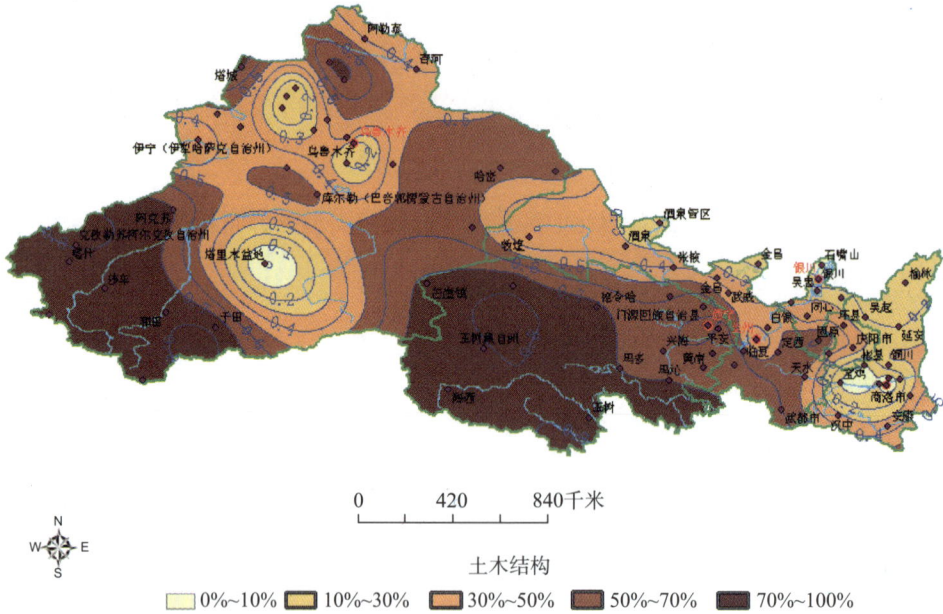

图 4-26 西北地区土木结构农村民房的分布

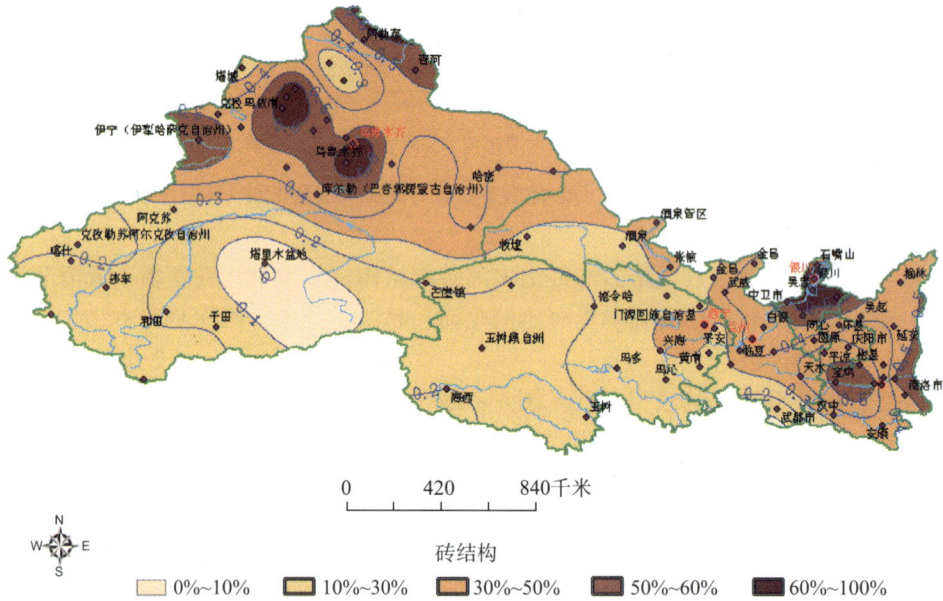

图 4-27 西北地区砖木结构农村民房的分布

工业城市周围,此类农村民房的比例也较高。

(5) 与全国水平相比,西北农村民房建设水平依然偏低,土木结构比例高。

4.3.2 农居结构类型与分布的影响因素

农村民房采用什么类型,及其分布如何,很多情况下都受一定的因素影响。这些因素

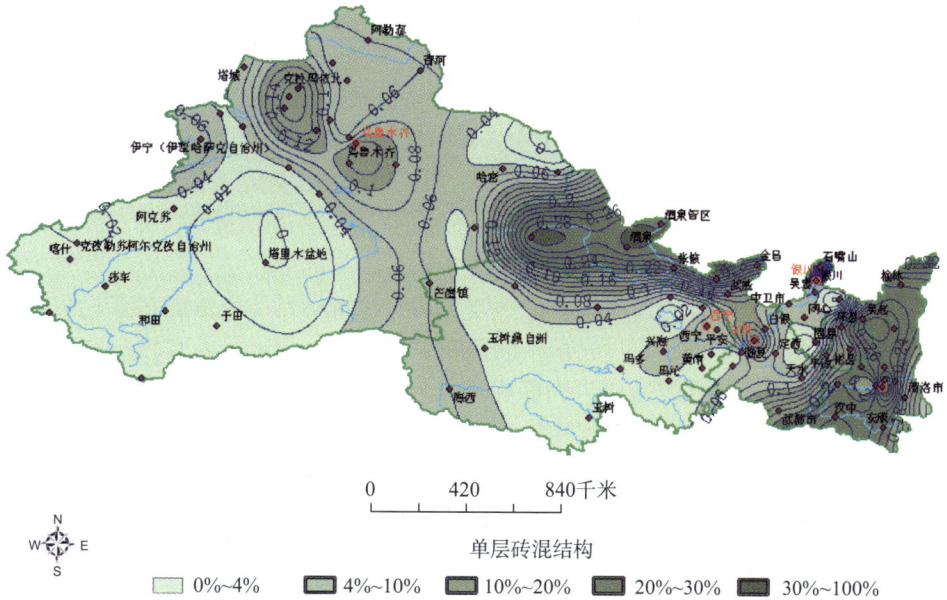

单层砖混结构

　0%~4%　　4%~10%　　10%~20%　　20%~30%　　30%~100%

图4-28　西北地区单层砖混结构农村民房的分布

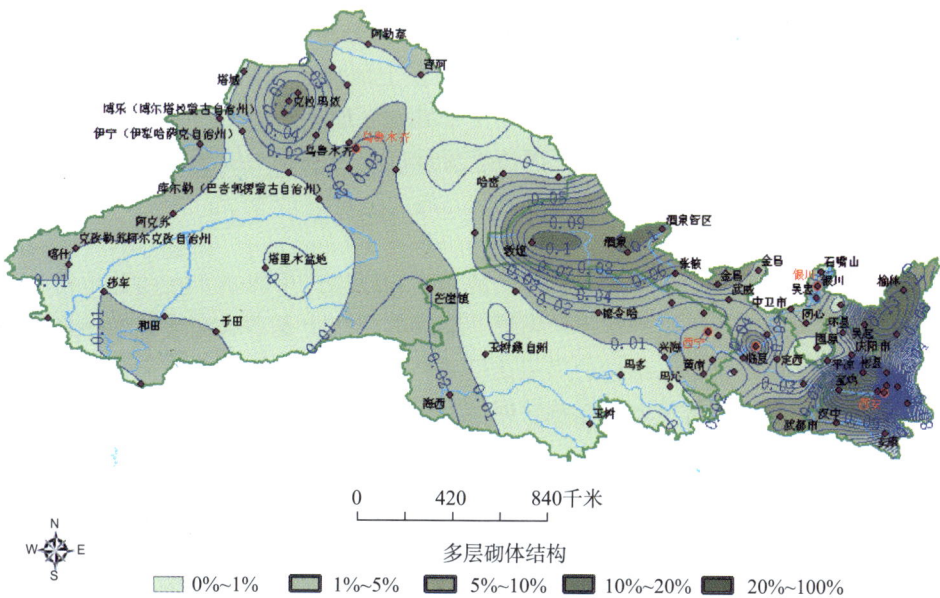

多层砌体结构

　0%~1%　　1%~5%　　5%~10%　　10%~20%　　20%~100%

图4-29　西北地区多层砌体结构农村民房的分布

归结起来主要有:

1）经济因素

经济因素决定农民可以承受的建房投资，而投资的多少决定所选取的民房类型及其面积大小。一般地，经济条件越发达，农民越倾向于建造单层砖混房屋甚至多层砌体结构房屋，相应地建筑面积也增大，因为此类房屋美观、现代。在富裕地区，经济条件较好的农民尤其喜欢建造多层砌体房屋。比如，在西北地区经济条件较好的陕西关中地区，砖混结构农居所占比例甚高，最高可达40%以上。而在经济条件较差的青海西部和南疆，生土建筑所占比例则仍然高达70%以上。

然而，经济条件的改善也会产生意想不到的后果。很多地方的农民稍微富裕，但又不是十分富裕的情况下，修建房屋盲目求高求大，试图提高"品位"，结果却导致房屋质量下降，埋下安全隐患。因此，即便经济条件有所改善，农民修建新房时也要适当地引导，修建房屋要在安全、实用的原则之上再追求美观和品位，而不能以牺牲房屋质量为代价盲目追求美观。

2）气候和地理环境

气候条件决定房屋类型的适应性，也决定着某些建筑材料使用量的多寡。在干旱河西走廊和南疆地区，气候干燥，农村民房一般喜欢采用平顶。而干旱的气候，也使得土坯墙和夯土墙房屋在这些地区比较适用，因而在干旱地区很长一段时间内生土建筑比较普遍。同时，这些地方木材稀缺，建造木结构的成本高，所以在经济条件改善时，农民多建造单层砖混结构和多层砌体结构房屋，而采用木构架和木屋盖的农居类型相对较少。

反之，在气候湿润的陇南和陕南地区，农村民房多用坡面屋顶，而且气候越湿润，坡面越陡。这些地区木材相对充裕，使得这些地方传统上习惯使用木构件和木屋盖的房屋。而且，受雨水侵蚀退化较弱的砖墙比土坯墙更容易被接受。这些地方，很少采用潮湿条件下退化较快的土坯墙，而采用混杂砂砾石的夯土墙较多。因为粗粒土较多的夯土较黏土土坯不容易受潮而退化。

地理条件决定选址，也间接影响农村民房类型的分布。在土地不太紧缺的平原和川地，除非经济条件较好，建造单层民房较多。而在土地缺乏的山地，如陇南和陕南地区，农村民房多采用多层结构以节约土地。位于戈壁砂砾场地上的民房一般不开挖基坑建造基础或者基础埋深很浅（50厘米以内），而位于新近沉积土层和回填场地上的农村民房往往要开挖1米甚至更深的基坑建造基础。

3）风俗文化

宗教、民族和地方文化也会对农村民居的形式和风格产生影响。在西北地区，藏族和维族群众传统上有建造土木结构房屋的习惯，而汉族传统上更喜欢建造砖木结构房屋。所以，在藏族和维族地区，土木结构的房屋比例更高。另外，宗教和地方文化对农村民房的局部结构、装饰艺术等有着重要的影响。回族农民的房屋往往有伊斯兰风格的精美华丽装纹和饰件。汉族文化受佛教影响较大，所以装饰风格上显得庄重祥和。

4）生产和生活方式

农村民房的建设往往或多或少的与当地的生产和生活方式相联系。比如，喜欢在屋顶和檐下晾晒东西，屋顶较为平坦或者屋檐伸出较长。而习惯睡火炕的地方，农村民房都建有不同形式的烟道。农村民房有时也是农村生产和生活方式的一个重要侧面反映。

上述是对民房类型及其影响因素的综合分析。为了进行进一步的说明，利用已有数据对农民年均纯收入和年降雨量对农村民房类型比例的影响进行了统计分析，得到以下结果。

1）年均纯收入和降雨量分别于四类结构的比例百分数之间的相关矩阵

从表4-6中可以看出，土木结构与年均纯收入以及降雨量之间存在较为显著的负相关。也就是说，收入越高，降雨量越大，土木结构采用的比例较低。而砖木结构、单层砖混结构和多层砖混结构与收入和降雨量之间存在正相关。但是砖木结构与降雨量的相关性不高，这主要是因为各地均存在数量较多的砖木结构。砖木结构更多地与经济条件相关。

单层砖混结构与经济条件存在一定相关性，但是受地方习俗的影响，相关性不太显著。多层砖混与经济条件的相关性更低，主要是因为多数地区多层砖混结构的分布极少，数据比较离散；另外多层砖混数量最多的关中地区虽然整体经济条件比较好，但是新疆、甘肃和宁夏的部分大城市和工业城市附近农村较富裕的地区修建多层砖混的积极性不如关中地区，所以造成数据相关性变差。这更多是因为地方习俗和环境气候的影响。

气候对单层砖混结构和多层砖混的影响比较显著：①的确在气候比较湿润的地区土木结构不太适宜，所以经济条件允许时一般都采用单层砖混和多层砖混。②之所以这样是因为单层砖混和多层砖混目前主要在关中地区数量较多，而关中地区相较湿润。

表 4 - 6　农民年均纯收入和降雨量与民房结构类型比例的相关性

结构类型	影响因素	
	年均纯收入	降雨量
土木结构	- 0.36	- 0.34
砖木结构	0.35	0.06
单层砖混	0.21	0.39
多层砌体	0.09	0.47

2）多元拟合结果

土木结构百分比与纯收入和年降雨量之间存在较好的线性相关，如图 4 - 30 所示。纯收入和年降雨量对土木结构的分布百分比的相关系数达到 0.64，而将单层砖混和多层砌体结构合并统计，得到年均纯收入和年降雨量对其分布比例的相关系数为 0.62，如图 4 - 31 所示。

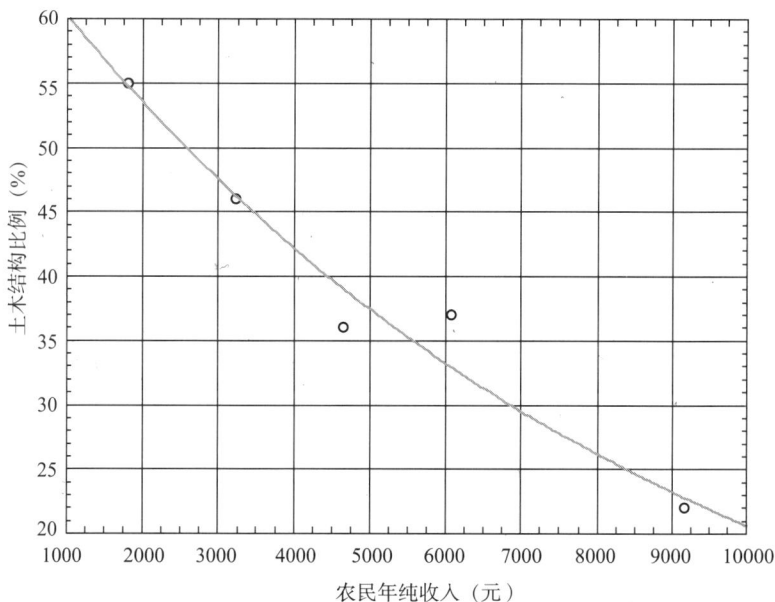

图 4 - 30　农民年均纯收入与土木结构比例的关系

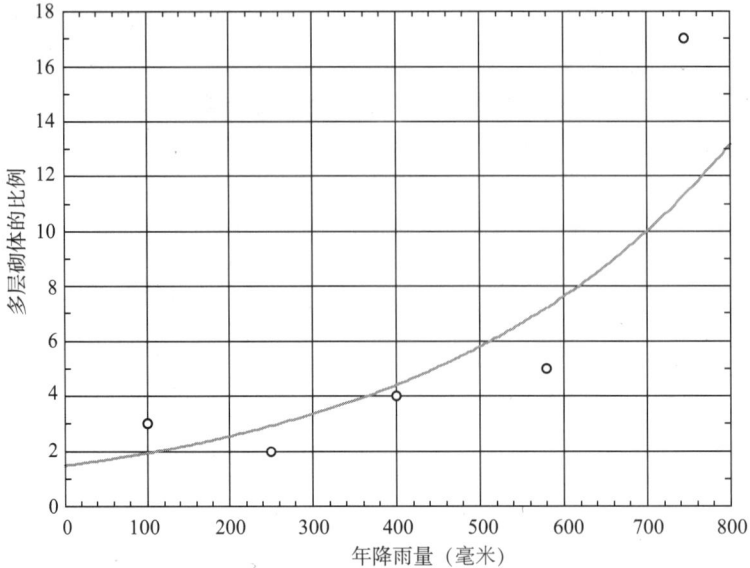

图 4 – 31　地区年降水量与多层砌体结构比例的关系

4.4　西北地区的典型土木农居

土木结构在南疆和青海西部分布比例最高，都在 60% 以上，如图 4 – 26 所示。一是当地居民有长期使用土木结构的习惯，另外在南疆气候干旱，客观上也适宜土木结构房屋。其次，在新疆北疆的哈密、塔城、昌吉等地区，甘肃的陇南和陇中，宁夏南部等地区所占比例也较多。土木结构在陕西关中地区、宁夏银川周围所占比例最低，多在 10%~20% 之间。另外，在经济较发达的城市周围所占比例也较低。

4.4.1　木构架承重土木房屋

木架承重土木平房的屋盖重量由木架承担。木架由柱、梁、檩、椽构成，相互之间有连接措施，其整体性好。土墙仅起隔墙和填充墙的作用（金宗长，赵红，1992）。木屋盖有一坡水屋顶、双坡水屋顶两种，但以两坡水屋顶居多。木架承重土木结构房屋又可分为单层土木结构和多层土木结构，各自的特点见表 4 – 7。

表 4 – 7　木架承重土木结构的特征

民房类型	使用建材	次级类型	特　征
土木结构	1. 墙体：夯土、土坯及天然土层； 2. 屋盖：木材、天然土层； 3. 构架：木构架或无构架	木架承重单层土木结构	（1）由檩、梁、柱、椽组成完整的木构架，屋盖重量由木构架承担； （2）墙体主要起填充作用
		木架承重多层土木结构	（1）木构架构成楼板和屋盖承重体系； （2）层数多为二层，三层罕见

1）木架承重单层土木结构

木构架是我国传统建筑方式，农村所采用的木构架虽然不如寺庙宫殿那么复杂，但正规木架房仍然是比较完整的构架体系（王兰民，2006）。图4－32（a）是陇中地区的木架房，它由梁、檩、柱、撑铆榫结合，成为一个承重的构架体系。老式房屋多建三间，俗称"四梁八柱架子活"，采用的木材多为质量较好的松木。老百姓总结"四梁八柱架子活，墙倒房不倒"，就是说这类房屋抗震性能高，即便墙体倒塌，木构架及屋盖一般不会倒塌。这类房屋如果土墙的质量比较好的话，可以使用50年以上。但是，现在随着木材价格上涨，修建此类房屋已经不多。现在存留的此类房屋，多为20个世纪70～90年代所造，部分地区还有保留比较完整的20个世纪50年代前后修建的此类房屋。（b）是陇南和陕南地区多见的穿斗式木架土夯墙房屋。这类房屋采用了穿枋来增加横向连接，其整体性好，是目前农村比较抗震的农村民房类型。在汶川地震中，此类房屋很少有完全倒塌的，多为局部墙体坍塌和屋顶开天窗。除非木构架遭受破坏，这类房屋还可以修复使用。

（a）土坯坡顶木架房　　　　　　　　　　　　（b）夯土墙穿斗木架房

图4－32　正规木架平房

正规木架房，工艺讲究，对木材的要求较高，施工复杂，现在因为木材价格昂贵等原因，除了木材较为丰富的陇南、陕南地区外，新建农村民房很少采用。

简易木架房其结构略微简单，房屋屋架的整体由柱、梁、檩、椽和横向拉撑构成，但拉撑并不齐全，或仅由柱、梁、檩构成屋架。比较简单的木架结构是仅有梁柱而无檩，椽子直接安放在梁上，即通称"滚椽"；还有一种结构形式是仅有柱、檩，而无梁，柱直接支撑着檩子，这是一般"挂椽"的一种结构形式。20世纪70年代以后，为了增强房屋的抗震强度和整体稳定性，有的木架房屋的四角，以砖柱加固（图4－33），但由于砖柱与土坯墙之间没有拉结固定措施，所以也起不到多大增强房屋抗震强度和稳定性的作用（金宗长，赵红，1992）。简单木架房整体性和强度不及正规木架房。

2）木架承重多层土木结构

由于木料材质轻、柔性好，一些木材较为丰富，而土地比较紧缺的地区，农民喜欢建造木架承重的多层土木结构房屋。此类房屋多以二层为主，三层及以上的比较罕见，目前多分布在陇南、陕南及邻近地区。图4－34是典型的木构架两层土木结构农村民房。其楼

图 4 − 33　简易木架平房

板和屋盖一般都是木制，屋盖多为两坡水，采用穿斗木架（图 4 − 35），柔性好，整体性强，抗震性能比较好。该类房屋在甘肃省陇南、甘南及陕南山区比较多见。

图 4 − 34　二层穿斗木构架房屋

图 4 − 35　两层土木房屋的穿斗式木构架

4.4.2 土墙承重土木结构

在西北地区，黄土作为建筑墙体材料修建房屋已有悠久的历史，当地群众在土料成型方面有丰富的经验，各地方法有所不同，按照不同的结构形式可分为夯土墙和土坯墙。室内试验证明，两种土坯墙的抗倒塌能力颇佳（王毅红等，2006）。

该种类型的承重主体为土坯墙或夯土墙，一般不设置柱，采用木屋盖，通称"土搁梁"、"硬山搁檩"及"通檩房"。房屋的大梁或檩子直接搭放在夯土墙或土坯墙上，梁或檩与承重墙体之间，一般无固定措施，墙体承受屋盖系统全部荷载。木屋盖也相对简单，有的仅有梁和椽。椽直横搭在梁上，俗称"滚椽"。许多简易的墙体承重土木房屋还直接将椽子搭在墙上。

此类房屋有一坡水屋顶、双坡水屋顶和平顶三种。随着经济发展，一坡水房屋逐渐减少，但在甘肃的定西、白银、天水等地数量还比较多。平顶仅分布在气候干旱的新疆和甘肃河西走廊地区。墙体承重土木结构房屋用木料少、造价低廉，一度在西北地区是最主要的农村民房类型（图4-36）。典型的墙体有土坯墙和土夯墙。

（a）夯土墙土木结构　　　　　　　　　　　　（b）土坯墙土木结构

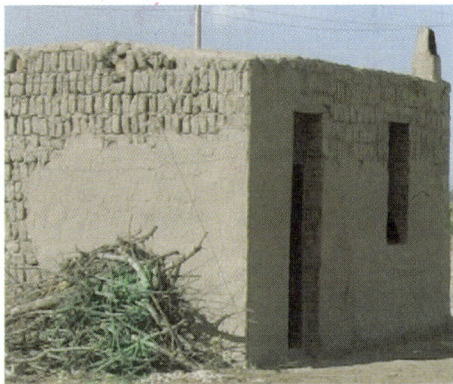

图4-36　墙体承重土木平房

夯土墙是用木板或表面光滑的原圆木做帷幕板，将提前用水拌匀接近最优含水量的黄土分层夯筑而成。这种墙体的特点是整体性好，就成型方法比较，夯土墙强度比土坯墙的强度小（王生荣等，1985）。

土坯墙是将风干的土坯用草泥浆砌筑而成。土坯按不同的制作方法可分为干制坯和湿制坯，湿制坯的强度较干制坯提高很多，但湿制坯砌筑墙体的抗剪承载能力较干制坯砌筑的墙体提高不多（王峻，2005）。各地的土坯尺寸不大相同。在陇中地区，土坯尺寸较小，一般为8～10厘米厚，30厘米长，15～18厘米宽。而在河西走廊地区，用较大的土坯，土坯墙一般用泥浆作为黏结材料。承重土坯墙的砌筑方式有平砌和立砌。平砌方法砌筑的墙体稳定性相对好些，实验证明，平砌法砌筑的土坯墙在反复荷载作用下，砌抗震性能较强。立砌法砌筑的墙体通常竖缝无浆，这种土坯砌筑墙体的土坯间离散性大，地震作用下整体性较差，土坯之间易发生离散作用，加剧墙体的破坏。1986年，甘肃省村镇建筑抗震研究所的研究表明，科学砌筑的土坯墙体比传统立砌土坯墙体的抗剪强度提高 40%（王生荣等，1985）。土坯墙具有现场劳动强度低，施工不受季节限制，工期比较短的优点。

从 2007 年以来，有一种新型的夯土结构——现浇土坯石膏抗震房（图 4 - 37）在新疆和宁夏地区普及，有逐渐取代土坯房和砖房成为新型抗震房的趋势。现浇土坯石膏抗震房起源于喀什地区伽师县，2007 年 3 月试点成功。

图 4 - 37　新疆伽师地区石膏抗震房

据介绍，抗震石膏房的地基由红砖砌成，在地基上要立上用铁皮、木头做的基本房屋构架，再把土坯、棉秆填塞在构架里面，然后用稀释的石膏浇灌在构架上，等石膏凝固后墙体可达 40 厘米厚。经在西安测试，抗震石膏房建成后可抗烈度为 IX 度多的地震。新型现浇石膏土坯房利用南疆地区盛产石膏这一优势，将土坯、石膏作为墙体主要材料，各层土坯之间采用棉秆架立，石膏浆灌注于土坯墙内、外侧及土坯间隙中，石膏凝固后与土坯形成复合墙体结构，两者相互作用共同受力，充分发挥各自性能。建造这种结构的房屋造价仅为 160 元/平方米，只相当于木板夹芯房、砖木结构的 1/2 和 1/3，同时石膏土坯房抗震性能满足要求，而且房屋使用寿命提高到了 50 年，房屋建造费用每平方米可控制在 200 元以内，较砖木结构至少降低 35%，节能效率达到 50%，符合国家对墙体节能的要求，且施工效率可提高 30%（周铁钢等，2008）。采用石膏结构体系的房屋，每平方米建造费用为 175～200 元，较砖木结构每平方米节约 160 元，又具有良好的抗震、防火、防水和保温性能，节能环保，得到了农民的认可和肯定。按 50 平方米建房标准计算，每户平均可节约资金 5000～8000 元左右。这种新型抗震房经受了 2008 年 3 月新疆和田发生的 7.3 级强震的考验，目前已在南疆 4 地州 10 多个县推广（阿肯江·托呼提，2008）。

4.4.3　混合承重土木结构

混合承重土木结构房屋的墙体和简单木架共同承担屋顶重量。此类房屋设有简易木柱或者砖柱。简易木柱多比较细、仅承担部分屋盖重量。柱子多为"墙包柱"，檩子仍然搭在土墙上。砖柱土坯墙是为了好看和提高墙体承重能力，在墙角部位设置的。还有一些前墙砖墙，或者前墙和山墙为砖墙，后墙为土坯墙的房屋，只要有砖柱也算混合承重土木结构。从地震安全而言，此类房屋在地震烈度Ⅶ度时，容易发生中等破坏，地震烈度达到Ⅷ度时多遭受严重破坏。

4.5　西北地区的典型砖木农居

砖木农居是指主要由砌体墙体或木构架承重，屋顶采用椽、檩、梁、瓦片等构筑的平房。这类房屋具有原材料来源广泛、易于就地取材、施工简易和造价低等优点，在我国西北地区广泛分布。根据承重类型的不同，砖木农居主要分为木构架承重平房和墙体承重砖平房。

4.5.1　木构架承重砖平房

木构架承重砖平房是指主要由木构架承重，墙体起围护作用，屋顶采用椽、檩、瓦片等构筑的一坡水或两坡水房屋（图4-38）。该类房屋的承重木构架承受屋顶荷载，承重结构具有很好的整体性和柔韧性，克服了砌体结构变形能力差的缺点，地震作用下变形能力大，表现为墙倒屋不塌，具有良好的抗震性能。

这类房屋在西北地区主要分布在林木较多的陇南地区和陕南地区，建造工艺较为讲究，要求梁、檩、柱齐全，木构件结点采用铆榫结合，榫头加木销铆固。施工建筑过程中，首先建造木构架；然后砌筑围护墙体，墙体通常砌筑在木构架外侧，木构架与墙体之间存在30～50厘米的间距；最后，梁檩上加木椽、瓦片等。地震作用下，这种结构体系可以充分发挥木构架的整体性和柔韧性，避免木构架与墙体的相互作用。但长期使用过程中，木构架容易遭受雨水侵蚀腐朽和虫蛀，造成木构件结点松动，整体抗震性能降低，应增强木柱的防腐防蛀和结点的拉结性能。

图4-38　木构件承重砖平房

4.5.2　墙体承重砖平房

墙体承重砖平房是指由砖砌墙体承重和围护，屋顶采用椽、檩、瓦片等构筑的一坡水或两坡水房屋（图4-39）。该类房屋的墙体承受屋顶荷载，砖砌墙体强度大，施工工艺简单，但其抗裂性能和变形能力较差。因此，合理的抗震构造措施对增强其抗震性能具有很好的作用，如增加墙体拉筋、圈梁、构造柱等措施，可以改善其抗裂性能和变形能力，使其具有良好的抗震性能。

这类房屋由于其施工工艺简易，造价低，耐久性好，取材方便，在西北地区广泛分布，且增长速度较快。施工建筑过程中，首先应选择强度较大和整体性较好的基础形式，如钢筋混凝土条形基础、石砌体梯形基础等；然后砌筑承重墙体，墙体砌筑过程中要求砌块搭接、灰缝饱满、门窗洞口不易过大等，墙体砌筑过程中可根据房屋的抗震要求使用墙体水平拉筋、门窗过梁、构造柱、圈梁等构造措施；最后，构筑屋顶系统，要求屋顶系统与承重墙体之间具有良好连接措施。地震作用下，具有抗震构造措施的墙体承重砖平房可以充分发挥砌体的强度，结构整体的变形能力也得到增强，表现出很好的抗震性能。但长期使用过程中，砖砌墙体容易遭受雨水碱蚀，墙体抗剪切强度降低，应注意墙体的裙脚的侵蚀防护。

图 4 – 39　墙体承重砖平房

4.6　西北地区典型单层砖混农居

单层砖混结构使用木材很少或者不使用木材，它是木材稀缺地区农民建造新房的优先选择。此类结构在农村经济条件较好的甘肃酒泉、张掖和兰州市周围，陕西的关中和陕北比较多（图 4 – 40、4 – 41）。

单层砖混农居一般为墙体承重，根据屋盖类型的不同通常可以分为两类。

一类是屋盖采用预制板屋盖的单层砖混结构房屋（图 4 – 42）。此类房屋有的设有圈梁和构造柱等抗震构造措施，有的不设。屋盖空心预制板厚 13～15 厘米，宽一般为 60 厘米，最宽可达 90 厘米；房屋进深一般较砖木结构大，多在 4.0～6.0 米之间。这种类型房屋以平顶最多，部分略有坡角，一般 5°～10°。屋顶用沥青和油毡作为防水层。

另一类是屋盖采用现浇钢筋混凝土屋盖的单层砖混结构房屋（图 4 – 43）。此类房屋一般都采用了圈梁和构造柱等抗震构造措施。采用现浇钢筋混凝土屋盖的房屋开间和进深较预制板屋盖房屋大许多，并且房屋整体性好，具有较好的抗震性能。

图4-40　农村典型砖混结构房屋

图4-41　采用圈梁构造柱的单层砖混房屋

图4-42　采用预制板屋盖的房屋

图4-43　采用现浇钢筋混凝土屋盖的房屋

近年来，屋盖材料逐渐多样化，在西北地区出现了采用钢筋混凝土预制件和钢架构成的屋盖。这类房屋可以看做是一种仿砖木结构的特殊砖混结构。图4-44（a）是采用钢管做檩，混凝土预制椽的单层砖混结构房屋，图4-44（b）是采用钢筋混凝土预制件作为椽和檩，用钢三角架梁的农村民房。但由于此类房屋屋盖自重大，构件之间连接措施不足，没有成熟的设计和施工规范，所以不提倡修建采用此种类型屋盖的砖混房屋。

（a）甘肃庆阳镇原县农房屋顶

（b）甘肃正宁县农房屋顶

图4-44　新式屋顶

对于单层砖混结构房屋，由于农村各地区经济水平以及农户个体经济水平的差距，加上农村工匠对此类房屋的震害经验了解不多，修建中往往出现很多问题，其抗震性能也存在很大差别。一般而言，设置了构造柱和圈梁的砖混结构，其抗震性能良好。并且，砖墙砌筑质量、墙体的布局和开洞缺乏安全考虑的砖混结构，往往因为其屋顶重量大而加重震害。

4.7　西北地区典型多层砌体农居

多层砌体房屋因外观气派，居住面积大，占用土地面积小等原因越来越受到农村居民的欢迎。西北地区农村民居多层砌体房屋多为二、三层，四层以上极为少见，其主要使用材料类型是烧结普通黏土砖、烧结多孔黏土砖或者各种砌块（图4-45）。多层砌体结构因为其造价高，施工复杂，在农村地区所占比例不高（葛学礼，2010）。除了陕西关中地区和甘肃酒泉地区比例较高，可以达到10%外，其余各地仅限于大城市和工业城市周边农村。大多数地区多层砖混农村民房的比例都不超过5%。

图4-45　典型的多层砖混结构农村民房

多层砖混结构按照墙体砌块类型、楼板类型、屋盖类型、承重墙体布设以及是否设置抗震构造措施可以分为不同的种类。

（1）按照墙体砌块类型的不同可以分为：烧结普通黏土砖砌体结构、砌块砌体结构（此类砌块包括烧结多孔黏土砖、混凝土小型空心砌块、粉煤灰砌块等）。

上述后一种多层砖混结构房屋由于造价高，原材料不容易获得，所以在农村地区没有普及，在西北地区农居中少见。

（2）按照楼板类型的不同可以分为：装配式预制楼板和现浇楼板两种砌体结构房屋。

农居中常采用的预制楼板大多为空心预制板，与单层砖混结构房屋的楼板规格相同。由于现浇混凝土楼板施工技术和设备要求比较高，造价也高，导致此类房屋在农村地区不能大量普及。经过大量的震害调查发现，农居中由于造价和施工质量问题而导致的装配式预制楼板在抗震方面存在极大隐患，这是一个值得注意的问题。由于现浇混凝土楼板形式的多层砖混结构良好的抗震性能，其也会逐渐受到各方面的重视。

（3）按照屋盖类型的不同可以分为：钢筋混凝土屋盖和木屋盖两种类型。

由于木屋盖造价低廉，所以在农村地区很受欢迎，其做法与砖木结构中屋盖的做法相同，同样有一坡水和两坡水两种形式（图4－46）。

图4－46　西北农村木屋盖多层砌体结构

（4）按照是否设置抗震构造措施可以分为：没有设置圈梁和构造柱等抗震构造措施的多层砖混结构房屋和设置圈梁和构造柱等抗震构造措施的多层砖混结构房屋（图4－47）。

图4－47　采用钢筋混凝土构造柱和圈梁的多层砌体结构

（5）按照承重墙体布设的不同可以分为：

横墙承重型：横墙承受楼板及屋顶全部荷载，纵墙仅起围护和稳定的作用。由于横向间距小又与外纵墙拉结，所以结构的整体性好、空间刚度大，抗震性能好。

纵墙承重型：楼板及屋顶荷载均由纵墙承受，横墙仅起隔离作用。这种类型房屋优点是房间布设较灵活，但结构的横向刚度较差，纵墙也不能开设大面积的门、窗洞，抗震性能较差些。

纵横墙混合承重型：这种类型的房屋，具有上述两种类型房屋的特点，房间布设灵活，结构的刚度分布也比较好，所以抗震性能较好。

总之，由于经济条件的原因，多层砌体结构房屋在西北地区农居中所占比例极小。而且，在一些情况下，由于投资有限，施工队伍技术不高，往往容易出现材料、施工和设计上的质量问题。虽然在Ⅶ度以下，此类房屋一般不会遭受地震破坏，但是在Ⅸ度以上，此类房屋的抗震性能较差而且所造成的人员伤亡和经济损失也都比较严重。

第五章　西北农居震害

5.1　土木农居的震害

5.1.1　不同烈度下的震害

5.1.1.1　墙体承重和混合承重土木结构平房的震害

墙体承重和混合承重土木结构房屋在震害上没有太大的差别。因为混合承重结构中墙体仍然承担较多的屋盖重量。而且，砖柱和土坯墙地震反应特性虽然不同，但砖柱并不能增强房屋的抗震性能。从震害经验来看，土墙承重房屋的抗震性能反而略好于砖柱土坯墙房屋。夯土墙一般较土坯墙厚，通常其整体强度与稳定性也高于土坯墙。但是，夯土墙的竖向接缝处没有拉结措施，地震过程中墙体的夯结缝隙处容易遭受破坏（兰青龙，2004）。

在地震烈度Ⅴ度时，老旧的此类房屋可出现细小裂缝，烈度Ⅴ度是其破坏初始烈度。在纵横墙体交接处及梁、檩下方，首先产生竖向裂缝或者掉泥皮。个别年久失修老旧房屋的墙体，可发生中等破坏（图5-1）。

| （a）门口顶部泥皮掉落 | （b）墙角出现非贯穿性裂缝 |

图5-1　2008年甘肃皇城5.0级地震Ⅴ度区墙体承重土木结构的破坏

Ⅵ度条件下，该类房屋在梁、檩的下方，墙角等部位出现比较大的竖向裂缝（图5-2（a））（董治平等，2007；代炜，2004），如果这些裂缝是贯穿性的，则导致中等甚至严重破坏。在地形放大作用下，位于Ⅵ度区的天水麦积区和清水县郭川乡土坯墙纵横墙交接的位置出现竖向大裂缝，甚至局部坍塌（图5-2（b）、（c））。汶川地震中，宁夏南部山区Ⅵ度区，隆德县庄程乡一处老房子局部倒塌（图5-2（d））。

（a）檩下裂缝（2003年民乐地震）　　　　　　（b）横墙交接处裂缝（2008年汶川地震）

（c）墙体局部塌落（2008年汶川地震）　　　　　（d）宁夏南部山区（2008年汶川地震）

图5-2　Ⅵ度墙体承重房屋破坏情况

Ⅶ度时，大量承重墙体出现破坏、部分严重破坏甚至屋顶局部塌落（图5-3）。

Ⅷ度时，可造成该类房屋大量严重破坏或倒塌，如承重墙体酥裂、严重酥裂及倒塌，由此引起局部屋顶落地或房屋倒塌（图5-4）。

Ⅸ度时，大量房屋倒塌，只有部分房屋仅达严重破坏的程度（图5-5）。

Ⅹ度时，所有该类房屋几乎倒平。

5.1.1.2　木架承重房屋震害

木构架承重的房屋抗震性能较好，特别是采用穿斗木架的木架房（刘红玫，林学文，2007）。

在地震烈度Ⅵ度时，木架房仅遭受轻微破坏。如在山墙、横隔墙与纵墙交接处的上部出现竖向细裂缝，屋檐掉瓦、屋脊跳瓦（图5-6）。老旧和质量比较差的木构架震害可能会重些（石玉成等，2006）。

Ⅶ度时，木架土木房屋，墙体普遍会有裂缝，墙包柱处产生竖向裂缝，严重者会出现贯穿性裂缝或者墙体外闪，个别老旧房屋屋架出现拔榫（图5-7）。

Ⅷ度区内，土墙普遍出现破坏，墙体外闪和局部墙体倒塌数量较多。个别老旧、年久失修房屋出现墙倒架正、构架歪斜，个别榫头折断、柱脚滑移等破坏，但多数木架房屋都不会倒塌（图5-8）（石玉成等，2005）。

Ⅸ度区内，老旧或年久失修房屋，出现墙倒架歪、屋架塌落，少数墙体酥裂、墙倒架

（a）局部倒塌（2003年伽师地震，宋立军）

（b）屋顶塌落（2003年民乐地震）

（c）山墙外闪（2003年民乐地震）

（d）后墙外闪（2003年民乐地震）

图5-3　Ⅶ度墙体承重房屋破坏情况

正，个别轻度破坏（图5-9）。

Ⅹ度区则多数为屋架塌落，个别严重破坏（图5-10）。

5.1.2　震害机理

5.1.2.1　墙体承重和混合承重土木结构平房震害机理

墙体承重房屋和混合承重房屋的土坯墙和夯土墙虽然有足够的承载能力，但是抗拉强度低，容易出现脆性破坏（石玉成等，2004）。在地震力的往复作用下，在墙体交接处、梁和檩下先是裂缝，然后裂缝处破坏并跌落，进而加大裂缝，最后裂缝贯穿，墙体失去整体性，局部失去约束，这就使得局部倒塌变得比较容易（刘红玫、林学文，2007）。

另外，在西北地区，尤其是气候干旱，缺乏木材的地区，墙体承重房屋和混合承重房屋的木屋盖普遍质量不太好，选用的木料质量差而且施工比较随意，没有必要的连接措施，硬山搁檩的出山长度有限或者梁和檩下没有设置垫板等必要的措施来分散应力。这些房屋在地震作用下，木屋盖构件之间发生位错，造成构件折断，檩、梁抽出墙或者屋顶开洞等破坏，这些破坏可能导致比较严重的后果（王亚勇，葛学礼，2003）。

土坯和土夯墙质量差也是比较常见的问题。尤其在气候干燥的地区，土坯质量不影响正常的使用，所以农民建房时对土坯质量往往忽视。但是在地震作用下，质量差的土坯就会暴露出问题。制作土坯的土黏粒含量过低（<8%），粗粒成分过高，就会使其黏结性降

（a）山墙外闪（2003年伽师地震）

（b）屋盖塌落（2003年伽师地震）

（c）后墙坍塌（2003年民乐地震）

（d）整体倒塌（2003年民乐地震）

（e）山墙外闪（2003年民乐地震）

（f）墙体开裂倒塌（2008年汶川地震）

图5－4　Ⅷ度墙体承重房屋破坏情况

低，在挤压剪切和振动作用下，土坯松裂，严重者失去承重能力而垮塌（王峻，2005）。而夯土墙模板不规则，中间缝隙太大以及每层夯土太厚都会造成夯土墙安全性降低。

5.1.2.2　木架承重房屋震害机理

木架承重房屋具有较高的抗震强度。木材具有很大的弹性变形范围。在地震作用下，可以通过弹性变形，将地震力转变成弹性势能而自身不至于破坏。即便地震作用超出弹性极限，发生塑性变形时，木材也不会发生脆性破坏，木纤维仍然保持着较强的连接。木材的抗拉强度很高，在120～150MPa之间，木材的抗弯强度次之，在80～100MPa之间，木材的这

（a）严重破坏（2003年伽师地震）

（b）严重破坏（2008年汶川地震）

图 5 - 5　Ⅸ度区墙体承重房屋大量倒塌

（a）墙体细裂缝（2003年伽师地震）　　　　（b）屋顶掉瓦（2008年汶川地震）

图 5 - 6　Ⅵ度木架承重房屋破坏情况

些力学特点使得木构架体系的柔性好，抗拉和抗弯强度高，因而在地震作用下不容易发生破坏。另外，木构架体系如果施工规范得当的话，都具有较好的连接性。梁、柱、檩、枋、柁之间以木榫、斗拱和扒钉等比较牢固的形式连接，体系具有的良好的整体连接性也是木构架抗震的关键。在汶川地震中，很多Ⅸ度区质量较好的木构架破坏甚轻，一般都是墙体破坏，

（a）拔榫（2003年岷县地震）　　　　　　（b）墙体局部破坏（2008年汶川地震）

图5-7　Ⅶ度木架承重房屋破坏情况

（a）墙体局部倒塌（2003年岷县地震）　　　（b）屋架倾斜导致屋面破坏（2008年汶川地震）

（c）山墙倒塌（2003年民乐地震）　　（d）屋顶坍塌、围护墙体倒塌（2003年民乐地震）

图5-8　Ⅷ度木架承重房屋破坏情况

达到中等破坏（杨主恩等，2008）。在Ⅹ度区，很多木构架房屋也没有倒塌。

　　木构架体系在地震作用中，榫头等木构件结合点因为受力较为集中，如果这些地方的强度不够，就会发生破坏，进而使结合处发生几何变形，随着地震动的加强，逐渐引起木构架的拔榫、构件错位、变形和折榫。在强地震作用下，这些结合点的严重破坏也会引起木构架局部倒塌甚至更严重的破坏。

（a）土质墙体倒塌，木架完好　　　（b）墙体构架歪斜，出现斜裂缝、水平断裂、倒塌

图 5-9　Ⅸ度木架承重房屋破坏情况（2008 年汶川地震）

图 5-10　Ⅹ度房屋破坏情况（1927 年古浪地震）

屋盖系统比较多见的震害是屋檐、屋脊砖或瓦闪落甚至屋顶局部梭瓦（窦远明等，2000；范迪璞等，1991）。如果屋盖所用木料材质不好，或者木屋盖年久失修、结构构架部分腐朽或虫蛀的情况下，其强度大大降低，在地震力作用下，构件断裂、跌落亦可发生屋顶局部塌落现象。虽然这种情况不是很多，但是有些地方木屋盖上所铺瓦、草泥等覆盖物太厚，造成屋盖太重，地震作用下，屋盖具有很大的地震惯性力，这就容易使柱、梁等接头遭受破坏甚至折断。

但是，对木结构而言，土墙体是破坏的最主要的原因。如前所述，土坯和土夯墙在选料、制作工艺、砌筑以及墙体的厚度方面都可能存在问题，使得土墙在地震烈度Ⅵ～Ⅶ度时即可发生比较严重的破坏。由于土墙容易发生脆性破坏，抗拉强度很低，所以土墙体一般在地震烈度高于Ⅵ度时，即有可能在墙体交接处墙包柱位置产生裂缝，而地震烈度高于Ⅷ度时，土墙就会有比较严重的破坏（刘红玫，林学文，2007）。另外，木架与围护土墙之间也会发生相互作用，严重时也会导致土墙破坏。地震过程中，在水平地震力尚小时，木柱在墙体带动下处于同步运动。随着地震力的加大，木构架逐步发挥了结构自身柔性较强和运动周期较长的特点，与刚度较大、运动周期较短的土墙运动相位差逐渐增大，因此，引起了墙体与木构架之间相互碰撞与推拉作用，使墙体沿墙包柱部位产生竖向上宽下窄的裂缝。

附属设施扶墙烟囱及屋顶烟囱，地震中多为顶部倾斜，甚至向某一方向倾倒，这种破坏是水平地震力所致；竖向地震力为主时，则引起烟囱顶部断裂；在水平与竖向地震力共同作用下，可使烟囱产生一定角度的扭动、错动、倾斜或倾倒。墙内及附壁烟道的主要震害则为局部开裂、塌落或掉头。

表 5-1　土木结构房屋在不同烈度下的破坏表现

房屋类型	地 震 烈 度			
	VI	VII	VIII	IX
墙体承重房	纵横墙交接处及梁、檩下方产生竖向裂缝，局部塌落	承重墙体出现破坏、部分严重破坏，屋顶局部塌落	大量严重破坏或倒塌，局部屋顶落地或房屋倒塌	大量倒塌
木架承重房	轻微破坏，墙体交接处竖向闪裂，瓦闪落	墙体闪裂，墙包柱处产生竖向裂缝	墙倒架正、构架歪斜、榫头折断、柱脚滑移	墙倒架歪屋架塌落，少量墙体酥裂

5.2　砖木农居的震害

5.2.1　不同烈度下的震害

1）不同烈度下的典型构件震害

砖木农居的震害包括墙体震害、屋顶系统震害和其他附属构件的震害。墙体震害主要表现为不同程度的墙体开裂、墙体局部或整体倒塌等；屋顶体系震害主要表现为梭瓦、掉瓦、屋顶变形、局部或整体坍塌等；其他附属构件震害主要表现为烟囱倒塌、天花板坠落、遮雨棚折断塌落等。不同烈度下，砖木农居的典型震害及震害特征详见表 5-2（王兰民等，2005）。

表 5-2　不同烈度下砖木农居的典型震害及震害特征

烈度	震害特征	典型震害图片
VI	墙体洞口四角位置的抹面层出现轻微裂缝；木构架结点处出现轻微松动；少量瓦片轻微错动或檐口掉瓦	图 5-11、5-12
VII	门窗间墙体出现斜裂缝或交叉裂缝，应力集中部位的梁檩与墙体搭接部位、门窗四角、纵横墙转角部位出现墙体开裂；木构件结点处轻微错动，木构架轻微倾斜；屋面出现轻微波动变形，局部瓦片滑脱、梭瓦、掉瓦；天花板坠落，个别烟囱倾斜或倒塌	图 5-13～5-15
VIII	墙体底部出现水平裂缝，门窗间裂缝和应力集中部位的梁檩与墙体搭接部位、门窗四角、墙体转角部位出现贯通裂缝和错动，梁檩与墙体出现滑脱错移；木构架结点出现滑脱、折断，木构架倾斜，木柱滑移；屋面出现波浪变形，大面积瓦片滑脱，屋顶局部或整体坍塌；烟囱倒塌，天花板局部破坏严重	图 5-16～5-20

续表

烈度	震害特征	典型震害图片
Ⅸ	墙体普遍出现贯通裂缝、错移，局部或正面墙体折断、倒塌，梁檩从承重墙体滑脱；木构架严重倾斜，结点折断，榫头脱掉；屋顶局部或整体坍塌，瓦片严重脱落；烟囱倒塌，天花板大面积坠落	图5-21、5-22

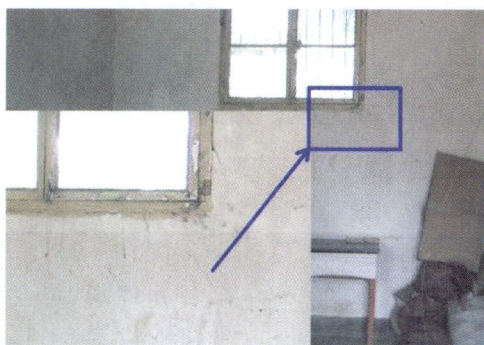

图5-11 窗角抹面层轻微裂缝

图5-12 少量瓦片轻微错动、檐口掉瓦

图5-13 应力集中部位墙体裂缝

图5-14 屋顶瓦片脱落

图5-15 天花板坠落

图5-16 墙体裂缝贯通、错移

图 5-17 墙体倾斜、屋顶坍塌

图 5-18 屋顶大面积滑脱

图 5-19 木构架折断

图 5-20 柱底滑移

图 5-21 墙体折断、屋顶坍塌

图 5-22 房屋整体倒塌

以上照片来自2003年民乐地震和2008年汶川地震

2）不同烈度下的综合震害

根据甘肃民乐-山丹地震6.1级地震（2003）、云南丽江7.0级地震（1996）、内蒙古包头6.4级地震（1996）、新疆伽师6.6级地震（1997）、河北张北地震6.2级地震

（1998）、云南宁蒗 6.2 级地震（1998）、新疆巴楚 – 伽师 6.8 级地震（2003）、云南宁洱 6.4 级地震（2007）、新疆阿图什 6.9 级地震（1996）、云南施甸 5.9 级地震（2001）、山西大同 – 阳高 5.8 级地震、云南武胜 6.0 级地震（2001）、四川汶川 8.0 级地震（2008）震害统计的基础上，参考专家的震害考察经验研究，得到了砖木结构房屋的震害等级与烈度的模糊关系，见表 5 – 3。

表 5 – 3　砖木房屋不同烈度下的破坏比（%）

震害等级	Ⅶ	Ⅷ	Ⅸ	Ⅹ	Ⅺ
基本完好	27.5	10	0	0	0
轻微破坏	39	27	7	0	0
中等破坏	24.5	40	30	4	0
严重破坏	9	18	46	19	5
毁坏	0	5	17	77	95

从表 5 – 3 中可以看出，在Ⅶ度区，砖木结构的主要震害是基本完好、轻微破坏和中等破坏，个别严重破坏，无毁坏；Ⅷ度区，主要震害是中等破坏和轻微破坏，少数严重破坏和基本完好，个别毁坏；Ⅸ度区，主要震害是严重破坏和中等破坏，少数毁坏，个别轻微破坏，无完好；Ⅹ度区，主要震害是毁坏，少数严重破坏，个别中等破坏，无完好；Ⅺ度区，主要震害是倒塌，个别严重破坏。

5.2.2　震害机理

1）墙体震害机理

墙体是砖木民房的主要承重构件，地震作用下的墙体开裂是最为普遍的一种震害特征，通常表现为 X 形交叉裂缝和斜裂缝等破坏形式。墙体承受平面内水平地震剪力，当墙体内沿 45° 方向的最大主拉应力大于墙体抗拉应力时，产生斜裂缝，往复地震作用下形成 X 形裂缝。纵横墙体连接处受到两个方向的地震力作用以及地震对房屋的扭转作用，容易产生应力集中，产生竖向开裂和墙体倾斜、倒塌。门窗四角位置在地震力作用下容易产生应力集中，引起开裂，裂缝有洞口角部向墙体斜向延伸，通常呈"八"字或倒"八"字（刘红玫，林学文，2007）。梁檩与墙体搭接部位是屋顶荷载的受力集中部位，地震作用下容易产生竖向裂缝。基于以上分析认为，墙体开裂始于墙体应力集中部位和墙体强度薄弱部位，往复地震力作用下墙体开裂沿最大拉应力垂直方向（水平向成 45°角）延伸，墙体裂缝扩展延伸耗能，当裂缝扩展发育到墙体失去承载能力时，房屋失稳倒塌。因此，应力集中部位的应力分散措施和结构强度薄弱部位的增强措施可以在一定程度上提高墙体整体的抗震能力，避免墙体薄弱易损部位的破坏引起房屋失稳倒塌。

2）木构架震害机理

木构架承重砖木民房中的木构架承受上部荷载，地震时承受水平地震剪力，木构架由于构件断面过小或立柱对接，导致构件强度不足，发生木构件折断，房屋倾斜或倒塌。木构件结点部位是应力的集中部位，梁、柱之间多采用榫结合，地震时房屋上下颠簸、前后左右摇晃，结点不仅承受水平力，还要承受拉扭作用，产生脱榫、折榫，而导致木构架局部破坏或整体倒塌。因此，承重木构架的木构件首先应具有足够的强度，且不宜过长，柱脚应用螺栓或铁件铆固在基础上。加强榫接的连接性能也很重要，如木销、拉接铁件等措施。

3）屋盖系统震害机理

屋盖系统是砖木结构房屋的围护部分，主要用于房屋的遮阳避雨。因此，传统的房屋建造理念中大多忽略屋顶系统的抗地震破坏能力，造成了屋顶瓦片的稳定性差和梁、檩、椽、墙体之间连接措施加固措施不够等不利于抗震的方面。在实际震害中较多出现：房屋墙体基本完好或轻微破坏的情况下，屋盖系统却出现不同程度的震害，如梭瓦、掉瓦、屋顶局部坍塌等。屋顶系统震害严重可直接导致人员伤亡，室内财产损坏，对房屋的整体震害起着重要的作用。大量震害考察资料表明，屋盖系统震害较为普遍，Ⅵ～Ⅶ度烈度区瓦片稳定性差的房屋较多出现梭瓦、檐口掉瓦现象。Ⅷ～Ⅸ度烈度区较多出现屋面严重变形、瓦片严重滑脱和屋顶坍塌现象等。屋面变形和屋顶坍塌主要是由于梁、檩的腐蚀或梁檩、墙体之间的连接性能太差，这种屋盖震害严重加剧了房屋整体的震害程度。

4）其他附属构件震害机理

在农村地区，砖木结构房屋的结构类型较为简单。房屋附属构件主要有附于墙体或屋面的烟囱、檐口的女儿墙、门窗雨搭、室内顶棚装饰等。房屋结构的附属构件属于房屋整体结构外的突出体，与主体结构连接较弱，受竖向地震作用力和"鞭梢效应"的作用，较房屋地震反应有一定的增大效应。地震作用下易产生烟囱倾倒、女儿墙加剧墙体震害等现象。

5.3　单层砖混和多层砌体农居的震害

5.3.1　单层砖混和多层砌体农居在不同烈度下的震害

通过Ⅵ～Ⅹ度烈度区农村自建多层砌体结构的震害调查和震害特征分析可以总结出该类房屋的不同部位在不同烈度下的震害特征，结果由表5－4列出（砌体结构，2004；窦远明等，2000）。

表5－4　不同烈度区房屋各部位震害特征

烈度	墙体	屋盖	附属结构
Ⅵ度	多数房屋墙体基本完好，少数出现轻微裂缝，个别墙体裂缝较为明显（图5－23（a）、(b)）	大多数房屋屋盖基本完好；个别木屋盖出现落瓦和屋脊破坏（图5－23（c））	个别房屋女儿墙局部闪落（图5－23（d））；个别烟囱倒塌
Ⅶ度	多数房屋墙体出现裂缝，少数出现宽度较大X形和V形裂缝，个别墙体出现外闪（图5－24（a）、(b)）	多数屋盖基本完好，个别混凝土预制板屋盖下方出现裂缝，少数木屋盖出现大面积落瓦（图5－24（c）、(d)）	少数房屋女儿墙闪落，个别倒塌；少数烟囱倒塌

烈度	墙　体	屋　盖	附属结构
Ⅷ度	大多数房屋墙体出现明显裂缝，并形成宽度较大的主裂缝；少数墙体裂缝处出现断砖酥裂现象（图5-25（a）、（b））	少数混凝土预制板屋盖下方出现裂缝（图5-24（c））；多数木屋盖出现大面积落瓦，个别木屋盖脱落倒塌（图5-25（d））	多数房屋女儿墙闪落或倒塌；多数烟囱倒塌。
Ⅸ度	多数房屋墙体出现贯通裂缝，墙体在裂缝处出现较大位移；少数墙体局部或全部倒塌（图5-26（a））	多数混凝土预制板屋盖下方出现较大裂缝，少数预制板屋盖塌落（图5-26（b））；多数木屋盖破坏或塌落（图5-26（c））	大多数房屋女儿墙闪落或倒塌；绝大多数烟囱倒塌
Ⅹ度	多数房屋墙体局部或全部倒塌	多数预制板屋盖塌落；绝大多数木屋盖破坏或塌落	—

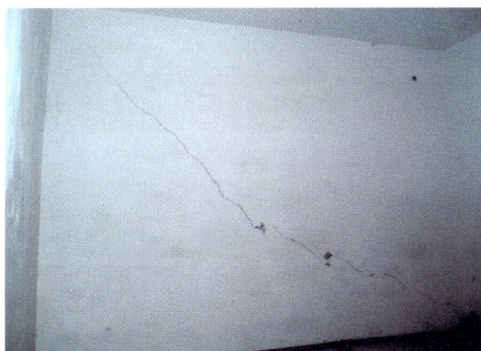

（a）个别房屋出现明显斜裂缝

（b）窗户角部裂缝明显

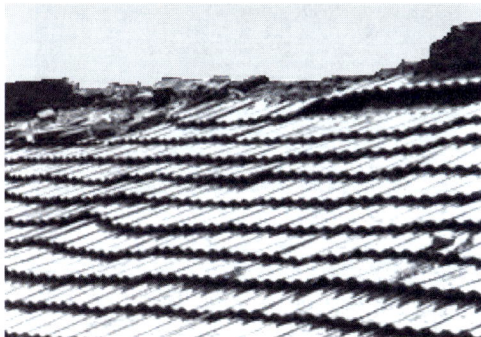

（c）个别木屋盖屋脊破坏

（d）个别女儿墙局部闪落

图5-23　Ⅵ度区单层砖混和多层砌体农居震害特征

（a）少数房屋墙体出现贯通X形裂缝

（b）个别房屋墙体连接不牢使其外闪

（c）木屋顶出现脱榫现象

（d）部分房屋木屋顶及局部墙体坍塌

图5-24　Ⅶ度区单层砖混和多层砌体农居震害特征

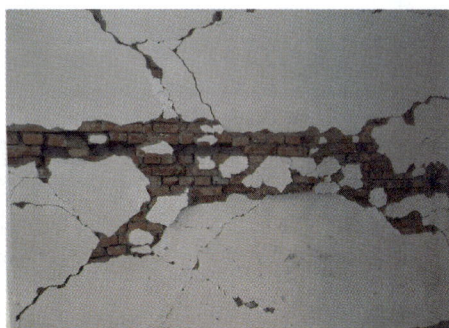

（a）裂缝普遍出现酥裂现象

（b）少数房屋纵墙外闪

（c）少数混凝土预制板屋盖下方出现裂缝

（d）多数木屋顶房屋普遍出现大面积落瓦

图5-25　Ⅷ度区单层砖混和多层砌体农居震害特征

（a）少数房屋出现局部坍塌或整体倒塌

（b）少数预制板屋顶塌落

（c）多数木屋盖普遍破坏坍塌

图 5-26 Ⅸ度区单层砖混和多层砌体农居震害特征

（以上照片来自 2008 年汶川地震）

5.3.2 单层砖混和多层砌体农居震害机理

在地震作用，主要是水平地震作用下，房屋的破坏情况随结构类型和抗震构造措施的不同而不同。破坏情况主要有下述两种：一种是由于结构或构件承载力不足而引起的破坏。对于单层砖混和多层砌体农居，当水平地震作用沿着房屋的横向对房屋产生影响时，水平地震作用主要通过楼盖传至基础和地基。这时，横墙主要承受剪切，当地震作用在墙内产生的剪力超过砌体的抗剪承载力时，墙体就产生斜裂缝或交叉裂缝。当水平地震作用沿着房屋的纵向对房屋产生影响时，水平地震主要通过楼盖传至纵墙，再传至基础和地基。如果窗间墙很宽（高宽比很小），纵墙仍将以剪切破坏为主；如果窗间墙很窄，也会产生压弯破坏。另一种是由构件间连接不牢而引起的破坏。地震力是由承重墙体传递到建筑物的各个部位，承重墙体与屋盖系统及楼板之间的联接点，是结构受力的主要部位。这些部位有足够的强度时，就能确保建筑物的安全（砌体结构，2004）。但一般情况下这些部位的联接强度均比较低，在水平地震力作用下容易发生墙体与预制板、或预制板之间出现水平裂缝乃至错动，严重者可局部塌落或散落。有些构件尺寸并不小，承载力是足够的，但往往由于连接不牢，支撑系统不完善，整体性差而导致破坏。多层砌体结构在地震力作用下破坏是很多因素共同作用的结果，除了上面所述破坏机理之外，下面所列也是引起多层砌体结构的原因。

1）墙体破坏引起的结构性破坏

墙体是单层砖混和多层砌体农居的主要承重体系，墙体在地震过程中处于强烈的压、剪、弯复杂地震力作用下。墙体的破坏在单层砖混和多层砌体农居中表现在产生斜向或交叉裂缝、水平裂缝或竖向裂缝。破坏严重的墙体产生滑移、错位、交叉裂缝，当墙体不足以抵抗上部荷载和水平地震作用，出现歪斜甚至倒塌（图5-27）。

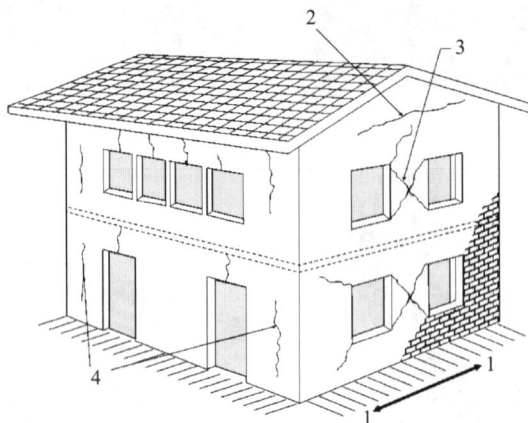

图5-27　地震时房屋破坏的主要裂缝

1. 地震动；2. 山墙上的水平裂缝；3. 剪切X形裂缝；4. 墙体弯曲造成的裂缝

墙体的破坏主要是墙体抗剪承载力不足，在地震作用下砖墙首先出现斜向交叉裂缝，如果墙体的高宽比较大，则墙体呈现X形交叉裂缝（王兰民等，2005）；若墙体的高宽比较小，则在墙体中间部位出现水平裂缝（图5-28）。在房屋四角墙面上由于两个水平方向的作用，出现双向斜裂缝。随着地面运动的加剧，墙体破坏加重，直至丧失承受竖向荷载的能力，使楼盖坍塌。

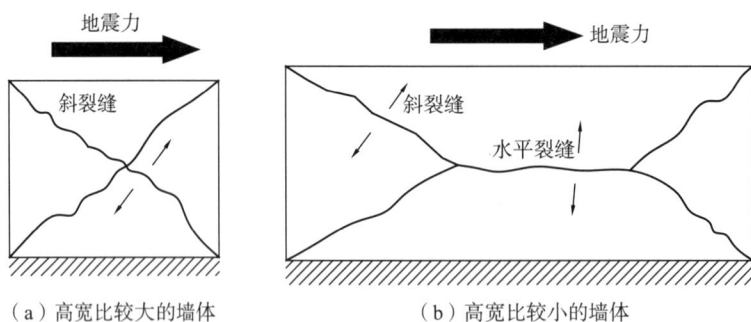

图5-28　不同高宽比墙体的破坏特征

（a）高宽比较大的墙体　　　（b）高宽比较小的墙体

当墙体上开窗时，窗户洞口的设置使墙体横截面积突然减少，在地震作用下，墙体受到的剪力超过墙体的抗剪强度，造成窗间墙及窗子上下角部位发生X形裂缝或水平裂缝，部分砖被挤出，砌体呈压碎状。

窗间墙在平面内的破坏分为三种情况：窗洞高与窗间墙宽度之比小于1.0的宽窗间

墙为较小的交叉裂缝；高度比大于 1.0 的较宽的窗间墙，虽然也为交叉裂缝，但裂缝的坡度较陡。重者裂缝两侧的砖砌体甚至崩落；较窄的窗间墙为弯曲破坏，重者四角压碎崩落。

单层砖混和多层砌体房屋纵横墙交接处是抗震的薄弱环节。纵横墙连接处由于受到两个方向地震力的作用，受力比较复杂，容易产生应力集中。当纵横墙连接部位缺乏必要的抗震构造措施，特别是墙角部位受到房屋的约束相对较弱，墙面会出现斜裂缝，并且随着地震力的增加和持时的增长，墙体形成 V 形开裂并逐渐产生位移，直至倒塌。

地震时墙体局部应力集中部位，比如门窗过梁的上部或门窗之间的墙体会因局部布置不合理或没有加强措施而导致地震中造成墙体局部开裂。

2）刚度分布不均匀引起的破坏

由于单层砖混和多层砌体农居的布局不合理而导致其纵向刚度分布不均匀或是质量中心与刚度中心偏差过大所导致的扭转效应也是引起结构在地震时破坏的主要原因。

当结构竖向刚度不均匀时，地震时在刚度突变位置造成应力集中而使竖向连接构件发生弯剪破坏。比如，单侧外廊多层砖房较一般多层砖房抗震性能差的主要原因，是由于沿房屋纵向刚度分布不均匀及廊柱断面小和刚度不够。仅在前墙设有门窗洞，后墙及横墙均不开洞，所以在纵向水平地震力作用下，因应力集中而造成后墙及横墙产生严重开裂。当水平地震力的方向垂直于纵墙时，纵墙承受部分垂直于自身方向的地震力，使墙面向外弯曲；由于墙体刚度小、抗弯强度低，则沿窗的下方，墙体易出现贯穿性水平裂缝；对于带坡屋顶的多层砌体结构在斜坡处由于承载面积缩小和墙体刚度削弱处往往引起破坏；楼梯间处由于刚度比周围大，往往承受较大的地震力而引起破坏。

3）抗震构造措施不足引起的破坏

多层砌体结构房屋的纵、横墙是空间整体共同工作，当楼盖刚度过小，而抗震墙间距过大就使得结构在其平面内不能较好地传递水平地震力，从而降低了整体房屋的抗震能力，所以增加抗震墙和采取必要的措施加强平面传力结构的刚度和强度有助于提高结构抗震性能。

有的多层砖房顶层大房间内外墙体交接处和楼梯间四角没有设置构造柱和圈梁，也没有任何构造加强措施，楼板直接搭放在屋面梁上。在地震过程中，随着水平地震力的逐步增强，当墙体内主拉应力超过砌体强度时，便发生剪切破坏，造成顶层墙体出现 X 形或 V 形开裂及斜裂缝；梁下墙体则出现"八"字形开裂。如承重墙端至门洞、窗洞的边距过小、层高超限等，均是墙体强度不足而导致多处产生裂缝的主要原因。

由于楼板与墙体无拉结固定措施，或楼板下或板缝灌浆不足及质量差，甚至板面下方不抹灰浆，这时在水平地震力作用下可造成板缝开裂、楼板在墙上产生错动、墙体开裂、甚至楼板塌落。

4）"鞭梢效应"引起的破坏

当房屋立面设计不规则，顶部有刚度突变，在地震时产生的"鞭梢效应"是引起凸出屋（楼）面结构破坏的主要原因。多层砌体结构房屋的走廊护栏、女儿墙、挑檐、局部突出屋面的塔楼、屋顶间、烟囱、及阶状建筑等由于地震过程中的"鞭梢效应"以及刚度突变造成这些部位变形集中且受高振型影响显著，比一般相同部位的地震力要大 1～3 倍，其中尤以顶层间的震害更为突出，甚至在Ⅵ度区都可能发生较严重的破坏（图 5-29）。

图 5 - 29　鞭梢效应造成的屋顶间破坏

5）不设防震缝或设置不合理引起的破坏

农村自建的单层砖混和多层砌体农居，多数不设置防震缝，尽管有的房屋外形及其不规则。不按规范设置防震缝或防震缝的宽度过窄时，在地震作用下发生垂直于缝方向的振动时，由于结构或相邻两边建筑物周期不同，产生相互碰撞而加剧破坏。

6）砌筑材料质量不合格引起的破坏

（1）砌块质量不合格。农民自建房屋通常是购买村镇附近砖瓦厂生产的砖、砌块。这些砖瓦厂技术和设备有的比较差，生产过程偷工减料时有出现，从而导致所生产的建材往往质量难以保证（葛学礼等，2004）。这里所说的砌块的质量主要包括砌块的尺寸偏差、外观质量、砌块强度。村镇自建砌体结构所用的砌块质量不合格，砌块尺寸偏差大、外观质量差，这严重影响了房屋的质量。如图 5 - 30 所示，农民自建房屋选择用的砌块大量出现缺棱掉角、顶面和条面有裂缝或大面积焦花、整砖颜色不一致、砌块中存在大量杂质等一系列质量问题。

图 5 - 30　村镇自建砖房质量较差的多孔砖（甘肃康县）

（2）砌筑砂浆不合格。砂浆作为砌体结构砌块的连接砌筑材料其强度是影响结构破坏的重要因素。砂浆骨料级配不合理、料质不好或配料比例不当时，直接影响砂浆强度。砂粒过粗、过细或强度不够，则使砂浆与砖表面黏结强度和黏结率均低，因此，造成砌体抗剪、抗压及抗拉强度均低，使墙体受震后抗水平地震力的强度降低而破坏加剧。如墙体出现弯曲、沿灰缝产生水平裂缝或阶梯状裂缝，甚至使沟缝砂浆呈松散状等现象。

农村自建砌体结构施工中很容易产生砂浆强度低于设计强度等级的现象，它所带来的后果有时十分严重。其中，砂浆材料配比不准确、使用过期水泥等，是砂浆达不到设计强度等级和砂浆强度离散性大的主要原因。

7）墙体砌筑方式不正确引起的破坏

农村自建多层砌体中，出现墙体组砌上下不错缝，内外不搭砌的情况不多。农村工匠普遍对各种厚度承重墙体的砌筑方式非常熟悉。但是应当注意砌筑墙体留槎的问题。砖墙砌筑中，出现留槎、接槎错误较多。按常规的砌筑方法，砖墙的转角处和内外墙的交接处均应同时砌筑，否则应按规定留斜槎，可是在不少房屋建筑过程中，既不同时砌筑，也不留斜槎，而是先砌外墙，后砌内墙、转角处留直槎。

此外，应该注意，农村地区砌体结构民房的墙体很多采用传统的空斗墙砌体。虽然这种砌体具有自重轻、节省砖和砂浆，隔热性能好，降低造价等优点，但其整体性和抗震性能较差，在抗震设防为Ⅵ度以上的地震区建议不要采用这种砌筑方式（图5-31）。另外还有很多两层砖房底层采用实心墙体，而二层采用空斗墙，这种中间墙体刚度突变更不利于房屋的抗震。

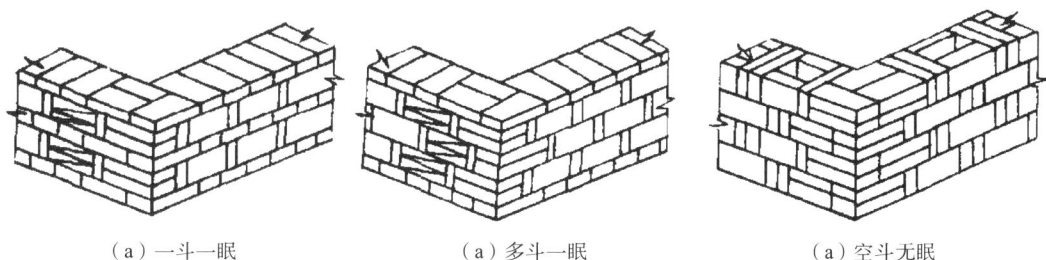

（a）一斗一眠　　　　　　　（a）多斗一眠　　　　　　　（a）空斗无眠

图5-31　空斗墙砌体

第六章 场地的震害效应及选址

6.1 场地的地震安全意义

场地效应十分复杂，它既涉及场地条件本身的问题，也涉及地震震源问题。地震波从震源到达建筑物，依然以体波为主，经过地形的反射、放大等作用，其成分、频谱特性发生了很大的变化，尤其当面波成分增加、频率范围与结构相近以及受土层和地形条件的反射放大作用，致使地震波幅值显著放大时，就会对建筑物造成显著破坏。因此，场地条件决定了上部结构物所遭受地震作用的强度和特性，它是农居地震安全中应该首先考虑的因素。好的场地能节约成本，保证农居的地震安全性，而若选址不当时，不仅会大幅增加农居建设的成本，而且农居的地震安全也难以保证。震害调查往往会发现烈度异常区，虽然造成烈度异常的原因很多，但是往往因为场地异常导致烈度或高或低，我国邢台地震（1966 年）、通海地震（1970 年）、海城地震（1975 年）、汶川地震（2008 年）所出现的烈度异常区和极震区等震线形状都是由场地条件控制的。分析总结以往的震害经验，对震害有影响的场地条件主要有土层结构、地形、地貌和地质灾害这四种类型，下面将分别介绍它们的震害效应。

6.2 土层结构的影响

震害经验表明，土层结构对场地地震动参数有重要影响。土层结构的特点主要体现在土质性质、厚度和岩土刚度比的组合特性上。地震中，携带能量最多的是瑞利面波，其能量约占场地接受地震波能量的 60% 左右，其次是剪切波，其能量约占 30%。面波受场地条件的影响非常大。因为面波仅仅在松散的地表附近存在。面波随着深度迅速衰减，70%～80% 的瑞利面波能量集中在地下一个波长的深度范围内。因此，地表土层对地震波的影响很大。一般而言，松软场地具有面波放大作用，地震时位移和速度都比较大，因而破坏也较为严重（袁丽侠，2003）。坚硬场地由于其频率高、土层强度大，不会与低频的面波和剪切波发生共振作用，地震动作用强度较小，对于一般建筑而言破坏较轻。所以，一般而言土质较为坚硬的场地较土质松软的场地抗震性能要好。软弱的土层，特别是厚层软弱土层对地震波有显著的放大作用，在建房时应该尽量避免。如果不能避免，则需要设计较深的、强度较高的基础来提高房屋的地震安全性。

2008 年汶川地震中，四川省青川县因软土层放大作用导致的房屋破坏较多见（袁中夏等，2008）。这主要是因为该县很多地方由于水库移民搬迁，新建房屋多选在填土场地上，土质松软，地基处理又不是十分严格。图 6-1 所示房屋位于青川县沙州镇白云街的同一侧。图 6-1 (a) 所处位置原来为山梁；图 6-1 (b) 所处位置原为山沟经填土后用作房屋建设。调查发现，凡位于平整山梁场地上的房屋多遭受中等到严重破坏。而位于填土场地上的建筑，总体房屋建造方式和质量与山梁场地上的相近（图 6-1 (c)），而且仅隔一条街道，但是房屋全部倒塌。所以，场地条件不同是导致震害差异的主要因素之一。

（a）平整山梁场地上的房屋破坏较轻　　　　　　　　　（b）填土场地上的房屋全部倒塌

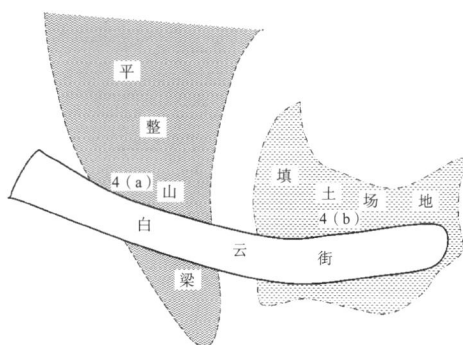

（c）场地示意图

图 6-1　填土场地的地震动放大显著并导致房屋坍塌

土层的厚度也对地震地面运动有影响（石玉成等，1999）。对于西北地区，黄土较厚的黄土塬由于土层厚度大，对地震动的长周期成分具有显著放大作用。甘肃省平凉市和庆阳市位于董志塬上，黄土覆盖层厚，因此汶川地震时，尽管这两个城市远离震中 600 多千米，但是却造成了较为严重的破坏，平凉市的崆峒区大寨乡土木结构民房倒塌，庆阳市西峰区有窑洞坍塌，如图 6-2 所示。

1985 年墨西哥 8.1 级地震中，距震中 400 千米外的墨西哥城出现了严重的震害，其破坏程度大大超过该城市周围地区，比震中区的还要重，且震害主要集中在长周期的高层建筑及结构上。人们对这一现象作了分析，其原因是该城市坐落在一个覆盖土层很厚的沉积盆地之上，软土场地的滤波效应使得地震动以长周期为主，这样就加重了对高层建筑的破坏。

还有一种是场地条件利于地震波的衰减的情况。1920 年海原地震中，极震区内坐落于一个较狭窄的盆地中，临近地震构造形变带，地震烈度高达 XI～XII 度，各类建筑物震后均荡然无存，而距离震中仅有 5 千米、被南华山环抱的小村庄袁家窝窝，房屋损坏却不大，

图6-2　汶川地震平凉市和庆阳市的民居破坏

当地的地震烈度仅有Ⅷ度，与震中烈度相差竟达Ⅲ～Ⅳ度之多。造成这种现象的原因是，南华山周围的地质环境是老第三纪的砂页岩，而袁家窝窝的地基土是黄土，场地条件有利于地震波的衰减，从而造成袁家窝窝的地震烈度骤降。这类土层结构有利于抗震减灾，是场地效应的另一方面。

6.3　地形的影响

地形条件不同，地震波传播的边界条件不同会影响到地震波在地表的传播和放大。通常，孤突地貌具有地震作用放大的效应。震害经验表明，局部突出的高低、山梁、山包、盆地、凹谷中央以及一侧或者多侧凌空的高坡地带，其平均地震烈度可能高出Ⅰ度。

汶川地震时，甘肃省陇南市武都区有两个村庄——蒿坪村和刘家堡村，坐落于同一座山的山腰和山顶，如图6-3所示，虚线所示位置为位于山顶的蒿坪村，实线所示位置为刘家堡村，位于半山腰。该两村的土木结构房屋的破坏如图6-4所示，蒿坪村的土木结构农居

图6-3　武都区蒿坪村和刘家堡村位置

几乎完全倒塌（图6-4（a）），破坏严重，而刘家堡村的主要震害仅为房屋墙体有一定的开裂（图6-4（b））。还有另一个证据就是木柱的偏移。由于木柱没有埋入柱脚石加以固定，地震波经过地形的放大作用，造成蒿坪村某户农居的木柱偏移达5厘米(图6-4（c）)，而刘家堡村的木柱偏移不太明显，仅有1厘米左右（图6-4（d））（施斌等，2008）。

（a）蒿坪村土木结构　　　　　　　　　　　　（b）刘家堡村土木结构

（a）蒿坪村木柱偏移　　　　　　　　　　　　（b）刘家堡村木柱偏移

图6-4　蒿坪村和刘家堡村农居破坏对比

成县王磨乡周家楞村和白家村同处在同一坡体体系。周家楞村处在土质山体的半山坡，相对平坦的一块坡体上。白家村处在坡前相对平缓开阔的阶地，场地条件较好，交通便利。研究表明，山体上部对地震作用力具有放大作用，山顶部震害可比山下震害加重1级烈度，加速度约放大1.5～2倍。

一般来说，孤突地貌对地震波有明显的放大作用。陡崖和陡坡边缘以及盆地边缘和盆地中央，都是地震动强烈的地方。图6-5是在民乐-山丹地震中一座建立在孤耸高地的农村民房，其院墙坍塌，房屋也受到严重破坏，震害明显重于附近的民房（王兰民等，2005）。

综合上述震害特征分析可以得出：局部地形条件对地震波的传播有较大的影响，它表现为对地震动有很强的放大或缩小作用，并直接影响到震害程度的分布。主要的表现为：孤突地形距离基准面的高度愈大，高处的反应愈大。除此之外，局部地形条件对地震波的

图 6－5　建在孤耸地方的农村民房震害严重

影响表现还有：

（1）构成孤突地形的土层越软，其上部的放大效应越显著。

（2）离陡坎和边坡顶部边缘的距离越大，放大效应相对较小。

（3）高突地形顶面愈开阔，远离边缘的中心部位的反应明显减小。

（4）边坡越陡，放大效应相应越大。

6.4　地貌条件的影响

综合震害可以看出，阶地、山间盆地、黄土塬梁卯以及河谷等地貌单元对地震波在地表的传播和放大有一定的影响，一般来说，孤突地貌对地震动有明显的放大作用（石玉成等，1999）。

甘肃省康县三河坝乡母家河村强家坝合作社位于河滩一级阶地，背邻一处山坡，处在平缓坡脚与河谷过渡地带。该村由于交通不便，房屋全部为木构架土木房屋，整座村庄房屋破坏严重，无一完好。据当地村民介绍，临近山坡上二级阶地村庄房屋破坏相对较轻，属于普遍现象。由此分析，河滩一级阶地较二级阶地对地震放大作用要大。

盆地效应在震害中也是十分常见的。1999 年台湾集集地震中，地震记录资料也表明在距震中 150 千米的台北地区场地盆地效应较为明显，有 300 多栋建筑物损坏。

2008 年汶川地震中，调查人员发现青川县营盘乡新南村二社近 30 户所处地形大体为簸箕状的类盆地地形（图 6－6（a）），盆地长轴方向为近北西向。调查发现在图 6－6（a）中椭圆所示位置的房屋全部倒塌，而旁边不远处的房屋虽然遭受严重破坏的比例也较高，但是完全倒塌的很少。倒塌的房屋有砖混结构楼房也有建筑质量较好的单层砖平房。根据前面调查的结果，单层砖平房只要不是地基破坏和建筑质量的问题，很少有倒塌的，多数遭受中等破坏。而此处土层与周围并没有大的不同，所以推断为地形效应导致地震动放大。簸箕状地形也属于一种盆地地形，因为边缘对地震波的反射和散射，在中心位置发生"聚焦效应"，造成地震动放大。据李宪忠对台北盆地的研究，不考虑土层效应，盆地效应可以放大地震加速度 50% 左右。所以新南村此处的地震动可能要比附近高出许多

（袁中夏等，2008）。

（a）新南村二社地形（Google 卫星照片）　　　　（b）倒塌的单层砖平房

图 6-6　盆地效应对地震动的放大导致农居破坏严重（2008 年汶川地震）

地貌其他形式的放大效应以甘肃省黄土地区而言，黄土高阶地顶部的地面强震动峰值加速度与底部相比有显著的放大，而峰值位移的放大可能更为显著。黄土梁地区震害的分布往往比较复杂，除了梁的上下差异和塬边，黄土梁和黄土峁的边缘也有明显的地面运动放大作用，震害更是明显加重。所以当民房建设选址选到这些地方时，很容易遭受破坏（石玉成等，1999）。

6.5　场地安全与地质灾害

除了选择适当的地形和土层条件外，场地也是影响地震时地质灾害发生风险高低的因素之一。典型的地质灾害如滑坡，崩塌、地裂缝（松软场地）等也受场地条件的控制，凡有可能发生滑坡、崩塌、地陷、地裂、泥石流等次生地质灾害的场地，将加重房屋的震害。据统计，在地震中大约三分之一的地震灾害损失与地质灾害有关。滑坡、泥石流等经常造成严重的灾害。在汶川地震中，地震地质灾害不仅直接导致严重的灾害，而且给救援带来很大困难，间接加重了灾害。

边坡的稳定是场地选择中的重要问题，也是难度很大的问题。一是因为山坡的稳定条件和自然条件及人类活动有着密切的关系，因此山坡的稳定性是不断变化的；二是地震的不确定性，导致许多以前未曾活动的边坡在地震作用下产生滑塌。

陡峭边坡容易发生崩塌、滑坡，陡崖和陡坡边缘都是地震动强烈的地方。选择建筑场地时，尽量远离陡峭的边坡，特别是风化严重的陡峭边坡，以免发生地震时引起边坡失稳，导致滑坡、崩塌，建筑物遭受破坏。汶川地震引起的北川老县城滑坡，导致 1600 人死亡，新北川中学的岩崩导致 906 人丧生。

在避让不开的情况下，应首先注意山坡的结构，即地质和工程地质条件。土质边坡应注意边坡的土质结构和稳定状态，岩质边坡应注意裂隙的发育程度及裂隙的产状。干燥、平缓的山坡，致密、块状的基岩山坡或者较硬土层组成的山嘴，都是比较理想的选择。再有，把房屋建在反向坡的坡上、坡下，相对比较安全（图 6-7）。

图 6-7　房屋可选择反向坡的坡上、坡下

若选择在山坡上建房，尽量选在平坦处建，不要改变斜坡原来的形状。如果人为的削坡，不但打破了斜坡原来的平衡状态，还可能在斜坡后缘形成一系列拉张裂隙，逐渐形成贯通的滑动面，最终导致滑坡的形成（图 6-8 （a））。也不要随意开挖斜坡，尤其是斜坡的坡脚位置。一旦开挖坡脚，会产生卸荷作用，引起边坡内部的应力变化，导致边坡的不稳定（图 6-8 （b））。

最后，选择在山坡上建房之后，要考虑边坡的支护问题。房屋的增加以及人类的活动，都会给边坡的稳定性带来威胁，必须对边坡进行一定的支护，另外就是对生活用水的排放要慎重。特别在湿陷性黄土地区，要设专门的排水通道（图 6-8 （c））。否则一旦水渗入到黄土层，发生湿陷或者降低土层强度，在地震作用下更是危险。

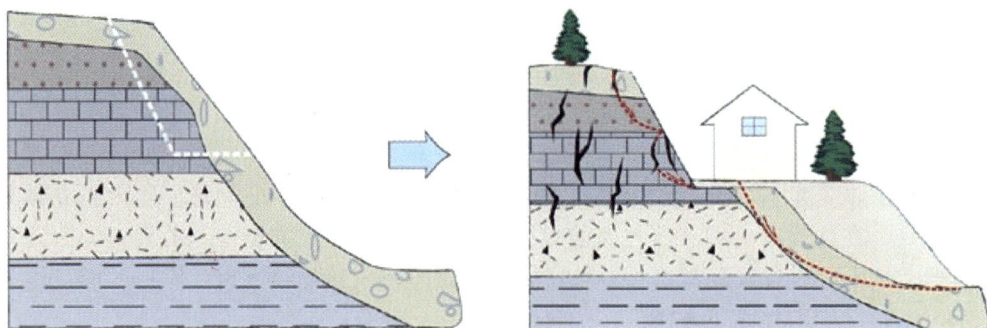

（a）人工削坡的影响

（b）不合理开挖坡脚

（c）设置专门的排水通道

图 6-8　山坡上建房的注意事项

江、河、湖、水库切割的陡峭地带由于受水流的冲刷作用以及渗水等原因，使得边坡极易不稳定（图6-9）。

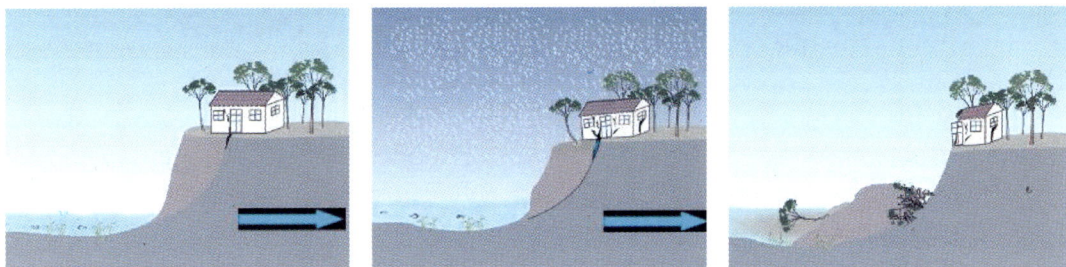

图6-9 避开江河湖水库沟切割的陡坡地带

选择建筑场地时，应避开冲沟（位于两座山之间的狭小山沟）的出口或泥石流的堆积扇（泥石流出山口处的扇形堆积体）（图6-10、6-11）（Basel，2001）。地震引发泥石流，可能从冲沟流出，冲毁房屋。堆积扇相对平坦开阔，但是堆积扇的存在，说明这里曾经发生泥石流，在地震作用下，也许会再次爆发。如果将房屋建在此处，就会有被泥石流冲毁甚至掩埋的危险。因此，选址的时候应该避开此类地方。

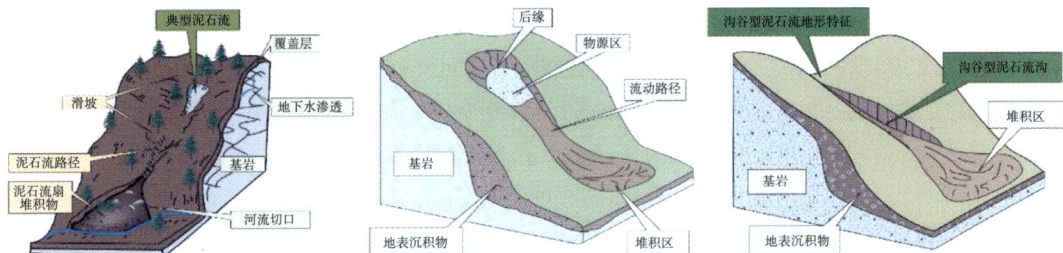

图6-10 泥石流示意图

图6-11 冲沟出口或泥石流冲积扇位置

河床、灌溉沟渠以及洪水区也不宜作为建房的首选（图6-12）。地震来临时，滑塌堵塞河道，形成堰塞湖，抬高水位，进而引发水灾，建在河床、灌溉沟渠旁边或者洪水区的房屋就有被洪水冲垮的危险。地下采空区、地下有溶洞发育的地方，也是应该避让的。

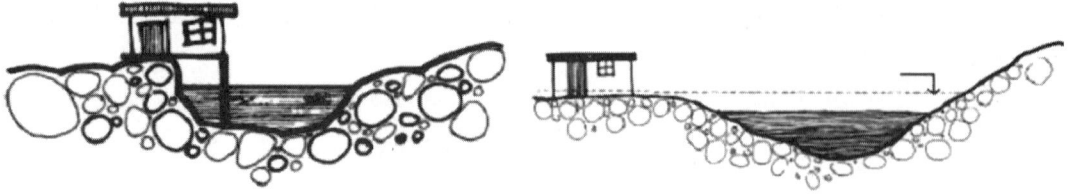

图 6 – 12　水边不宜修建房屋的位置

黄土和软土在地震烈度Ⅷ度以上会发生震陷。张振中等通过土动力学和显微结构对比发现，具有颗粒接触架空空隙微结构的黄土在地震作用下易发生震陷灾害。这种黄土颗粒间的胶结力很弱，强度很低，一旦遭遇地震，大孔隙结构就可能破坏，粉粒落入大孔隙，其结果是黄土层的残余变形迅速增长，宏观上表现为土体的突然沉陷（王兰民，2003）。1960 年智利地震中，瓦拉斯港和蒙特港之间一段公路全部破坏，究其原因，就是该段公路建筑在沼泽区，地震时产生震陷导致的。1976 年唐山地震中，许多软黏土地基上的建筑物出现了大面积显著震陷，比如天津塘沽新港地区饱和软黏土上一些建筑物发生的震陷达到30 厘米。更有甚者，1940 年的埃尔森特罗地震中，填筑在墨西哥北部运河边上的一段长约211 米的河堤全部沉陷到下部的软弱地基中了。

凡是断层错动的地方通常的抗震措施很难保证其安全。断层错动是由于受到外力作用，断层面两侧岩体（上盘、下盘）沿着断层面发生相对位移（相对的上升或下降或水平位错）的现象。2008 年汶川地震造成长达 300 多千米的地表破裂，破裂时间持续约 80秒，断层从汶川县映秀镇向东北方向一直延续至青川县一带，地震裂缝、地震鼓包、同震隆起等地面破坏现象随处可见，最大地面隆起达到 6 米。断层穿过之处，道路、桥梁、房屋等各类建筑物瞬间损毁。在地震断层带上建房屋，即使非常坚固，也很难避免损毁。因此，新建房屋一定要避开这些可能发生地震的断层。

我国西北地区现代活动构造非常发育，地震活动频繁、断裂构造发育、地质构造复杂。在进行工程选址时应当有效利用建设场地，对场地地质情况、断层发育情况应进行详细调查，尤其是对于有断层通过或附近存在断层的场地，只有掌握断层的准确位置、运动特性等，才能选择合理的避让距离，即能保证农居的安全，又能有效利用场地。

6.6　地震安全农居选址

地震对建筑物的破坏作用是通过场地、地基和基础传递给上部结构。由于场地、地基在地震时起着传播地震波和支承上部结构的双重作用，因此对建筑物的抗震性能具有重要的影响。多次地震的震害表明，由于场地的工程地质条件不同，建筑物在地震中的破坏程度有很大差异，因此，合理选择建筑场地，对减轻建筑物的震害具有重要的意义。要合理选择建筑场地，首先必须做好建筑场地的工程地质勘察工作，查清场地的地质构造、局部地形、地下水位、地震的活动情况等。

目前我们尚不能为每一户农民的房屋建设提供工程地质勘察，所以整个村镇的选址工作就显得十分重要。选址是农居建设的第一步工作，也是农居地震安全考虑的第一个环节。好的场地可以降低农居建设成本，提高农居地震安全。不好的场地则会增加农居建设成本，而且不利于农居地震安全。

在建房之初，就要对建设的场所进行周密、认真、科学地研究。选择对抗震有利的地段（如稳定基岩，坚硬土，开阔、密实、均匀的中硬土等），避开不利地段（如软弱土，含水量较大的砂土和粉土，条状突出的山嘴，高耸孤立的山丘，非岩质的陡坡，河岸的边缘，平面分布上成因、岩性、状态明显不均匀的土层等），不在危险地段（如地震可能引发滑坡、崩塌、地陷、地裂、泥石流等地质灾害范围的场地）建房。各地段划分如表 6-1，表 6-2（建筑抗震设计规范，2010）。

表 6-1　有利、一般、不利和危险地段的划分

地段类别	地质、地形、地貌
有利地段	稳定基岩，坚硬土，开阔、平坦、密实、均匀的中硬土等
一般地段	不属于有利、不利和危险的地段
不利地段	软弱土，液化土，条状突出的山嘴，高耸孤立的山丘，陡坡，陡坎，河岸和边坡的边缘，平面分布上成因、岩性、状态明显不均匀的土层（含故河道、疏松的断层破碎带、暗埋的塘浜沟谷和半填半挖地基），高含水量的可塑黄土，地表存在结构性裂缝等
危险地段	地震时可能发生滑坡、崩塌、地陷、地裂、泥石流等及发震断裂带上可能发生地表位错的部位

表 6-2　土的类型划分和剪切波速范围

土的类型	岩土名称和性状	土层剪切波速范围（m/s）
岩石	坚硬、较硬且完整的岩石	$V_S > 800$
坚硬土或软质岩石	破碎和较破碎的岩石或软和较软的岩石，密实的碎石土	$800 \geq V_S > 500$
中硬土	中密、稍密的碎石土，密实、中密的砾、粗、中砂，$f_{ak} > 150$ 的黏性土和粉土，坚硬黄土	$500 \geq V_S > 250$
中软土	稍密的砾、粗、中砂，除松散外的细、粉砂，$f_{ak} \leq 150$ 的黏性土和粉土，$f_{ak} > 130$ 的填土，可塑新黄土	$250 \geq V_S > 150$
软弱土	淤泥和淤泥质土，松散的砂，新近沉积的黏性土和粉土，$f_{ak} \leq 130$ 的填土，流塑黄土	$V_S \leq 150$

注：f_{ak} 为由荷载试验等方法得到的地基承载力特征值（kPa）；V_S 为岩土剪切波速。

6.6.1　避开危险地段

地震时，凡有可能发生滑坡、崩塌、地陷、地裂、泥石流以及有活动断裂、地下溶洞的地段，将对房屋造成严重毁坏，属危险地段。在危险地段上，即使把房屋建得很坚固，一旦遭遇地震灾害，轻则墙倒屋塌，重则会造成毁灭性灾难。故在选择居民点时应该避开危险地段。

1）断层

断层是地质构造的薄弱环节，可分为发震断层和非发震断层。具有潜在地震活动的断层通常称为发震断层，而与地震活动没有直接联系的一般断层，称为非发震断层。地震时，发震断层附近地表很可能发生错动，若建筑物建于其上，将遭到严重破坏。因此，在选择建筑场地时，应尽量使建筑物远离断层及破碎带。对非发震断层，大量调查研究表明，这类断层对建筑物的破坏无明显影响，但在具体进行建筑布置时，不宜将建筑物横跨在断层上。

摩洛哥艾加迪尔建在活断层上的旅馆，在5.8级地震的袭击下成为一堆瓦砾。汶川地震中，彭州白鹿小学一栋教学楼横跨在断层上，破坏殆尽，而旁边的一栋教学楼则几乎完好（图6-13）。

图 6 - 13　修筑在断层上的房屋已成废墟

四川彭州市小鱼洞镇靠近龙门山，一条断层穿街而过，此处房屋的建筑形式、质量都大同小异，随着离断层的远近，房屋的破坏程度差异显著（图6-14）。距离断层27米的地方，房屋倒塌，完全毁坏；距离断层100米，房屋破坏严重；150米处，房屋破坏中等；220米房屋的破坏就很轻微了。因此，地震烈度小于Ⅷ度的地区，可不考虑活断层对工程的影响。对于隐伏断层，上覆土层的厚度也会影响地表的破坏，Ⅷ度和Ⅸ度区隐伏断层的安全深度为60米和90米。抗震设防烈度在Ⅷ、Ⅸ度时，需要考虑活断层两侧的避让问题。活断层的避让距离是根据以往大震的经验规定的，《建筑抗震设计规范》（GB 50011-2010)中对不同等级的建筑物有不同的避让距离（表6-3），规定农村民房的避让距离是100米。汶川地震后，《恢复重建抗震技术规程》中规定标准设防类建筑不小于100米，农村民房建筑即属于这一类。

图 6 - 14　小鱼洞镇房屋破坏程度与断层距离（孙柏涛）

表6-3　不同建筑物发震断层的最小避让距离

烈度	建筑抗震设防类别			
	甲	乙	丙	丁
Ⅷ	专门研究	200 米	100 米	—
Ⅸ	专门研究	400 米	200 米	—

　　2）滑坡危险区

　　选择建筑场地时，尽量远离陡峭的边坡，以免地震时引起边坡失稳，导致滑坡、崩塌，建筑物遭受破坏，甚至房屋整个被滑坡掩埋，造成屋毁人亡的惨剧（图6-15）（孙宗绍，蔡红卫，1997）。

图6-15　汶川地震滑坡掩埋房屋（汶川绵池镇）

　　产生滑坡的基本条件是斜坡体前有滑动空间，两侧有切割面。最基本的地形地貌特征就是山体众多，山势陡峻，沟谷河流遍布于山体之中，与之相互切割，因而形成众多的具有足够滑动空间的斜坡体和切割面。广泛存在滑坡发生的基本条件，滑坡灾害相当频繁。

　　从斜坡的物质组成来看，具有松散土层、碎石土、风化壳和半成岩土层的斜坡抗剪强度低，容易产生变形面下滑，从而导致滑坡。地震时强烈作用使斜坡土石的内部结构发生破坏和变化，原有的结构面张裂、松弛，加上地下水也有较大变化，特别是地下水位的突然升高或降低对斜坡稳定是很不利的。另外，一次强烈地震的发生往往伴随着许多余震，在地震力的反复振动冲击下，斜坡土石体就更容易发生变形，最后就会发展成滑坡。

　　下列地带是滑坡的易发和多发地区，建房时应避开此类地区。

　　（1）江、河、湖（水库）、海、沟的岸坡地带，地形高差大的峡谷地区，山区、铁路、公路、工程建筑物的边坡地段等。这些地带为滑坡形成提供了有利的地形地貌条件。

　　（2）通常，地震烈度大于Ⅶ度的地区，坡度大于25°的坡体，在地震中极易发生滑坡。

　　（3）易滑（坡）的岩土分布区。如松散覆盖层、黄土等的存在，为滑坡的形成提供了良好的物质基础。

　　3）泥石流

　　选择建筑场地时，应避开冲沟（位于两座山之间的狭小山沟）的出口或泥石流的堆积扇（泥石流出山口处的扇形堆积体）。地震引发泥石流可能从冲沟流出，冲毁房屋。堆积扇相对平坦开阔，但是堆积扇的存在，说明这里曾经发生泥石流，在地震作用下，也许会再次爆发。如果将房屋建在此处，就会有被泥石流冲毁甚至掩埋的危险。因此，选址的时候应该避开此类地方。

除了避开断层、滑塌、泥石流之外，河床、灌溉沟渠以及洪水区也不宜作为建房的首选。地震来临时，滑塌堵塞河道，形成堰塞湖，抬高水位，进而引发水灾，建在河床、灌溉沟渠旁边或者洪水区的房屋就有被洪水冲垮的危险。地下采空区、地下有溶洞发育的地方，也是应该避让的。

6.6.2　慎选不利地段

（1）软弱土、液化土、陡坡、河岸以及古河道、暗埋的塘浜沟谷、半填半挖的地基上建房，地震时容易引起地基失效，从而造成墙身开裂、房屋损坏，属抗震不利地段。在这类地段上建房时应先处理地基，后建房。

软弱地基上建造的建筑物，由于地基在地震时可能发生液化、塌陷等，造成地基失效。筑于这种软弱地基上的建筑物，将会遭到严重破坏。如 1964 年日本新潟地震中，不少房屋因地基土液化整体倾覆（图 6 - 16）。又如图 6 - 17 是 2003 年新疆伽师地震中，由于地震液化导致桥梁的破坏。

图 6 - 16　地基土液化导致房屋倾覆

图 6 - 17　液化破坏桥梁

（2）不宜在未填实的土层或者垃圾填埋场之上修建房屋（图 6 - 18、6 - 19）。

图 6 - 18　未压实土层

图 6 - 19　垃圾填埋土层

（3）非岩质的陡坡、局部突出的土质山梁、孤立的山包等地方亦属于抗震不利地段。如果没有岩质边坡，也可以选择土质硬且厚实的土质边坡。因为如果表层覆盖层土质硬，厚度小，则承载力高，稳定性好，在地震作用下地基不容易失效；相反土质愈软，厚度大，对地震的放大效应愈大。

从地形上讲，典型的抗震不利地形如图 6-20 所示，山梁，沟谷，凹谷中央，孤突的山包，此四类地形具有地震动放大效应，也不宜修建房屋。

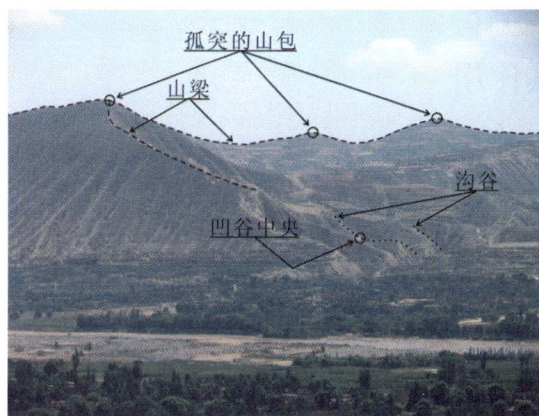

图 6-20　不利于抗震的地形

6.6.3　可选一般地段

地震造成建筑的破坏，除地震动直接引起结构破坏外，还有场地条件的原因，诸如：地震引起的地表错动与地裂，地基土的不均匀沉陷、滑坡和粉、砂土液化等。因此，选择有利于抗震的建筑场地是减轻场地引起的地震灾害的第一道工序。但当所处地区很难找到对于抗震有利的地段时，也可选择一般地段。一般地段的定义据《建筑抗震设计规范》（GB50011-2010），是指不属于有利、不利和危险的地段。

6.6.4　首选有利地段

在开阔、平坦的地方，密实、均匀的土层和稳定基岩上建房对抗震有利。在甘肃省境内，应首先考虑把建设场地选择在这些地段上，如具有一定厚度、颗粒均匀、密实的碎石土地基（图 6-21），或者厚度较大、地下水埋深较大、较密实的黄土地基，都是不错的选择。

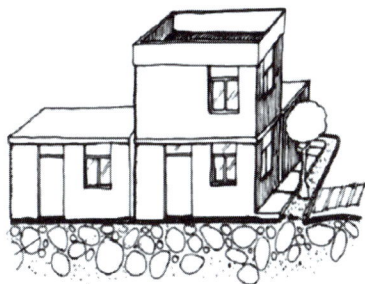

图 6-21　碎石土地基

第七章　地基和基础的地震安全技术

7.1　地基及其作用

农村地区，民房建设中存在的安全问题比较多。而地基基础病害往往是容易受到忽视而发生较多的问题。农村民房在选址完成以后，对地基处理和基础设置需要认真考虑，甚至有时这两部分要花费较多的投资。"高楼万丈平地起"，没有良好的地基基础作为保障，上部结构的地震安全无从谈起。

地基是承受建筑物重量的土层，它主要指受建筑物重量影响，承受附加应力而发生变化的土层。对普通房屋来说，作为地基考虑的土层通常深度不超过数米到十数米深，广度也仅限于确定的建筑平面及相邻数米到十数米以内。当然，这个范围视土层的软弱程度而变化。如果是坚硬土层，建筑物所能影响的土层范围极小，限于地下和四周仅仅数米的区域；而如果土层比较软弱，那么建筑物所影响的土层范围相对较大。而太软弱的土层是不适于进行房屋建造的，因为软弱土层缺乏足够的承载力。所以，一般农村民房建设无需考虑太深、太广范围内的土层的影响，只要所在场地条件不是十分复杂，地基问题通常比较简单。

7.2　主要地基类型及其安全问题（袁中夏、王兰民，2010）

西北地区地形复杂，地貌多样。东部有典型的黄土高原地貌，中部为青藏高原和黄土丘陵地带，南部为亚热带山地，西部广布沙漠戈壁。此外，冲积、洪积、坡积和残积地貌在西北地区也比较发育。气候、地形地貌的多样性决定了农村民房地基的多样性。从西北地区第四纪地质图上可以看出西北地区第四系主要的沉积类型有6种（图7-1）：残积和残坡积，冰碛、冰水沉积和冰湖沉积，洪积、坡洪积和冲洪积，冲积，湖积和冲湖积、风积。

各地区地基的类型很大程度上是第四系覆盖层。因此，参考西北地区第四系地质图并考虑工程中的实际情况，将西北地区农村地基分为以下几类：

（1）黄土地基。该类地基主要分布在陕西、甘肃和宁夏。在陕北和陇东地区黄土塬地区，黄土以风积黄土为主，自重湿陷性黄土分布较广，而且黄土层厚度大。在陇中和关中则是丘陵和冲积地貌，次生黄土的分布广泛，湿陷性也比较严重。另外，由于沟壑发育，侵蚀和冲洪积作用显著，地基条件也相对比较复杂。

（2）冻土和寒湿地基。这类地基主要分布在甘南、青海以及新疆靠近西藏和青海的部分地区。该地区寒冷阴湿，多数地区存在季节性冻土问题。

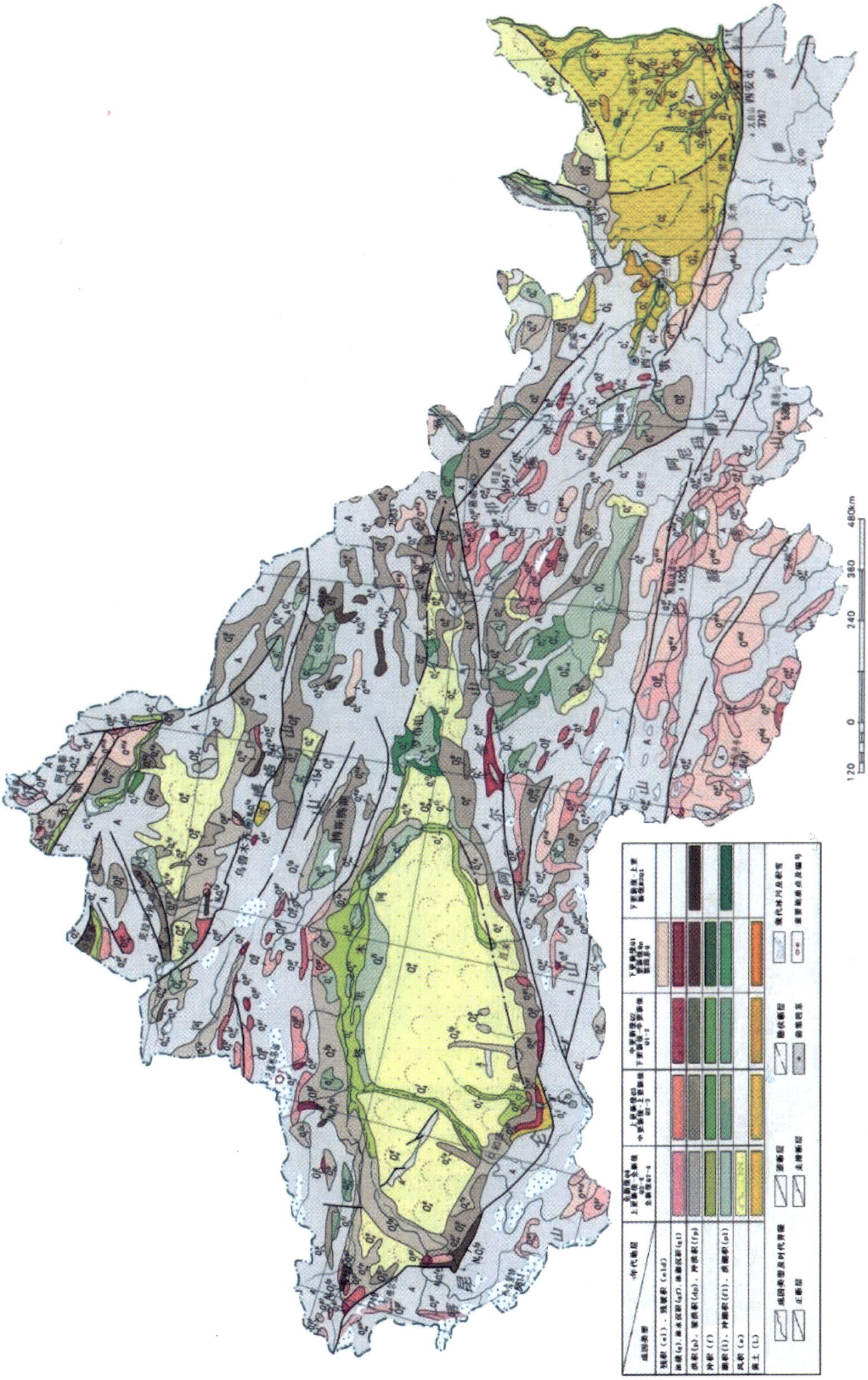

图 7 - 1　西北地区第四纪地质图（根据《中国地质图集》，地质出版社，2002 年）

（3）戈壁砂砾土地基。该类地基主要存在于河西走廊和新疆。地貌以沙地、沙漠和戈壁为主。土层主要以第四纪砂砾和砂土层为主。

（4）冲积洪积地基。在西北各省都有存在，而且占农村民房地基的比例较高。因为很多地区冲洪积土层相对肥沃，适宜耕种，所以把民房建在此类地基上的农村人口也较多。

（5）山地坡积残积地基。这类地基在陇南和陕南山区等地区。在陇南地区，土层主要以岩石风化层及部分坡积和残积土层为主。其母岩主要为变质岩（砂岩、灰岩、页岩、千枚岩以及碎屑岩）和第三系红层。表层土的有机质含量较高。气候的作用也使得风化强烈，同时也造成独特的地基条件。

（6）基岩和卵石层地基。从抗震的角度讲，这类地基抗震性能较好，一般不需要任何处理就可以在其上修建民房。而实际中农村民房建在这类地基上的很少。这主要是因为该类地层一般无法耕种或者地势陡峭，极少有人居住。鉴于以上两点，对这类地基不做讨论。

7.2.1　黄土地基

陇东、陕北等地黄土上覆在基岩之上，黄土土层比较厚，一般在50米以上，最厚是在董志塬可以达数百米。总的来说，越往东南，黄土的黏粒含量越高，胶结性好，而向西北，黄土的含砂量较高，胶结较弱。而多数次生的新近沉积黄土总的来说工程性质比较差，更需要注意。

因为黄土静力强度较好，黄土层厚，所以黄土窑洞至今仍然占相当大的比例。就窑洞而言，地基条件应该是场地排水条件、向阳性以及土质三方面的考虑。因为许多地区大量分布着具有湿陷性的晚更新世马兰黄土，场地的排水条件一定要好，否则雨水和生活用水的大量长时间聚集和渗透会引起黄土湿陷，从而破坏窑体。从这个意义上讲，崖窑要比坑窑好些。向阳性一方面是生活的需要，另一方面阳坡的土体含水量低，相应地土体强度也比阴坡高。从土质上来讲，黏土含量过高（＞20％）的黄土在渗水作用下蠕变较为严重，含砂量过高（＞25％）的土体的黏结性不好，窑洞容易坍塌。

湿陷性黄土是不良地基。特别是厚层湿陷性黄土在附加应力及雨水渗透等作用下，一旦发生形变，其绝对量很大，引起的民房事故也比较严重。所以，在六盘山以东的陇东地区以及陕北，农村民房建设中多采用开挖深1米，宽1米的槽，然后设石基础或者填土分层夯实的办法来处理地基。这也是相当费工的事情。

但是在调查中发现，黄土地基病害的安全隐患仍然比较多。

（1）对垫石基础，如果选用的圆度较高的石块太多或者施工过程中对于石块之间的接触没有施加足够外力压实，垫石基础在砌墙以后发生变形，从而使基础裂缝，墙体裂缝或者闪开。

（2）采用填土分层夯实来处理该地区的黄土地基时，如果采用素土，则夯实的强度要适当加强。调查表明，采用目前使用的民用小型打夯机的夯实强度不够好，容易出现地基沉降问题。而重量在100斤以上的四人或者六人抬传统石夯或者拖拉机的夯实效果较好，经其处理的黄土地基一般不会出现严重的地基变形问题，其抗震效果也较佳。采用"三七"灰土作为填土来处理黄土地基的效果要好，而且增加的成本也不高。"三七"灰土没有湿陷性而且地基处理相对省功。经过小型民用打夯机处理以后，"三七"灰土地基一般就不会有明显的附加应力沉陷。

（3）许多地区农村民房建设中在对地基经过处理以后，许多情况下对排水有所忽视。图7－2所示的石拱窑位于华池县柔远镇张川村。该石拱窑修建于1992年，主墙体采用50厘米×30厘米×20厘米的红砂岩砌筑，墙外涂水泥，顶部夯土20厘米然后铺砖铺瓦，其后墙靠山坡。这样，该民房的重量比一般的土木结构民房要重许多，产生的附加应力也较大。但是，房主在铺设屋前的院子时，没有用水泥勾砖缝，而采用了土。而且，施工时也没有对砖缝土进行细致的压密捣实，由于长时间的渗水，地基变形沉降，已经引起北边墙体上的石块破裂。一般来说，黄土地基周围四五米范围内的排水仍然是需要考虑的问题。而排水可以采用压实黄土斜坡、砖或者水泥铺地以及设置集水管（通道）的办法。这些方法，不一定引起工程造价提高，但是对于防止工程病害提高民房地基基础的安全性十分必要。

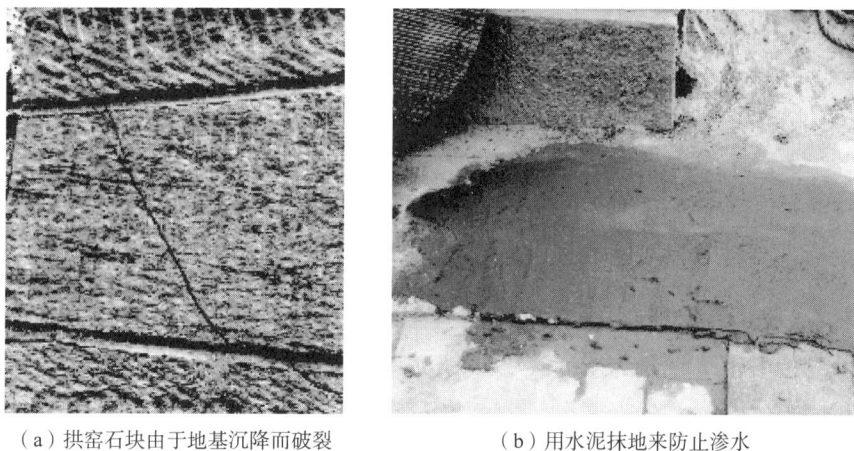

（a）拱窑石块由于地基沉降而破裂　　　　　（b）用水泥抹地来防止渗水

图7－2　排水处理不当引起石拱窑墙体破裂

陇中黄土一般都覆盖在甘肃群之上。甘肃群主要是一套含有石膏的紫红色黏土、砂质黏土、砂岩和砂砾岩。陇中黄土地区的地貌以丘陵和沟壑为主，冲洪积作用显著，因而新近沉积的次生黄土分布比较多。而新近沉积的次生黄土大都具有强烈的湿陷性，工程性质比较差。陇中地区黄土厚度视地区而有较大的差异。一般在丘陵和侵蚀较弱的高原和冲积扇上，黄土的厚度比较大，可以达数十米到百米。而在沟壑和河谷低级阶地上黄土厚度比较薄，大概从数十厘米到数米。

陇中地区处理黄土地基的办法大多为挖深50～100厘米，宽50厘米的槽，夯实，然后垫石用水泥砂浆或者灰砂浆勾缝。在干燥和黄土年代较老（Q_3以前）和黄土含砂量比较高的地区，农村民房建设中的地基处理相对要简单一些，开挖深度一般在50厘米左右即可，然后垫上片石，适当处理即可。

同样，在气候比较干旱的地区缺乏必要的排水措施会引起地基破坏。在湿润地区，地基含水量高，在附加压力下沉降量大，需要足够的夯实，同时预留一定的孔隙排水时间，否则地基在砌墙以后可能发生不均匀沉降。图7－3是在天水市清水县白沙乡鲁湾村调查时发现一栋正在修建的民房，由于在地基处理过程中对墙角的夯实不够，地基发生沉降而使刚建成时间不长的基础开裂。如果不及时采取措施，进一步的沉降可能会使墙体开裂。在采用高能量夯实的时候，在地下水较浅和地基含水量较高的情况下，陇中黄土地基也可能会发生液化或者变成"橡皮土"。所以，在这种情况下应该慎重采用高能量夯实。即便采用，也应该保持一定的间歇时间让孔隙水压力消散。

图 7-3　由于地基夯实不够引起的基础破裂

在甘肃省黄土地基分布地区，地震的威胁也比较严重。尤其是南北地震带和祁连山中东段地区，破坏性地震每隔几年就发生一次。而在调查中发现，在地震中对于场地选择和地基处理较好的民房，其震害明显较轻。因此，在地震多发区黄土地基的地震安全也是需要予以重视的。黄土地基的地震灾害有震陷、液化、裂缝、失效和滑坡。但是，以后三者比较多见。一般含水量低于缩限时，黄土地基不会发生震陷。而黄土的缩限一般都低于10%，所以当黄土地基含水量低于10%时，在民房建设中可以认为黄土地基不会发生震陷。黄土也具有液化势。美国的一些学者根据我国对液化土类的划分标准，提出了一个"修正的中国标准"（Modified Chinese Criteria）来判定某种类型的土是否有液化可能。根据这个标准满足以下三个条件的土具有液化的可能性：①黏粒的含量低于15%；②液限低于35%；③现场的含水量等于或大于液限的90%。研究发现，具有液化势的黄土在地质年代上为 Q_3 或者更新，其含水量大于黄土的塑限。

但是，无论从农村经济水平还是从农村民房使用期限内的地震危险性情况而言，农村民房地基基础的地震安全仅仅需要考虑中强地震条件下的地震动水平。对黄土震陷而言，如上文所述，地基含水量低于10%和黄土年代早于 Q_2 可以不考虑其震陷性。而在多数情况下，地震多发区，提高黄土地基的处理标准，即可达到提高民房地基抗震能力的目的。从处理方法上讲，对于老黄土和含水量比较低、地下水不发育的地基可采用简单的夯实处理。如果是第四纪以来新近沉积，且地下水位较深（10米以下），土层含水量低（10%以下）的黄土地基可以采用"三七"灰土回填夯实。对于地下水发育以及新近沉积次生黄土，应该设置垫石基础。石块最好用片石，且用碎石块镶垫，提高基础强度。施工良好的垫石基础不仅可以对建在高变形性黄土层上的民房提供足够的承载力，同时它具有较好的抗震陷和液化能力。

7.2.2　冻土和寒湿地基

青海和甘肃省甘南州位于青藏高原，高寒气候显著。该地区的年均气温较低，甘肃省甘南地区年均气温仅 1.7℃，是省内除了祁连山区以外最冷的地区。降雨量在 400～800 毫米之间，属省内比较湿润的地区。冻土和寒湿地基所在地区，季节性融化和冻胀比较普遍，很多地方降雨量相较西北其他地方多，属于中等湿润地区。

由于存在冻胀和融沉，即便开挖，如果开挖深度不能达到冻土下限以下，反而容易因地基变形破坏基础。在实际中，该地区农村民房一般都采用垫石和垫土基础。而砖基础因为其强度有限，所以一般不采用。

图 7-4 为甘南地区的藏族风格民房。该类民房采用垫石基础，中间用素土夯实，垫高大约 2 米左右，形成高台。基础砌筑方式采用较厚的块石和较薄片石交错，缝隙之间用小石块镶嵌。因为，石块的温差变形很小，而且石块之间主要是支垫，所以不会有冻胀融化发生。对冻土和寒湿地基来说，垫石基础的效果较好，只要施工得当，一般不会发生安全隐患。

（a）藏族民房全貌　　　　　　　　　　（b）藏族民房垫石基础

图 7-4　阴湿地基上的藏族民房

垫土基础也是冻土和寒湿地基上采用较多的一种基础形式，其成本低，施工简便。常见的是在原地基上垫土夯实，垫土层高度在气候比较冷的玛曲和碌曲县多为 40～70 厘米，高者可以达到 1 米以上。而在气候相对温暖的地区，垫土层厚度降低到 20 厘米左右。不过，具体情况也受农村建房的劳力和投资影响。资金充裕和劳力较好的农民相对倾向于提高垫土层厚度。垫土的含水量较地基土低，而经过一定的密实处理后其强度有所提高。垫土地基较周围地面高，受下部土体中水分变化的影响较小，其含水量低、强度较高，所以也可以防止冻胀融化对民房造成的破坏。

另外，如果房屋地处多年冻土地区，冻土层受到外界环境、温度影响和人为施工热扰动产生冻胀和融沉，导致的基础变形难以避免（图 7-5）。在条件允许的情况下，建议使用架空基础，即使用桩基础架空或是在基础地面上铺设通风管或混凝土空心砖，利用增加土体与空气的接触面，增加传入地基土体的冷量，积极主动地降低地基土体温度。从而达到保护地基下部多年冻土层，避免或减少因冻土冻胀和融沉引起地基变形的目的。活动层

图7-5　多年冻土区民房热融沉陷变形

的季节性变化，致使地基的变形经常无法避免。所以，该地区的农村民房建设需要严格选址和精心施工。

从选址来说，主要有以下几方面需要注意：

（1）避免在土层含水量较高的场地，如河床附近和低洼处建造民房。较高的含水量使活动层的深度和冻胀融化时的变形量增加。

（2）尽量选择土层均匀和土层较薄的场地。如果土层厚度不均匀，地基冻胀融化变化不均匀会使民房地基破坏，墙体开裂。反之，如果土层均匀，即便地基有冻胀融化变形，因为土层均匀所发生的均匀变形也相对不容易对民房地基造成破坏。土层较薄的地方无论发生冻胀还是融化，也会因为土层较薄而变形量较小，不致造成地基破坏。

（3）从藏族民房的建设情况来看，冻土和寒湿民房建设场地选择应该首选向阳的缓斜坡（坡度一般低于30°），其次为平坦的场地。向阳斜坡一方面干燥温暖，降雨积累少；另一方面，向阳斜坡上的常年温度较高，土层含水量低，所以即便有冻胀也不会很严重。

（4）在其他条件相同的情况下，选择周围植被覆盖较好的场地。根据研究，植被可以保持土中水分，降低地表温度差，因而减小融化深度。

从基础施工的角度来说，需要注意的问题主要是：

（1）垫石基础中大块石之间宜用碎石和砂砾土垫支和填充，不应用黏粒含量较高，易吸水变形的黏性土作为填土。

（2）垫土基础施工中的素土和灰土的含水量不能太高，在施工中应该进行夯实处理。对垫土基础来说，特别要注意基础附近的排水处理，不能让地基积水，也要对周围存在的洞穴进行处理，防止建房后在附加应力和渗水作用地基发生塌陷。

从抗震角度来说，以上有利于地基安全的措施都是同时有利于抗震的，但是如下方面对抗震也是有意义的：

（1）无论垫石还是垫土基础，其高度都不宜太高。

（2）在可能的情况下，应该让基础尽量宽大些，以便使地震作用下容易破坏的基础边缘对民房整体稳定性的影响较小。

（3）选择建房的向阳斜坡的坡度不可太高。

7.2.3　戈壁砂砾土地基

这类地基在河西走廊和新疆多见。其承载力高，一般不经处理就可以建造民房。而且这些地区降雨量很少，地势相对平坦，所以在甘肃河西农村民房建设对地基和基础一般都比较随便。虽然，从承载力的角度来说，这种地基不需要处理，但是从地震安全角度讲还是存在一些问题的：

（1）出露基础施工粗糙。常见在河西地区民房建设中采用的基础是堆放的一排石头（图7-6），这些石头往往没有任何黏结措施，加上出露地表，在地震作用下，石块很容易发生错动，造成民房破坏和坍塌。所以，在地震活动比较频繁的地区，尽管地基条件比较好，还是应该采用较浅的开挖基础（50厘米即可）。石基础在施工中应该压实并且用碎石支垫或者用水泥勾缝以提高其抗剪强度。

（2）墙体厚重的民房采用强度不高的砖基础。在农村地区，因为土质的原因，砖的强度有很大的差异。在河西的许多地区，采用含砂量高的土造砖，砖的强度就不太高。在墙体厚重时，如果采用这样的砖修建砖基础，则存在很大安全隐患。

（3）土层中生活用水渗入。河西地区比较干燥，而且在部分地区属松散沉积。在干燥状态下，地基承载力和抗剪强度都比较高，但是如果生活用水处理不当，让大量水渗入干燥土层时，也可能会引起沉降和抗剪强度降低的问题。因此，不能让大量的生活用水集中渗入到地基附近。

图7-6　石砌基础错动导致土墙木檩条棚墙体严重破坏（2003年民乐-山丹地震）

7.2.4　冲洪积地基

多数冲洪积地区因为农业条件比较优越，居住历史悠久，所以在民房建筑上也往往有优良的建筑传统。在这些传统建筑方法中，对一般冲洪积地基容易发生的安全问题都有所考虑。所以，在很多情况下只要严格采用传统的民房建造方法，民房的地基和基础安全问题都不是特别严重。

在冲洪积地基上采用最多的是开挖石基础，但是，最近10年以来填土高台基础有逐渐增多的趋势。即便是高台基础，其下部一般都做一定的开挖。相对而言，传统的开挖石基础比较好。特别是在雨水较多，地下水较浅的地方，较深的石基础可以防止过大的地基变形。

该类地基上建房的选址应该考虑以下一些方面：

（1）粗粒土场地优于细粒土场地，粒径级配良好者优于粒径级配差者。粗粒土的压缩模量一般较高，同样的附加应力作用下变形较小。粒径级配良好者，土孔隙度相对小，孔隙稳定性好，土骨架结构相对稳定。这对于提高民房地基安全是有利的。

（2）高级阶地优于低级阶地。高级阶地的沉积时间较早，密实度较好，是较好的民房地基。

（3）地下水深者优于地下水浅者。浅的地下水位，无论对民房地基静压力变形还是地震作用下的变形和液化都是不利的。当土层达到饱和时，在静力作用下也可能会发生地基失效。在地基土层非水平的情况下，含水量增加，接近或者达到液限时，地基土层很容易发生流动滑坡。当然，对一般民房而言，对地下水深度没有十分严格的要求。通常，地下水5米以下是比较好的。而地下水在1米以内时，务必采用埋深较深达到相对坚硬土层的石基础，必要时还应该做一些防水处理。在有条件的情况下也可以采用碎石桩等效果较好的基础形式。

（4）尽量避免在沟谷边沿和底部建造民房。2003年甘肃民乐-山丹地震时，在震害严重的姚寨子村，低处水沟两旁民房破坏十分严重，多数倒塌，而附近不远处水沟上部平台上建造的民房倒塌的很少，只是中等破坏。

（5）在下部土层复杂的情况下，要尽量选择土层相对均匀的场地。许多地方在平整和回填的场地上建造民房时，要用堆压和夯实的办法，对场地做处理，否则容易发生不均匀沉降。简单的办法就是让民房基础的长轴方向沿沉积层厚度变化小的方向（如顺河流方向，而不要相反）。

在地基基础施工方面为提高安全性需要注意的问题如下：

（1）基础要有一定的埋深。在表层土松软和地下水浅的地方，基础埋深要大些。基础埋深不够，基础的承载力不够。

（2）许多地方在老房子拆掉后的地基上修建更大的房子，地基比原来有所扩大，此时一定要采取措施防止地基病害。一般来说，老地基已经有附加应力历史，相对稳定，而新地基不是这样。因此，一定要对新地基做更大强度的处理，否则新老地基混用，很容易发生不均匀变形。事实上，这个问题是农村地区在民房改建中比较常见的。

（3）基础不宜高出地面太多。由于许多地方风俗发生的变化，更多的人采用垫高基础。但是，过高的基础抬高了民房重心，增加了地震剪切力的力矩，对抗震是不利的。而且垫高太多的基础，施工难度和要求也相对要高。

（4）在浅处存在淤泥层时，一般需要避开或者将其挖出。淤泥层容易变形，而且在雨水和其他渗水较多的情况下，含水量会有很大的变化，并因此而发生较大变形。

7.2.5　山地坡积残积地基

山地坡积残积在山区比较多见，其条件比较复杂，地基安全性差异很大。陇南地区的许多地方土层较薄，山多地少。这在白龙江沿岸的宕昌、武都和文县更为明显。这些地区的农村民房一般都修建在开挖平整的斜坡下，其土层主要是坡积残积层或者第三系红层。该地区降雨量大，地下水较浅。在地基处理上一般都是平整斜坡，然后"砸石墙"（石基础）。开挖基础在该类地基上不多见。该类地基应注意以下问题：

（1）泥石流的防避。从地质构造上讲，活动构造或者起破碎作用的线性构造发育的地区是容易发生泥石流的。从地形上讲，沟谷是潜在的泥石流的流动途径。另外，容易使雨水积聚的地方，也容易诱发泥石流。因而，在民房建造时，应尽量避免以上泥石流潜在威胁较大的场地。

（2）滑坡的防避。滑坡的发生与地质构造、斜坡形态和特征、降雨和地下水、河流侵蚀以及人类活动都存在联系。因为，该类地基的土层一般比较薄，当下伏岩层层面是顺坡时，容易发生滑坡。在断层经过的斜坡，也因为侵蚀强烈和破裂面发育而发生滑坡。降雨集中和地下水浅的、河流侵蚀和人类活动改造如削坡、垦殖等强烈的斜坡也是易滑坡地区。

（3）选择基岩有利于提高民房安全的场地。在土层薄的场地上，下部基岩的形态对地基安全性有重要的影响。一方面，下部基岩对滑坡有影响，另一方面，下部基岩对地基的地震安全性也很重要。下部基岩倾斜时，一般较大的倾斜度可以降低土层上地震地面运动放大系数，甚至在斜度不大时，地面加速度还是小于基岩水平的情况。

（4）场地渗水预防。陇南山区许多地方地下水丰富，许多民房修建在山坡底部，场地渗水问题应该考虑。对策是：①基于对地下水通道的认识，避开渗水严重的场地；②进行防渗水处理。陇南地区常用的办法是用石灰和红泥拌浆，涂抹渗水地段或者石基础。

西北地区的地形地貌复杂多样，因此，农村民房地基条件的差异也很大。虽然在许多地方，传统的民房建造方法对于保证民房地基安全有很好的效果，但是随着经济发展，农村民房建造方法也发生了很大的变化，其中一些做法并不利于提高民房地基基础安全。而从地基基础抗震的角度来说，农村地区普遍缺乏对此问题的足够认识。因此，有必要通过工匠培训和技术资料宣传的途径来提高广大农村地区的民房建设水平。

7.3　常用地基处理方法

打算用作房屋建设的场址，往往是祖祖辈辈生活、劳动的地方。首先，应通过凋查，摸清这些地方的历史变迁及地表的变化情况；然后，用简单易行的办法，划出软弱土的分布范围。常用的方法是：用钢钎或铁铲在准备建房的地方探查，划出不良地基的范围，再进行处理。

在我国西北农村地区，换填土垫层法可作为地基处理的基本方法。换填土垫层具有提高地基承载力、减少地基沉降量、加速软土地基排水固结、防止季节性地基土的冻胀、消除膨胀地基土的胀缩性和黄土地基的湿陷性或震陷性等作用。换填土垫层法适用浅层软弱地基及不均匀地基的处理，其处理深度应根据建筑物的要求及基坑开挖深度的可能性和其他地基处理方法经技术、经济比较来决定。换填土垫层法适用范围和施工要点见图7-7、表7-1。

表7-1　不同垫层方法适用范围

垫层种类		适用范围	施工要点
砂石垫层		多用于中小型建筑工程的浜、塘、沟等的局部处理，适用于一般饱和、非饱和的软弱土和水下黄土地基处理，不宜用于湿陷性黄土地基、大面积堆载、密集基础和动力基础的软土地基处理，砂垫层不宜用于地下水流速快、流量大的地层	宜选用颗粒级配良好，质地坚硬的中砂、粗砂、砾砂、圆砾、卵石或碎石等，料中不得有草根、垃圾等杂物，且含泥量不得超过5%，用粉细砂做填料时，应掺入25%~30%的碎石和卵石，且均匀分布，最大粒径不得大于50毫米。对于湿陷性黄土、膨胀土地基，不得选用砂石等渗水材料。垫层底部有古井、古墓、洞穴、旧基础、暗塘等软硬不均匀部位时，应先清理后，再用砂石或好土逐层回填夯实，方可铺填施工。砂石垫层的底面宜铺设在同一标高上，如深度不同，基底土层应挖成阶梯或斜坡搭接，并按先深后浅的顺序施工，搭接处应夯实压密。垫层竣工后，应及时施工基础
土垫层	素土垫层	适用于中小型工程及大面积回填、湿陷性黄土或膨胀土地基的处理	素土垫层的土料应过筛，碎石粒径不得大于50毫米，有机质含量不得超过5%，亦不得含有冻土和膨胀土，用于湿陷性土或膨胀地基的粉质黏土垫层，土料中不得夹有砖、瓦和石块等渗水材料
	灰土	适用于中小型工程，尤其适用于湿陷性黄土地基的处理	石灰与土的体积比一般以2:8和3:7作为最佳含灰率。石灰宜用新鲜的消石灰，粒径标准不得大于5毫米，灰土混合料应拌合均匀

图7-7 换土地基处理示意图

夯击压实是换填土垫层法施工过程中非常重要也是必须给予足够重视的工序。通常，虽然劳动强度较大，但是由于体积小、重量轻、构造简单、机动灵活、操作维修方便、夯实功效较高，小型打夯机（常用的蛙式打夯机、柴油打夯机、电动立式打夯机等）或人工夯实（木夯，重40千克，落距400～500毫米）在建筑工程上使用广泛，这一点在我国西北农村地区尤为明显。因此，可选择使用小型打夯机或人工夯实等夯击压实方法（适用于黏性较低的土，砂土、粉土、粉质黏土。基坑、管沟及各种零星分散边角部位的填土的夯实）对换填土垫层进行压实加固处理。打夯前应将填土初步整平，打夯要按一定方向进行，一夯压半夯，夯夯相接，行行相连，两遍纵横交叉，分层夯打，均匀分布，不留间隙。小型打夯机每层虚铺厚度不宜超过25厘米，每层压实遍数3～4次；人工夯实每层虚铺厚度不超过22厘米，每层压实遍数4～5次（图7-8）。

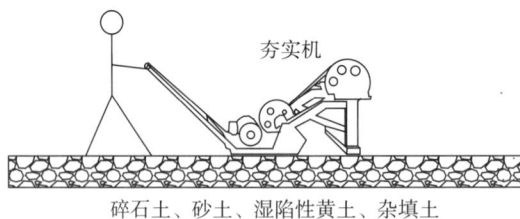

图7-8 地基夯实示意图

在进行地基处理时，换填垫层的厚度不宜小于0.5米，也不宜大于3米。夯实时，垫层尽可能保持最优含水量状态；通常情况下，最优含水量可在现场根据经验判定，手捏垫层土成团，两指轻捏即碎，这时，垫层土接近最优含水量。土垫层分段施工时，不得在柱基、墙角及承重窗间墙下接缝。上下两层的缝距不得小于50厘米。接缝处应夯实压密后3天内不得受水浸泡，冬季应防冻，每层完工后应及时铺填上层，防止干燥后松散起尘污染，同时禁止车辆碾压通行。

7.4 基础及其作用

地基基础是建筑物的根基，若地基基础不稳固，会危及整个建筑的安全。地基基础是建筑物首先考虑和建造的部位，是一个建筑的根本和立足点。

农村民房的基础，若不认真设计、施工，就会留下隐患，以致影响住宅使用寿命，严重时造成倒塌，来不得半点马虎。基础施工时，应根据工程地质、水文地质、结构类型、机具设备、材料供应等情况综合考虑，选用合理的施工方法，订出有效的技术措施，按施工验收规范和操作规程的要求严格认真进行施工，以确保工程质量。农村民房的基础是用砖、石、土、钢筋混凝土等材料建造在房屋底部的房屋重量承载体。基础的作用是（图 7 – 9）（R. Barrg，1999；John Wiley & Sons，1985）：①向地基分散房屋重量，减小局部应力强度，防止地基变形；②通过一定的埋深，将房屋重量传递到承载能力较强的土层；③依靠自身的强度，防止墙体因土层不均匀变形而遭受破坏；④在有凌空面和位于斜坡上时，基础还有防止土层侧向滑移的作用。

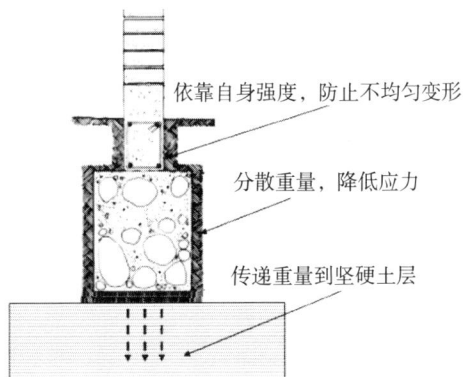

图 7 – 9 基础的作用

基础的设置很重要，如果基础承载力不够或者基础的强度不足，那么地震时基础往往首先发生破坏。而一旦基础破坏，上部结构很难不遭受严重破坏。其次，基础和上部结构之间也要有良好的接触甚至连接，以保证两者之间不会在强地震作用下分离。地基基础事故的预兆不容易察觉，一旦失事，难以补救。因此，应当充分认识地基基础的重要性。

7.5 农居的基础类型

农村民房基础一般由砖、石、素土、混凝土或灰土等材料建造（图 7 – 10）。

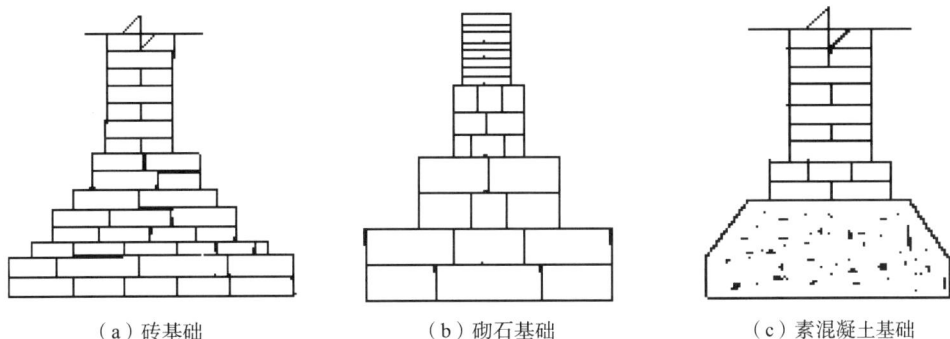

（a）砖基础　　　　　　　（b）砌石基础　　　　　　　（c）素混凝土基础

图 7 – 10 典型的农村民房基础

如果以上材料建造的基础强度不足时，还可选用钢筋混凝土基础，称为扩展基础（图 7 – 11）。

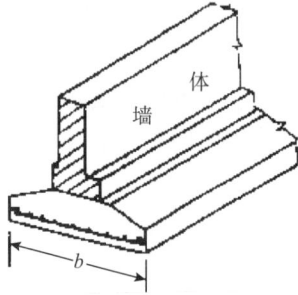

图 7 – 11　钢筋混凝土扩展基础示意图

柱下扩展基础和墙下扩展基础一般做成锥形和台阶形（图 7 – 12）。对于墙下扩展基础，当地基不均匀时，还要考虑墙体纵向弯曲的影响。这种情况下，为了增加基础的整体性和加强基础纵向抗弯能力，墙下扩展基础可采用有肋的基础形式。

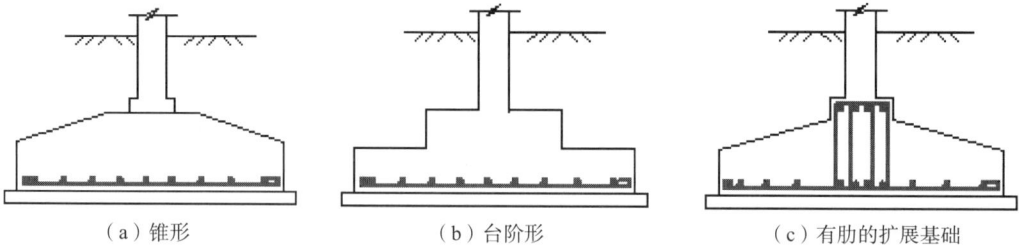

| （a）锥形 | （b）台阶形 | （c）有肋的扩展基础 |

图 7 – 12　扩展基础的形式

按照基础的类型，农村民房常用基础有以下 4 种（图 7 – 13），基本属于浅基础类型。

（1）独立基础：通常为近方形或者圆形的基础。基础可以是棱台形状的逐级截面积减小，也有采用简单圆柱或者棱柱形状的，底部和上部截面积相同。通常柱下采用独立基础（图 7 – 13（a））。

（2）条形基础：当基础的长度大于或者等于 10 倍的基础宽度称为条形基础。通常墙基采用条形基础（图 7 – 13（b））。

（3）十字交叉基础：当上部荷载较大或者土层较软时，采用条形基础不能满足安全要求，此时可采用十字交叉基础。十字交叉基础其实就是双向条形基础，在农村民房建设中也是一种常采用的基础形式（图 7 – 13（c））。

（4）台阶式基础：在斜坡地带建房时也常常将基础做台阶状以适应地形。台阶式基础本身往往是条基或者独立基础（图 7 – 13（d））（Blondet，2005）。

另外，建筑上还用筏板基础和箱形基础。这两种基础在地基软弱时采用，但在农村民房建设中使用很少，而且施工难度较大，这里不再说明。

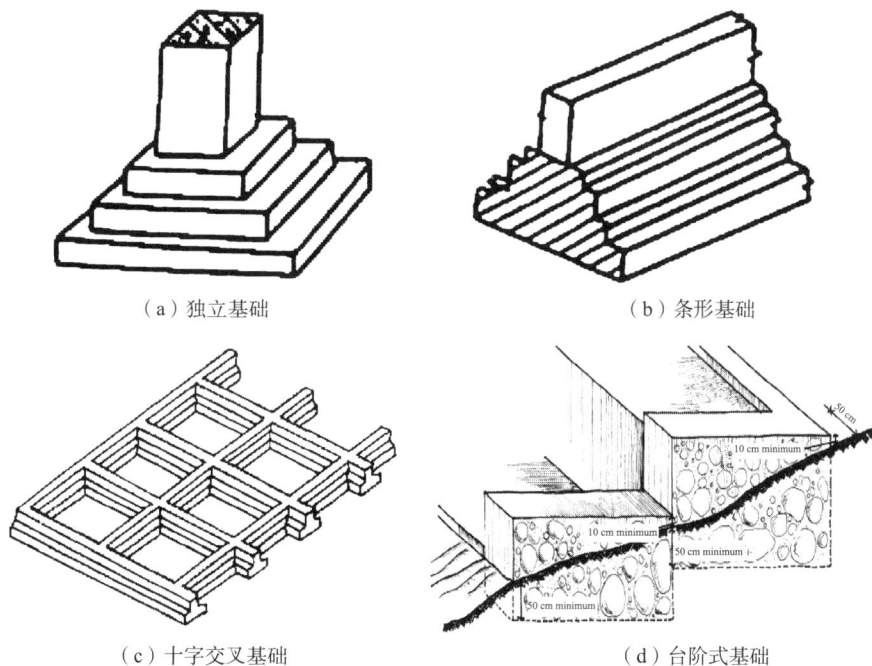

（a）独立基础　　　　　　　　　　　（b）条形基础

（c）十字交叉基础　　　　　　　　　　（d）台阶式基础

图 7 – 13　农村民房常用基础

农村民房建设多数情况下采用条形基础，墙外柱下可设独立基础。山区斜坡场地选用台阶式基础。就材料而言，建议采用混凝土砌石基础或者钢筋混凝土加筋基础。砖基础因为其强度低一般不推荐采用。填土基础可作为基础底部扩展部分，最好采用灰土。

各类型基础的优缺点及施工方法如表 7 – 2。

表 7 – 2　基础类型优缺点及施工方法

基础类型	简　介	优缺点	施工方法
灰土基础	灰土基础是由石灰、土和水按比例配合，经分层夯实而成的基础	灰土基础的优点是施工简便，造价较低，就地取材，可以节省水泥、砖石等材料。缺点是它的抗冻、耐水性能差，在地下水位线以下或很潮湿的地基上不宜采用	（1）石灰和土过筛。土的粒径不得大于 15 毫米；灰粒不得大于 5 毫米。拌合均匀。 （2）灰土下入基槽前，应先将基槽底部夯打一遍，然后将拌好的灰土按指定的地点倒入槽内。 （3）用人工夯筑灰土时，第一层铺虚土 25 厘米，第二层为 22 厘米，以后各层为 21 厘米，夯实后均为 15 厘米。 （4）夯实是保证灰土基础质量的关键。夯打完毕后及时加以覆盖，防止日晒雨淋

续表

基础类型	简　介	优缺点	施工方法
砌石基础	砌石基础是由料石用砌筑砂浆砌筑而成的基础。毛石基础按其剖面形式有矩形、阶梯形和梯形三种	毛石基础的优点是具有较高的承载力，造价较低，就地取材。并且毛石基础的抗冻性较好，是农村地区常用的基础类型	（1）砌石基础 组砌方法为料石砌体应上、下错缝，内外搭砌，料石基础第一皮应用丁砌。坐浆砌筑，踏步形基础，上级料石应压下级料石至少三分之一。 （2）水平灰缝厚度应按料石种类确定，细料石砌体不宜大于 5 毫米；半细料石砌体不宜大于 10 毫米；粗料石砌体不宜大于 20 毫米。 （3）基础最下一皮毛石，应选用较大的石块，使大面朝下，放置平稳，并灌浆
砖基础	以砖为砌筑材料砌筑的建筑物基础。砖基础一般做成阶梯形，即大放脚，大放脚有等高式和间隔式	砖基础的优点是具有较高的承载力，砌筑较石砌基础方便。并且砖基础的抗冻性较好，是农村地区常用的基础类型。缺点是较灰土基础造价高，施工要求严格	（1）砖基础砌筑时，灰缝砂浆要饱满。砖基础的水平灰缝厚度和垂直灰缝宽度宜为 10 毫米。水平灰缝的砂浆饱满度不得小于 80%。 （2）砖基础底标高不同时，应从低处砌起，并应由高处向低处搭砌；搭砌长度不应小于砖基础大放脚的高度。砖基础的转角处和交接处应同时砌筑；当不能同时砌筑时，应留置斜槎
混凝土基础	混凝土基础是用混凝土现浇而成的基础。一般包括毛石混凝土基础和混凝土基础。又可以按照是否配钢筋分为素混凝土基础和钢筋混凝土基础	混凝土基础的优点是承载力高，当采用钢筋混凝土基础时基础底部可以承受拉力。缺点是混凝土基础对于农居建筑造价较高，施工复杂	（1）混凝土基础施工与一般的混凝土工程施工方法相同。 （2）混凝施工要注意混凝土的配合比和搅拌过程，保证混凝土的和易性和流动性，确保混凝土的强度不降低。 （3）施工时模板的支护要确保混凝土不外流，拆模方便

7.6　基础的设计

由于基础深埋土中，地质情况复杂，变化较多，加上地下水的影响，使得基础设计的不确定性加大，增加了地基基础设计的难度。同时，各地地基千差万别，即便同一地区情况也很不相同。在农村地区，一般采用天然地基浅基础；当有的地基软弱层很厚，可采用人工加固地基。在地基基础设计中，地基基础复杂，不能套用已有其他基础的设计。

再从基础设计的经济性方面来讲，通过基础选型及支护方案的优化，可以有效减少基础的相关材料用量，降低造价。所以，设计过程中通过对不同基础形式方案的比较，择优而用，可以产生较好的经济效益，从而降低农村建房经济负担。

地基基础的设计不能孤立地进行，需要对建筑物上部结构和下部建筑场地条件，全面考虑，做到上下兼顾。在农村地区主要考虑的方面是：①房屋上部结构的形式、规模、荷载大小与性质、整体刚度，以及对不均匀沉降的敏感性；②房屋下部土层的物理力学性质、地基承载力，以及地下水位埋深与水质、当地冻深等因素，因地制宜进行设计（图7-14）。

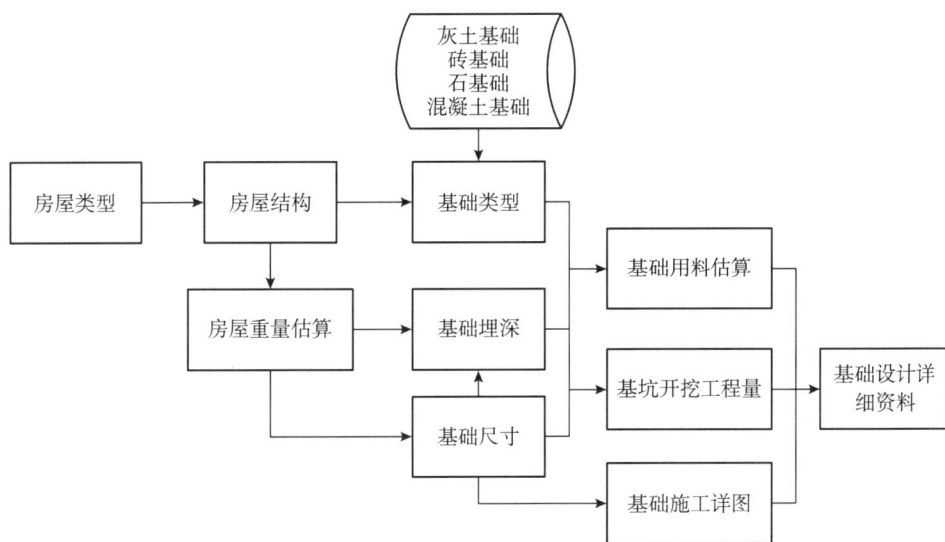

图7-14　基础设计流程图

在地震作用下，房屋基础如果出现问题会造成整个建筑的损坏，甚至倒塌，所以一定要做好基础的抗震设计。做好基础的抗震设计可以有效减轻上部结构的震害。首先，要适当加大基础的埋深，这样可以增加地基土对建筑物的约束作用，从而减小建筑物的振幅，减轻震害。加大埋深还可以提高地基的强度和稳定性，能够减小建筑物的整体倾斜，防止滑移和倾覆。其次，要选择较好的基础类型。基础类型不同，产生的震害可能会有不同。在软土地基上应该尽量选择带地圈梁的石、混凝土的十字或台阶式基础，这种基础能够有效地调整并减轻地震引起的不均匀沉降，从而减轻对上部结构的破坏。尽量减少条形基础，条形基础的房屋建筑容易遭受地震的损坏。最后，要加强基础与上部结构之间的整体性，这对建筑物抗震十分有利，例如加设基础圈梁（底圈梁）以阻止墙身开裂或裂缝发展（图7-15）。

图 7 – 15　基础圈梁

7.7　基础的施工

7.7.1　基础的埋深

基础的埋置深度，应按下列条件确定：农村民房的层数或者总重量，农村民房层数越高，基础越深；地基条件，土层越软，基础越深；冻融层和软弱层的影响，最好穿过冻融层和有机质或者淤泥质软土层；当上层地基的承载力大于下层土时，应选用上层土作持力层。

建基础时，一般都要开挖基坑。基坑开挖后，应鉴定土质，确定该地基土是否满足设计承载力要求。土的种类通常是根据试验来决定。在施工现场，一般采用观察、手摸、搓条、拍击等方法综合鉴别。砂土和黏性土的鉴别方法如表 7 – 3、表 7 – 4。

表 7 – 3　砂土的鉴别方法

鉴别方法	砾砂	粗砂	中砂	细砂	粉砂
观察颗粒粗细干燥时的状态	与高粱米相似，颗粒完全分散	与小米粒相似，颗粒完全分散，但有个别胶结一起	与白菜籽较相似，颗粒基本分散，但有局部胶结一起，一碰即散	与粗玉米粉相似，颗粒大部分分散少，量胶结，稍加碰撞即散	与细玉米粉相似，颗粒小部分分散，大部分胶结在一起，稍加压力，可分散
润湿时用手拍击	表面无变化	表面无变化	表面偶有水印	表面有水印	表面有显著翻浆现象
黏着程度	无黏着感觉	无黏着感觉	无黏着感觉	偶有轻微黏着感觉	有轻微黏着感觉

表 7 - 4 粘性土鉴别方法

鉴别方法	黏土	亚黏土	轻亚黏土
湿润时用刀切	切面非常光滑规则，刀刃有黏滞阻力	稍有光滑面，切面有规则	无光滑面，切面较粗糙
用手摸时的感觉	有滑腻感觉，当水分较大时，极为黏手，但感觉不到有颗粒存在	感觉有极少的细颗粒存在，稍有滑腻感和黏滞感	容易感觉有颗粒存在，且数量较多，有轻微黏滞感或无黏滞感
湿土搓条情况	能搓成小于 0.5 毫米的土条，长度至少 10 厘米，手持一端不致断裂	能搓成 0.5～2 毫米的土条，长 3～5 厘米，手持一端常会断裂	能搓成 2～3 毫米的土条，土条很短，容易断裂
黏着程度	极易黏着物体，干燥后不易剥掉，用水反复洗才能去掉	能黏着物体，干燥后易剥掉	一般不能黏着物体，干燥后一碰即掉

如果场地比较好，基础埋深不必太深，基坑可浅些。岩基和承载力较高的砾石地基一般只需简单开挖或者清理，基坑达 30 厘米可能就满足安全的需要。对于黄土、老黏土等中等强度的地基，基坑深度最好不要浅于 50 厘米。而新近沉积土、古河道以及地下水位较浅的土层，基坑深度一般要在 1～2 米。基础宜埋置在地下水位以上，当必须埋在地下水位以下时，应采取地基土在施工时不受扰动的措施。当基础埋置在易风化的岩层上，施工时应在基坑开挖后立即铺筑垫层。

开挖的基坑侧壁要垂直，否则会影响基础的垂直。基坑的底部不能有有机质土层和松散土层，一定要挖到相对坚硬的土层为止。对于比较坚硬的土层，如果基坑底部平整比较困难时，可以用混凝土素土按照 1:10 的比例混合后压实填平基坑底部。地基加固方法很多，可根据工程特点、土质情况、技术和机具条件以及经济效果等进行比较确定。适于农村的最经济、简易、有效方法为灰土垫层和碎砖三合土垫层两种。①灰土垫层是用石灰与黏性土按 2:8 或 3:7 的体积比拌合均匀，分层铺在基槽内夯实而成。有的则是挖井回填灰土并夯实做成井柱基础。灰土垫层具有操作方便，施工快速，机具简单，取材容易，费用较低等优点。适用于加固一般深 0.3～2.0 米的各种地基，如软弱土、湿陷性黄土、软砾地基以及新老杂填土地基等。其强度随着时间增长，并且具有一定的平稳性和不渗透性。因石灰为气硬性材料，不宜用于地下水以下部位，同时灰土抗冻性能差，深度应在冻结线以下。②碎砖三合土垫层是用石灰、砂、碎砖（碎石或炉渣）按 1:2:4 或 1:3:6 的体积比拌合，分层铺设夯实而成。适用于一般民用建筑地基加固，或用于简单房屋墙基础，具有施工简便，可就地取材，废料利用，造价低廉等优点。碎砖三合土垫层厚度，两层以下砖墙不小于 45 厘米，半砖墙厚度为 40 厘米，最深不超过 1.5 米。宽度较基脚每边加宽 12 厘米。

在基坑开挖过程中，如遇有局部异常的地基情况，应在探明原因和范围后，进行妥善处理。若处理不当或怕麻烦而不处理，则可能导致住宅产生不均匀沉降，造成上部结构的开裂。具体处理方法可根据地基情况、施工条件等来确定。①当基坑中有松软虚土，淤泥等类土时，应将其全部挖除，直至坑底见到老土为止，然后采用与坑底的天然土压缩性相近的土料回填。如地下水位较高，或坑内有积水难以夯实时，可在防潮层下设置钢筋砖圈梁或钢筋硅圈梁，以防止产生不均匀沉降。②在基坑中如发现有砖井或土井，应采用与井底的天然土压缩性相近的土料回填，如井内已填好土，且较为密实，则需要将井的砖圈拆除至坑底 1.0 米以下，并用 3∶7 灰土分层夯实至坑底。如井的直径过大（大于 1.5 米）时，则需要考虑是否加强上部结构的强度，如墙内配筋或设置钢筋混凝土地基梁跨越砖井等。③在基坑中，如发现有过硬的土质或硬物，例如有旧墙基、大树根时，都要进行挖除，并采用上述两种方法予以处理，以防止产生不均匀沉降。④当在施工中碰到黏性土中含水量过大，不能夯实的"弹簧土"时，应予以挖除，重填砂土，也可用碎石将土挤紧。

7.7.2　基础施工

回填基础：基础回填以前须对场地进行清理、核查、挖除耕植土及其它软弱土层，使用配好的土料或者砂石料进行分层回填。

毛石与砌石基础：采用砌石基础时，砌石材质应坚实新鲜，无风化剥落层或裂纹。砌石体分毛石砌体和料石砌体，最好能够采用料石。但是，农村地区往往采用毛石更为实际。毛石材料的选择主要包括两个方面：一是石块规格的选择，不同规格的石块在砌体中的作用不同，比如大块毛石主要用作砌筑基础骨架，中等毛石主要用作骨架的辅助用石，小块毛石主要起填充作用，避免随意地堆砌。砌石应使大面朝下，平放卧砌，遇到翻牷石、斧刃石时，要对其加工，挑选平面去砌。砌好的石块要平稳，能承受上层毛石的压力。每砌一层毛石，都要给上层毛石留出槎口，槎口对接要平，使上下层毛石咬槎严密，以增强砌体强度，也能满足砌缝式的需要。毛石基础分皮砌筑时，应考虑石块间的互相搭接，外侧砌一长块石，内里砌一短块石，下层是一短块石，上皮摆一长块石，使砌体内外皮和上下层石块都能互相错缝搭接成为一个整体，避免通缝的出现。为增强砌体的稳固，毛石基础应设拉结石。拉结石要均匀分布，互相错开，毛石基础同一皮内每隔 2 米左右设置 1 块。拉结石长度：当基宽≤400 毫米时，应与基础同宽；当基宽≥400 毫米时，可用 2 块拉结石内外搭砌；搭接长度≥150 毫米，且其中一块长度不应小于 2/3 基宽。

砖基础：砖基础一般做成阶梯形，即大放脚，大放脚有等高式和间隔式。

砌基础前应清理基槽（坑）底，除去松散软弱土层，用灰土填补夯实，并铺设垫层；先用干砖试摆，以确定排砖方法和错缝位置，使砌体平面尺寸符合要求；基础中预留孔洞应按施工图纸要求的位置和标高留设。砌筑时，灰缝砂浆要饱满，严禁用冲浆法灌缝。砖基础的水平灰缝厚度和垂直灰缝宽度宜为 10 毫米。水平灰缝的砂浆饱满度不得小于 80%。每皮砖要挂线，它与皮数杆的偏差值不得超过 10 毫米。砖基础底标高不同时，应从低处砌起，并应由高处向低处搭砌；当设计无要求时，搭砌长度不应小于砖基础大放脚的高度。砖基础的转角处和交接处应同时砌筑；当不能同时砌筑时，应留置斜槎。基础中预留洞口及预埋管道，其位置、标高应准确，避免凿打墙洞；管道上部应预留沉降空隙。基础上铺放地沟盖板的出檐砖，应同时砌筑，并应用丁砖砌筑，立缝碰头灰应打严实。基础墙的防潮层，当设计无具体要求，宜用 1∶2 水泥砂浆加适量防水剂铺设，其厚度宜为 20 毫米。防潮层位置宜在室内地面标高以下一皮砖处。砌完基础，应及时清理基槽（坑）内杂物和积水，在两侧同时回填土，并分层夯实。

钢筋混凝土基础：采用钢筋混凝土基础时，也要严格按照相应的标准施工。天然级配砂石或人工级配砂石宜采用质地坚硬的中砂、粗砂、砾砂、碎（卵）石、石屑或其他工业废粒料。在缺少中、粗砂和砾石的地区，可采用细砂，但宜同时掺入一定数量的碎石或卵石，其掺量应符合设计要求。颗粒级配应良好。砂石材料，不得含有草根、树叶、塑料袋等有机杂物及垃圾。碎石或卵石最大粒径不得大于垫层或虚铺厚度的 2/3，并不宜大于 50 毫米。各类基础的用料强度如表 7-5。

表 7-5　各类基础的用料强度

		毛石	砖	水泥砂浆	钢筋	混凝土
毛石砌体		≥MU30	—	≥M5 混合砂浆	—	—
砖砌体		—	≥MU10	≥M5	—	—
基础圈梁		—	—	—	Ⅰ级	≥C15
钢筋混凝土基础	基础	—	—	—	Ⅰ级	C20
	垫层	—	—	—		C10

注：① 灰土材料：体积比为 3:7 的灰土，分层夯实；
　　②钢筋混泥土基础：保护层厚度为 35 毫米。

7.7.3　基础的最小宽度

基础的宽度决定下部应力的大小。基础越窄下部应力越大，越容易引起沉降。但是，基础也不是越宽越好，这样不仅造价太高，而且太宽的基础由于所处场地条件的差异以及施工难度，其强度难以保证，反而容易遭受破坏。表 7-6 是不同场地条件下的最小基脚宽度（袁中夏，王兰民，2010）。

表 7-6　不同场地条件下的最小基脚宽度

地　基	基脚宽度（厘米）
砂砾土、砾石土	40
黄土、老黏土	50
松砂、软黏土	70

经过处理后的土，较好、较密实的老土，可按图 7-16 所示尺寸进行施工。对不同的基础类型，其在不同设防烈度下的施工要点参见表 7-7。

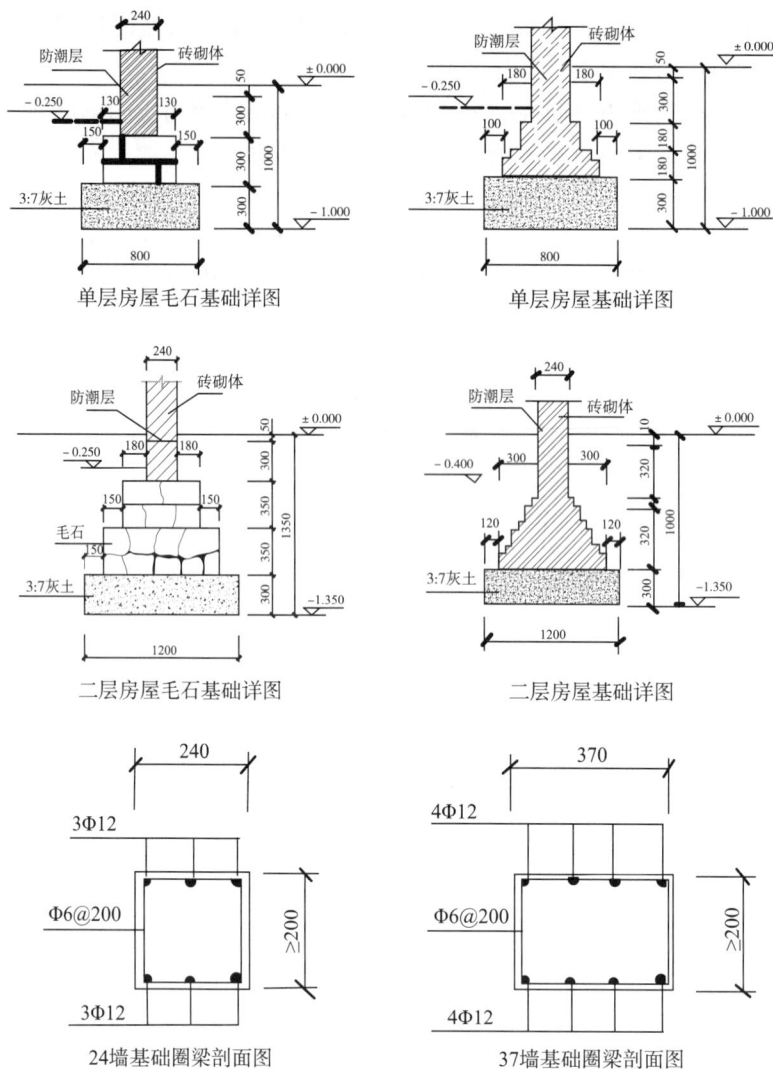

图中 ±0.000 指底层室内地面；图中所注尺寸单位均为毫米

图7-16 基础尺寸示意图

表7-7 不同烈度下基础施工方法建议表

基础类型	烈度	施工建议
灰土/三合土基础	VI	（1）埋深：基础埋置深度至少500毫米。若场地土为软弱土时，基础埋置深度宜为800～1000毫米 （2）宽度：基础台阶的宽高比≤1:1.5；垫土层厚度≥300毫米；宽度≥700毫米 （3）施工要求：灰土或三合土基础应夯实。灰土体积配合比宜为2:8或3:7，土料宜用粉质黏土，石灰宜用新鲜消石灰。三合土体积配合比宜为1:3:6或1:2:4（石灰：砂：骨料），骨料可用砾石或碎石

续表

基础类型	烈度	施工建议
	VII	（1）埋深：基础埋置深度至少500毫米。若场地土为软弱土或中软土时，基础埋置深度宜为800～1000毫米 （2）宽度：基础台阶的宽高比≤1∶1.5；垫土层厚度≥300毫米；宽度≥700毫米 （3）施工要求：灰土或三合土基础应夯实。灰土体积配合比宜为2∶8或3∶7，土料宜用粉质黏土，石灰宜用新鲜消石灰。三合土体积配合比宜为1∶3∶6或1∶2∶4（石灰∶砂∶骨料），骨料可用砾石或碎石
石基础	VI	（1）埋深：基础埋置深度≥500毫米。若场地土为软弱土时，基础埋置深度宜为800～1000毫米 （2）宽度：基础台阶的宽高比≤1∶1.25；基础宽度≥600毫米 （3）施工要求：阶梯形石基础的每阶放出宽度，平毛石不宜大于100毫米，每阶应不少于两层；毛料石采用一阶两皮时，不宜大于200毫米，采用一阶一皮时，不宜大于120毫米
	VII	（1）埋深：基础埋置深度≥500毫米。若场地土为软弱土时，基础埋置深度宜为800～1000毫米 （2）宽度：基础台阶的宽高比≤1∶1.25；基础宽度≥600毫米 （3）施工要求：阶梯形石基础的每阶放出宽度，平毛石不宜大于100毫米，每阶应不少于两层；毛料石采用一阶两皮时，不宜大于200毫米，采用一阶一皮时，不宜大于120毫米
	VIII	（1）埋深：基础埋置深度≥500毫米。若场地土为软弱土或中软土时，基础埋置深度宜为800～1000毫米 （2）宽度：基础台阶的宽高比≤1∶1.25；基础宽度≥600毫米 （3）施工要求：阶梯形石基础的每阶放出宽度，平毛石不宜大于100毫米，每阶应不少于两层；毛料石采用一阶两皮时，不宜大于200毫米，采用一阶一皮时，不宜大于120毫米。砌筑毛石基础所用的毛石应质地坚硬、无裂纹，尺寸在200～400毫米，质量约为20～30千克左右，并采用强度是25千克/平方厘米或50千克/平方厘米水泥砂浆砌筑
	IX	（1）埋深：基础埋置深度≥500毫米。若场地土为软弱土或中软土时，基础埋置深度宜为800～1000毫米 （2）宽度：基础台阶的宽高比≤1∶1.25；基础宽度≥600毫米 （3）施工要求：阶梯形石基础的每阶放出宽度，平毛石不宜大于100毫米，每阶应不少于两层；毛料石采用一阶两皮时，不宜大于200毫米，采用一阶一皮时，不宜大于120毫米。砌筑毛石基础所用的毛石应质地坚硬、无裂纹，尺寸在200～400毫米，质量约为20～30千克左右，并采用强度是25千克/平方厘米或50千克/平方厘米水泥砂浆砌筑

基础类型	烈度	施工建议
砖基础	Ⅵ	(1) 埋深：基础埋置深度≥500 毫米。若场地土为软弱土时，基础埋置深度宜为800～1000 毫米 (2) 宽度：基础台阶的宽高比≤1:1.5 (3) 施工要求：砖基础采用实心砖砌筑，砌筑基础的材料应不低于上部墙体的砂浆和砖的强度等级。砌筑时，灰缝砂浆要饱满，砖基础的水平灰缝厚度和垂直灰缝宽度宜为 10 毫米
	Ⅶ	(1) 埋深：基础埋置深度≥500 毫米。若场地土为软弱土时，基础埋置深度宜为800～1000 毫米 (2) 宽度：基础台阶的宽高比≤1:1.5 (3) 施工要求：砖基础采用实心砖砌筑，砌筑基础的材料应不低于上部墙体的砂浆和砖的强度等级。砌筑时，灰缝砂浆要饱满，砖基础的水平灰缝厚度和垂直灰缝宽度宜为 10 毫米
	Ⅷ	(1) 埋深：基础埋置深度≥500 毫米。若场地土为软弱土或中软土时，基础埋置深度宜为 800 毫米～1000 毫米 (2) 宽度：基础台阶的宽高比≤1:1.5 (3) 施工要求：砖基础采用实心砖砌筑，砌筑基础的材料应不低于上部墙体的砂浆和砖的强度等级。砌筑时，灰缝砂浆要饱满，砖基础的水平灰缝厚度和垂直灰缝宽度宜为 10 毫米。房屋的基础宜设置配筋砖圈梁或配筋砂浆带
混凝土基础	Ⅵ	(1) 埋深：基础埋置深度≥500 毫米 (2) 宽度：基础台阶的宽高比≤1:1.0 (3) 施工要求：混凝土应振捣，排除混凝土因泌水在粗骨料的水分和空隙，增加混凝土密实度，混凝土强度不低于 15 牛/平方毫米
	Ⅶ	(1) 埋深：基础埋置深度≥500 毫米 (2) 宽度：基础台阶的宽高比≤1:1.0 (3) 施工要求：混凝土应振捣，排除混凝土因泌水在粗骨料的水分和空隙，增加混凝土密实度，混凝土强度不低于 20 牛/平方毫米
	Ⅷ	(1) 埋深：基础埋置深度≥500 毫米。若场地土为软弱土时，建议基础埋置深度为800 毫米 (2) 宽度：基础台阶的宽高比≤1:1.0 (3) 施工要求：混凝土应振捣，排除混凝土因泌水在粗骨料的水分和空隙，增加混凝土密实度，混凝土强度不低于 25 牛/平方毫米
	Ⅸ	(1) 埋深：基础埋置深度≥500 毫米。若场地土为中软土时，建议基础埋置深度为800 毫米 (2) 宽度：基础台阶的宽高比≤1:1.0 (3) 施工要求：混凝土应振捣，排除混凝土因泌水在粗骨料的水分和空隙，增加混凝土密实度，混凝土强度不低于 25 牛/平方毫米

基础类型	烈度	施工建议
钢筋混凝土基础	Ⅵ	（1）埋深：基础埋置深度≥500毫米 （2）宽度：基础台阶的宽高比≤1∶1.0 （3）施工要求：混凝土应振捣，排除混凝土因泌水在粗骨料、水平钢筋下部生成的水分和空隙，提高混凝土与钢筋的握裹力，增加混凝土密实度，二层房屋的基础宜设置钢筋混凝土圈梁
	Ⅶ	（1）埋深：基础埋置深度≥500毫米 （2）宽度：基础台阶的宽高比≤1∶1.0 （3）施工要求：混凝土应振捣，排除混凝土因泌水在粗骨料、水平钢筋下部生成的水分和空隙，提高混凝土与钢筋的握裹力，增加混凝土密实度，二层房屋的基础宜设置钢筋混凝土圈梁
	Ⅷ	（1）埋深：基础埋置深度≥500毫米 （2）宽度：基础台阶的宽高比≤1∶1.0 （3）施工要求：混凝土应振捣，排除混凝土因泌水在粗骨料、水平钢筋下部生成的水分和空隙，提高混凝土与钢筋的握裹力，增加混凝土密实度，二层房屋的基础宜设置钢筋混凝土圈梁
	Ⅸ	（1）埋深：基础埋置深度≥500毫米。若场地土为中软土时，建议基础埋置深度为800毫米 （2）宽度：基础台阶的宽高比≤1∶1.0 （3）施工要求：混凝土应振捣，排除混凝土因泌水在粗骨料、水平钢筋下部生成的水分和空隙，提高混凝土与钢筋的握裹力，增加混凝土密实度，二层房屋的基础宜设置钢筋混凝土圈梁

第八章　土木农居地震安全技术

相较于其他房屋结构，如砖木结构、砖混结构而言，土木结构农村民房多数抗震性能较差，而且不同结构的抗震性能差异很大。2008年汶川地震中，甘肃灾区6个县房屋结构中土木结构房屋面积占6县房屋总面积的比例在45%～50%之间，是数量最多的房屋类型（图8-1）。如果考虑到框架结构和大部分砖混结构主要在县城的事实，那么土木结构占农村民房的比例更高，应在60%以上。汶川地震中，这6个县——文县、康县、两当县、舟曲县、宕昌县和张家川县中，文县和康县跨越Ⅶ度、Ⅷ度区，两当县处于Ⅶ度区，其余三县都是Ⅵ度区，根据房屋破坏比例（图8-2），土木结构破坏比例在文县高达80%，在破坏最轻的张家川县也达到了近40%。在地震对土木结构的破坏如此严重的情况下，也应该看到还有一些土木结构房屋显示出相当的抗震性能。

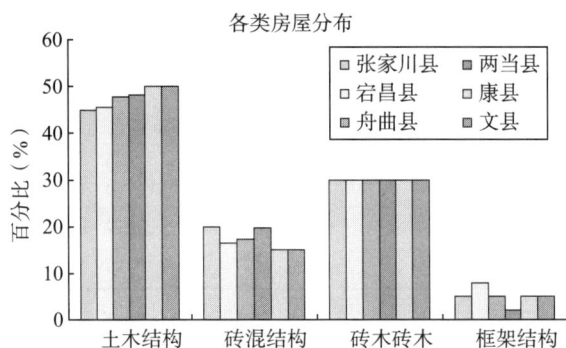

图8-1　甘肃省6县各类房屋分布

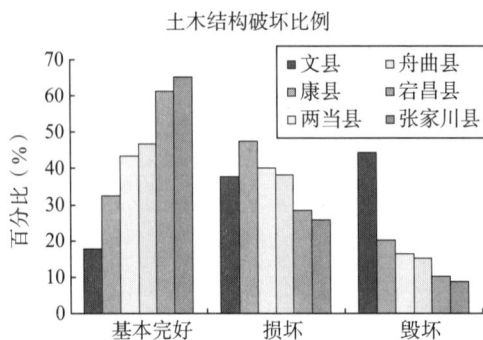

图8-2　甘肃省6县土木结构破坏情况

8.1　土木结构的地震安全问题

8.1.1　墙体震害问题

西北地区土木结构民居主要有木架承重、墙体承重和混合承重三种类型，不管承重与否，墙体都是农居重要的组成部分，影响农居抗震性能的高低。墙体有夯土墙和土坯墙两种类型。对于土坯墙，土坯质量随黄土原料的不同而承重能力不同，总体上不如夯土墙结实。表8-1列举了这两种墙体类型在不同烈度区的破坏特征（程绍革等，2007）。

表8-1　土木结构农居不同地震烈度下墙体破坏

墙体分类	地震烈度				
	V	VI	VII	VIII	IX
土坯墙	出现竖向细微裂缝	竖向裂缝扩大，纵横墙交接处裂缝	裂缝进一步扩大至贯通性裂缝，隔墙局部倒塌，部分墙外闪	多数严重裂缝，多数外闪	大面积倒塌
夯土墙	墙皮剥落，细微裂缝	裂缝扩大，檩下出现裂缝	墙体开裂，局部倒塌	多数酥裂、倒塌	大面积酥裂、倒塌

1）土坯墙的地震安全问题

（1）土坯成型不规则。土坯成型不规则也不统一，这种土坯砌筑的墙体，在竖向地震和水平地震作用下，极易产生局部应力集中，从而导致墙体的抗侧承载力下降，最终房屋产生裂缝甚至倒塌。

（2）木构架与墙体的连接差。木柱与土坯墙体、木柱与木梁没有有效连接。而木柱与土坯墙体和木梁的有效连接，可以约束土坯墙体，提高土坯墙体的抗侧承受力，增加其变形能力和整体性，在房屋的抗震性能中，墙体的变形能力和房屋的整体性能是提高房屋抗倒塌重要指标。反之，如果没有有效连接，相当于分割了墙体，墙体的宽高比增加，削弱了墙体，在水平地震作用下产生应力集中，降低了土坯墙体的抗侧承受力及变形能力。

（3）土坯的砌筑方式差，首先是土坯墙没有采用卧砌土坯的方式，二是采用立砌的方法，稳定性差，泥浆太少，竖向灰缝不饱满。各层之间没有拉筋，这种砌筑方式严重影响了土坯砌体的抗侧承受力，土坯稍有晃动就会倾斜，形成裂缝，从而影响了其抗震性能。用这种墙体作承重墙，上部没有支撑垫板，梁或檩下和墙接触的部位成了压力集中点，容易形成多米诺骨牌的效应。轻则使墙体裂缝，重则使房屋坍塌。土坯墙体中有立砌土坯，而且竖向灰缝不饱满。三是砌筑时没有错缝，地震中，容易产生贯通的裂缝，导致墙体破坏（图8-3）。

（4）纵横墙之间的连接差。由于纵横墙之间的连接差，在地震发生时墙体发生平面外倒塌。

（5）采用强度不同的建筑材料，容易在两部分之间产生裂缝。

图 8 - 3　砌筑方式不当产生裂缝

（6）门洞和窗洞太大，受到地震作用时，容易在窗洞和门洞口角上裂缝或者是窗间墙体上产生 X 形裂缝。

2）夯土墙主要的地震安全问题

（1）夯土墙在夯实中含水量和土料配置不当就不容易夯实或者夯实后墙体质量较差；夯筑中上下层夯缝没有交错，造成地震作用下容易酥裂、倒塌。

（2）夯土的颗粒没有充分搅拌均匀，或者每层夯筑的强度不同，会导致夯土墙强度不一致，在地震作用下，应力集中产生裂缝并破坏。

（3）夯土墙体是脆性材料，没有延性，抗剪强度低，容易发生剪切破坏。在气候干燥的地区，应当增加黏土的含量，这样墙体的强度更好。

（4）夯土墙受潮、碱、以及植物生长和虫害容易发生墙体退化。特别在气候潮湿的地区，需要增加砂粒含量来防止墙体退化。

8.1.2　结构震害问题（刘红玫，林学文，2007）

土木结构农居除墙体以外，主要的结构有基础、木构架和屋盖系统。基础的震害和抗震技术在前文中已有介绍，在此不再赘述。木构架比较常见的震害有拔榫或榫头折断而引起屋架塌落，柱脚移动而引发的屋架倾斜、倾倒。屋盖震害有梭瓦或屋檐砖掉落、脊砖或脊瓦闪落、屋盖滑落等（表 8 - 2）。

1）木构架的震害特征

（1）木构架的选材，梁、檩、椽等材质良莠不齐是造成木构架地震安全隐患的常见问题。木构架作为房屋的承重构件，承担房屋和屋盖的重量，并且因其具有柔性而承担大部分的地震动，因此，其选材的好坏，直接影响房屋的抗震性能。

（2）木构架的尺寸问题。梁、檩、椽等长度不够，彼此之间搭接不牢固也会造成安全隐患，在地震作用下，容易脱落，进而导致木构架的歪斜、倒塌。

（3）木构架的连接问题。地震作用时，梁、柱及柱底是受力最大的部位，这些连接部位往往首先破坏、由木构架的震害特征也可以看出，榫头拔出或折断是木构架常见的地震安全问题。除了木构架之间的连接，木柱与柱脚石的连接也是木构架主要的地震安全隐患。常见的是没设置柱脚石，从而木材容易腐烂、失去强度，或者柱脚石与木柱没有适当的固定措施，柱子在地震作用下容易倾倒或移位。

表 8-2　土木结构农居不同地震烈度下木构架和屋盖破坏

房屋结构	地震烈度				
	V	VI	VII	VIII	IX
木构架	榫节松动，木柱与柱脚石偏移	拔榫，木构架歪斜	榫头折断，柱脚滑移	梁榫拔出、落架；少量倾倒或断裂	多数倒塌、散落
屋盖系统	少量溜瓦	屋檐掉瓦、屋脊跳瓦	檩条滑脱，屋檐砖掉落，脊砖或脊瓦闪落，屋顶局部塌落	屋檐塌落，屋盖局部坍塌	多数滑落、坍塌

2）屋盖系统的地震安全问题

（1）屋盖外形不对称。屋盖尽量采用两坡水，避免使用一坡水。一坡水房屋受力不平衡，更容易发生破坏。

（2）屋盖构件之间缺乏连接或者连接较弱。梁、檩、椽、柱之间如果没有好的连接，地震时，彼此错位导致屋顶开洞。

（3）屋盖过重，头重脚轻，地震时惯性力大，地震作用下，屋盖容易倾斜或者墙体剪切破坏。

（4）屋盖与墙体搭接不足。地震力作用下，屋盖容易滑落。

结构是房子的骨架，骨架不完整，其质量必定下降。梁子、檩子、柱子、椽子以及屋盖系统等各个部分是屋架不可缺少的构件，他们之间应当互相牵连，构成整体，形成房屋的骨架。如果房屋的骨架是完整的，就能达到"墙倒屋不塌"的效果，地震时可减轻人员的伤亡。因此，根据木构架和屋盖的地震安全问题，可通过以下相应的措施来增强结构的抗震性能。

（1）屋架与木柱之间设置斜撑；屋架设置竖向剪刀撑。

（2）端山墙设置墙揽。

（3）门窗过梁应采用直径不小于 140 毫米的圆木或方木，与墙体门窗宽满铺，支承长度不应小于 360 毫米。

（4）构造木柱间距不应大于 2.4 米，柱与基础插入深度不小于 400 毫米，木柱定位后用木楔挤紧。柱与上下圈梁连接的部位必须采用榫连接。

（5）木柱的梢径不宜小于 180 毫米，应避免在柱的同一高度处纵横向同时开槽，且在柱的同一截面开槽面积不应超过截面面积一半。

（6）立柱不能直接埋入地基里，以免腐蚀，因此得使用柱脚石。但是，由于柱脚在地震过程中产生滑移，是屋架遭受破坏的重要原因之一。所以要加强柱脚的稳定性，首先柱脚石不能太高，一定要选择扁平形状的柱脚石，其高度最好不要超过 20 厘米。其次是加强立柱与柱脚石之间的连接，一种方法是设置埋入地基的柱脚石或桩基石，地下部分不宜少于 20

厘米,地上部分以 15 厘米为宜;而且柱与柱脚石之间,要有两个或三个方向的木销键加以固定,以确保地震时不产生任何方向的位移和错动(图 8-4)。另一种方法是在立柱底部设置纵、横两个方向的地撑或砖带,以便柱脚底部得以固定,确保构架的地震稳定性。

(7)为了保证房屋的纵向稳定性,有条件时应在每一纵向柱列间设置一道剪刀撑或斜撑。

(8)屋顶草泥(包括填土),厚度不宜大于 100 毫米。

(9)出屋面烟囱高度不应超过 500 毫米。

(10)沿墙、柱每增高 50 厘米,在墙内用木板、木条与柱固定拉结,以增加墙体和柱子之间的稳定性(图 8-5)。

(11)梁与檩、檐与鞍架的联结处,檩与柱、柱与柁梁的联结处,使用榫接加暗销、铁件、钢或木斜撑与螺栓联合加固,确保屋架结构的整体强度(图 8-5)(IAEE,2005)。

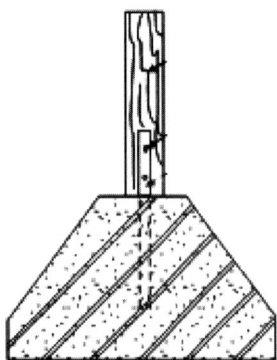

图 8-4 立柱与柱脚石的联接

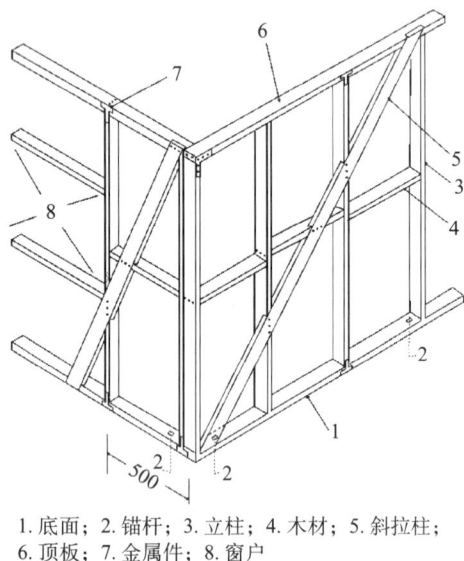

1. 底面;2. 锚杆;3. 立柱;4. 木材;5. 斜拉柱;
6. 顶板;7. 金属件;8. 窗户

图 8-5 木构架抗震措施

(12)应尽量淘汰土搁梁的结构,纵横墙之间要互相咬合,形成整体。有两种措施可供选择,夯土墙和土坯墙都适用。每隔几层,在纵横墙体交接的部位,设置连接成三角形或者是钉成直角的木骨架,以增强拐角处的连接性和柔性(图 8-6)。

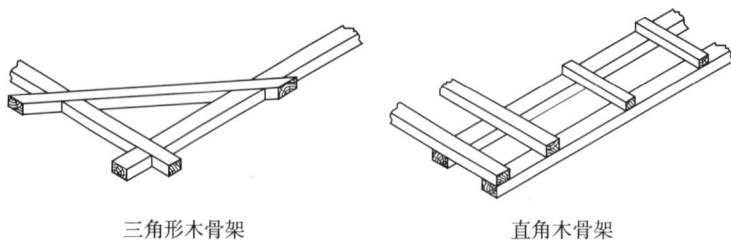

三角形木骨架   直角木骨架

图 8-6 纵横墙咬合措施

8.1.3　生土房屋墙体建造工艺（王继唐，1993；王毅红等，2006；王峻，2005；Daniel，Torrealva，2007；Gare‐Basin，2001）

土墙承重房屋或者叫生土建筑目前仍然占有甘肃省农居的40%左右。在经济条件欠佳的地区，这个比例更高，可以达70%。生土建筑具有显著的低成本、隔音隔热以及低能耗的优点。但是其抗震能力较弱，在水作用下容易退化。土墙承重的土木房屋是历次地震中震害最重的房屋类型。但是，据南美洲国家的研究，土墙采用一定的地震安全技术后，其抗震性能能够得到很大提高。所以，只要有适当的宣传教育和技术支持为基础，生土建筑还是具有相当的使用价值的。

生土墙体的砌筑是保证墙体质量的关键环节。对此，各地已经有比较成熟的做法。这里仅仅谈些一般的事项。对于土坯墙有两点需要注意：

（1）重视泥浆的质量。土坯墙的强度与泥浆的质量关系很大。泥浆的成分要与土坯的成分一致，应参杂有适量的草料，泥浆要均匀，不能有土块，泥浆的含水量要适中，在最优含水率附近最好，含水量太高不仅泥浆的粘结性不好，而且过多的水在干燥过程中会降低土坯的强度。泥浆中还可以加入一些碾碎的麦秆、麦壳或者是适量的水泥，以增加其强度。

（2）土坯的砌筑。首先，土坯必须彻底干透之后才可以砌筑，没有干透的土坯强度会下降。第二，土坯一定要错缝砌筑（图8-7（a）），如果顺缝砌筑，就会形成连贯的灰浆缝，在地震作用下，沿灰浆缝形成连贯的裂缝，导致墙体的破坏。第三，最好采用平砌的方式（图8-7（b）），根据上文数值计算的结论，立砌的墙体较平砌的墙体抗震能力差些。

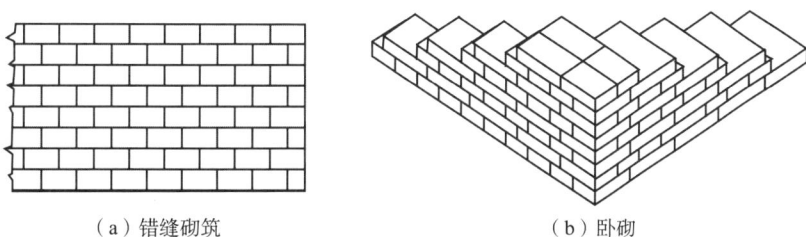

（a）错缝砌筑　　　　　　　　　　（b）卧砌

图8-7　正确的土坯砌筑方式

对于夯土墙，有以下几方面需要注意：

（1）夯土墙的用料。土墙以土为材料，土质的好坏直接关系到土墙的坚固性。西北地区山多土多，建楼均可就地取材。一般选用黏性较好含砂质较多的黄土，如果黏性不够，则需要额外掺上一些黏土。一般净黄土干燥后收缩较大，夯成土墙易开裂，含砂质则可降低缩水率以减少土墙开裂，有的掺合旧墙的泥土（老墙泥）也可以减少土墙开裂。掺黏土是为了增加黏性，保证墙体的整体性与足够的强度。由于各地方土的含砂量千差万别，因此，黄土、黏土及老墙泥的配合比例完全由经验确定。通常不能直接使用生土，而在夯土中加一些稻草、麦秆、麦壳、谷壳等，以增强其连结力。重要的是，夯土事先要充分搅拌均匀，最好先放置一夜，让粗粒和细粒完全混合。

闽南沿海有些土楼用"三合土",即黄土、石灰、砂子拌和夯筑,还掺入红糖和秫米浆,以增加土墙的坚硬程度。这样的土夯成的土墙铁钉都难以钉入,经数百年风雨仍完好无损。

此外,夯筑时对土中含水量的控制,也是保证土墙质量的关键。含水量太少,土质黏性差,夯筑的土墙质地松散,显然不结实;含水量过多,土墙无法夯实,水分蒸发后墙体容易收缩开裂。通常施工中依经验掌握,熟土捏紧能成团,抛下即散开就认为水分合适。

(2)福建地区有一套科学的夯筑方法,当地称为"舂法",其操作要分三阶段完成:首先是沿墙的厚度与长度两个方向间隔2~3寸(约6.6~10厘米)舂一个洞,每个洞要连舂两下,客家人称为"重杵";然后在每四个洞之间再舂一下,客家人称为"层杵",最后才舂其余的地方,"重杵"的目的是把黏土固定住,才能确保舂得密实,如果无规则地乱舂,黏土挤来挤去,厚度这么大的土墙就很难夯得均匀,夯得结实。夯好之后还要用尖头钢钎插入土墙,通常凭经验以钢钎插入的深度来判断土墙夯筑的密实度,这种严格的检测手段也是确保土墙质量的重要环节。

此外,夯筑是分阶段有序地进行的。比如土楼层高3.6米,每层通常分两个阶段夯筑:第一阶段夯筑八版,每版高40厘米,然后停一两个月,第二阶段待墙体干燥到一定程度,再夯第九版。这样分阶段夯筑,不仅便于挖槽,使搁置楼板龙骨时墙体有足够的强度,而且又能配合农家耕作季节,分阶段地在农闲空隙施工。

(3)墙厚从底层往上逐渐减薄,外皮略有收分,内皮分层退台递收,一般每层减薄3~5寸(约10~17厘米),这样在结构上更加稳定,又减轻了墙身的自重。为增加墙身的整体性,土墙内还配筋,即在水平方向设置"墙骨"。西北地区通常的做法是麦秆切成一寸多宽(约3~4厘米),夹在夯土墙之中,墙的高度方向每隔三四寸(约10~13厘米)放一层麦秆,其水平间距约6~7寸(约20~24厘米)。也有用小松木枝、小杉木枝作墙骨的。夯筑的两层之间配长的麦秆拉结,即在模板底伸出,比模板长一二尺(约33~66厘米)。由于夯筑中上下枋之间在各层均错开以避免通缝,所以加上麦秆的拉结使墙的整体性大大增强。

在方形土楼中,外墙的转角处还要特别布筋加固,即用较粗的杉木或长木板交叉固定成L形,埋入墙中,通常每三"版"土墙放一组拉结,以增强墙角的整体性。

(4)夯土所用的模板。农村中夯土所用模板,就是夹板(图8-8),其尺寸和材质形

图8-8　夯土墙夹板

形色色，一般都是用屋架的木料绑接起来使用，影响夯土墙的形状和强度。最好能有一套专业的钢质模板，使夯出的墙体规整、垂直，能更好地保证夯土的紧实度和强度。

8.2　土墙的地震安全技术

8.2.1　土墙抗震性能

夯土墙的抗震性能取决于土质的好坏，是否加入麦草、秸秆，夯筑的力度和频次等，土坯墙的抗震性能首先取决于土坯的的制作选材和制作工艺，其次决定于水泥砂浆的好坏和砌筑的方式。

只要注意选择当地较好的土质、注意往夯土及土坯中掺入麦草、加强生土墙夯筑的整体性和选择土坯正确的砌筑方式，单层夯土墙、土坯墙还是可以满足抗震需要的。不过总的来说，夯土墙的抗震性能要优于土坯墙的抗震性能。

8.2.2　土墙抗震加固技术

土墙主要的抗震加固技术有以下几种：

（1）墙顶设置配筋砖圈梁一道，如图8-9所示。

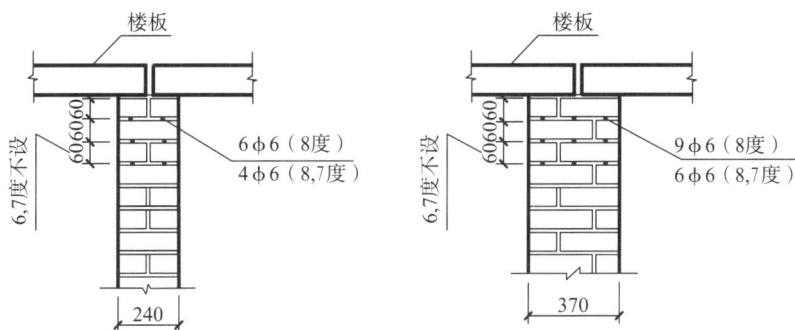

图8-9　配筋砖圈梁构造图

（2）1/2墙高处设置配筋砂浆带一道。

（3）将隔墙下部1.0米以上做成轻质墙。这样可减轻地震时墙体的地震惯性力，又可减轻房屋地震破坏和人员的伤亡、损失。

（4）在山墙内设柱，以减轻地震时由山墙引起的地震惯性力破坏；在山墙尖处设墙缆，或在檩下加垫板、卧梁、砖带，可减轻地震时山墙的破坏（图8-10）。

（5）围护墙尽量不要将木柱完全包裹，应贴砌在木柱外侧，并与木构架可靠拉结，这样可防止地震时外墙往屋内倒塌，伤及屋内人员。

（6）在木构架房屋的墙体内外两侧分别对称地设置至少一道角钢带；使用多个穿墙螺栓穿过所述墙体，将分别对称设置在所述墙体内外两侧的角钢带连接固定，以使得所述墙体内外两侧的角钢带将所述墙体夹紧，在所述墙体内部有木柱的位置，所述穿墙螺栓紧靠所述木柱穿过。

（7）对墙体表面双侧进行钢丝网加固（图 8 - 11）（Blondet，2005；John Wiley & Sons，1985），采用墙体对穿钢筋与斜向钢筋固定，其中钢丝网为镀锌电焊式，钢丝直径为 1 毫米，网格尺寸为 12 毫米 × 12 毫米。通过这样的加固措施可以使生土墙的抗震性能得到较大的加强。

图 8 - 10　山墙加固措施

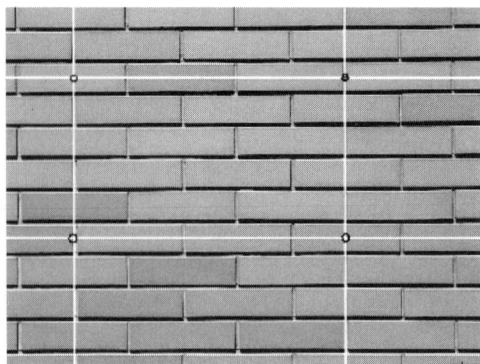

图 8 - 11　利用钢筋网加固墙体

8.2.3　土墙抗震性能评价

8.2.3.1　土坯墙的抗震性能评价和计算（王兰民，林学文，2006）

1）土坯墙的抗震性能评价

根据王峻和王生荣等资料，虽然湿制土坯的抗压、抗折强度比干制土坯提高大约一倍，但两种类型土坯在相同条件下砌筑的墙体抗剪承载能力相差无几，湿制坯并无明显优势。因为两种类型土坯砌体的抗剪强度取决于砌体沟缝料与坯体的黏结强度，一般沟缝料多为当地含黏粒成分极低、粗粒成分含量很高的调和黄土，所以湿制坯与干制坯两种砌体的抗剪强度相差无几。

土坯墙承重房屋的结构类型与土夯墙基本相同，取验算房屋的尺寸大小、屋盖重量与前相同，以三开间土坯墙房屋为例，计算土坯墙在地震作用下的剪力。取屋盖重力荷载标准值 $G_1 = 211.3 \text{kN}$；土坯的密度 $\gamma = 1.6 \text{ kg/cm}^3 = 16 \text{ kN/m}^3$，故墙体的重量与夯土墙略有差异。墙体重力荷载代表值

$$G_{eq2} = (3/2) \times 0.4 \times 4.5 \times 16 = 43.2(\text{kN}) \qquad (8-1)$$

屋盖的重量按面积分配给墙体，对中间墙，三开间的房屋每堵墙分配屋盖重量的 1/3，每堵墙承受屋盖重量为

$$G_{eq1} = 211.3/3 = 70.4(\text{kN}) \qquad (8-2)$$

水平地震作用力等效总重力荷载代表值

$$G_{eq} = G_{eq1} + G_{eq2} = 70.4 + 43.2 = 113.6 \text{ (kN)} \qquad (8-3)$$

地震剪力的设计值 V_{ek} 应达到：$V_{ek} = \gamma_{eh} \times F_{ek}$，$\gamma_{eh}$ 为水平地震作用分项系数，对单层民房，参照《建筑抗震设计规范》（GB50011 - 2010），取 $\gamma_{eh} = 1.3$。

计算结果列入表 8－3。

表 8－3　水平地震力作用于土坯墙的力

设防烈度	50 年超越概率 63%			50 年超越概率 10%			50 年超越概率 2%		
	α_{max}	F_{ek}（kN）	V_{ek}（kN）	α_{max}	F_{ek}（kN）	V_{ek}（kN）	α_{max}	F_{ek}（kN）	V_{ek}（kN）
Ⅵ	0.04	4.54	5.90	0.12	13.63	17.72	0.24	27.26	35.44
Ⅶ	0.08	9.09	11.82	0.24	27.26	35.44	0.50	56.80	73.84
Ⅶ＋	0.12	13.63	17.72	0.36	40.90	53.16	0.72	81.79	106.33
Ⅷ	0.16	18.18	23.63	0.48	54.52	70.89	0.90	102.24	132.91
Ⅷ＋	0.24	27.26	35.44	0.72	81.79	106.33	1.20	136.32	177.23
Ⅸ	0.32	36.35	47.26	0.96	109.06	141.78	1.40	159.04	206.75

墙体的抗剪强度可用剪摩擦公式计算。单块土坯的强度很大，据王峻等的实验，干制坯的抗压强度为 0.36MPa，抗折强度为 0.092MPa，但控制整个墙体强度的不是单块土坯，而是整个的土坯砌体。土坯墙体抗剪强度

$$[R] = (R_j + f\sigma_y)A \tag{8-4}$$

式中，R_j 为 $\sigma_y = 0$ 时的砌体抗剪强度；f 为砌体间的摩擦系数；σ_y 为墙体垂直压应力（不计入墙体自重）。据 1987 年王生荣等所作的黄土土坯墙墙体抗剪强度实验，$R_j = 0.16 \text{ kg/cm}^2 = 16 \text{ kPa}$，$f = 0.7$，考虑到施工时难以达到实验时取值的标准，所以我们计算时取 $f = 0.65$，$A = L \times b$，为墙体水平截面积。

将上述数字代入后，求得墙体的抗剪强度为：

$$[R] = (16 + 0.65 \times 39.11) \times 1.8 = 74.56(\text{kN}) \tag{8-5}$$

可见，土坯墙与夯土墙相比，墙体的抗剪能力相差不多。即在 50 年超载概率 10% 时，这种房屋遭遇Ⅶ度的地震袭击时，安全系数 $K = 2.0$，整个房屋处于基本完好状态；在Ⅶ度强地震袭击时，安全系数 K 降为 1.4，房屋仍处于安全状态，墙体可能轻微开裂，处于轻微破坏状态；Ⅷ度地震袭击时，安全系数 K 降至 1.05，水平向的地震作用力已接近其抗剪强度极限，承重墙体甚至将产生较严重的破坏，承重能力明显减弱。

由上述计算结果来看，干制坯墙体承重房屋与夯土墙体承重房屋的抗剪强度相近，但干制坯承重墙房屋抗剪强度略高于夯土墙承重房屋。这可能与夯土墙的夯实程度没有干制坯的夯实程度高有关，土体夯实程度愈高、密实度愈大，内摩擦力也愈大，墙体抗剪强度愈大，因此抗震性能愈好。

2）不同砌筑工艺土坯墙的抗震性能计算

土坯墙又由于其砌筑的工艺水平不同，使得抗震性能有所差异，因此，根据不同的土坯墙砌筑工艺以典型的1立2平、4立1平形式为对象（图8-12），对不同砌筑工艺土坯墙的地震响应特性进行分析。模型参数见表8-4、8-5。地震载荷施加于模型底部水平方向。

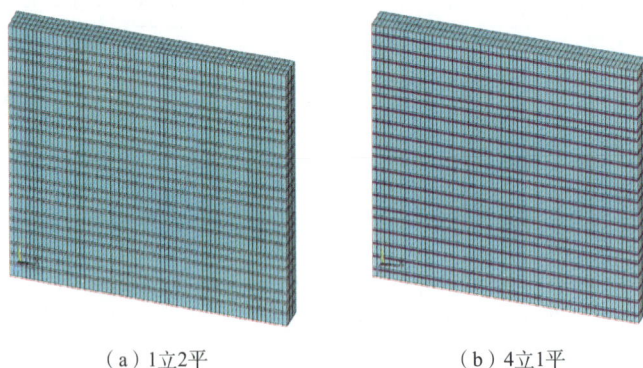

（a）1立2平　　　　　　　　　　　（b）4立1平

图8-12　典型土坯墙砌筑工艺的土坯墙模型

表8-4　计算模型

模型类别	模型描述	土坯尺寸（厘米）	模型尺寸（米）	边界条件
模型 I 1立2平	模型中包括土坯17层，每层32块土坯；间泥16层，层厚0.03米	长30×宽15×厚10	长3.20×高3.03×厚0.30	底部位移约束侧壁纵向约束
模型 II 4立1平	模型中包括土坯17层，每层32或20块土坯；间泥16层，层厚0.03米	长30×宽15×厚10	长3.20×高2.90×厚0.30	底部位移约束侧壁纵向约束

表8-5　计算参数

材料类别	密度（千克/立方米）	动弹性模量（Pa）	泊松比
材料 I （土坯）	1627	2.1342×10^8	0.28
材料 II （层间泥）	1422	9.712×10^7	0.3

分别对不同的砌筑工艺、不同的地震载荷作用下的墙体进行了动力响应计算，分析土坯墙在地震作用下的强度变化规律及其破坏特征（谢康和，周健，2000）。

（1）位移响应。在地震作用期间墙体沿水平方向来回振动，整体结构呈现剪切运动响应。图8-13是位移最大时刻及地震结束时刻的位移云图，可以看出位移结果比较小。1立

2 平模型的最大位移量为 0.7 毫米、4 立 1 平模型的最大位移量为 1.9 毫米。水平位移成增大的趋势。表 8-6 为不同的砌筑工艺、不同的地震载荷作用下墙体的最大、终局位移。可以看到，4 立 1 平模型的最大位移为 1 立 2 平模型的 2～3 倍，波形 -2 (9b-0.1g) 的最大位移为波形 -1 (4b-0.1g) 的约 1～2 倍。

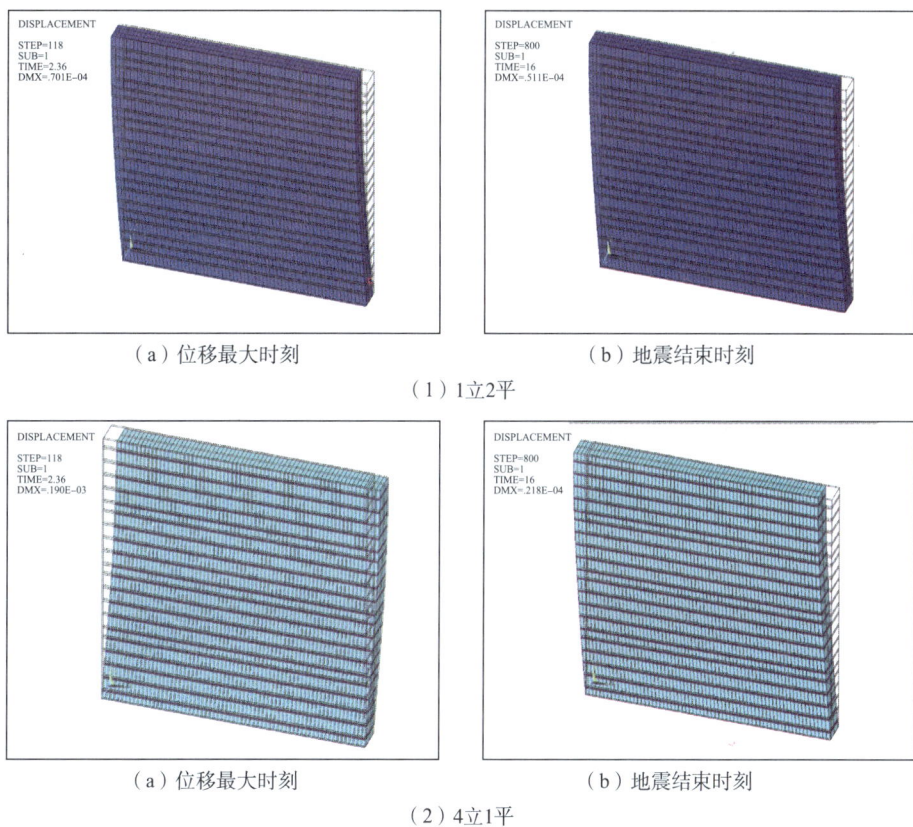

（a）位移最大时刻　　　　　　　　　（b）地震结束时刻

（1）1立2平

（a）位移最大时刻　　　　　　　　　（b）地震结束时刻

（2）4立1平

图 8-13　墙体的位移响应

表 8-6　不同的砌筑工艺、不同的地震载荷作用下墙体的最大、终局位移（一）

砌筑工艺	地震载荷			
	波形 -1 (4b-0.1g)		波形 -2 (9b-0.1g)	
	最大位移（毫米）	终局位移（毫米）	最大位移（毫米）	终局位移（毫米）
1 立 2 平	0.7	0.5	1.0	0.1
4 立 1 平	1.9	0.2	3.6	0.6

（2）应力响应。图 8-14 分别是位移最大时刻剪应力云图、地震结束时刻剪应力分布图。可以看出在地震作用下，墙体结构呈剪切响应，最大剪应力集中在墙体底部，4 立 1

平模型的最大剪应力为 1 立 2 平模型的 2 ～ 4 倍，波形 – 2（9b – 0.1g）的最大剪应力为波形 – 1（4b – 0.1g）的约 1 ～ 2 倍。

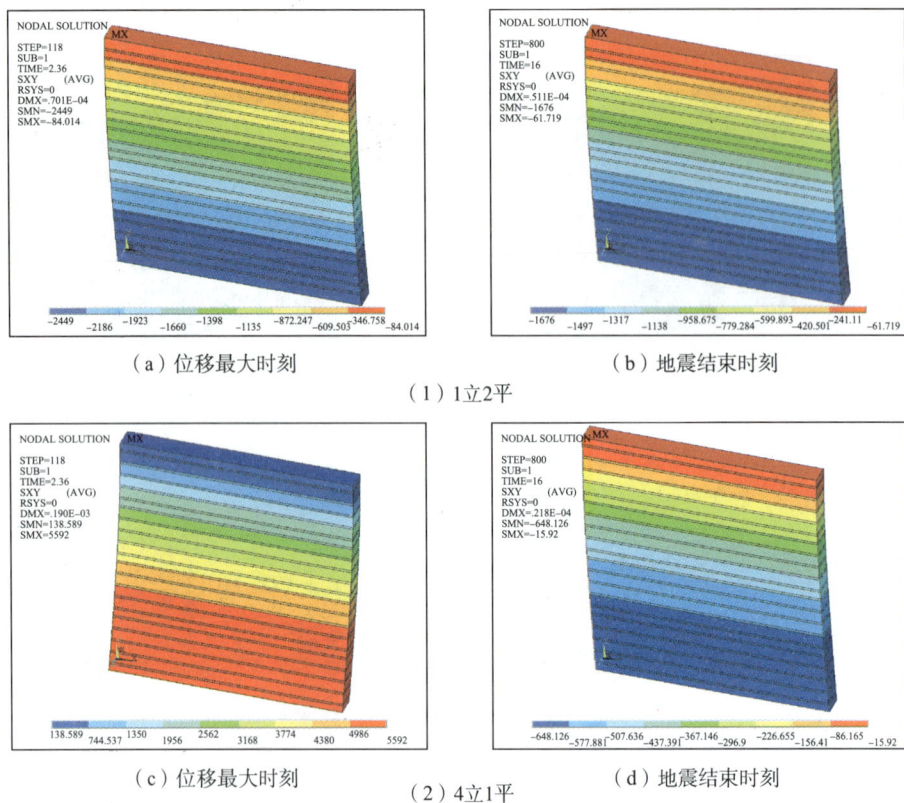

（a）位移最大时刻　　　　　　　　　　（b）地震结束时刻

（1）1立2平

（c）位移最大时刻　　　　　　　　　　（d）地震结束时刻

（2）4立1平

图 8 – 14　墙体的剪应力云图（一）

表 8 – 7　不同的砌筑工艺、不同的地震载荷作用下墙体的最大、终局剪应力（二）

砌筑工艺	地震载荷			
	波形 – 1（4b – 0.1g）		波形 – 2（9b – 0.1g）	
	最大剪应力（kPa）	终局剪应力（kPa）	最大剪应力（kPa）	终局剪应力（kPa）
1 立 2 平	2449	1676	3192	1049
4 立 1 平	5592	648	13094	1833

（3）应变响应。图 8 – 15 分别是位移最大时刻剪应变云图、地震结束时刻剪应变分布图。可以看出在地震作用下，墙体结构呈剪切响应，最大剪应变集中在土坯间的层间泥处，4 立 1 平模型的最大剪应变为 1 立 2 平模型的 1 ～ 2 倍，波形 – 2（9b – 0.1g）的最大剪应力为波形 – 1（4b – 0.1g）的约 1 ～ 2 倍。

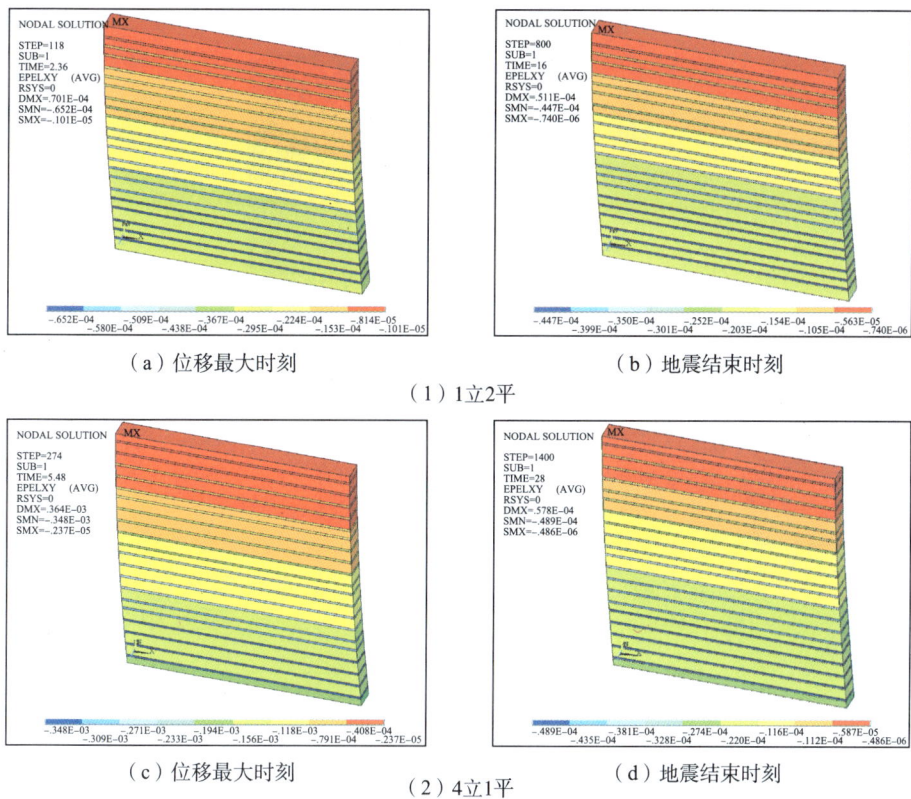

（a）位移最大时刻　　　　　　　　　　　（b）地震结束时刻

（1）1立2平

（c）位移最大时刻　　　　　　　　　　　（d）地震结束时刻

（2）4立1平

图 8 – 15　墙体的剪应变云图（二）

表 8 – 8　不同的砌筑工艺、不同的地震载荷作用下墙体的最大、终局剪应变（三）

砌筑工艺	地震载荷			
	波形 – 1（4b – 0.1g）		波形 – 2（9b – 0.1g）	
	最大剪应变（μ）	终局剪应变（μ）	最大剪应变（μ）	终局剪应变（μ）
1 立 2 平	65.2	44.7	110	25
4 立 1 平	80	28	348	48.9

（4）加速度时程响应。图 8 – 16，8.17 分别是沿墙体中线从上到下代表节点的水平加速度时程曲线。可以看出，随着地震波由底部向上传播，水平加速度呈增大的趋势，墙顶的最大水平加速度为 258cm/s^2。另外，地震波在传播过程中，其低频段部分被墙体吸收，结构的一阶固有频率为 13 Hz。

通过对以上不同的砌筑工艺、不同的地震载荷作用下的土坯墙进行地震响应分析，可以得到以下结论：

（1）在地震作用下墙体沿水平方向来回振动，整体结构呈现剪切运动响应。

（2）4 立 1 平模型的地震响应大于 1 立 2 平模型。波形 – 2（9b – 0.1g）的地震响应大于波形 – 1（4b – 0.1g）的地震响应。

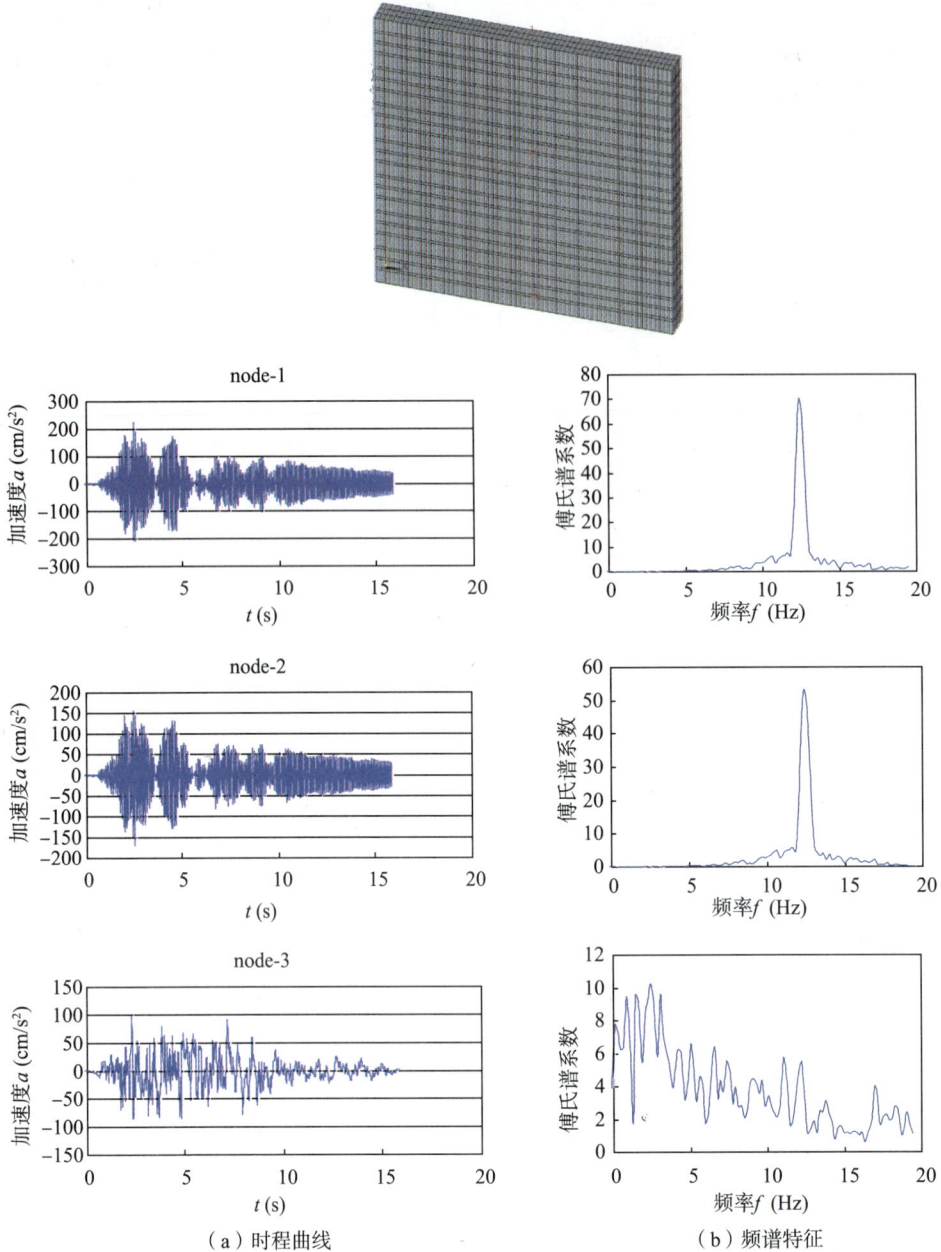

图 8-16　水平加速度时程曲线（1 立 2 平 - 波形 1 （4b - 0.1g））

（3）随着地震波由底部向上传播，水平加速度呈增大的趋势。另外，地震波在传播过程中，其地频段部分被墙体吸收。

（4）在地震作用下，最大剪应变集中在土坯间的层间泥处，最大剪应变范围在 $10^{-4} \sim 10^{-3}$ 量级。

8.2.3.2　夯土墙的抗震性能评价

1）夯土墙的抗震性能评价

屋盖为草泥，顶厚 20 厘米，密度 $\rho = 1600 \text{ kg/m}^3$，

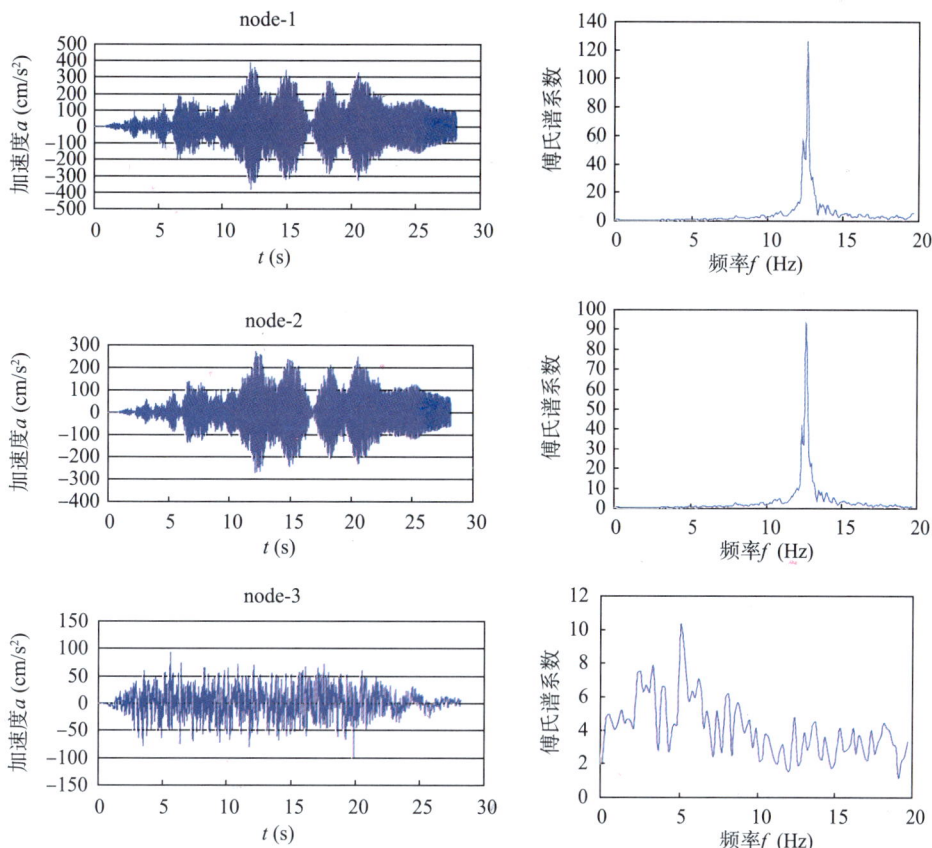

图 8-17 水平加速度时程曲线（1 立 2 平 - 波形 2（9b - 0.1g））

屋盖荷载为：320 kg（力）/m² = 3.2 kPa；

木结构构架重 35 kg/m² = 0.35 kPa；

屋面雪载 30 kg/m² = 0.3 kPa（按 0.5 计）；

屋面与水平面夹角为 12°；

屋盖四周挑出墙外 0.3 m；

屋盖面积：[（3×3）+4×0.4+2×0.3]×（4.5+2×0.3）= 11.2×5.1 = 57.12（m²）

屋盖重力荷载标准值 $G_1 = (3.2 + 0.35 + 0.3/2) \times 57.12 = 211.3(kN)$

屋盖重量按面积分配给承重构件，对中间墙，三开间的房屋每堵墙分配屋盖重量的 1/3，所以每堵墙承受屋盖重量

$$G_{eq1} = G_1/3 = 211.3/3 = 70.4(kN)$$

墙体系原地黄土夯实，

黄土密度 $\gamma = 1.5$ g/cm³ = 1.5 t/m³ = 15 kN/m³

墙 130

体高度 $h = 3.0$ 米；墙体厚度 $b = 0.4$ 米；墙体长度 $L = 4.5$ 米

墙体重力荷载代表值（按墙体的一半高度计算）

$$G_{eq2} = (3/2) \times 4.5 \times 0.4 \times 15 = 40.5(kN)$$

水平地震作用力等效总重力荷载代表值

$$G_{eq} = G_{eq1} + G_{eq2} = 70.4 + 40.5 = 110.9(kN)$$

由此计算得到的水平地震剪力　$F_{ek} = \alpha_{max} \times G_{eq}$

式中，α_{max} 为水平地震力影响系数最大值，按《建筑抗震设计规范》（GB50011 - 2010）表 5 - 1.4 - 1 选取。

地震剪力的设计值 V_{ek} 应达到：$V_{ek} = \gamma_{eh} \times F_{ek}$，$\gamma_{eh}$ 为水平地震作用力分项系数，对单层民房，按《抗震规范》，应取 $\gamma_{eh} = 1.3$。

按《建筑抗震设计规范》（GB50011 - 2010）给出的不同烈度区的 α_{max}（50 年超越概率 10% 的 α_{max} 值，系按超越概率 63.5% 的 3 倍取值）计算结果列入表 8 - 9。

表 8 - 9　水平地震力作用于土打墙的力

设防烈度	50 年超越概率 63%			50 年超越概率 10%			50 年超越概率 2%		
	α_{max}	$F_{ek}(kN)$	$V_{ek}(kN)$	α_{max}	$F_{ek}(kN)$	$V_{ek}(kN)$	α_{max}	$F_{ek}(kN)$	$V_{ek}(kN)$
Ⅵ	0.04	4.44	5.77	0.12	13.31	17.30	0.24	26.62	34.61
Ⅶ	0.08	8.87	11.53	0.24	26.62	34.61	0.50	55.45	72.09
Ⅶ +	0.12	13.31	17.30	0.36	39.92	51.90	0.72	79.85	103.81
Ⅷ	0.16	17.74	23.06	0.48	53.23	69.20	0.90	99.81	129.75
Ⅷ +	0.24	26.62	34.61	0.72	79.85	103.81	1.20	133.08	173.00
Ⅸ	0.32	35.49	46.14	0.96	106.46	138.40	1.40	155.26	201.84

水平截面的抗剪强度按库伦理论计算，即

$$[\tau] = C + \sigma_v \tan\varphi \tag{8 - 5}$$

式中，$[\tau]$ 为墙体水平截面的抗剪强度；C 为粘聚力，φ 为内摩擦角，σ_v 为截面处所受的正压应力。

据中国地震局兰州地震研究所王峻的实验结果，甘肃民房夯土墙的 $C = 0.018MPa$，$\varphi = 20°12'$，计算时取 $C = 0.02MPa = 20\ kPa$、$\varphi = 30°$。

σ_v 仅为屋盖重量所产生的垂直向压力，墙体自重产生的垂直压力不计入。

$$\sigma_v = G_1/(L \times b) = 70.4/(0.4 \times 4.5) = 39.11(kN/m^2) \tag{8 - 6}$$

$$[\tau] = 20 + 39.11 \tan30° = 42.58(kN/m^2) \tag{8 - 7}$$

由此，整片墙体的抗剪强度设计值 f_{ve} 为：

$$f_{ve} = \xi_N[\tau] \tag{8 - 8}$$

式中，ξ_N 为正压力影响系数，$\xi_N = (1 + 0.45\sigma_v/[\tau])^{1/2}/1.2$

$$\xi_N = (1 + 0.45 \times 39.11/42.58)1/2/1.2 = 0.99 \qquad (8-9)$$
$$f_{ve} = 0.99 \times 42.58 = 42.15(\text{kPa}) \qquad (8-10)$$

整片墙的抗剪能力 $[R] = f_{ve} \times (L \times b) = 42.15 \times 4.5 \times 0.4 = 75.88$（kN）

使房屋达到抗震稳定的条件应是地震剪力设计值 V_{ek} < 墙体抗剪能力 $[R]$。

这里我们引入"安全系数 K"这个概念，以判定建筑结构的抗震性能和地震的破坏程度。其方法是将计算得到的 $[R]$ 值与表 8-3 中 50 年超越概率 10%（即，对应基本地震加速度值）一栏中的 V_{ek} 值相比，"安全系数 K"定义为 $K = [R] / V_{ek}$。当 $K < 1.2$ 时，认为不能满足稳定的条件。可以看到，当遭受到Ⅶ度强地震力袭击时，安全系数 $K = 1.46$，表明土夯墙房屋的墙体能抗御Ⅶ度强地震力的袭击；勉强可以抗御 8 度地震，这时的安全系数 $K = 1.09$，说明墙体已接近抗剪能力的极限状态，将产生中等以上的破坏。但若仅以 V_{ek} < $[R]$ 衡量房屋的抗震稳定性，夯土墙体的抗剪能力可以达到 8 度。但必须注意到，房屋整体的抗震性能不仅取决于墙体的抗剪性能一项指标；如各构件的连接，其中屋盖和墙体之间连接的可靠程度，对房屋抗震性能起到很大的作用，这些因素在我们的简化计算中是无法表达的；另外，决定民房抗震性能的因素较多，而且前面计算时的取值几乎没留有安全储备的潜力。所以，从安全方面考虑，土夯墙承重房屋完全可以抗御Ⅶ度地震的袭击，在遭遇Ⅶ度地震袭击时其承重能力基本不减弱，整个房屋处于基本完好状态；当遭受Ⅶ度强地震袭击时可有轻微开裂，承重墙的承重能力开始有所降低，处于轻微损坏状态；当Ⅷ度地震袭击时，水平向的地震作用力已接近其抗剪强度极限，墙体将产生中等以上的破坏，承重能力明显减弱，甚至可以影响房屋整体的安全。

2）夯土墙主要的地震安全问题

（1）夯土墙的土体材料含水量不理想，土夯不实；或者是夯墙的模板（夹板）材质不好，无法满足夯土的强度，这两种现象都会导致夯土墙强度差，在地震作用下容易酥裂，以致倒塌。

（2）夯土的颗粒没有充分搅拌均匀，或者每层夯筑的强度不同，会导致夯土墙强度不一致，在地震作用下，应力集中产生裂缝，进而导致破坏。

（3）夯土墙体是脆性材料，没有延性，抗剪强度低，容易发生剪切破坏。

8.3 土墙承重和混合承重平房的地震安全技术

8.3.1 土墙承重平房抗震性能

按照土坯民房结构类型，对墙体承重土坯房、木柱承重土坯房的两种结构进行分析（程绍革等，2007）。模型尺寸 6～8 米，宽 3.6 米，高 3.3 米，分 3 个开间。墙体形式采用 4 立 1 平形式（图 8-18）。

墙体承重土坯房的屋顶载荷加在分隔的横墙体上，木柱承重土坯房的屋顶载荷加在承重柱上。模型参数见表 8-4、8.5。地震载荷施加于模型底部水平向。

1）地震载荷

地震载荷考虑以下动力载荷（图 8-19）。最大加速度约 100 伽及 200 伽，卓越频率为 2.5 Hz。

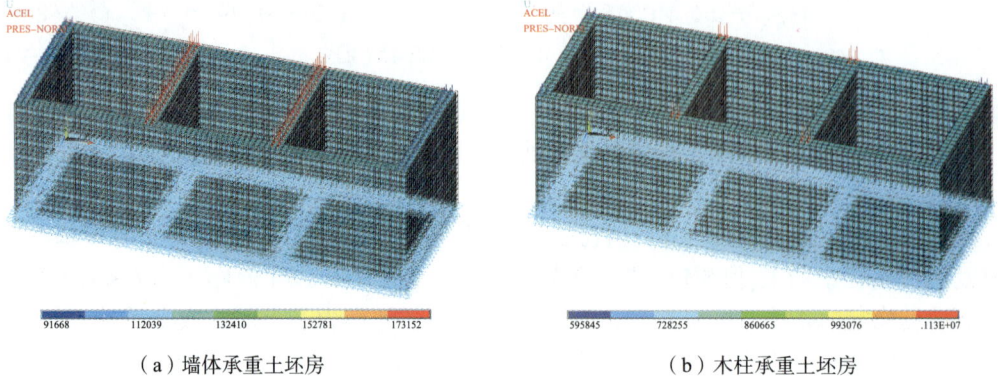

（a）墙体承重土坯房 　　　　　　　　　　　（b）木柱承重土坯房

图 8 - 18　典型土坯民房结构模型

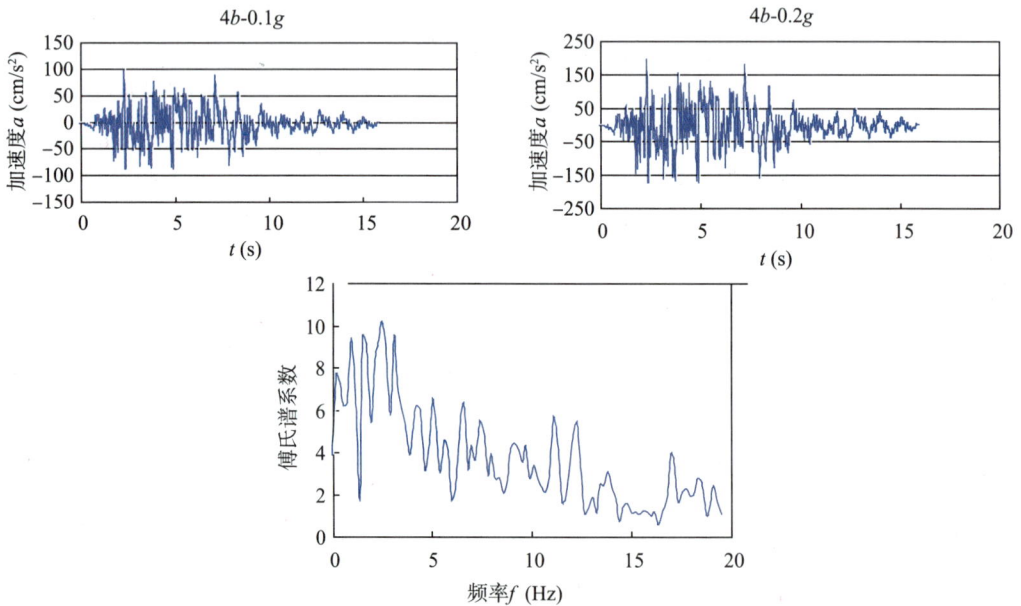

图 8 - 19　地震载荷 - （4b - 0.1g、0.2g）

2）分析结果

分别对不同土坯民房结构进行了动力响应计算（曹妍妍，赵登峰，2007）。分析不同土坯民房结构在地震作用下破坏机理。

（1）位移响应。在地震作用下土坯平房沿水平方向来回振动，整体结构呈现剪切运动响应。图 8 - 20 是地震结束时刻的位移云图，可以看出最大水平位移分别为墙体承重土坯房模型 4.2 毫米、木柱承重土坯房模型 2.2 毫米，另外从底部到顶部，水平位移成增大的趋势。

（2）应力响应。图 8 - 21 是地震结束时刻剪应力及最大主应力分布图。可以看出在地震作用下，土坯民房结构呈剪切响应，墙体承重土坯房最大剪应力集中在中间开间的横墙和纵墙的连接处，最大主应力集中在中间开间的横墙上，最大剪应力为 1.2×10^5 kPa、最大主应力为 2.5×10^5 kPa。

（a）墙体承重土坯房　　　　　　　　　　（b）木柱承重土坯房

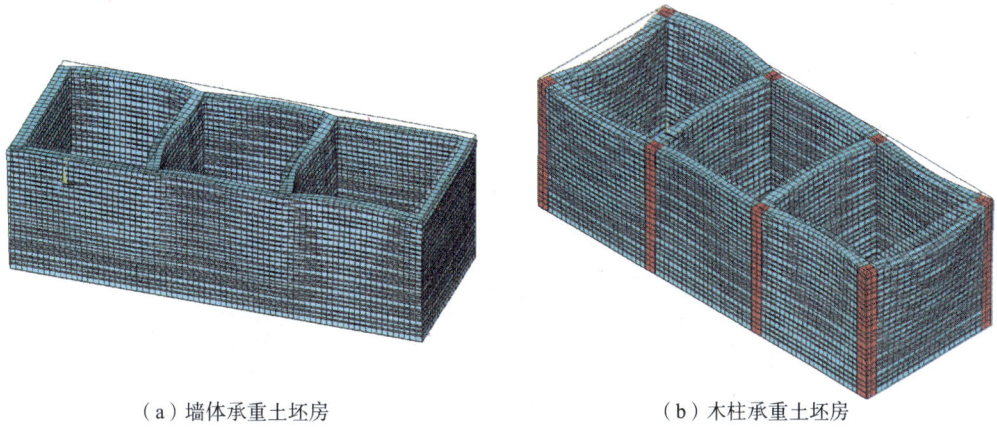

图 8 – 20　土坯民房的位移响应

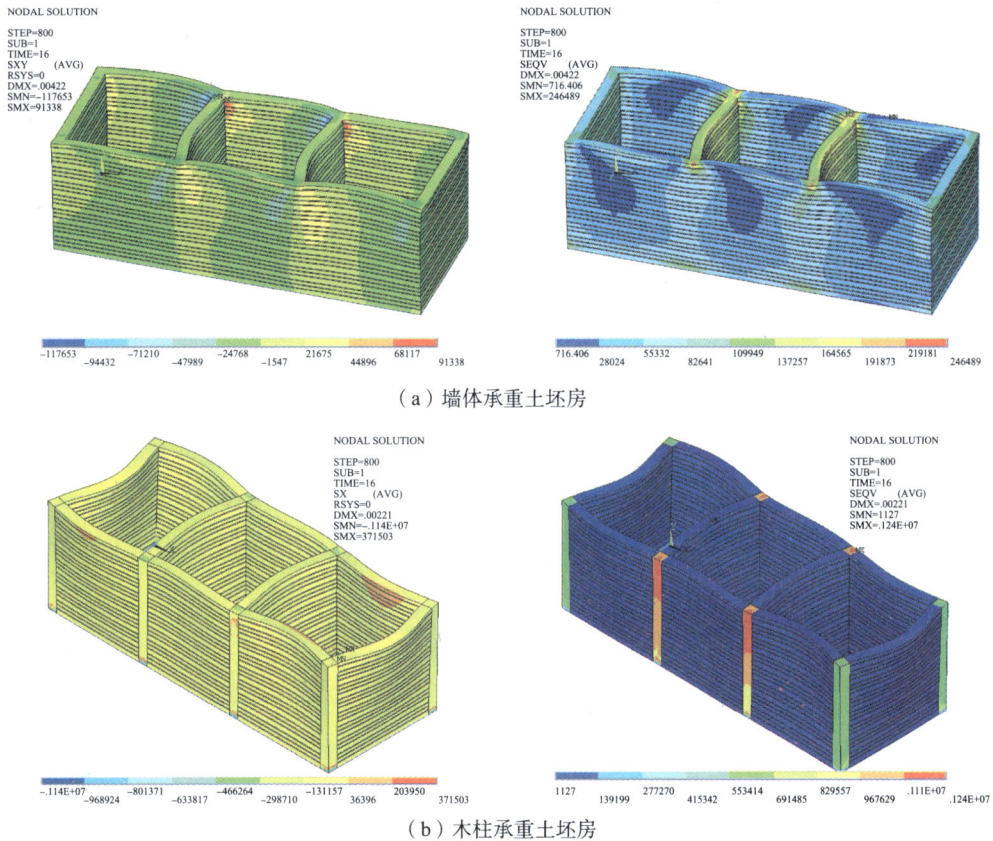

（a）墙体承重土坯房

（b）木柱承重土坯房

图 8 – 21　土坯民房的剪应力云图

（3）加速度响应。图 8 – 22、8 – 23 是土坯民房代表节点（分别考虑横墙、纵墙及拐角处）的水平加速度时程曲线。可以看出，随着地震波由底部向上传播，水平加速度呈增大的趋势，墙体承重土坯房最大加速度出现在中间开间的横墙上，最大加速度为 888 Gal。

木柱承重土坯房最大加速度出现在中间开间的柱上，最大加速度为 1350 Gal。另外，地震波在传播过程中，其地频段部分被墙体吸收。

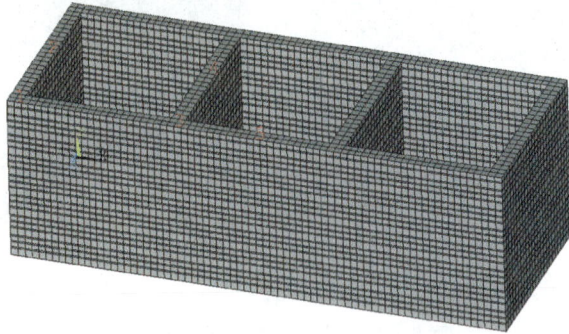

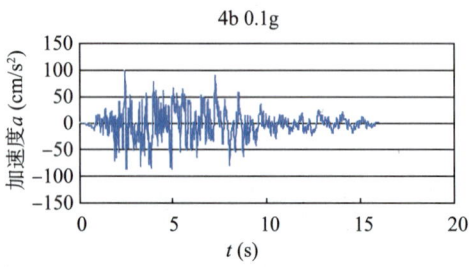

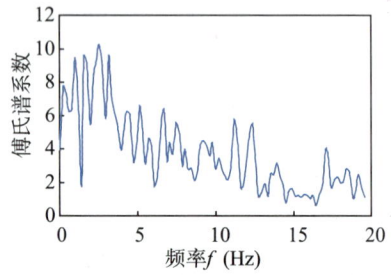

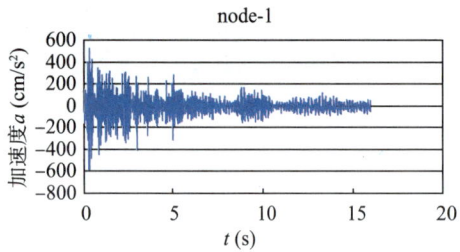

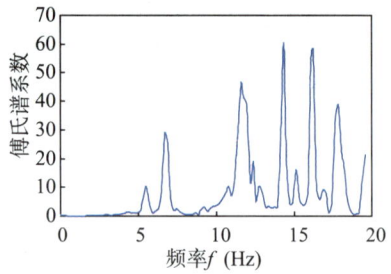

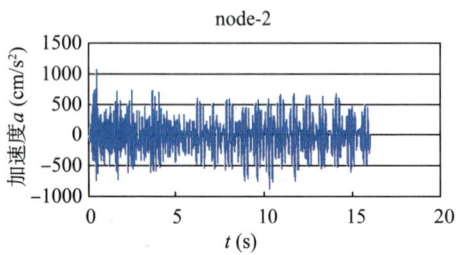

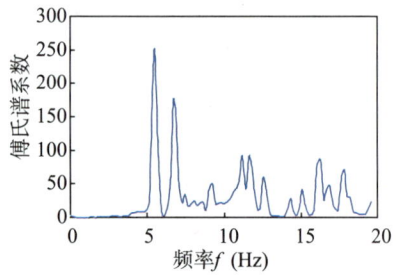

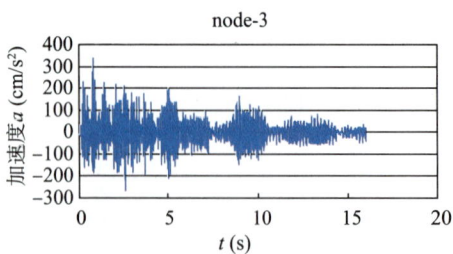

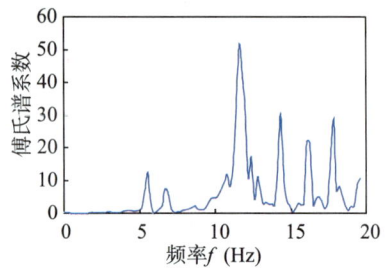

（a）时程曲线 　　　　　　　　　　　（b）频谱特征

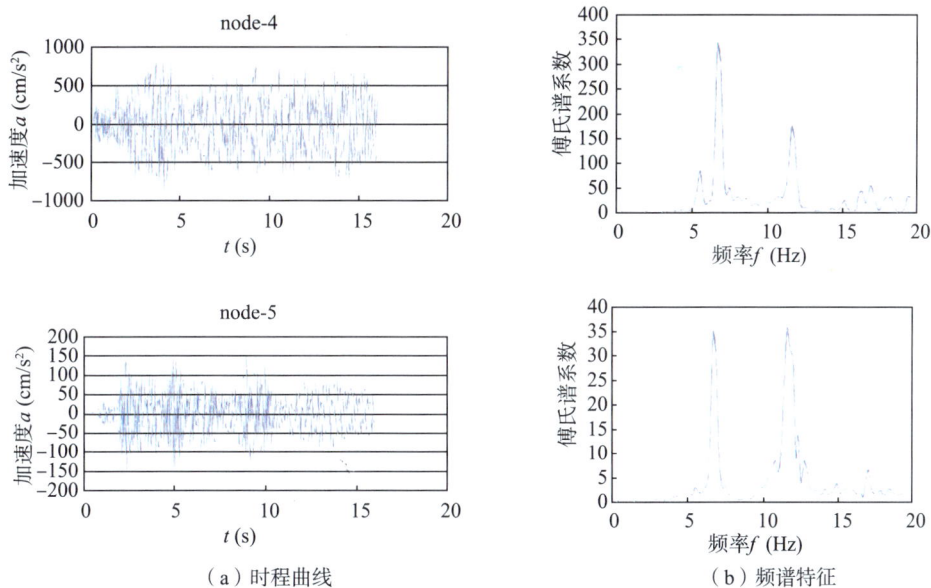

图 8-22　水平加速度时程曲线（墙体承重土坯房）

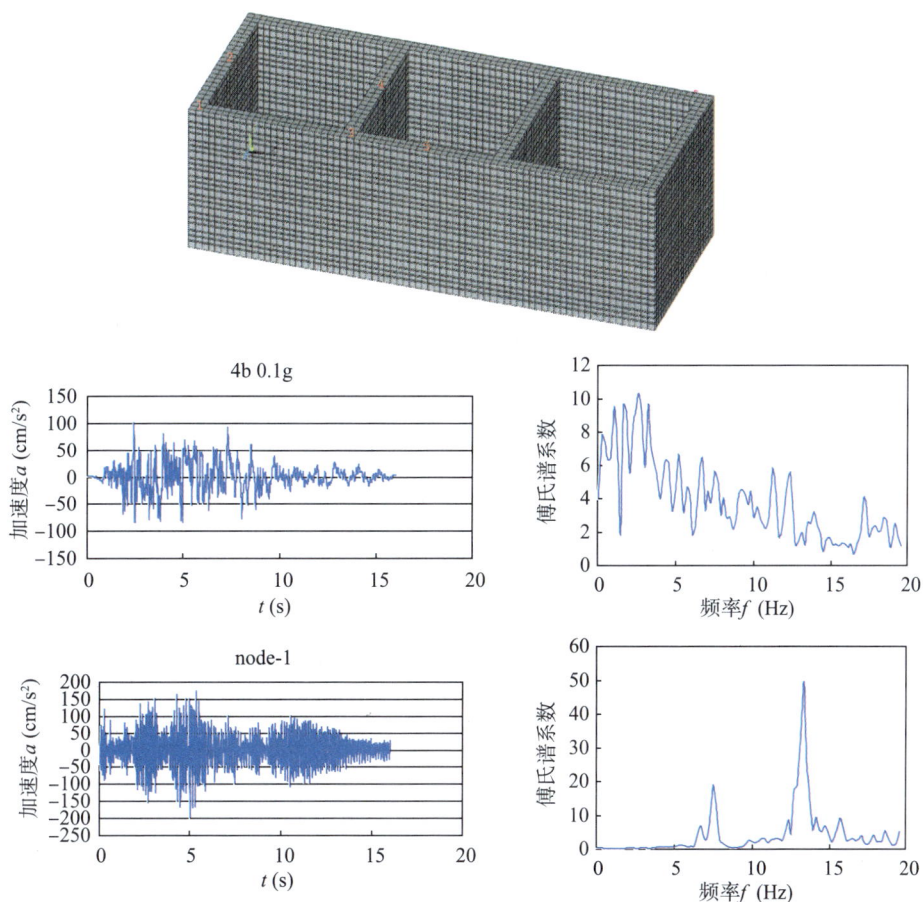

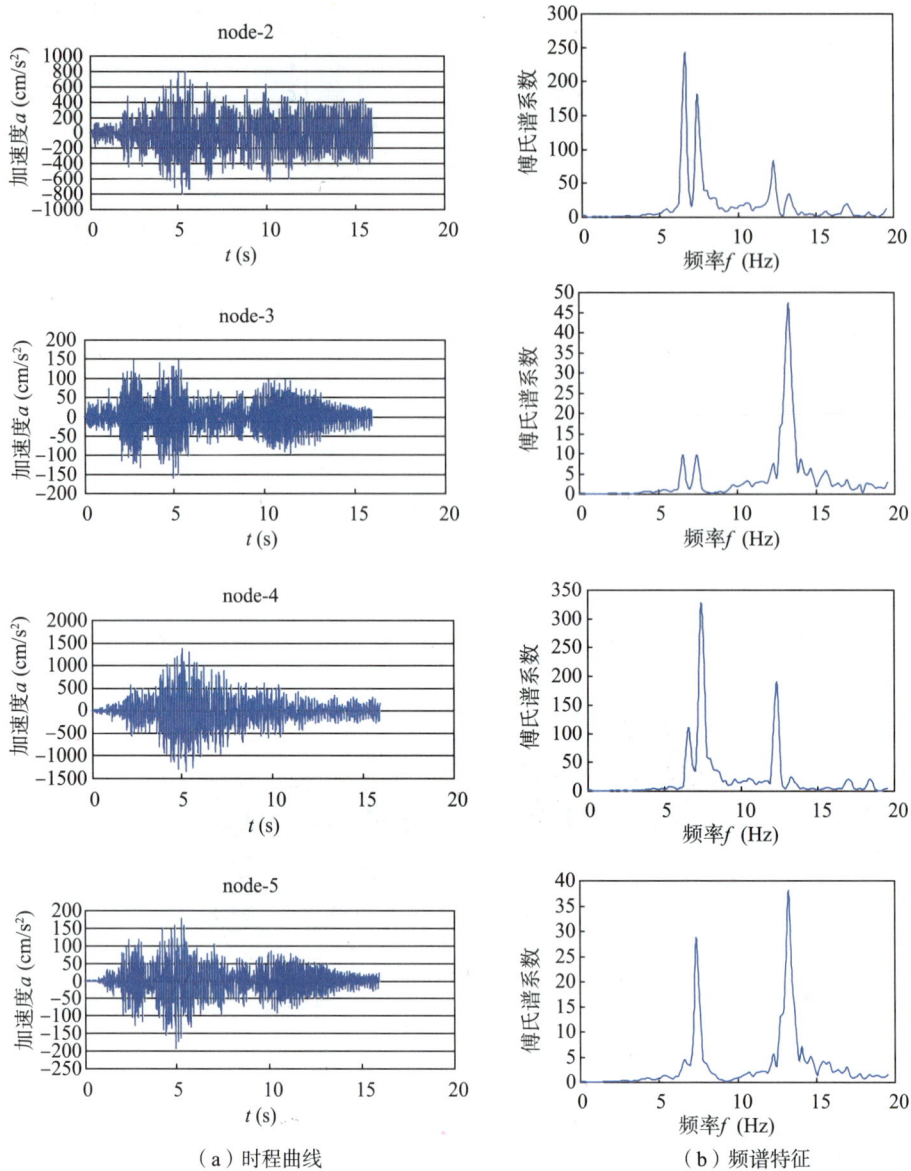

（a）时程曲线　　　　　　　（b）频谱特征

图 8 - 23　水平加速度时程曲线（木柱承重土坯房）

3）0.2 g 地震荷载时木柱承重土坯房的动力响应

（1）位移响应。有限元模型和参数选用的为木柱承重土坯房，其在最终时刻整体位移如图 8 - 24 所示。其中最大位移为 2.21 毫米，与 0.1 g 时的水平位移最大值变化不大。

（2）应力云图。应力云图如图 8 - 25 所示。土坯民房结构仍呈剪切响应，最大剪应力集中在中间开间的横墙和纵墙的连接处，最大主应力集中在四角的横墙与木柱的连接处，最大剪应力为 1.75×10^5 kPa，而最大主应力则发生在中间开间的墙柱连接处，为 1.24×10^7 kPa，与前节所分析的结果均有所增加。

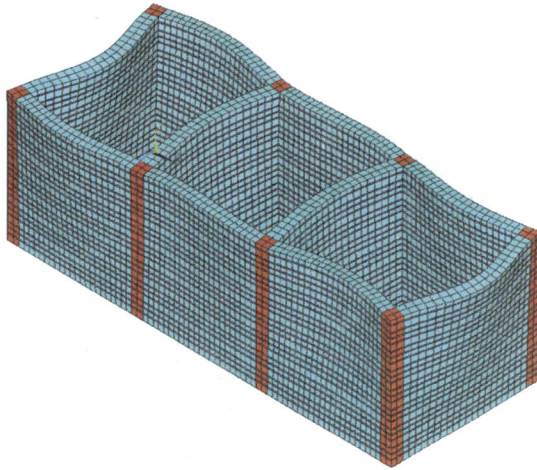

图 8 – 24　土坯民房的位移响应

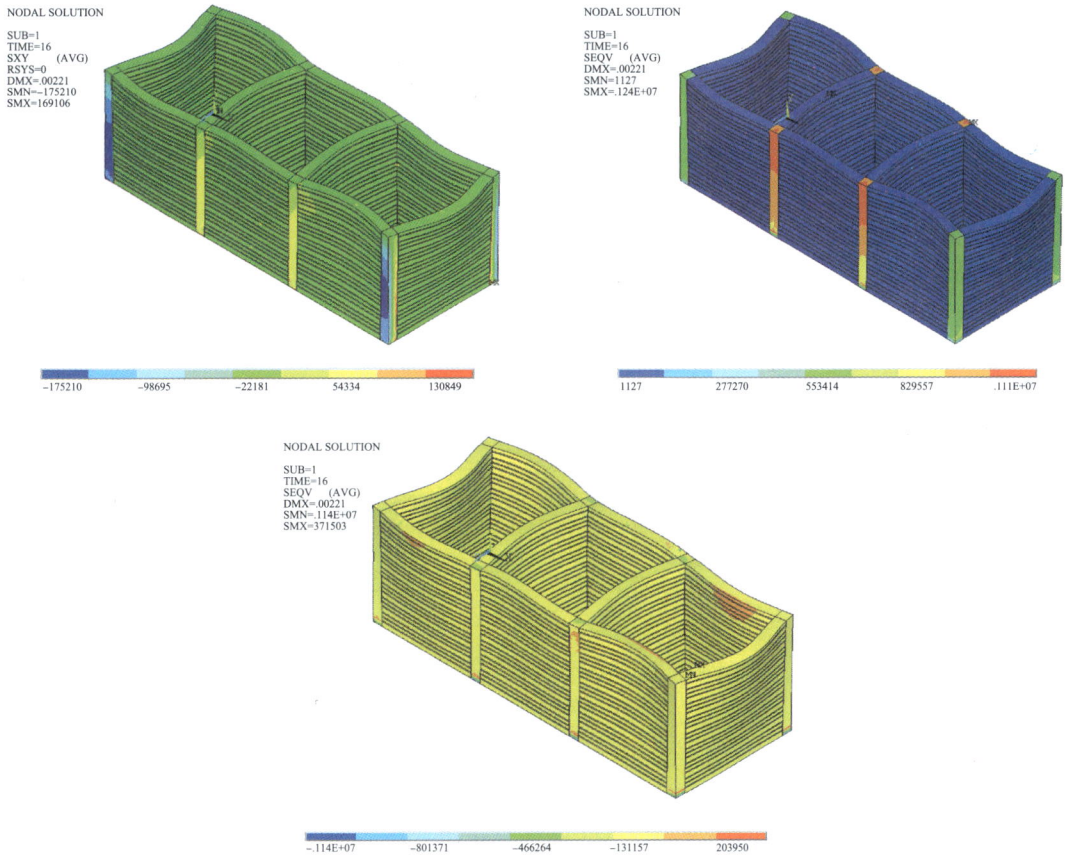

图 8 – 25　土坯民房的剪应力云图

（3）关键点的时程曲线。图 8 – 26 分别为横墙体顶端中间点、中间纵墙的中点以及木柱的加速度时程曲线。木柱承重土坯房最大加速度出现在中间开间的横墙上，最大加速度为 15 g。另外，地震波在传播过程中，其低频部分被墙体吸收。

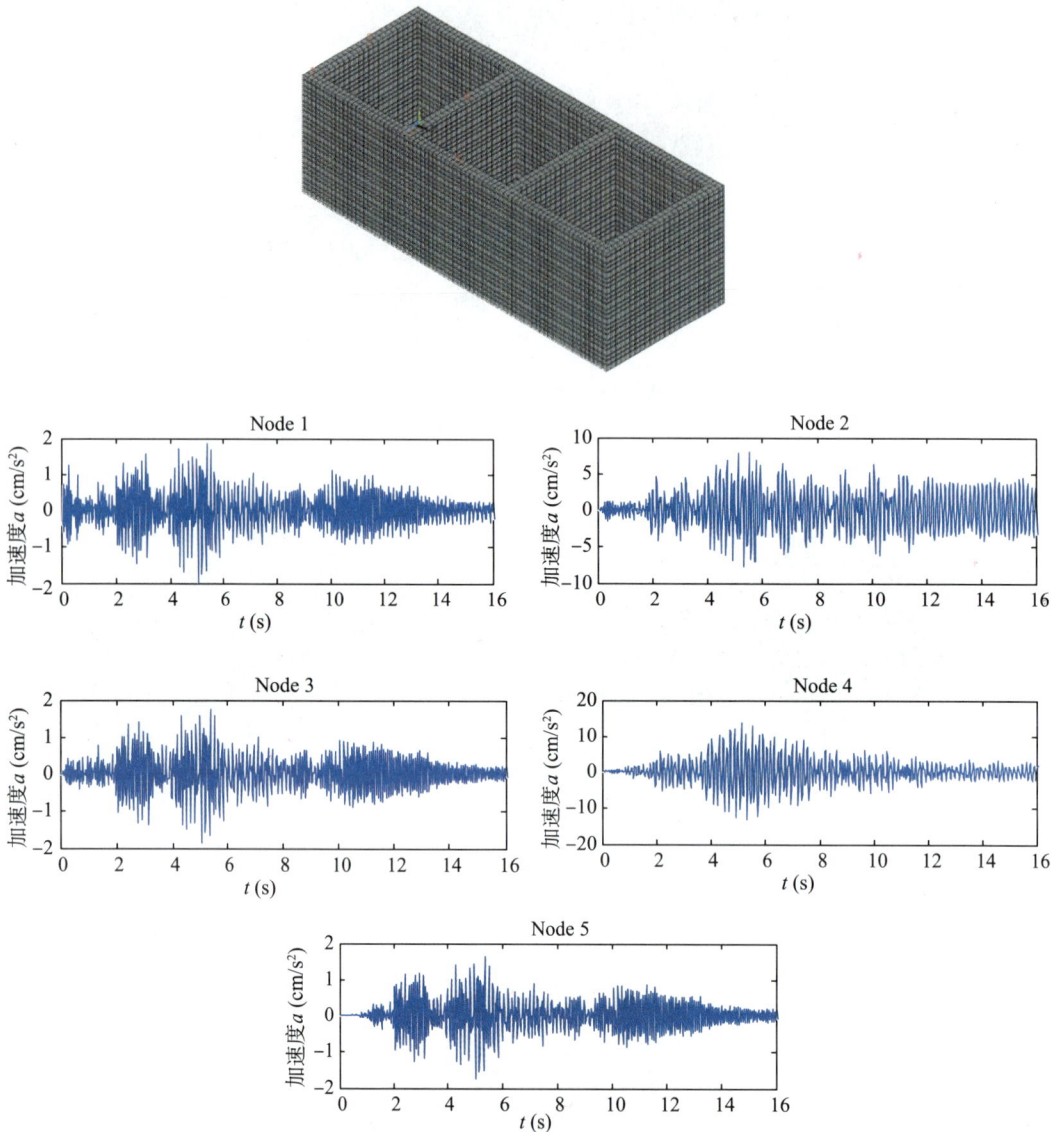

图 8-26 水平加速度时程曲线

通过对不同的土坯民房结构进行地震响应分析，可以得到以下结论：

（1）在地震作用下土坯民房沿水平方向来回振动，整体结构呈现剪切运动响应。

（2）木柱承重土坯房的地震响应大于墙体承重土坯房。最大主应力及剪应力均集中在中间开间的墙与柱之间。

（3）随着地震波由底部向上传播，水平加速度呈增大的趋势。另外，地震波在传播过程中，其低频部分被墙体吸收。

8.3.2 土墙承重平房抗震加固技术

土墙承重房屋的抗震加固技术分为房屋布局、墙体和屋盖这三部分的抗震加固技术，墙体的抗震加固技术在前文中已有涉及，在此不再赘述，这里主要讨论布局和屋盖的抗震加固技术。首先是木构架抗震加固技术（林学文，1980）：

1）首先是布局，进深不应大于 5.1 米，开间不应大于 3.6 米，外墙端头至门洞间距不应小于 2 米，门洞宽度不应大于 1.0 米，高度不应大于 2.1 米，窗洞宽度不应大于 1.0 米，高度不应大于 1.2 米。

2）其次是屋盖系统

屋盖的形状。屋盖尽量采用两坡水，避免使用一坡水。一坡水房屋的地震安全问题较多：

与两坡水屋面相比，在同样坡度和进深条件下，一坡水房屋总高度比两坡水屋面要高。重心的提高，显然不利于抵抗由地面运动引起的震动。

两坡水屋面的前后纵墙柱高度基本一致，在计算横向地震作用时，可将每榀横向构架简化为单质点体系的建筑进行抗震分析，这样的计算模式只有一个振型。而一坡水屋面前后柱高相差较大，不能简单的作为单质点体系，而要依据前后柱承担的质量分为 $W1$（前柱顶处）和 $W2$（后柱顶处）的双质点体系进行分析，从而产生两个振型，多了一个高振型的影响，对砌体而言，砌体在高振型作用下受弯砌体一侧出现拉应力，加剧砌体破坏。

在分析柔性屋面前后纵向柱列木构架对纵向水平地震作用的过程中，会发现由于前后纵向柱列高度不一致，导致前纵柱列与后纵柱列的周期位移都不一致。这种前后柱的位移、周期的差异，同时作用在同一结构物上，必然导致结构的扭转效应。这种扭转效应是因一坡水屋面房屋竖向质点的高度差而引起的。以一座单开间一坡水屋面为例，设扭转力距为 MT，通过房屋四壁，必然产生纵横墙肢构架的附加地震力。

3）布局

（1）最好建成一层，尤其是夯土建筑；

（2）房间尽量建成矩形，长宽大致相等；

（3）进深不应大于 5.1 米，开间不应大于 3.6 米，外墙端头至门洞间距不应小于 2 米，门洞宽度不应大于 1.0 米，高度不应大于 2.1 米，窗洞宽度不应大于 1.0 米，高度不应大于 1.2 米；

（4）墙体高度不超过其厚度的 8 倍，墙体宽度不超过其厚度的 10 倍；

（5）选用小开间，门、窗宽度不超过所在墙体长度的 2/5，门与窗的距离、门窗离墙体拐角的距离要大于门窗的宽度；

（6）门、窗上面一定要设置过梁，过梁端部埋入墙体内的距离均不得小于 25cm。

4）结构

应尽量淘汰土搁梁的结构，纵横墙之间要互相咬合，形成整体。有两种措施可供选择，夯土墙和土坯墙都适用。每隔几层，在纵横墙体交接的部位，设置连接成三角形或者是钉成直角的木骨架，以增强拐角处的连接性和柔性。

8.4 木构架房屋的地震安全技术（林学文，1980）

8.4.1 木构架房屋震害特征

木构架房屋的梁、檩、椽的材质良莠不齐。如图 8 - 27 所示，梁、柱材质差，不仅梁直径不够，且木材弯曲，椽木更差，材质过于纤细，且弯弯曲曲，长度不够，随意搭接，没有任何的连接措施，抗震能力可想而知。

图 8 - 27 木架材质堪忧

木梁柱连接处榫键腐朽，断面削弱，抗剪能力大为降低，并已有松动；卯口腐朽劈裂，木柱木梁开裂严重，断面局部缺损，梁柱连接处榫卯松动、个别拔脱、木骨架倾斜、填充墙外闪、个别木柱木梁断裂（图 8 - 28）；梁柱连接处摩擦滑移耗能导致能力降低，梁柱构件的相互拉结依存关系大为降低，结构抗震能力削弱。

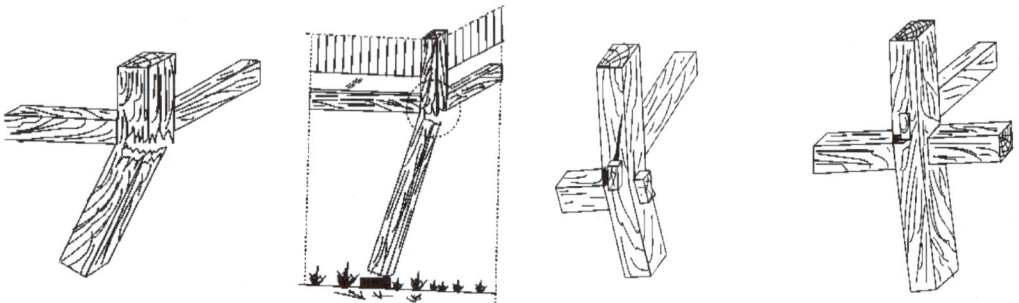

图 8 - 28 梁柱连接处破坏

当结构受到水平地震力作用时，梁、柱结点及柱底是受力最大的部位，在地震力作用下，这些位置往往首先破坏，如图 8 - 29 所示 2、3、4 处。

柱脚破坏的原因是：①柱脚石过高，地震作用下立柱容易颠覆；②不设柱脚石，直接将立柱埋入地里，柱脚容易腐蚀破坏；或者是柱脚石不成形，立柱与地面的摩擦不足以抵抗水平地震力的作用（图 8 - 30）；③是柱脚石和柱子之间缺乏有效的连接，在地震作用下，柱脚石和柱子的振动不同步，产生相位差，柱脚滑移，导致木构架的倾斜破坏。

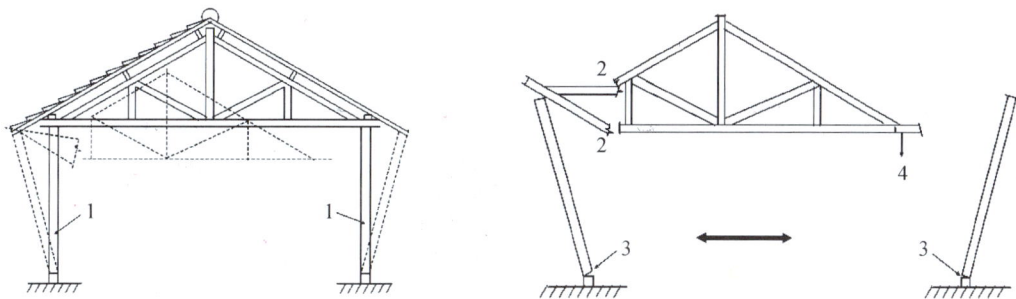

图 8 - 29 木构架易损部位

图 8 - 30 立柱与柱脚石无连接

8.4.2 木构架房屋抗震加固技术

木构架房屋的抗震加固技术分为木构架、屋盖、墙体和基础这四部分的抗震加固技术，屋盖和墙体的抗震加固技术在前文中已有涉及，在此不再赘述，这里主要讨论木构架和基础的抗震加固技术。

1) 木构架抗震加固技术

（1）木构架一定要选择材质良好的木料，梁不仅要直，而且要达到一定的直径，檩、椽等也不能过于纤细，要粗细均匀、长度足够的木材，避免因长度不够的搭接。其次，木材要经过一定的处理，如浸油、涂炭粉或石灰、烤焦，以防止木材干裂、腐蚀。

（2）木檩底标高不应超过 2.7 米。

（3）将木排架用斜拉杆加固，梁、柱之间以 U 形铁件及螺杆拉结加固（图 8 - 31），这样既增加了木屋架的整体稳定性，也可减轻地震时墙体的地震惯性力，又可减轻房屋地震破坏和人员的伤亡、损失。

（4）增设纵、横向拉撑（图 8 - 31），以加强木屋架整体稳定性，同时应使用斜撑、U

图 8-31 梁柱之间各种拉结、加固措施

形铁件或螺杆固定。

（5）檩木小头直径根据开间的大小应为 120～150 毫米，檩木在墙上的支承长度不小于 240 毫米，檩木与木圈梁用铁钉或扒钉连接。

2）基础部分的抗震加固措施

（1）当地基土质较密实且地下水位较低时，按设计要求开挖基槽，可直接砌筑毛石基础、卵石基础、砖基础。

（2）毛石或卵石强度不低于 MU30，砖强度等级不低于 MU10，均采用水泥砂浆且强度不低于 M5 的砂浆砌筑。

（3）砖基础埋入土层部分应抹 20 毫米厚 1:2 水泥砂浆后刷两遍热沥青，在室外地坪与 ±0.000 之间的墙体应做 1:2 水泥砂浆防潮层。

（4）当地基土质为软弱土层时，换土处理应采用垫层。换土分层夯实后进行基础施工。

（5）当基础或土中含碱量较大时，基础不宜采用砖砌基础，应采用毛石或卵石基础。

（6）基础埋深不宜小于当地的冻土深度且不应小于 0.5 米，宽度不应小于 0.6 米，并根据地质情况增加地基宽度及地梁。

8.5 窑洞的地震安全技术

8.5.1 窑洞地震安全问题

8.5.1.1 窑洞的震害特征

黄土窑洞和拱窑的破坏有着较大的差别，所以分别论述。

黄土窑洞可以看作是一种地下结构。其破坏特征与地下结构如隧道有着相似性。对房屋结构而言，起主要破坏作用的地震波成分是面波，而面波随着深度衰减很快。所以，相对地表，窑洞周围所受地震力反而要弱一些。窑洞最常见的破坏部位是其洞口顶部、脚部、贴面砖以及门窗周围。但在高烈度下，窑洞容易坍塌。

Ⅵ度时，多数窑洞都不会坍塌。但个别年久失修的老旧崖窑窑脸可出现局部崩塌，如图8-32所示为2008年汶川地震时甘肃省庆阳市环县曲子镇敦敦梁村一个窑洞崩塌后的照片，Ⅵ度区窑洞坍塌的情况并不多见，最常见的是窑脸顶部的开裂和塌落。图8-33和图8-34为汶川地震中甘肃庆城县太白梁乡，黄土崖窑的破坏。

图8-32　汶川地震环县窑洞崩塌

图8-33　崖窑脸上方裂缝

图8-34　窑脸局部塌落

Ⅶ度时，部分质量较差的窑洞，或者选址处于孤突地貌的窑洞会坍塌。多数窑洞会有不同程度的破坏。砖贴面会掉落，窑洞口顶部局部坍塌，门窗四周会有松动和开裂。但是破坏严重的一般不会超过总数的50%。

Ⅷ度时，数量较多的窑洞因为选址不好和其上窑顶太薄等原因而坍塌。而窑洞上部土体崩塌是造成严重破坏甚至毁坏的主要原因。2003年民乐－山丹6.1级地震震中地区，部分崖窑由于窑顶太薄，在地震作用下整个坍塌。图8－35是民乐地震区Ⅷ度的两个崖窑的坍塌情况。其中图8－35（a）的临时用窑洞质量较差，中间的一孔全部倒塌，并造成人员伤亡和牲畜死亡。图8－35（b）的窑洞破坏则主要是因为窑洞口上部的土体滑塌堵住窑洞，但未造成人员伤亡。

(a)　　　　　　　　　　　　　　　　(b)

图8－35　民乐－山丹地震窑洞坍塌

Ⅸ度时，大量的窑洞会坍塌。而土质软、土体稳定性差、选址较差、缺乏适当防护措施的窑洞几乎不能幸免。土体稳定、深度较大的地坑窑可能破坏较轻。

8.5.1.2　窑洞的地震安全问题

土窑洞房屋分为独立式窑洞、崖窑和地窑三种（王继唐，1993）。由于它们的构筑方法和建造材料不同，所表现出来的地震安全问题也不一样。其中独立式窑洞的地震安全问题主要有：

（1）两侧的拱脚外闪，发生水平裂缝。

（2）拱顶开裂，随着地震烈度的增高，裂缝加大，严重时可引起拱顶塌落。

（3）后堵墙与拱圈拉结不牢，地震时易开裂，轻者导致堵墙外闪，出现大裂缝，重者后堵墙倒塌。

（4）土坯强度较低，拱跨跨度大者，易引起拱顶塌落。

崖窑和地窑的情况比较相似，地震安全问题主要有以下几点：

（1）窑洞前脸塌落，洞顶发生裂缝，造成窑洞前部塌落，使洞口堵塞。

（2）高直墙圆拱形窑洞，在地震作用下墙壁土体产生上下两束斜裂缝，严重者会使土体剥落，导致洞壁滑落，拱顶坍塌。

（3）窑顶土层较薄，在地震作用下容易塌窑（图8－36）。

图 8 - 36　民乐地震塌窑

8.5.2　窑洞抗震性能分析

黄土窑洞受力集中部位在洞口拱顶和拱脚附近。在横向水平地震作用力下，拱顶和拱脚受力增加，首先被破坏（图 8 - 37）（高峰，任侠，2001）。如果地震作用近似于纵向水平，因为洞口是一个自由边界，该部位的位移最大，也容易首先破坏。所以，无论水平地震力方向如何，洞口因为受力集中，同时又是自由边界，是最容易破坏的地方。

图 8 - 37　黄土窑洞的应力分布示意图

黄土窑洞容易破坏的其他部位为窑脸砖贴面和门窗洞口。前者因为缺乏连接性而且自身重心不稳，所以容易塌落；后者则因为也是地震作用下应力比较集中的部位。

但是，除了黄土窑洞自身特征引起的震害特点外，黄土窑洞更常见的是由于窑洞附近土体滑坡而掩埋窑洞，在黄土层比较松散时，这种情况很容易发生。

拱窑比黄土窑洞更容易遭受破坏。在地震烈度仅为 V 度时，质量不好的土坯窑洞就有可能遭受破坏，拱脚处出现裂缝或者拱顶破坏。

Ⅵ度时，多数土坯拱窑会出现裂缝或者墙体与窑顶之间错位。顶部及端墙普遍出现裂缝，或在拱顶与端墙交接处局部塌落，个别老旧窑体窑顶坍塌。

Ⅶ度时，土坯拱窑震害严重，由于土坯是脆性的，抗拉强度很低，窑洞拱顶容易开裂引起坍塌。而且，多孔窑洞中，位于两边的窑洞因为所受推力没有制约，震害也更严重。但是，质量好的石拱窑和砖拱窑在Ⅶ度作用下还不至于遭受严重破坏。

Ⅷ度时，多数拱窑坍塌。土坯拱窑几乎难以幸免。窑顶严重开裂或局部塌落者多见。

Ⅸ度时，拱窑几乎难以复存。

拱窑是以精巧的受力平衡为基础的。这种受力平衡在静力状态下容易得到保持，而且受力集中部位的应力也在材料强度允许范围之内。而在地震作用下，除了静力平衡而外，水平地震力对拱顶和拱脚等应力集中部位造成水平挤压和拉张。当水平地震力主方向与窑体长轴近于垂直时，墙体在水平地震力及拱顶水平推力共同作用下产生水平位移，这时拱顶曲率变小，沿拱顶长轴方向产生的压张应力，是拱顶沿长轴方向产生严重开裂乃至拱顶坍塌的主要原因。当地震力主方向与窑体长轴近于平行时，窑体以前后墙体破坏或倒塌为主（叶凌云等，1997）。窑体的侧墙即拱脚是拱窑稳定的基础，拱窑的夯土墙和土坯墙抗拉强度很低，而且在压力作用下容易酥裂，在往复的地震作用下先在拱顶、拱脚和墙体交接部位出现裂缝，然后酥裂土块掉落，逐渐形成大裂缝，进而使拱窑受力平衡打破，失去抗拉强度。如果地震作用持续，则会出现局部坍塌，甚至完全坍塌。所以，不同于黄土窑洞的是，独立存在的拱窑其精巧的受力平衡因为缺乏边界约束而更容易被打破，因此也容易受到地震破坏。拱窑的拱跨越大，越容易发生破坏，因此，拱窑特别是土拱窑要严格限制其拱跨。

8.5.3　窑洞抗震设防技术

1）崖窑和地坑窑抗震措施

（1）崖窑和地坑窑可以通过在窑前墙体加设挡土墙的方法对窑洞进行抗震加固。挡土墙可以采用浆砌片石等在农村易于获得的材料（图8-38）。

（2）在窑脸铺设钢筋网片，并用混凝土砂浆抹面。窑洞内部沿用木头立柱和三角屋架作为承重构件对窑洞加固。此种方法也可用于独立式窑洞的加固（图8-39）。

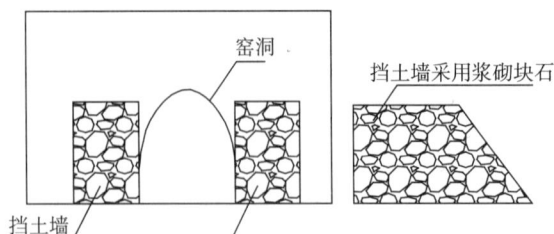

图8-38　挡土墙加固窑洞示意图

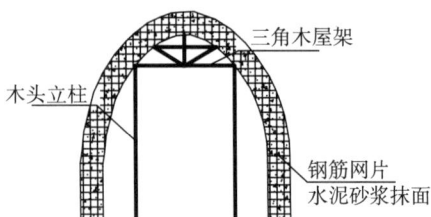

图8-39　水泥砂浆抹面和木屋架加固窑洞

2）独立式窑洞抗震措施

（1）修建独立式砖石拱窑时，为增加拱窑的整体性可以在窑拱底部墙体部位设施木圈梁、配筋砖圈梁或钢筋混凝土圈梁。烈度较高地区或窑洞需要加固，圈梁上可以设置水平拉索或是在窑洞外侧墙体砌筑扶壁，增加窑洞抵抗水平地震作用的能力（图8-40）。

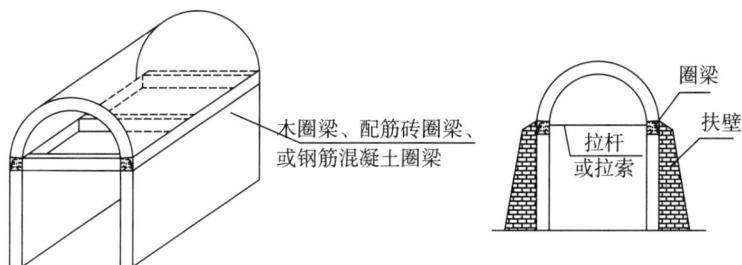

图 8-40 独立式窑洞抗震加固措施

（2）新修建的独立式拱窑，为增强窑洞抵抗水平地震的作用可以在墙内设置立柱和三角屋架，或者在拱顶设置木圈或钢圈加强窑洞顶部（图 8-41）。

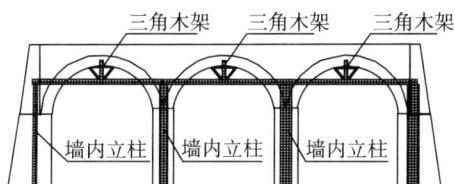

图 8-41 新建独立式窑洞抗震措施

8.6 土木农居地震安全图集

8.6.1 土木农居屋盖和木构件施工技术图

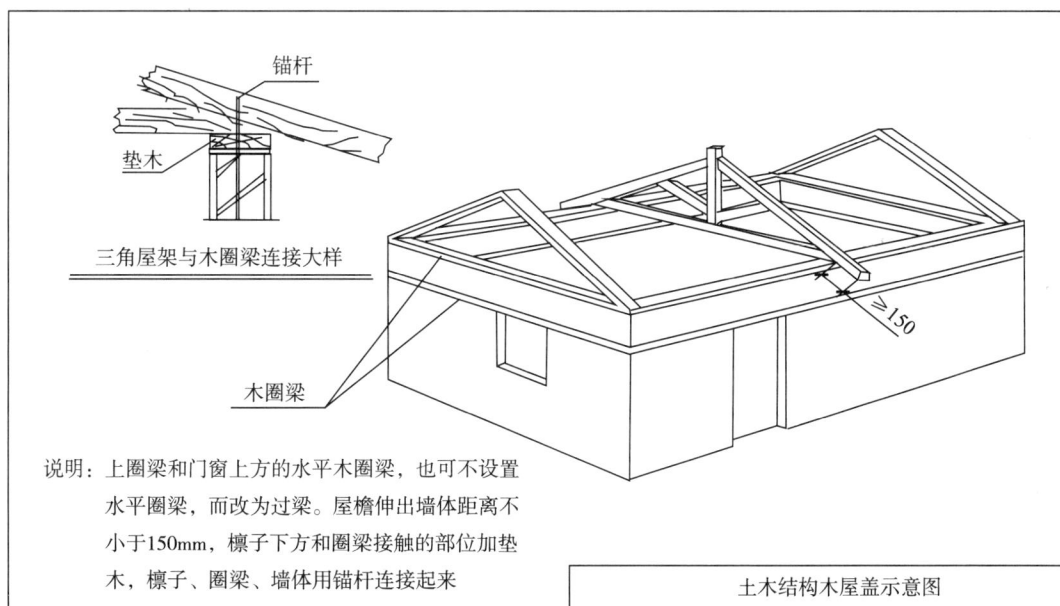

锚杆

垫木

三角屋架与木圈梁连接大样

木圈梁

≥150

说明：上圈梁和门窗上方的水平木圈梁，也可不设置水平圈梁，而改为过梁。屋檐伸出墙体距离不小于150mm，檩子下方和圈梁接触的部位加垫木，檩子、圈梁、墙体用锚杆连接起来

土木结构木屋盖示意图

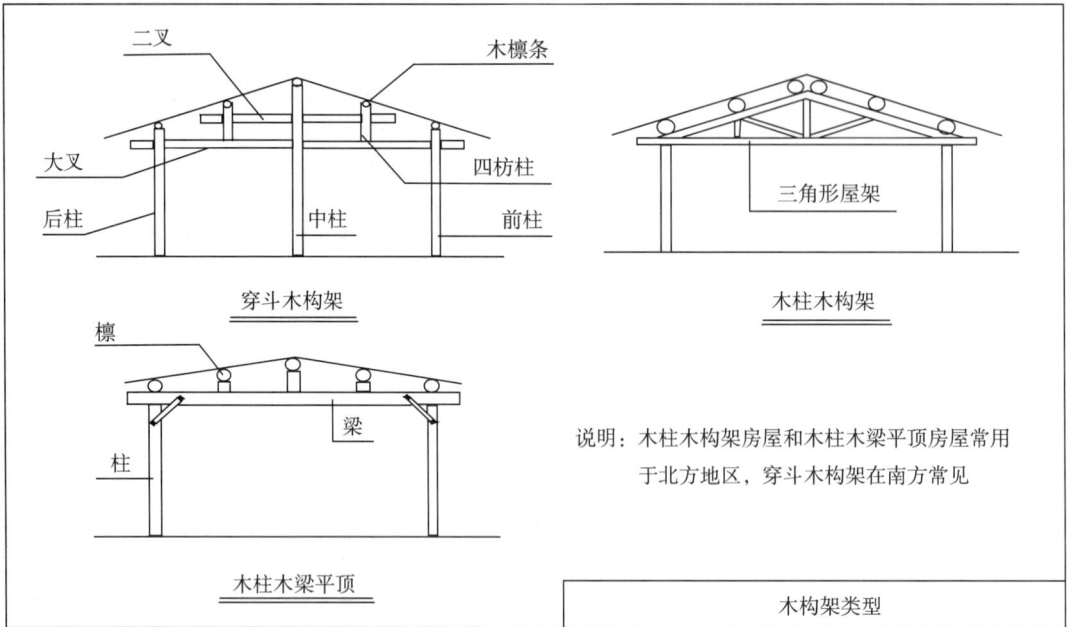

说明：木柱木构架房屋和木柱木梁平顶房屋常用
　　　于北方地区，穿斗木构架在南方常见

木构架类型

8.6.2　土木农居墙体抗震技术图

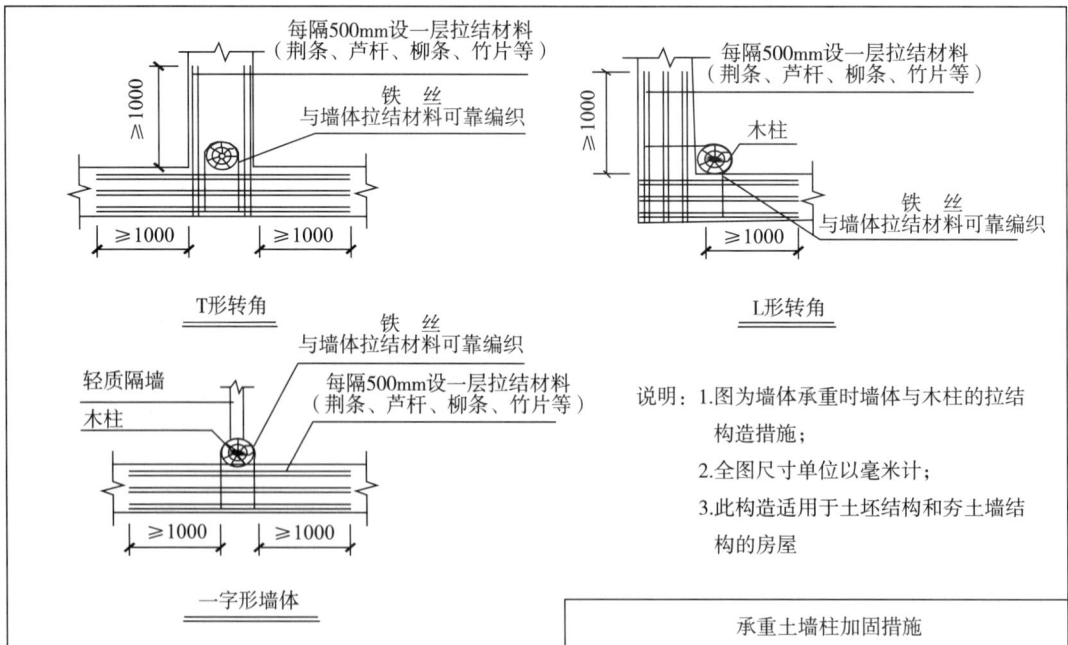

说明：1.图为墙体承重时墙体与木柱的拉结
　　　　构造措施；
　　　2.全图尺寸单位以毫米计；
　　　3.此构造适用于土坯结构和夯土墙结
　　　　构的房屋

承重土墙柱加固措施

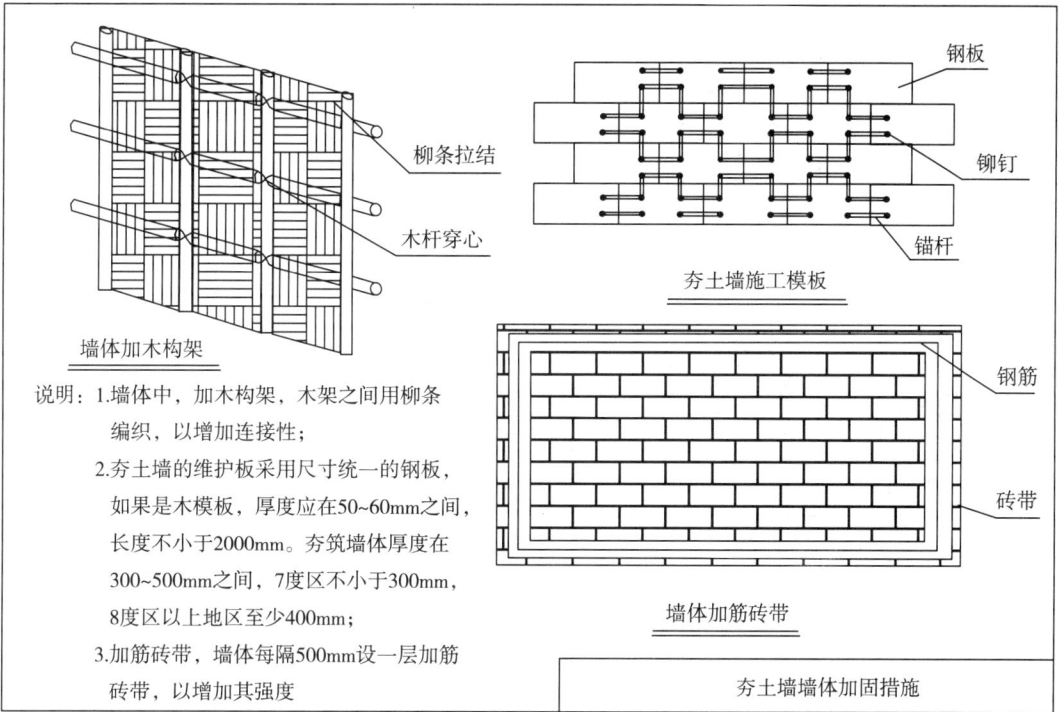

墙体加木构架

说明：1.墙体中，加木构架，木架之间用柳条
编织，以增加连接性；
2.夯土墙的维护板采用尺寸统一的钢板，
如果是木模板，厚度应在50~60mm之间，
长度不小于2000mm。夯筑墙体厚度在
300~500mm之间，7度区不小于300mm，
8度区以上地区至少400mm；
3.加筋砖带，墙体每隔500mm设一层加筋
砖带，以增加其强度

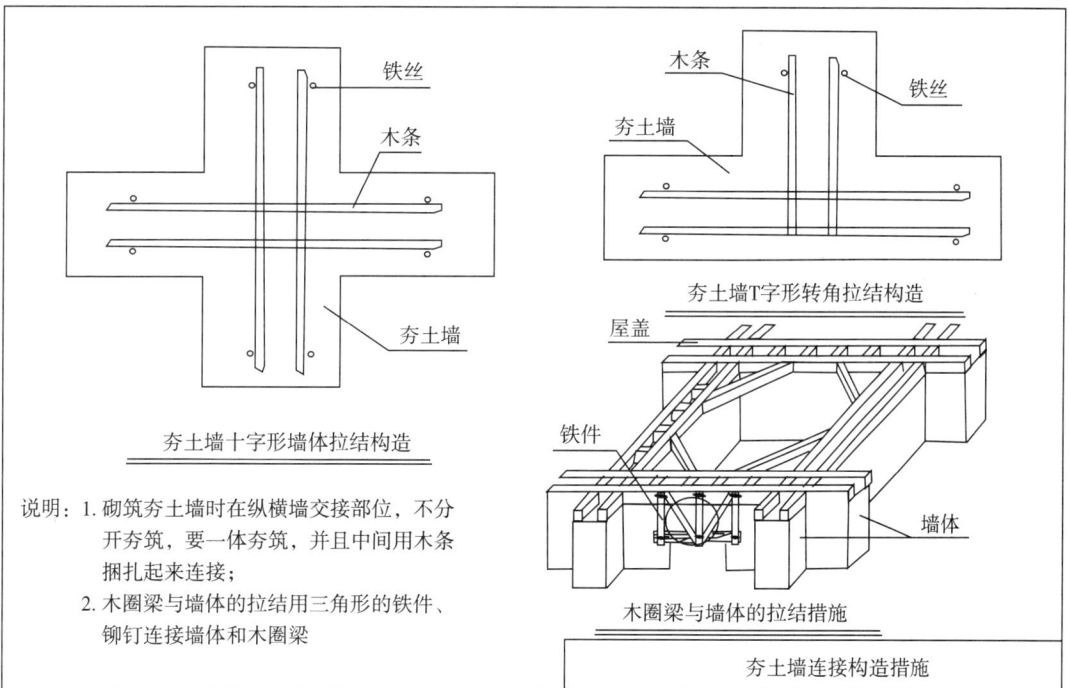

说明：1.砌筑夯土墙时在纵横墙交接部位，不分
开夯筑，要一体夯筑，并且中间用木条
捆扎起来连接；
2.木圈梁与墙体的拉结用三角形的铁件、
铆钉连接墙体和木圈梁

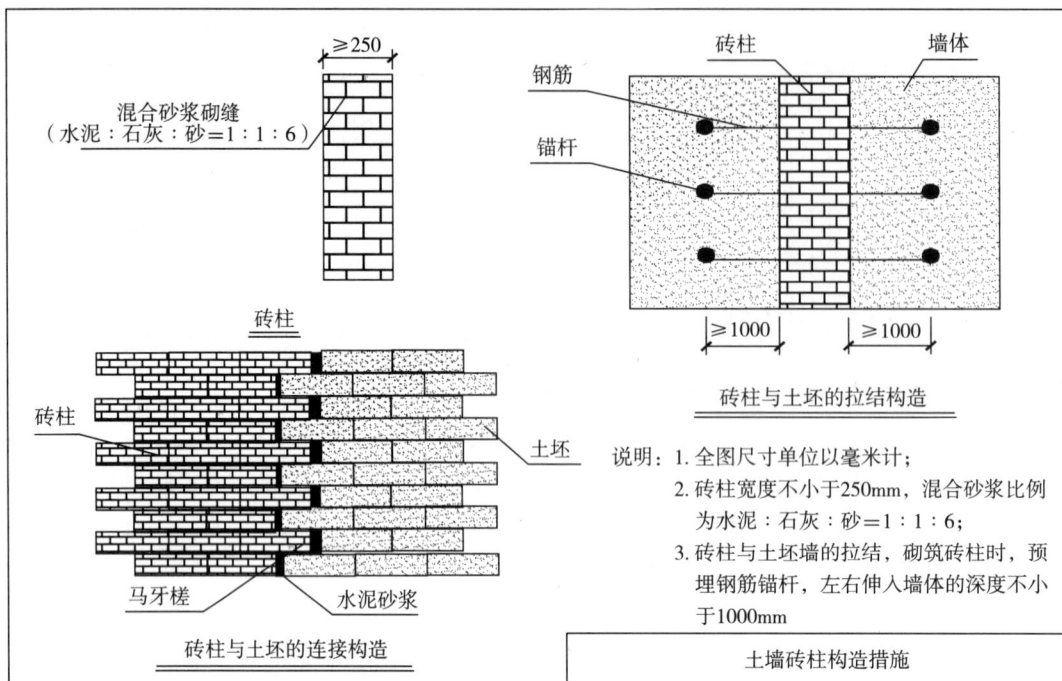

混合砂浆砌缝
（水泥：石灰：砂＝1：1：6）

砖柱

砖柱

土坯

马牙槎　　水泥砂浆

砖柱与土坯的连接构造

钢筋

锚杆

砖柱　　　墙体

砖柱与土坯的拉结构造

说明：1. 全图尺寸单位以毫米计；
　　　2. 砖柱宽度不小于250mm，混合砂浆比例
　　　　 为水泥：石灰：砂＝1：1：6；
　　　3. 砖柱与土坯墙的拉结，砌筑砖柱时，预
　　　　 埋钢筋锚杆，左右伸入墙体的深度不小
　　　　 于1000mm

土墙砖柱构造措施

8.6.3　土木农居圈梁施工图

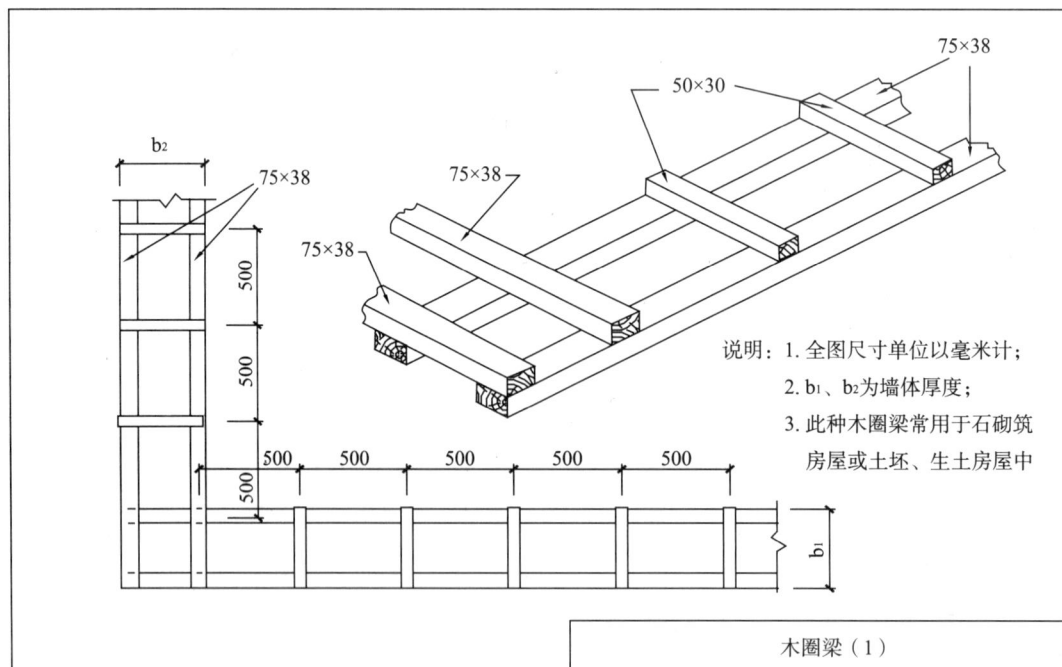

b_2

75×38

75×38

75×38

75×38

50×30

75×38

500

500

500

500　500　500　500　500

b_1

说明：1. 全图尺寸单位以毫米计；
　　　2. b_1、b_2为墙体厚度；
　　　3. 此种木圈梁常用于石砌筑
　　　　 房屋或土坯、生土房屋中

木圈梁（1）

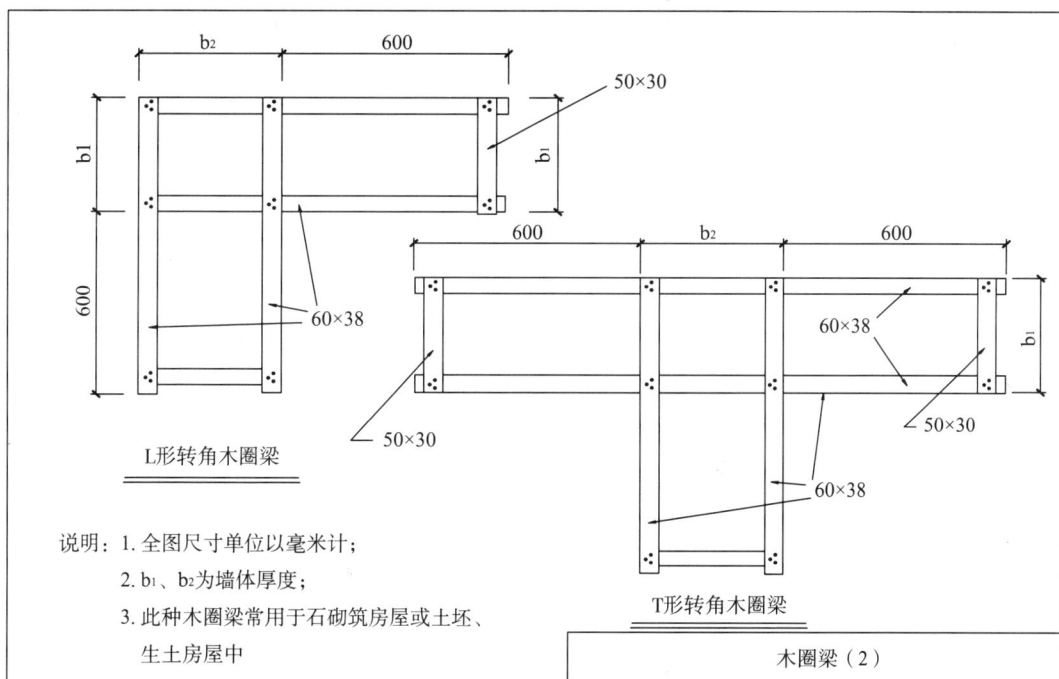

说明：1. 全图尺寸单位以毫米计；
2. b_1、b_2 为墙体厚度；
3. 此种木圈梁常用于石砌筑房屋或土坯、生土房屋中

L形转角木圈梁

T形转角木圈梁

木圈梁（2）

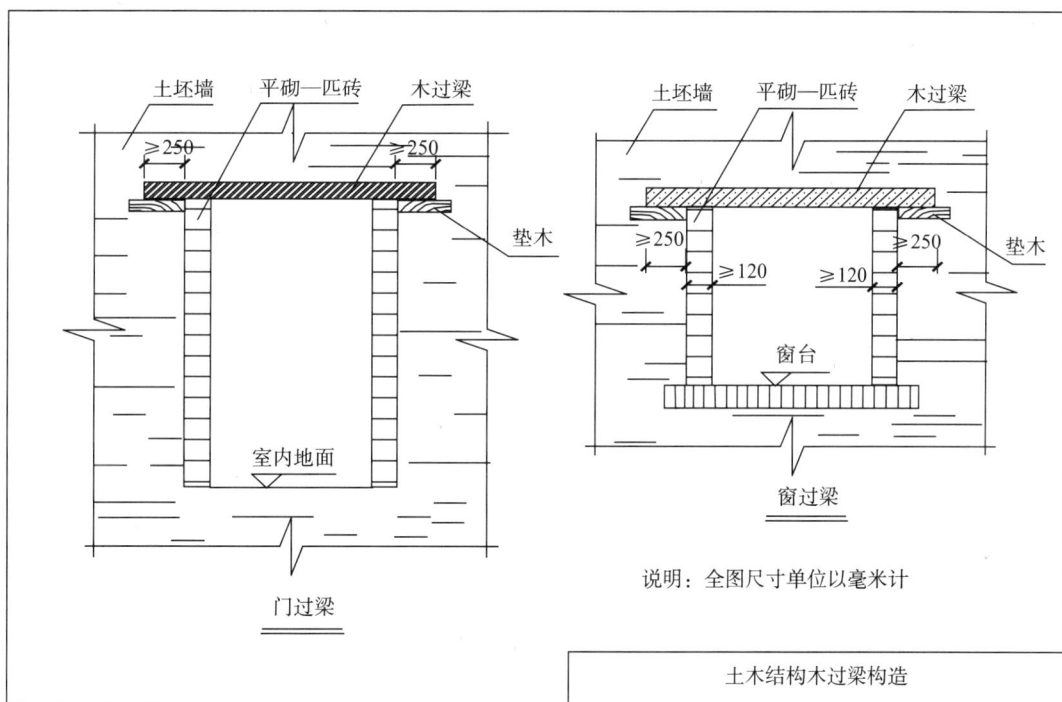

门过梁

窗过梁

说明：全图尺寸单位以毫米计

土木结构木过梁构造

8.6.4 窑洞抗震技术图

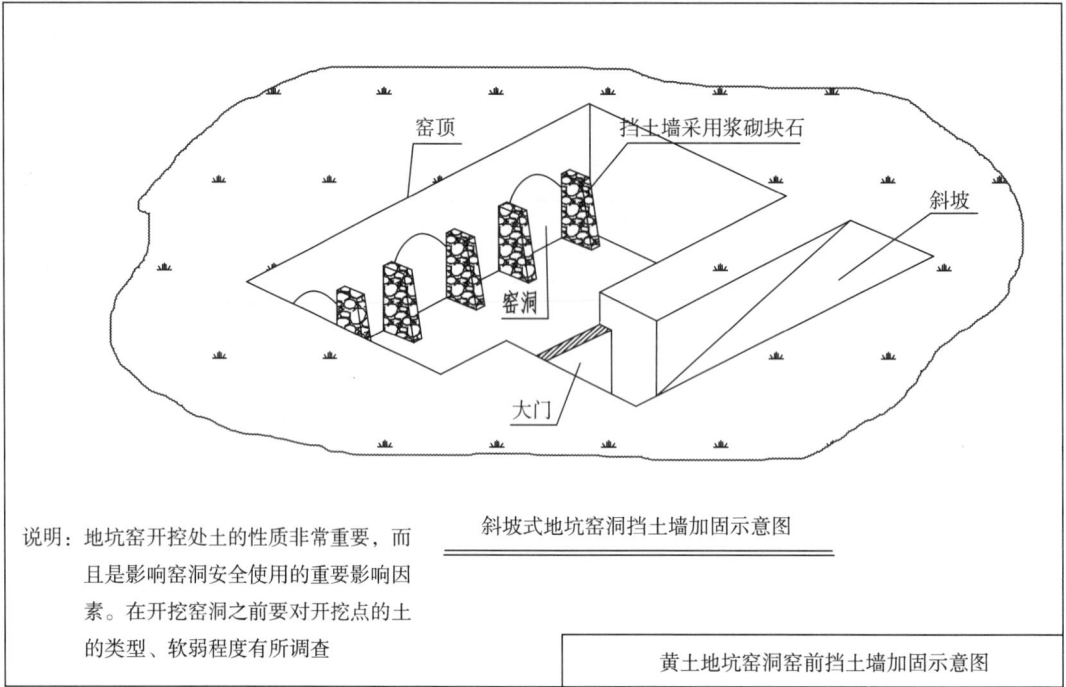

说明：地坑窑开控处土的性质非常重要，而且是影响窑洞安全使用的重要影响因素。在开挖窑洞之前要对开挖点的土的类型、软弱程度有所调查

斜坡式地坑窑洞挡土墙加固示意图

黄土地坑窑洞窑前挡土墙加固示意图

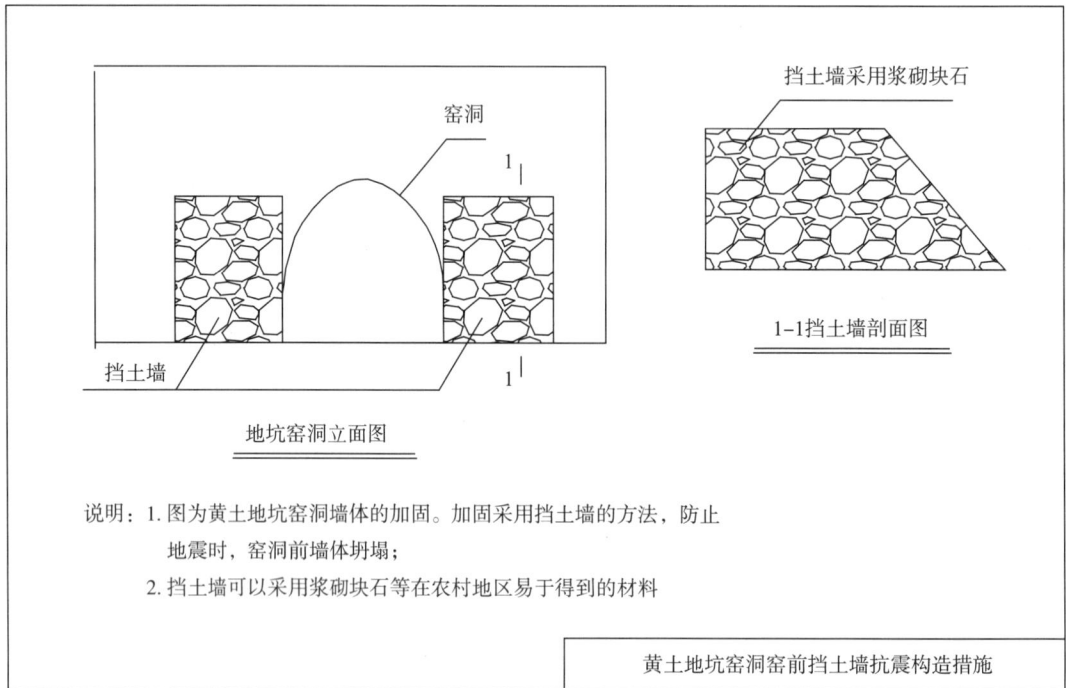

地坑窑洞立面图

1-1挡土墙剖面图

说明：1.图为黄土地坑窑洞墙体的加固。加固采用挡土墙的方法，防止地震时，窑洞前墙体坍塌；

2.挡土墙可以采用浆砌块石等在农村地区易于得到的材料

黄土地坑窑洞窑前挡土墙抗震构造措施

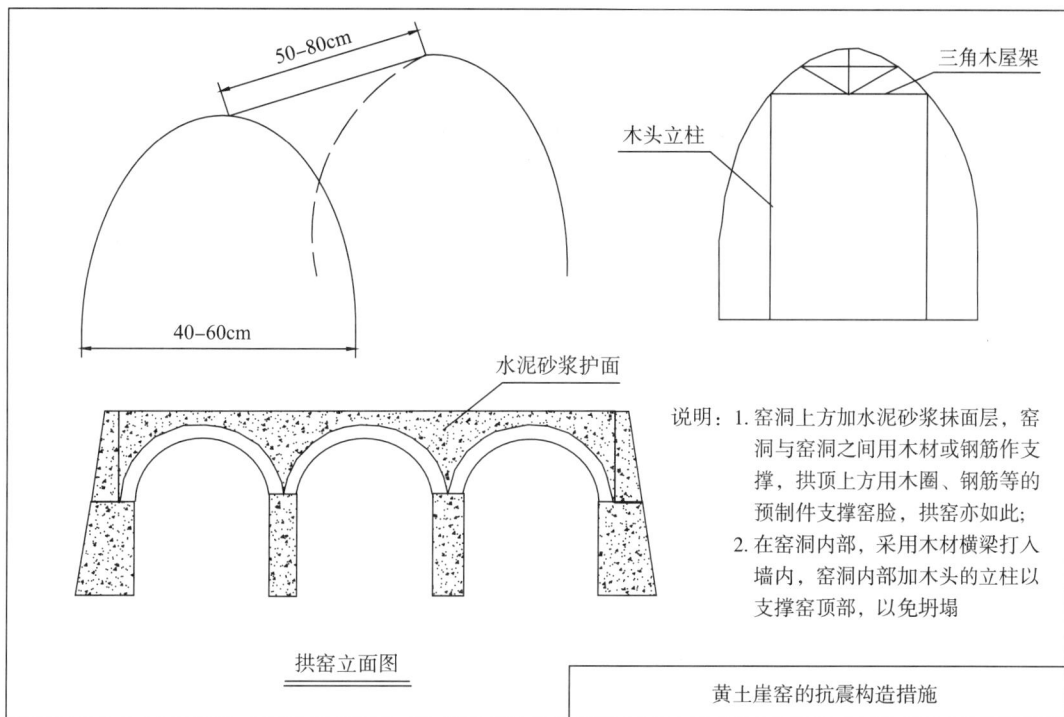

50~80cm

40~60cm

水泥砂浆护面

三角木屋架

木头立柱

拱窑立面图

说明：1. 窑洞上方加水泥砂浆抹面层，窑洞与窑洞之间用木材或钢筋作支撑，拱顶上方用木圈、钢筋等的预制件支撑窑脸，拱窑亦如此；
2. 在窑洞内部，采用木材横梁打入墙内，窑洞内部加木头的立柱以支撑窑顶部，以免坍塌

黄土崖窑的抗震构造措施

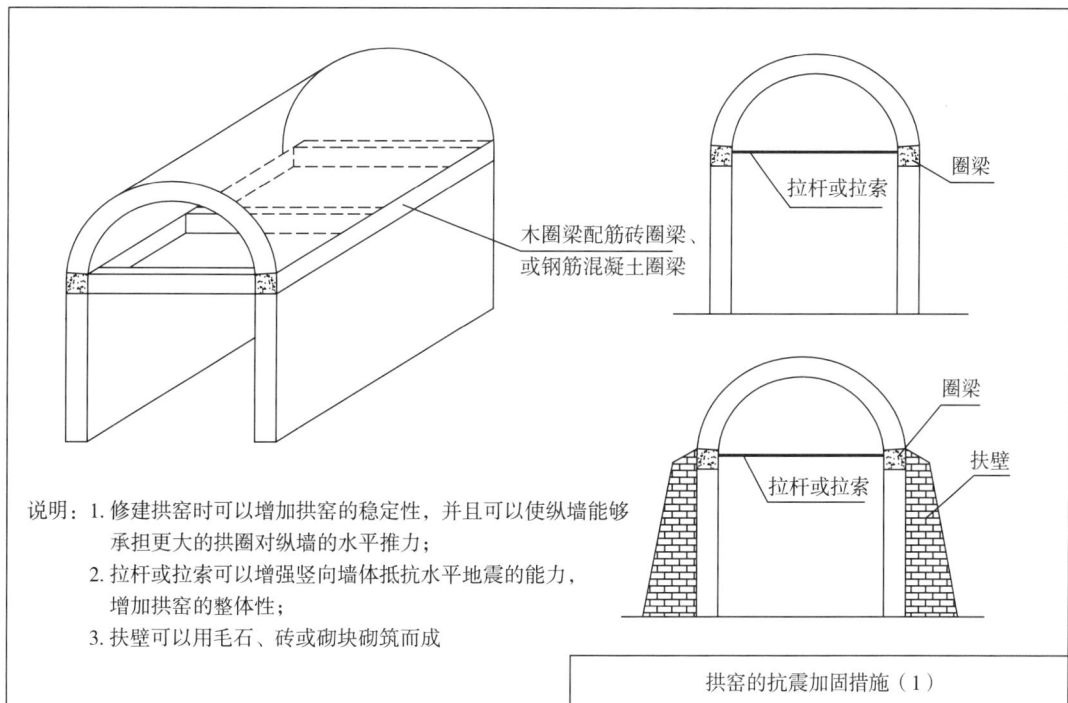

木圈梁配筋砖圈梁、或钢筋混凝土圈梁

拉杆或拉索

圈梁

圈梁

拉杆或拉索

扶壁

说明：1. 修建拱窑时可以增加拱窑的稳定性，并且可以使纵墙能够承担更大的拱圈对纵墙的水平推力；
2. 拉杆或拉索可以增强竖向墙体抵抗水平地震的能力，增加拱窑的整体性；
3. 扶壁可以用毛石、砖或砌块砌筑而成

拱窑的抗震加固措施（1）

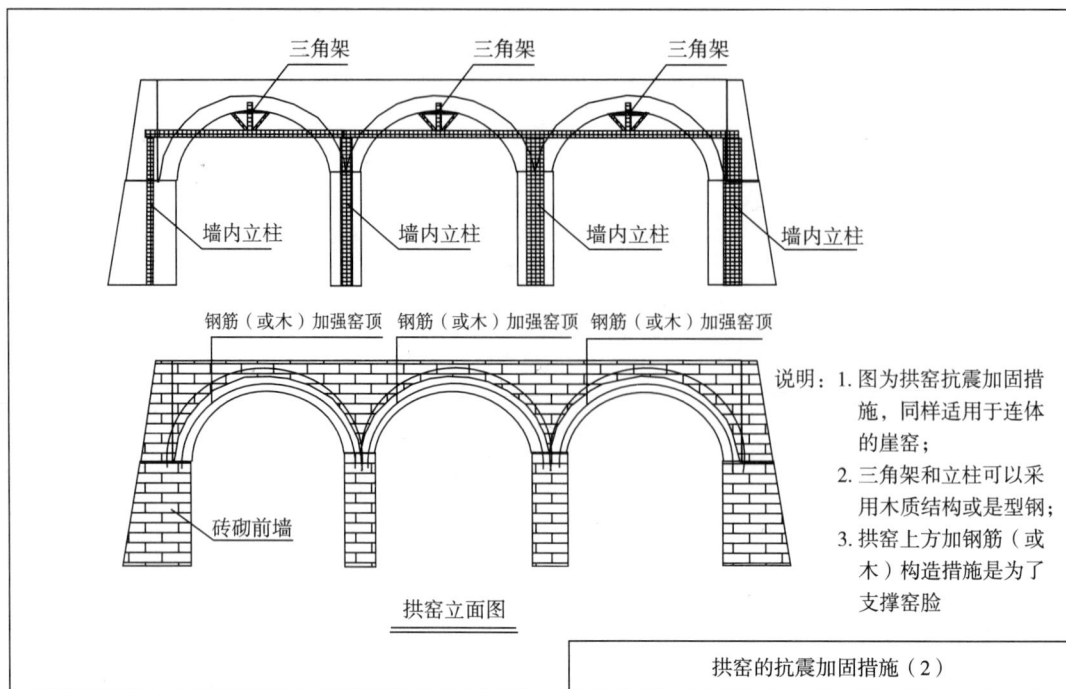

三角架　　三角架　　三角架

墙内立柱　　墙内立柱　　墙内立柱　　墙内立柱

钢筋（或木）加强窑顶　钢筋（或木）加强窑顶　钢筋（或木）加强窑顶

砖砌前墙

拱窑立面图

说明：1. 图为拱窑抗震加固措施，同样适用于连体的崖窑；

2. 三角架和立柱可以采用木质结构或是型钢；

3. 拱窑上方加钢筋（或木）构造措施是为了支撑窑脸

拱窑的抗震加固措施（2）

第九章 砖木农居的地震安全技术

9.1 砖木农居的地震安全问题

砖木农居在我国农村地区广泛分布，而且新建住房中砖木民房仍占有较大比例。长期以来，农村地区房屋建设未能纳入国家抗震设计规范，大多由农民自行设计建造，缺乏相应的抗震技术指导，存在较多的地震安全问题，下面主要从砖木农居墙体、屋盖和附属构件三个方面进行论述。

9.1.1 墙体存在的地震安全问题

墙体是砖木结构主要承重构件，对房屋的地震安全起着重要的作用，墙体破坏程度的大小也直接反应了房屋的损坏程度。墙体的地震安全问题大致包括以下内容（查润华等，2007；龚思礼等，2002）：

（1）墙体的砌筑砂浆质量差引起的地震破坏（图9-1）。砂浆质量问题是引起墙体破坏的主要原因；在施工过程中砂浆流动性差、保水性差、砂浆不均匀等原因导致砂浆质量不合格，造成砖块因砂浆的凹凸不平而遭受过大的不均匀外力作用，导致砖块本身在地震中容易破裂；另外，较差的砌筑砂浆不能提供给砖块足够的黏结力，使得墙体容易在地震中沿灰缝开裂。

图9-1 处在Ⅵ度区的泥浆黏结墙体严重开裂

（2）纵横墙或隔墙之间没有连接构造措施或连接措施强度不够，导致墙角开裂或墙体外闪。

（3）承重墙体厚度不符合要求，导致预制板下墙体承载力差，造成屋盖下开裂甚至坍塌，单层砖木农居墙体厚度不宜小于240毫米。

（4）墙体与屋盖之间没有连接措施或连接措施没有足够的连接强度，使得墙体的整体性差，导致墙体开裂或墙体外闪。

（5）墙体的开洞处，比如门窗四角等没有过梁或者设置过梁不合理，导致洞口出现斜裂缝。

（6）为了让房屋得到更好的采光效果，在墙体上开洞过大，或者门窗之间、窗户之间、外墙边与窗户边之间墙体宽度太窄，容易引起墙体在地震时开裂或倒塌。

（7）墙体在施工时采用了较差的砌筑方式导致在地震时墙体倒塌，比如砖块立放、皮砖之间没有错缝砌筑，形成竖向通缝、墙体转角处和内外墙连接处砌筑不留槎或接槎错误等，使得墙体承载力和抗侧力较低（图9－2）。

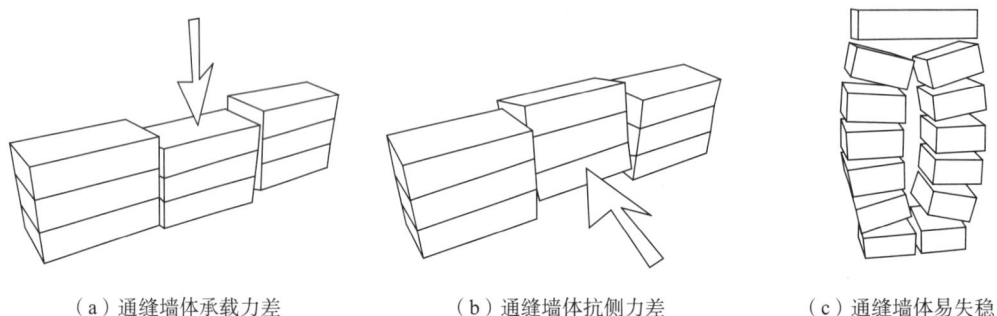

（a）通缝墙体承载力差　　　　（b）通缝墙体抗侧力差　　　　（c）通缝墙体易失稳

图9－2　通缝墙体受力图

（8）为了得到更大的使用空间而随意加大房屋的开间和房高，导致墙体过高或墙体布局不合理。地震时，墙体承受复杂的荷载作用，致使墙体承载力不足而破坏。

（9）采用了不承重的隔墙，隔墙与屋顶不连接或者是连接不够，地震时隔墙端部容易发生鞭端效应而开裂坍塌。

（10）墙上不设构造柱和圈梁，或圈梁不闭合而导致墙体整体性差。

（11）墙体刚度变化和应力集中部位，如楼梯间、墙角和烟道等削弱的墙体易破坏和倒塌。

（12）墙体砌筑过程中，砖砌体没有提前浸水、砂浆搅拌不均匀、砌筑灰缝不饱满等，造成砌筑墙体强度较低。

（13）房屋地基与基础强度不够或强度不均，墙体容易产生不均匀沉降而造成墙体开裂。

9.1.2　屋盖存在的地震安全问题

屋盖是房的上部围护部分，其重量全部由下部墙体或承重木柱承受，屋顶的重量及其与承重构件的连接性能对房屋的稳定性有着重要的作用，其存在的主要地震安全问题如下[3]：

（1）屋盖质量过重。屋盖过重，则承重结构将受到较大的水平地震剪力，不利于房屋的抗震，见图9－3。

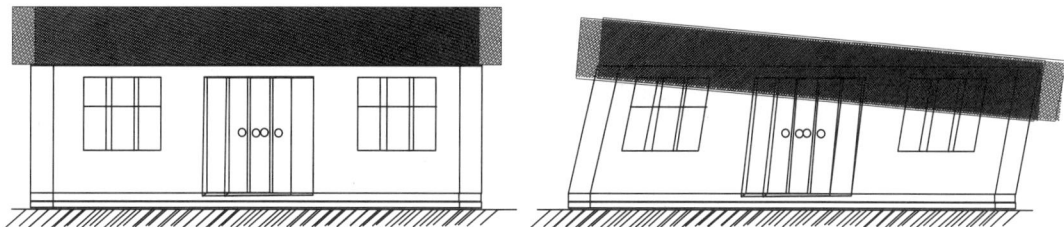

图9-3　屋盖过重易加剧房屋破坏

（2）屋盖坡度过陡。屋盖坡度过陡，屋盖高度增加，地震作用下屋盖地震反应大，容易失稳造成屋盖瓦片滑脱、屋盖坍塌等。

（3）屋盖与承重构件的连接性能差，如硬山搁檩砖房的梁檩与承重墙体间没有满墙搭接和无拉结加固措施，地震作用下梁檩与墙体反应不一致，极易导致梁檩滑脱而造成屋盖塌落。

（4）木屋架构件结点连接性能差，没有加木销或用T形、L形铁件等对榫头进行加强拉结，地震作用下结头容易拔脱、折断导致屋盖坍塌。

9.1.3　附属构件存在的地震安全问题

砖木、单层砖混及多层砌体结构的附属构件主要包括屋内天花板、顶棚装饰、门窗雨篷、烟囱和女儿墙（图9-4），附属构件主要存在以下地震安全问题[3]：

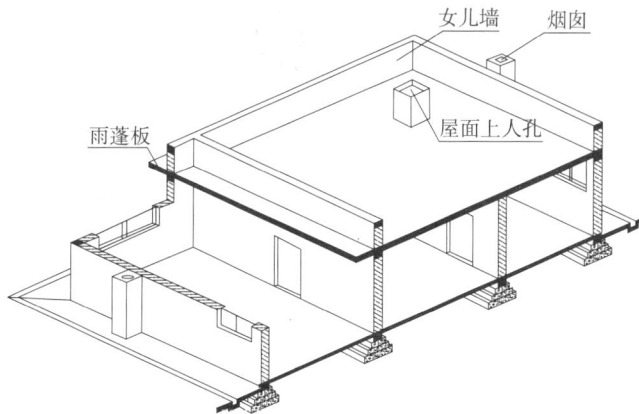

图9-4　砖房上的附属结构示意图

（1）屋内天花板、顶棚装饰过重，增加了上部屋顶重量，加剧房屋破坏程度。

（2）挑檐或者门窗雨篷突出墙体过长，且与墙体搭接长度不够，竖向地震作用下反应加剧，雨篷容易折断坠塌（图9-5）。

（3）屋顶的阁楼、烟囱、女儿墙等房屋附属结构，由于砌筑过高或者连接措施不牢固等原因，地震时由于"鞭梢效应"而引起的破坏如图9-6所示。砖烟囱砌筑高度过高，地震时极易倒塌伤人（图9-7）。

图 9 – 5 砖房挑檐突出墙体过长容易引起震害

图 9 – 6 屋顶自建阁楼地震时易倒塌

图 9 – 7 突出屋顶的烟囱过高地震时易倒塌

9.2 砖墙承重平房的地震安全技术

9.2.1 木屋盖施工技术（林学文，宋福堂，1980）

屋顶是房屋的上层覆盖构件，主要起承重和围护作用。常见的砖木农居屋顶分为单坡屋顶和双坡屋顶（图 9 – 8）。坡屋顶坡度的确定主要与地区降雨量、屋顶结构材料、防水材料等因素有关。西北地区常年干旱少雨，单坡屋顶坡角多为 5°～15°，双坡屋顶坡角多为 15°～30°。

农村砖木结构民房坡屋顶一般选用平瓦、小青瓦铺筑。屋顶根据用材和构造不同有：冷摊瓦屋顶、木望板屋顶、望砖屋顶、其他屋顶，施工工艺及抗震性能分析如下：

1）冷摊瓦屋顶

冷摊瓦屋顶在檩条上钉椽条，椽条上钉挂瓦条并直接挂瓦。这种屋面构造简单，瓦片稳定性较差。这种屋顶形式的优点是屋顶质量轻，地震作用下对墙体产生的水平剪力相应减小，而且瓦片固定效果弱，地震作用下易滑脱塌落。这种震害有利于地震耗能，减轻房

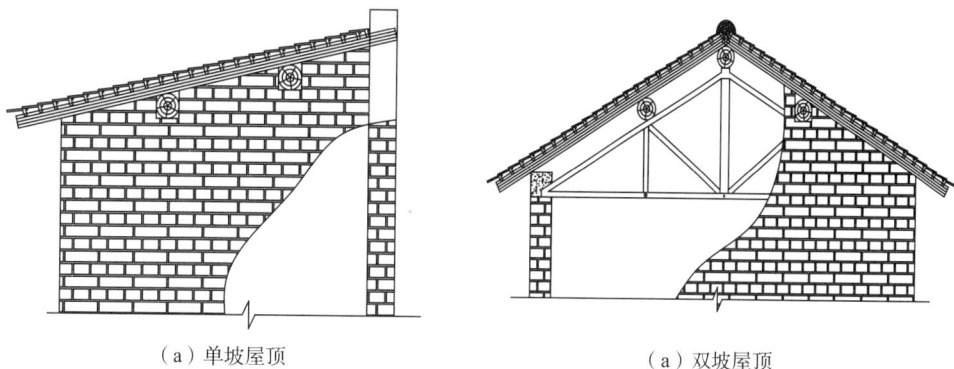

（a）单坡屋顶　　　　　　　　　　　（a）双坡屋顶

图 9-8　常见砖木农居屋顶类型

屋上部重力，减轻了墙体的震害。因此，这种屋面类型的房屋地震作用下，屋顶易产生瓦片脱落震害现象，但这种现象有利于墙体主体承重构件抗震。

2）木望板屋顶

木望板屋顶是在檩条上铺钉 15～20 毫米厚度木望板层，木望板上铺设保温、防水材料，然后设置顺水条、挂瓦条挂瓦。这种屋面构造工艺较好，稳定性较冷摊瓦屋顶有利于抗震。地震作用下，瓦片发生滑脱但不会塌落，不易造成室内损害；屋顶重力也较轻，不会加剧墙体震害。因此，木望板屋顶的综合抗震性能较好。

3）望砖屋顶

望砖屋顶是在檩条上钉椽条，椽条上密铺望砖，望砖上麦秸泥挂瓦。这种屋顶使得房屋上部荷载较大，增加了地震作用下对墙体的惯性作用力，不利于抗震。

4）其他屋顶

其他屋顶主要指用植物秸秆或竹片代替木望板的屋顶。这类屋顶多为年代较早的砖木房屋，秸秆上部麦秸泥抹平，平瓦或小青瓦平铺。这种屋顶抗雨水侵蚀性差，老旧屋顶地震作用下容易局部塌陷。

9.2.2　建筑装饰

砖木农居的建筑装饰主要包括室内地面处理、墙体抹面、天花板顶棚装饰、门窗遮雨棚，详述如下：

1）室内地面处理

农村砖木农居常用的室内地面主要有砖石地面、水泥地面、水磨石地面、陶瓷地砖地面。

砖石地面是用普通石材或黏土砖砌筑而成的地面，砌筑方式有平砌和侧砌两种，常用干砌法。这种地面施工简单，造价低，适用于要求不高的房屋地面，如仓库、牲畜圈棚等。

水泥地面采用水泥砂浆铺筑而成，施工简易，造价低，坚固耐用，防潮防水，是大多数房屋地面中较为经济的选择。

水磨石地面是在水泥砂浆找平层上面铺各种颜色的水泥石子，待面层达到一定强度后加水用磨石机磨光，打蜡而成。这种地面施工工艺要求较高，较为美观，造价高。

陶瓷地砖地面是在水泥找平面上铺筑陶瓷地砖而成。这种地面抗腐耐磨，施工方便，装饰效果较好，造价高。

2）墙体抹面

墙体抹面可以保护墙体免受外界腐蚀破坏，延长墙体寿命，通常采用墙面抹灰。墙体抹灰由三层构成：底层（找平层）、中层（垫层）、面层。底层一般采用水泥砂浆或混合砂浆打底，砂浆中加纤维材料，防止开裂。中层同底层，主要起到增厚和进一步找平的作用。面层主要起装饰作用，采用刷浆、喷灰或涂料。

3）天花板顶棚装饰

天花板顶棚是将饰面层悬吊在屋顶梁檩上而形成的顶棚，由吊杆、龙骨和面层三部分组成。吊杆又称吊筋，是连接龙骨与梁檩承载结构体上的构建，一般采用型钢或钢筋制成的金属吊杆，通常选用 $\phi 10$ 的钢筋。龙骨是用来固定面层并承受其重量的基层骨架，通过吊杆连接于屋顶下，通常采用轻质木架。面层主要有石膏板、金属板。这里要求顶棚构件尽量选择质量轻的材料，以减轻屋顶承重。

4）门窗遮雨蓬

门窗遮雨蓬可以起到遮挡风雨和太阳照射的作用，主要有钢筋混凝土浇筑雨篷和直接安装的轻型材料雨篷。钢筋混凝土雨篷嵌入墙体中，为悬臂结构或悬吊结构。直接安装的轻型材料雨篷是将雨篷构件用螺栓直接安装在墙体上。后者安装方便，质量较轻，且造价低，适用于大多数砖木农居。

9.2.3　砖墙的地震安全技术

墙体是砖木农居的主要承重部分，对房屋的地震安全性有着重要的作用。墙体由砖和砂浆两种材料组成，砂浆将砖胶结在一起筑成墙体。

1）常用砌筑材料其强度等级

（1）普通黏土砖。普通黏土砖是用塑压黏土制坯，干燥后烧结而成的实心黏土砖，是砌体结构应用最广泛的块材，烧结黏土普通砖的标准规格为 240 毫米×115 毫米×53 毫米，强度等级划分为 MU30、MU25、MU20、MU15、MU10、MU7.5，单位为牛/平方毫米。

（2）其他砌块。混凝土空心砌块、加气混凝土砌块以及硅酸盐实心砌块。通常把高度为 180～350 毫米称为小型砌块；高度为 360～900 毫米称为中型砌块。混凝土小型空心砌块、混凝土中型空心砌块和粉煤灰中型实心砌块的强度等级划分为 MU15、MU10、MU7.5、MU5、MU3.5。

（3）砂浆。砂浆由胶结材料（水泥、石灰、黏土）和填充材料（砂、石屑、矿渣、粉煤灰）用水搅拌而成。砂浆的作用是在砌体中把块材粘结成整体而使其共同工作，并抹平砖石表面使砌体受力均匀。砂浆填满砖石间的缝隙能减少砌体的透气性，提高砌体的保温性能与抗冻性能。常用的砂浆按其成分分为水泥砂浆、混合砂浆和非水泥砂浆。水泥砂浆是指无塑性掺合料的纯水泥砂浆，农居砖墙砌筑水泥砂浆的水泥和填料比例可参考表 9－1。混合砂浆是指有塑性掺合料的水泥砂浆，如水泥白灰砂浆、水泥黏土砂浆等。非水泥砂浆是指不含水泥砂浆，如白灰砂浆、黏土砂浆、石膏砂浆等。水泥砂浆的强度和防潮性能最好，混合砂浆次之，石灰砂浆最差，但它的和易性好，在墙体要求不高时可选择采用。砂浆按抗压强度分为如下等级：M15、M10、M7.5、M5、M2.5，单位为牛/平方毫米。

表 9-1　不同强度的水泥砂浆配料比例（体积比）

砂浆强度等级（牛/平方毫米）	M2.5	M5.0	M7.5	M10
水泥填料比例	1:7.3	1:6.9	1:6.3	1:5.3

2）砌筑材料对墙体抗震性能的影响

墙体在地震力作用下实际上处于受压、受弯、受剪和横向受拉的复杂受力状态。由于单块砖的抗弯、抗剪、抗拉强度低于其抗压强度，所以在地震力作用下，砌体在抗压强度尚未充分发挥的情况下就因抗弯、剪、拉能力不足而破坏了，以至于砌体的抗压强度一般都低于单块砖的抗压强度。影响砌体抗压强度的主要因素有以下几个方面：砖和砂浆的强度、砖的尺寸和形状、砂浆的流动性和保水性、砌筑质量和灰缝厚度。

国外学者研究发现，砌体结构墙体的抗拉强度和抗剪强度主要依靠于砌块和砂浆交接面的黏结强度，通常情况砌体的抗拉强度和抗剪强度远小于其抗压强度（破坏强度）（Earthquake Resistant Construction of Adobe Buildings，2003；Blondet，2005）。砂浆中水泥或者石灰的含量越高，砌体的抗拉强度和抗剪强度越高，就越能提高砌体抗压强度。砌体标准强度见表9-2。

表 9-2　砌体标准强度

砂浆配合比		抗拉强度（兆帕）	抗剪强度（兆帕）	与砌块单元压碎强度相对应的抗压强度（兆帕）			
水泥	砂子			3.5	7.0	10.5	14.0
1	12	0.04	0.22	1.5	2.4	3.3	3.9
1	6	0.25	0.39	2.1	3.3	5.1	6.0
1	3	0.71	1.04	2.4	4.2	6.3	7.5

一般情况下，砌体的抗拉强度与设计目的相对应的一般荷载是没有关系的，通常假设承受拉应力的区域是处于开裂状态。在地震力作用下，建议连接砌块的水平缝处砂浆的容许抗拉和抗剪强度采用表9-3中数据。

表 9-3　砌体标准许用应力

砂浆配合比			许用应力（兆帕）		与砌块单元压碎强度相对应的抗压强度（兆帕）			
水泥	石灰	砂子	抗拉强度	抗剪强度	3.5	7.0	10.5	14.0
1	—	6	0.05	0.08	0.35	0.55	0.85	1.00
1	1	6	0.13	0.20	0.35	0.70	1.00	1.10
1	—	3	0.13	0.20	0.35	0.70	1.05	1.25

因为砌体的抗拉和抗剪强度对墙体的抗震整体性能非常重要，使用泥浆或是质量很差的砂浆对于墙体的抗震是非常不利的。墙体使用砂浆的最小配合比为水泥：砂子 = 1:6。

表9-4列出了不同抗震设防等级、不同砌体结构类型使用砂浆的适合配合比。

表9-4   不同抗震设防等级不同建筑类型适合砂浆配合比

不同抗震设防等级不同建筑类型	水泥∶石灰∶砂子
Ⅸ度区软土地基上的重要建筑	水泥∶砂子＝1∶4 或水泥∶石灰∶砂子＝1∶1∶6 或更大值
Ⅷ度区软土地基上的重要建筑 Ⅸ度区硬土地基上的重要建筑 Ⅸ度区软土地基上的一般建筑	水泥∶石灰∶砂子 1∶2∶9 或更大值
Ⅶ度区软土地基上的重要建筑 Ⅷ度区硬土地基上的重要建筑 Ⅷ度区软土地基上的一般建筑 Ⅸ度区硬土地基上的一般建筑	水泥∶砂子 1∶6 或更大值

3）砖墙的砌筑方式及外形

（1）普通黏土砖墙体砌筑方法。

砖块的尺寸、数量、灰缝可形成不同的墙厚度和墙段的长度。标准砖的长、宽、高规格为 240 毫米×115 毫米×53 毫米，砖块间灰缝宽度为 10 毫米。墙厚与砖规格的关系如图9-9 所示。

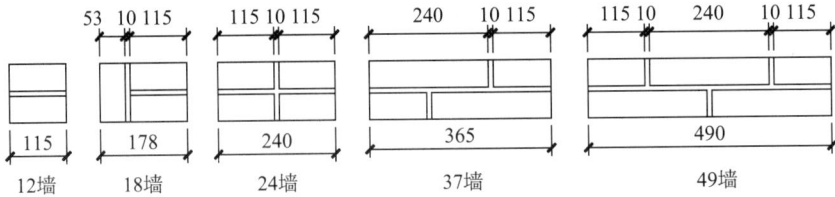

图9-9   墙厚与砖规格关系

在墙体砌筑时，砖块的长边平行于墙面的砖称为顺砖，砖块的长边垂直于墙面的砖称为丁砖。上下层砖之间的水平缝称为横缝，左右两砖之间的垂直缝称为竖缝（图9-10）。墙体砌筑应遵循内外墙体搭接、上下错缝的原则，切忌出现竖直通缝。内外墙要同时砌筑，做到灰缝饱满，厚度控制在 8～10 毫米，错缝长度不应小于 60 毫米，否则会影响墙体的强度和稳定性。墙体砌筑前，必需对砖浇水使其充分浸水，避免使用干燥的砖块砌墙。因为干燥的砖块会吸取砂浆的水分，使砂浆失去黏结力。砖墙砌筑应遵循内外搭接、上下错缝的原则，且错缝长度不应小于 60 毫米，且应便于砌筑及少砍砖。

砖墙的砌筑方式分为以下几种：全顺式、一顺一丁式、多顺一丁式、十字丁式（见图9-11）。实践表明，采用丁顺砌法或者十字丁（梅花丁）砌法，墙体抗震较好。而全顺或者全丁式砌法不宜采用。

（2）空心砖墙体的砌筑形式。

砌块规格为 190 毫米×190 毫米×90 毫米的承重空心砖一般是整砖顺砌，上、下匹竖缝相互错开半匹砖长度（100 毫米），如有半砖规格的，也可采用每匹整砖与半砖相隔的梅花丁砌筑形式，如图9-12 所示。

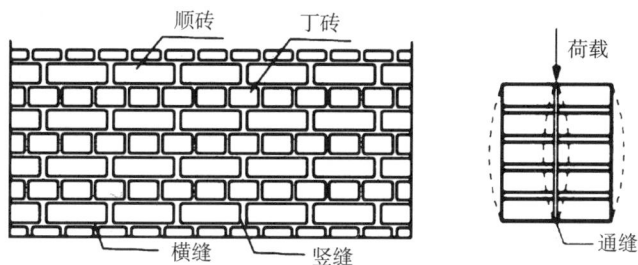

图 9 – 10 砖的错缝搭接

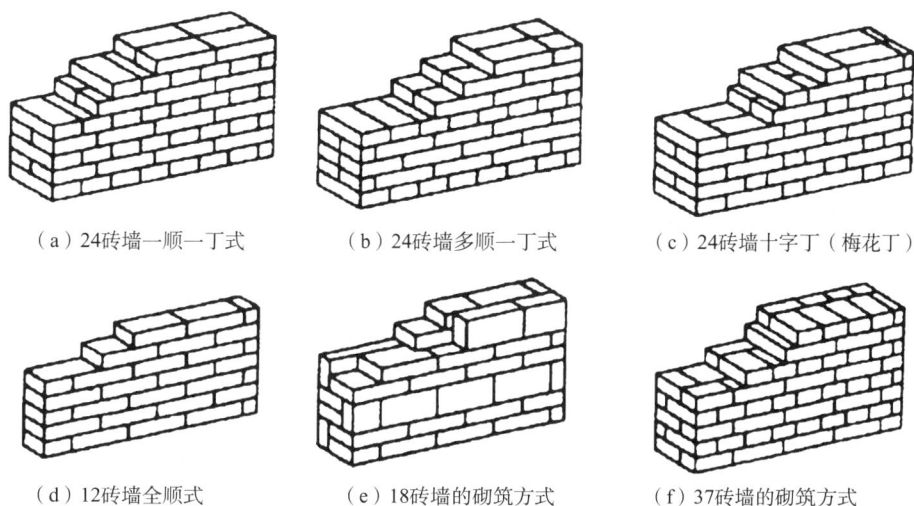

（a）24砖墙一顺一丁式　　　（b）24砖墙多顺一丁式　　　（c）24砖墙十字丁（梅花丁）

（d）12砖墙全顺式　　　（e）18砖墙的砌筑方式　　　（f）37砖墙的砌筑方式

图 9 – 11 砖墙的砌筑方式

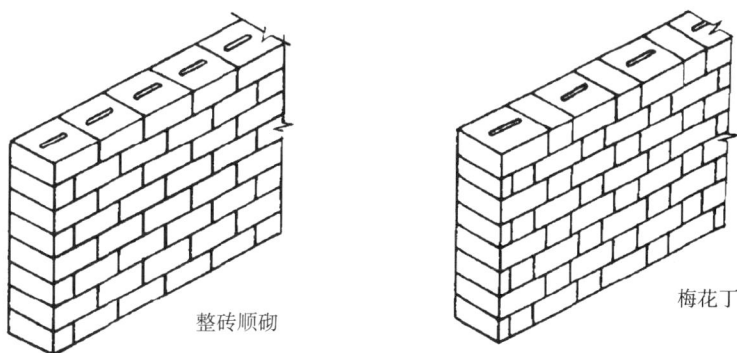

图 9 – 12 190 毫米×190 毫米×90 毫米的承重空心砖砌筑形式

砌块规格为240 毫米×115 毫米×90 毫米的承重空心砖一般采用一顺一丁或梅花丁砌筑形式。

砌块规格为240 毫米×180 毫米×115 毫米的承重空心砖一般采用全顺或全丁砌筑的形式。

空心砖墙转角及丁字交接处的砌筑方法：转角及丁字交接处应加砌半砖，使灰缝错开。转角处半块砖砌在外角上，丁字交接处半块砖砌在横墙端头（图9–13）。

非承重空心砖墙，在底部应砌3匹实心砖。在门窗洞口两侧一砖范围内，也应用实心砖砌筑（图9–14）。

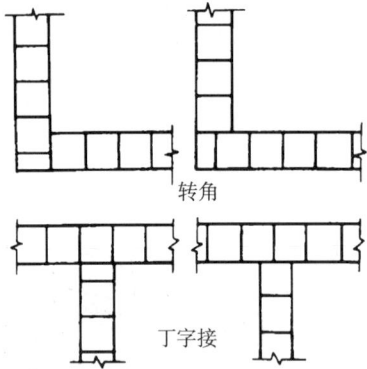

图9–13　空心砖转角及丁字交接

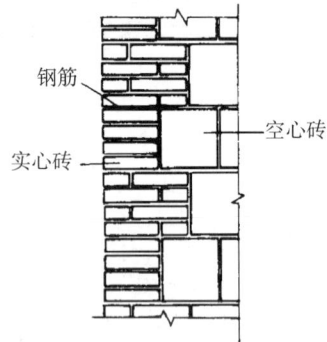

图9–14　空心砖墙在端头处砌法

（3）砖墙留槎的砌筑方法。

①斜槎：斜槎长度不应小于其高度的2/3（图9–15（a））；

②直槎：加设拉结钢筋，其数量为每1/2砖厚不少于一根φ4或φ6钢筋，砖墙的转角处不得留直槎，有抗震要求的砌体结构，其临近断处不得留直槎（图9–15（b））；

③隔墙与墙的接槎：在砌墙时引出直槎预埋拉结钢筋，其构造同上，每道不少于2φ4或2φ6钢筋（图9–15（c））；

④承重墙丁字接头处的接槎：连接处下部约1/3高度处砌成斜槎，上部留直槎，并加拉结钢筋（图9–15（d））；

⑤构造柱（纵横墙交接处）：构造柱要生根于基础或圈梁，与砖墙连接处墙身应砌成一层一收，先收后进。纵、横墙的根部均应砌成五层砖，作为清扫口（图9–15（e））。

（4）配筋砖砌体的砌筑形式。

对于抗震设防的建筑物采用配筋结构，可提高房屋的抗震性能。配筋的直径应小于2倍灰缝厚度，钢筋网片应电焊成型，两筋搭接长度应大于30倍的钢筋直径，要露出墙体。砌体配置拉结筋后拉力由钢筋承担，延性增大，从而提高了房屋的抗震能力。

砌体抗震拉结钢筋设置，砖墙内每隔120毫米放置一根直径为6毫米的钢筋。其间距沿墙高不得超过500毫米，埋入长度从墙的留槎处算起，每边不小于500毫米，末端应有90度弯钩。通过构造柱与砌体的抗震拉结钢筋为2φ6，从构造柱的外沿算起每边不应小于1000毫米；末端应有180°弯钩。

采用钢筋网配筋时，钢筋的直径宜采用3～4毫米；当采用连弯钢筋网时，钢筋的直径不应大于8毫米。钢筋网中的钢筋间距应在30～120毫米之间。钢筋网的垂直间距不应大于五匹砖，或不大于400毫米。网片状配筋砌体所用砖的规格不低于M5；钢筋网应设置在砌体的水平灰缝中，灰缝的厚度应保证钢筋上下至少各有2毫米厚的砂浆层（图9–16）。

4）墙体的平面布局

砖平房的纵横墙设置要合理。特别内横墙应限制开间数量，增强房屋抗剪能力，不能

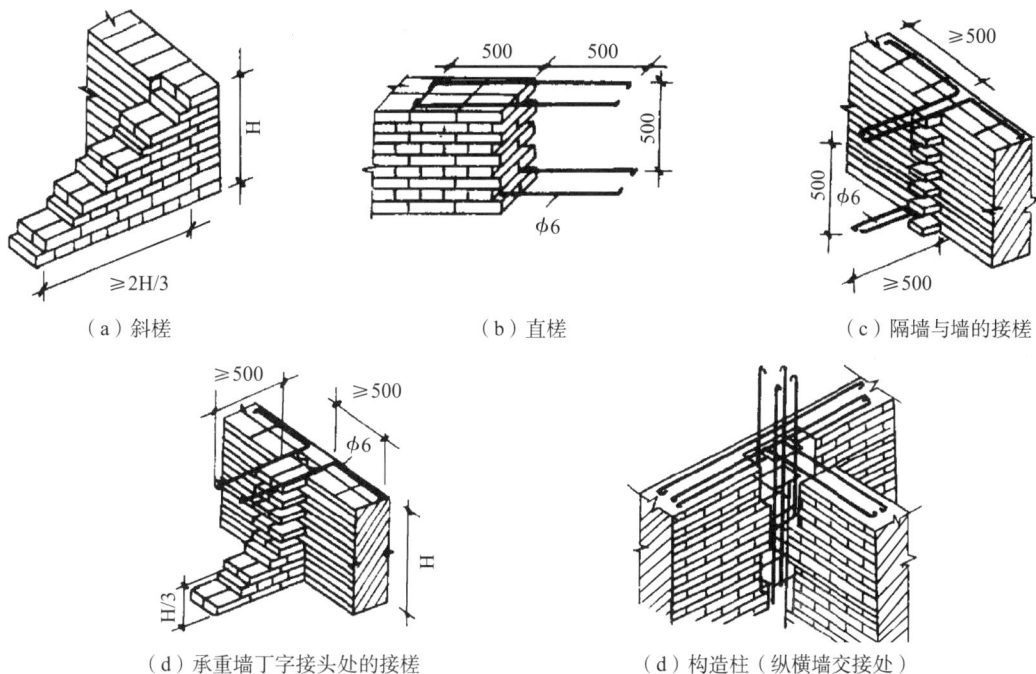

（a）斜槎 （b）直槎 （c）隔墙与墙的接槎

（d）承重墙丁字接头处的接槎 （d）构造柱（纵横墙交接处）

图 9 – 15 砖墙砌筑时留槎的方法

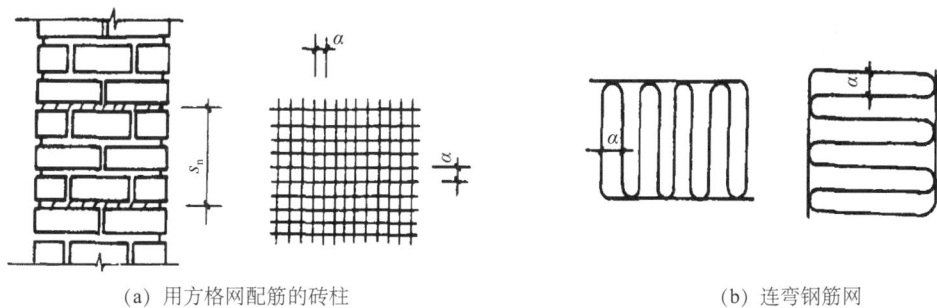

（a）用方格网配筋的砖柱 （b）连弯钢筋网

图 9 – 16 配筋砖砌体钢筋网

设置太少（图 9 – 17）。

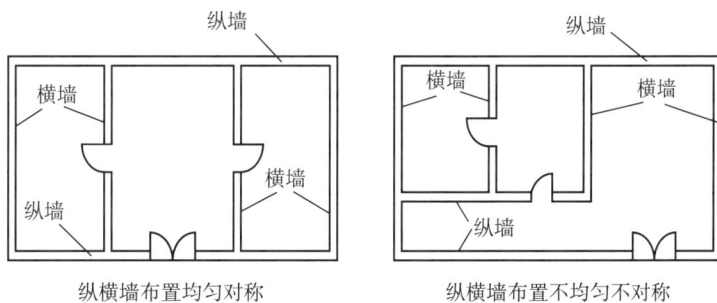

纵横墙布置均匀对称 纵横墙布置不均匀不对称

图 9 – 17 合理设置纵横隔墙

房屋抗震横墙间距的设置，现浇或装配整体式钢筋混凝土房屋不应超过 15 米，装配式钢筋混凝土房屋不应超过 11 米。房屋的抗震横墙间距主要保证结构的整体刚度，并保证地震作用下的抗剪面积。

一般房屋的纵墙比较长，开间处不采取柱等措施时，最好修承重内墙，而不要用不承重的隔墙。隔墙不承重，地震时不能分担地震剪切力，而且自身由于自由端的存在容易破坏。

5）提高墙体的整体性

提高墙体的整体性有很多方法，比如房屋的纵横墙连接处采用咬槎砌筑，或在纵横墙连接处设置构造柱、或沿墙的高度设置拉结钢筋以及圈梁。圈梁、构造柱以及拉结钢筋的具体做法参见第 10 章。

9.2.4 抗震构造措施

1）钢筋混凝土圈梁

圈梁分为基础圈梁和檐下圈梁，基础圈梁沿外墙和主要承重墙体布置，檐下圈梁沿纵墙和山墙顶部布置或沿外墙的屋檐下高度处布置，钢筋混凝土圈梁的具体构造要求如下：

（1）圈梁截面宽度应与墙体厚度相同，基础圈梁截面高度不宜小于 180 毫米，檐下圈梁高度不宜小于 120 毫米（图 9 – 18）。

图 9 – 18　底圈梁的设置

（2）圈梁构造配筋应满足表 9 – 5 中的要求。

表 9 – 5　钢筋混凝土圈梁配筋要求

配　筋	设防烈度		
	Ⅵ、Ⅶ	Ⅷ	Ⅸ
最小纵筋	4ϕ 8	4ϕ 10	4ϕ 12
箍筋直径和最大间距	ϕ 4@ 250	ϕ 6@ 200	ϕ 6@ 200

（3）圈梁浇筑混凝土强度不应小于 C15。

（4）圈梁设置应避开门窗洞口，保证圈梁闭合，否则应设置过梁搭接或圈梁绕过洞口连接。

（5）圈梁浇筑过程中应尽量保证一次浇筑，当有必要进行二次浇筑时，应将施工缝表面清理、凿毛。

2）配筋砖圈梁

配筋砖圈梁抗震效果不如钢筋混凝土圈梁，但是在经济条件受限，抗震设防烈度又在Ⅷ度及以下时可以采用。配筋砖圈梁的构造如图 9-19（墙体厚度单位 mm）。24 墙时，Ⅶ度设防至少用 4 根，Ⅷ度设防可增加到 6 根，37 砖墙至少用 6 根（表 9-6）。

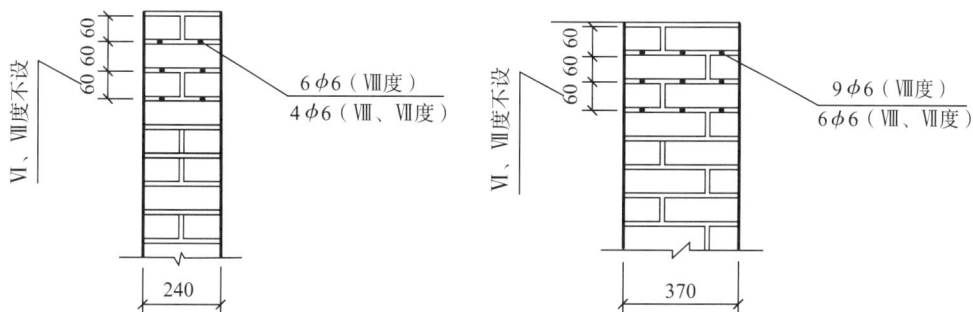

图 9-19　配筋砖圈梁构造图

表 9-6　配筋砖圈梁纵向总配筋（Ⅸ度不推荐）

墙体厚度 b（mm）	Ⅶ度	Ⅷ度
240	4ϕ6	6ϕ6
370	6ϕ6	9ϕ6

国外也有采用木圈梁的做法，实践证明对于土木结构房屋，采用木圈梁同样能够提高房屋的抗震性能。木圈梁的厚度最小 8 厘米，一般应该 10～12 厘米。太薄的木圈梁地震中容易折断，起不到应有的作用。木圈梁用铆钉锚固即可，但是要保证各处平齐，避免高度不一致。

3）构造柱

构造柱通常设置在墙体转角和纵横墙体交接部位，一方面可以提高墙体的整体性和变形能力，另一方面可以有效提高应力集中部位的抗地震破坏能力。因此，构造柱可设置在外墙和内横墙交接处、大开洞两侧、较长墙体（＞15 米）的中部，及其他震害较重、连接比较薄弱和容易发生应力集中的部位。

砖木结构平房构造柱设置要求如图 9-20 所示：①抗震设防烈度低于Ⅷ度的地区，砖木结构平房可不设构造柱；②应该先砌墙再浇筑构造柱，构造柱与墙体的结合面应该砌成马牙搓；③Ⅷ度区，构造柱宜设置在房屋外墙四角和大开间房屋的四角。

（a）墙体中间构造柱的设置

（b）外墙角构造柱

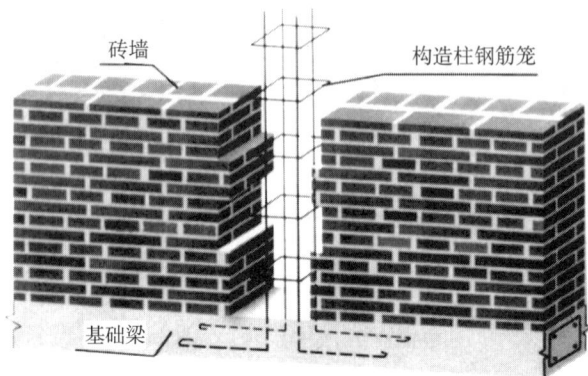

（c）构造柱和基础梁的连结

图 9－20　构造柱的设置

4）墙体拉筋

墙体拉筋措施对提高墙体整体性和抗震能力是一项简单、经济有效的抗震构造措施。墙体拉筋根据布置位置可以分为 L 形墙体拉筋、T 形墙体、十字形墙体拉筋，具体要求有两点：一是墙体拉筋宜沿墙高，每隔 8 皮砖铺设一层，钢筋伸入墙内长度 1 米为宜；二是当墙体有构造柱措施时，墙体拉筋应与构造柱用铁丝绑扎（图 9－21）。

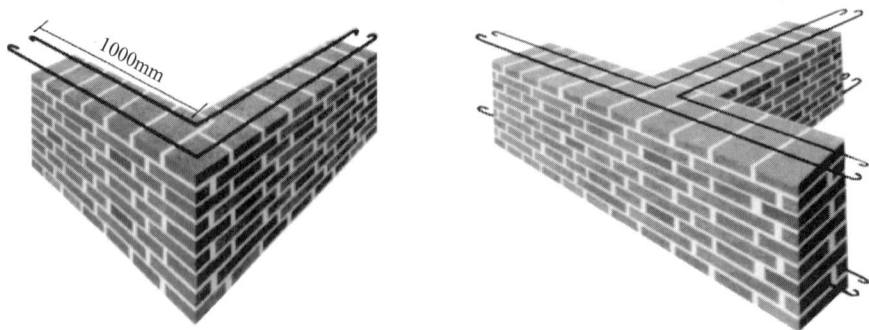

图 9－21　墙体拉筋图

5）构件连接加固措施

（1）屋盖与墙体的连接措施。屋盖与墙体之间的连接措施主要是梁檩与承重墙体之间的连接，增强措施包括檩下加设垫板（木垫板或钢筋混凝土垫板），梁檩与承重墙体的锚固（扒钉锚固、预埋螺栓锚固）（图9-22）。这对防止地震作用下梁檩下局部墙体因应力集中造成的开裂、梁檩滑脱起着重要的作用。

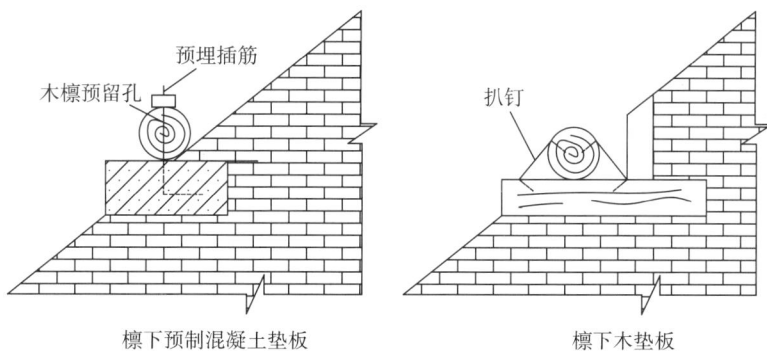

图9-22　檩与山墙的连接图

（2）檩条之间的连接。檩条之间用燕尾榫连接，并再使用扒钉加固，如图9-23所示；檩木与墙体的连接方式如图9-24所示，预先在墙体内预留混凝土螺栓，利用螺栓连接墙体和檩木。

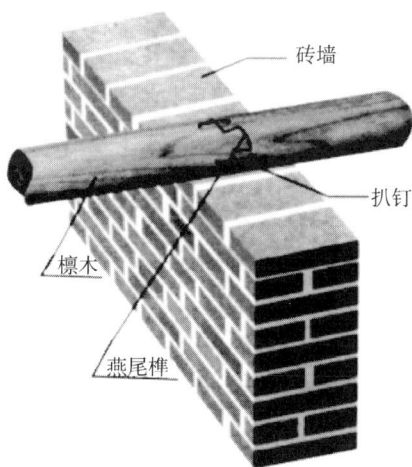

图9-23　相邻檩条在墙上的连接

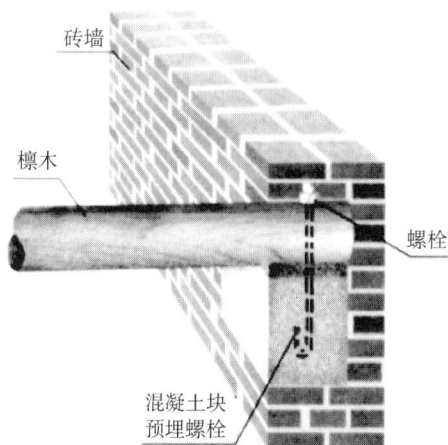

图9-24　檩木与墙体的连接

（3）木构件与砖柱的连接。砖柱与梁、木屋架的连接如图9-25和图9-26所示，同样采用在混凝土块中预埋螺栓的方式连接。

图 9 - 25   梁与砖柱的连接

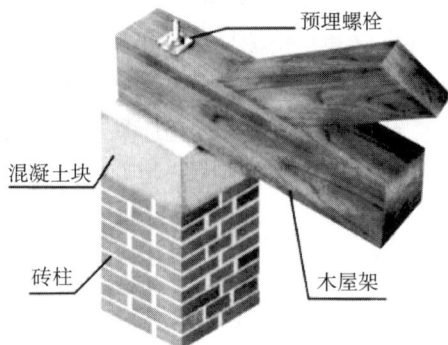

图 9 - 26   木屋架与砖柱的连接

6）不同设防烈度下砖墙承重砖木平房抗震技术建议

砖墙承重平房在不同烈度下的抗震技术可以参看表 9 - 7。表中给出了该类型房屋在不同烈度下房屋高度、承重横墙间距、墙体厚度要求及抗震构造措施等要求。

表 9 - 7   不同设防烈度下墙体承重或混合承重砖木平房抗震技术建议

砖木平房类型	烈度	抗 震 技 术
砖木平房 – 墙体承重	VI	(1) 房屋高度≤4.0 米 (2) 承重横墙间距≤9 米；如超过所给值，建议设柱子 (3) 墙体厚度≥24 厘米
	VII	(1) 房屋高度≤3.3 米 (2) 承重横墙间距≤6 米；如超过所给值，建议设柱子 (3) 墙体厚度≥24 厘米
砖木平房 – 混合承重	VI	(1) 房屋高度≤4.2 米 (2) 承重横墙间距≤10 米；如超过所给值，建议设柱子 (3) 墙体厚度≥24 厘米
	VII	(1) 房屋高度≤3.3 米 (2) 承重横墙间距≤7 米；如超过所给值，建议设柱子 (3) 墙体厚度≥24 厘米
	VIII	(1) 房屋高度≤3.3 米 (2) 承重横墙间距≤5 米；如超过所给值，建议设柱子 (3) 墙体厚度≥37 厘米 (4) 应在所有纵横墙的基础顶部、屋盖（墙顶）标高处设置配筋砖圈梁。配筋砖圈梁是为加强结构整体性和提高墙体的抗倒塌能力，在承重墙体的底部或顶部，在两皮砖之间砌筑砂浆中配置水平钢筋所构成的水平约束构件

9.2.5   抗震加固技术

抗震加固是使现有建筑达到规定的抗震设防要求而进行的设计及施工，适用于砖木农居的主要技术手段有灌浆加固法、面层加固法和扶壁砖柱加固法。

1）灌浆加固法

灌浆加固法适用于对墙体因不均匀沉降、热胀冷缩、承载力不足或地震作用产生的裂缝进行修复补强。灌浆用的材料有纯水泥浆、水泥砂浆、水泥石灰浆，见表9－8。稀浆适用于0.3～1毫米宽的裂缝；稠浆适用于1～5毫米的裂缝；砂浆适用于宽度大于5毫米的裂缝。

施工工艺如下：

步骤一，清理裂缝，使裂缝的通道贯通，无堵塞。

步骤二，用加有促凝剂的浆体嵌缝，以避免灌浆时浆体外溢。

步骤三，用电钻或手锤在裂缝偏上端制成灌浆孔。

步骤四，用1∶10（水泥∶水）的稀水泥浆冲洗裂缝一遍，并检查裂缝通道的流通情况，同时将裂缝周边的砌体浇湿。

步骤五，灌入浆体。

步骤六，将裂缝补强处局部养护。

表9－8　裂缝灌浆材料参考配合比

浆别	水泥	水	胶结料	砂
稀浆	1	0.9	0.2（107胶）	
	1	0.9	0.2（二元乳胶）	
	1	0.9	0.01～0.02（水玻璃）	
	1	1.2	0.06（聚醋酸乙烯）	
稠浆	1	0.6	0.2（107胶）	
	1	0.6	0.15（二元乳胶）	
	1	0.7	0.01～0.02（水玻璃）	
	1	0.74	0.055（聚醋酸乙烯）	
砂浆	1	0.5	0.2（107胶）	1
	1	0.6～0.7	0.15（二元乳胶）	1
	1	0.6	0.01（水玻璃）	1
	1	0.4～0.7	0.06（聚醋酸乙烯）	1

2）面层加固法

面层加固法是用于砖墙受压承载力严重不足或抗剪强度、抗侧强度不够时，对墙体增设钢筋网面层的方法。加固面层可采用双面（或单面）增设钢筋网砂浆层；双面（或单面）增设钢筋网细石混凝土层；双面增设水泥砂浆层。

加固施工过程中。首先，为保证水泥砂浆能与原砌体有可靠的黏结，施工时应将原墙面的粉刷铲去，砖缝剔深10毫米，用钢刷将墙面刷净，并洒水湿润。然后，在墙体上每隔1000～1200毫米凿深度为120～180毫米的预埋件孔，清洗后埋入ϕ6毫米的S形钢筋拉结钢筋网，也可以采用ϕ4毫米U形钢筋或用铁钉钉入墙体砖缝内。最后，水泥砂浆抹面，厚度宜 30～40 毫米，砂浆强度不低于 M10。

　　3）扶壁砖柱加固法

　　扶壁砖柱加固法是提高墙体抗压、抗侧承载力的常用方法，可以有效增加墙体的折算厚度和墙体截面。增设砖扶壁柱与原墙体的连接，可以采用插筋法或挖镶法实现，以保证两者共同工作。

　　插筋法增设扶壁砖柱的具体做法如下：

　　步骤一，将新旧砌体接触面间的粉刷层剥去，并冲洗干净。

　　步骤二，在砖墙的灰缝中打入 $\phi 4$ 或 $\phi 6$ 的连接钢筋，如果打入插筋有困难，可以先用电钻钻孔，然后将插筋打入。插筋的水平间距不应大于 120 毫米，竖向间距以 240～300 毫米为宜。

　　步骤三，在开口边绑扎 $\phi 3$ 毫米的封口筋。

　　步骤四，用 M5～M10 的混合砂浆，MU7.5 以上的砖砌筑扶壁柱，要求扶壁柱宽度不小于 240 毫米，厚度不应小于 125 毫米。当砌至楼板底或梁底时，应采用硬木顶撑，或用膨胀水泥砂浆砌筑最后 5 层的水平灰缝，以保证补强砌体有效发挥作用。

　　挖镶法增设扶壁砖柱的做法如下：先将墙上的顶砖挖去，再砌两侧扶壁柱时将镶砖镶入。镶入时，砖在旧墙内的灰浆最好掺入适量的膨胀水泥，以保证镶砖与旧墙能上下顶紧。

9.3　木构架承重砖平房的地震安全技术

　　木构架承重砖平房的屋顶荷载全部由木构架承受，墙体仅起到间隔和围护作用，木构架在柱基上立柱，柱与墙体之间通常有一定间隙，之间无连接措施。地震作用时，木构架和围护墙体并无相互力学作用，顶部荷载的地震作用于木构架，因此，木构架的建造质量对房屋的地震安全起着重要作用。

9.3.1　木构架的地震安全技术

　　木构架承重房屋自身具有很好的整体性和柔韧性，是农村民房中抗震性能较好的房屋类型。为充分发挥木构架承重房屋的良好抗震性能，施工建造过程中，应遵循一些基本原则和采取必要的地震安全技术：

　　（1）要求房屋平面布局和建筑体型简易、规则、对称，避免出现形状上的不规则变化。

　　（2）尽量选择双坡屋顶类型，降低房屋高度和屋面坡度。

　　（3）房屋高度不易过高，檐高通常可取 2.7～3.0 米之间。

　　（4）尽量使用轻质的屋顶，如在檩、椽、望板上做泥背时，泥背层厚度不宜过厚，避免屋顶过重而导致头重脚轻。

　　（5）木构架梁柱材料宜选用一般常用材料，如落叶松、云杉、硬木松、铁杉等不易变形开裂的木材。

　　（6）柱断面不得过于细小，一般承重柱可采用方木或圆木，方木截面不宜小于 150 毫米×150 毫米，圆木直径不宜小于 120 毫米。

　　（7）承重木材不易采用有腐朽、扭纹的木材，裂缝不得大于直径的 1/3。

　　（8）木材宜涂刷防腐、防虫、防火药剂。

（9）木结构骨架要齐全，节点连接要牢靠。

（10）木构架可采用平面内增加木构件或铁构件斜撑，以增强木构架的稳定性。

（11）木构架梁柱节点不应削弱构件截面，需要时可采用局部加强措施。

（12）木构架梁柱连接处，宜优先选用木或钢斜撑，斜撑的斜角角度以45°为宜，通常采用螺栓连接。

（13）木柱底部与基础或圈梁相接处应作防腐处理，木柱不能与土层直接接触，木柱与基础顶面要有可靠连接，宜采取预埋件与木柱连接或将木柱插入基础顶面。

（14）木构架结构的围护墙体，应采用相应措施保证地震时围护墙体只向外侧倒塌，而不致向室内倒塌，如可对竖向承重柱增加水平横向拉牵。

9.3.2　抗震构造措施

木构架承重房屋的抗震构造措施如下：

1）木构架斜撑

在梁（屋架）与柱、拉牵与柱之间均应加设木斜撑或钢斜撑，斜撑上仰角度范围宜30°～60°，以45°最佳，两端采用螺栓连接，增强木构架的稳定性，减小地震作用下木构架的平面内往复位移，避免木构架过大角度的倾斜，见图9－27。

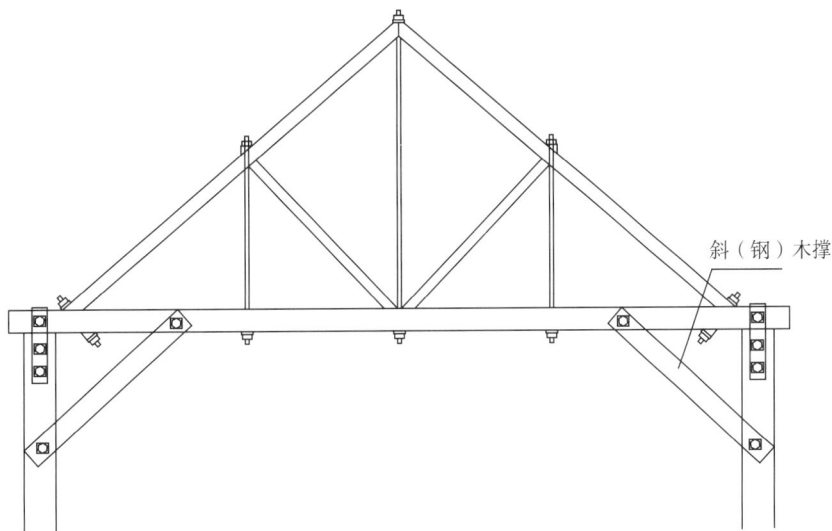

图 9 – 27　屋架与柱之间的斜撑拉结

2）木构架剪力撑

木排架顶部之间应设置剪刀型支撑，宜采用型钢拉结，两端用螺栓固定，提高木排架之间的整体性。

在Ⅵ～Ⅶ度区，每间隔1～2个排架应设置一对剪刀型支撑；在Ⅷ～Ⅸ度区，每个排架之间应设置一对剪刀型支撑。

3）锚固柱脚

锚固柱脚的措施主要有基座预埋件拉结和柱脚挖槽固定。

（1）基座预埋件拉结。基座预埋件拉结措施主要适用于混凝土基座。混凝土基础浇筑时，在柱脚位置预埋柱脚连接件，如 L 形扁铁件，铁件埋入长度（包括弯折部分）宜25～35厘米，露出长度宜25～30厘米，加2～3个螺栓与柱进行可靠连接。

（2）柱脚挖槽固定。柱脚挖槽固定主要适用于石基座。先将柱脚石基座根部埋入地下，通常应埋入地平面以下40厘米左右，露出地平面高度约20厘米，然后柱脚顶面挖槽或侧面挖槽，采用嵌入铁件拉结固定或侧面木销键嵌入固定，见图9-28。

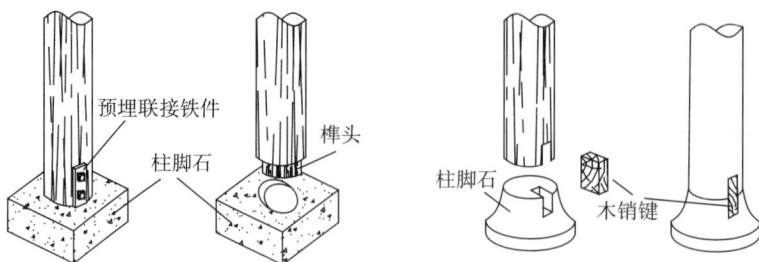

图9-28　木柱柱脚加固图

4）木构件连接接头加固措施

梁柱接头、檩条接头、杆件对接等木构件接头都是地震作用下的结构受力薄弱部位，应采取适当的措施对其进行加强连接，主要措施如下：

（1）梁柱托木、U 形铁件加固措施。梁柱接头通常采用榫头连接，但地震作用下易出现榫头拔出、榫头折断等引起屋架倾斜、坍塌。对节点榫头下加设木垫块，螺栓固定，然后采用 U 形或 T 形铁件拉结，螺栓固定，见图9-29。

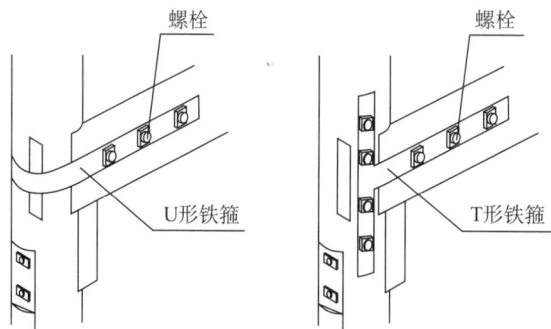

图9-29　榫头结点详图

（2）杆件铁板加固、钢丝加箍措施。

一般杆件对接方式不当，杆件容易变形和折断。采用平板铁件、钉子和铁丝加箍措施，可有效提高其连接性能，见图9-30。

（3）檩柱扒钉、檩"燕尾"槽形连接措施。檩条是屋顶的主要承重构件，檩柱之间可采用扒钉增强措施。檩条长度不够时，通常出现檩条对接，此时可采用檩条平行并列、扒钉固定连接，宜可采用檩条开"燕尾"槽进行对接。

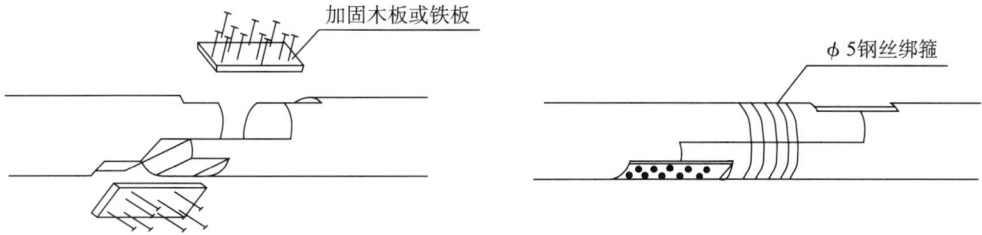

图 9－30　木杆件对接加固图

5）木柱与墙体底部固结措施

为增强木构架的稳固性，木柱底部与墙体底部有必要采取 U 形和 L 形连接加固措施，起到墙体对木柱的固定作用，见图 9－31。

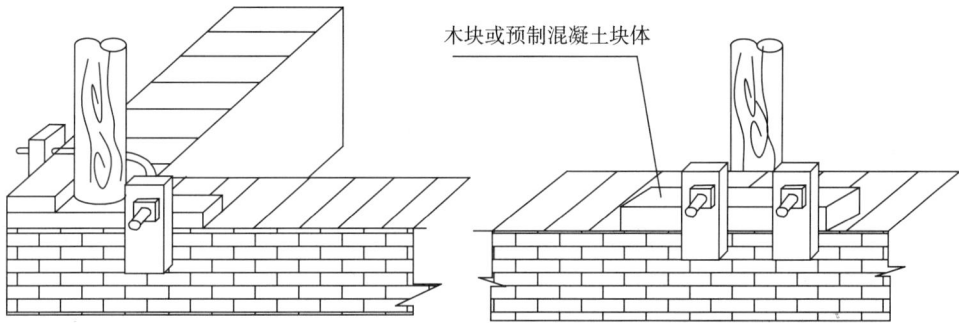

图 9－31　墙体拉筋

6）墙缆

地震力作用下，木构架上部自有振动，木构件节点部位易受到弯折扭转。可以采用墙缆，连接檩条与墙体，限制上部结构的自由度和振动位移，见图 9－32。

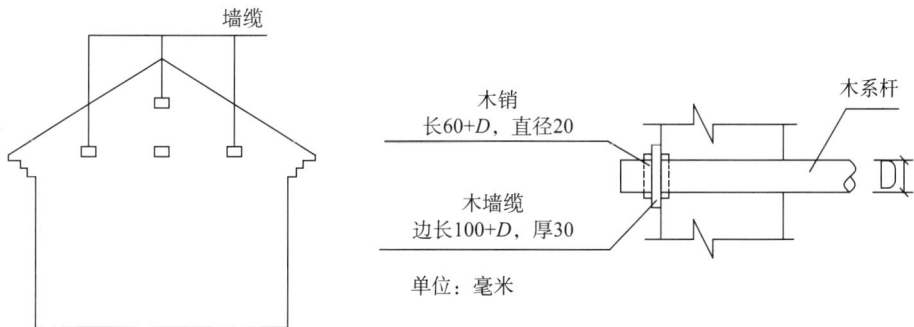

图 9－32　墙缆设置图

7）不同设防烈度下砖墙承重砖木平房抗震技术建议

木构件承重砖木平房在不同烈度下的抗震技术可以参看下表 9－9。表中给出了该类型房屋在不同烈度下房屋高度、承重横墙间距、墙体厚度要求及抗震构造措施等要求。

表9-9　不同设防烈度下木构件承重砖木平房抗震技术建议

烈度	抗震构技术
VI	（1）房屋高度≤4.5米 （2）承重横墙间距≤11米；如超过所给值，建议设柱子 （3）墙体厚度≥24厘米
VII	（1）房屋高度≤4.2米 （2）承重横墙间距≤11米；如超过所给值，建议设柱子 （3）墙体厚度≥24厘米
VIII	（1）房屋高度≤3.3米 （2）承重横墙间距≤6米；如超过所给值，建议设柱子 （3）墙体厚度≥37厘米 （4）木柱下应设柱脚石或混凝土基座，柱脚与柱脚石之间可采用石销键或石榫连接，也可以采用木销键或联结铁件连接。柱脚石或混凝土基座埋入室外地面以下的深度不应小于200毫米。应使木圈梁和木柱有可靠的连接，保证良好的整体稳定性。必要时，在外墙四角、内外墙相接处，设置荆条、藤条、竹片、苇杆等韧性好的条材作为拉结材料，沿墙高每隔500毫米设置一层，且每边伸入墙内不小于750毫米或至洞口边

9.3.3　抗震加固技术

木构架房屋建造自身可能存在结构上的强度不足或缺陷，另外，木构件是有机材料，存在天然缺陷如木节、裂缝、翘曲等，且使用过程中容易遭受虫蛀、雨蚀等，需要对其进行加固处理，主要加固技术如下：

1）木柱的加固

木柱柱底容易腐朽损坏，造成房屋变形下沉，需要对木柱进行垫高加固、重新扶正。可以采用接柱和增设柱墩的方法。

（1）墩柱做法。采用外加支柱支撑待接墩柱的上部承重荷载，使待接墩柱卸载，锯截木柱腐蚀的底端，用砖砌墩块或混凝土墩块代替，锯截的木柱截面轴线应与墩块垂直轴线对齐，待墩块砌体或混凝土块达到设计强度的50%以上后，方可拆除临时支撑。墩柱预接之前，应对柱底部做防腐防潮处理，保证柱和柱墩的连接面平整，结合严密。

（2）木材柱墩。用木材接木柱加固时，木柱卸载方法同上，对接木柱可采用平缝对接或搭接榫连接的方法。采用平缝对接时，锯截的承压面应垂直柱轴线，结合平整、严实，夹板与柱应结合紧密，固定牢靠。采用搭接榫连接时，螺栓系紧固定后，上下承压面应吻合严密，竖向的结合面应在柱轴线位置上。

2）木屋架的加固

（1）木夹板加固法。屋架上弦杆个别节点因裂纹偏大，出现断裂或有危害性木节时，在断裂节点两侧，平行设置两块硬厚木板，采用螺栓固定，加强木板和加固节点接触面应做防腐处理。

（2）木夹板串杆加固。木夹板串杆加固方法应按固定木夹板、添配料、固定钢件、后串拉杆顺序进行。钢件与木件的承压面结合紧密，位置准确、串杆顺子，安装对称平行，固定牢靠。对圆钢串杆的螺栓，必须用双螺帽，伸出螺帽的长度不应小于螺栓的直径。

3）木檩条的加固

（1）附檩条加固法。附檩条加固法是在待加固檩条附近增设的檩条承受上部荷载，减轻或代替加固檩条的承重。附檩条搁置在砖墙上时，剔凿砖墙孔洞应规则，贴近原有损坏的檩条，附檩两端入墙部分应做好防腐，用木楔打紧。附檩条应与上部屋面基层贴附，贴附不严时应用木楔打紧，并堵砌好墙的孔洞，檩条应满墙搁置，做好防腐处理。

附檩条搁置在屋架上，采用檩端头刻槽时，其刻槽深度不应大于檩条高度的1/3，采用托木架檩时托木应与屋架上弦固定牢靠，并满足搁置长度的要求。

（2）撑托式梁加固法。撑托式梁加固法时在檩条下用圆木或方法加固，使其与被加固的檩条成为一倒式单柱三角架，檩条为三角架的一杆件。

（3）圆拉杆加固法。在需要加固的一般受荷檩条距两端 10 厘米处各横钻直径 17 毫米孔一个，然后用直径8 毫米的圆钢环两个、直径 12 毫米的钢筋一根、直径 16 毫米螺栓两个，50 毫米 ×50 毫米 ×6 毫米角钢两块及螺母等一副预制件进行安装，将螺母拧紧即可。如果檩条下挠度过大时，在较紧螺母前，可把檩条稍加抬高。

9.4　砖木农居地震安全图集

9.4.1　砖木农居屋顶施工图集

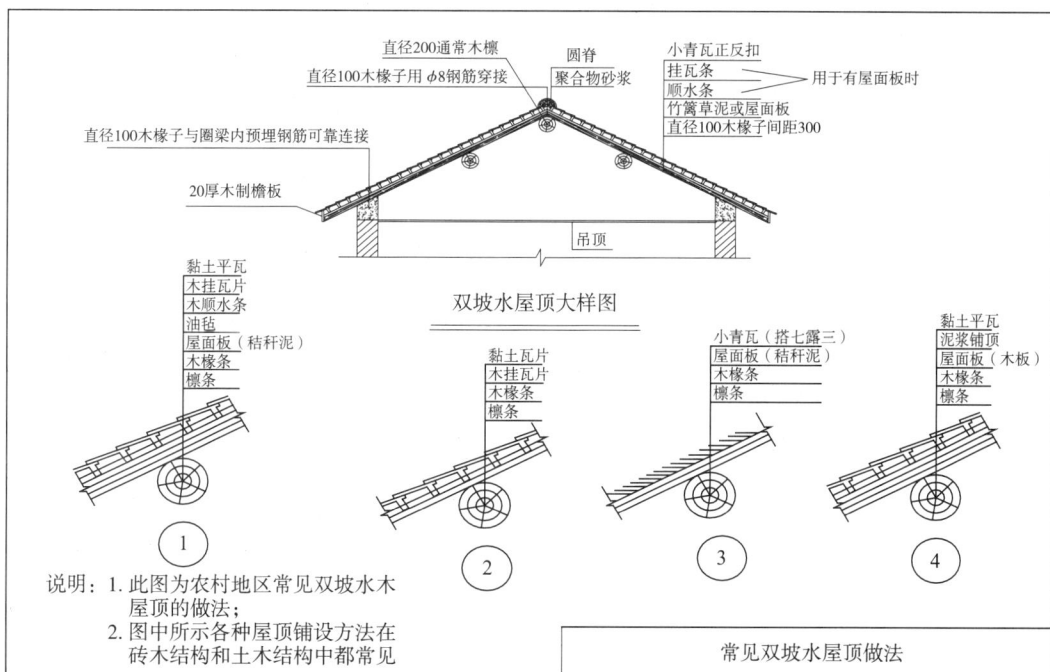

双坡水屋顶大样图

说明：1. 此图为农村地区常见双坡水木
　　　　屋顶的做法；
　　　2. 图中所示各种屋顶铺设方法在
　　　　砖木结构和土木结构中都常见

常见双坡水屋顶做法

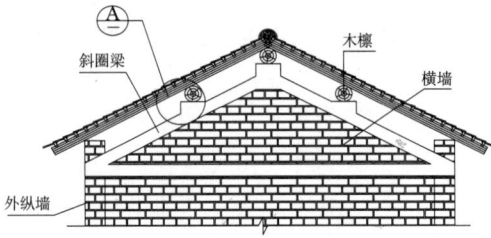

带斜圈梁双坡水屋顶大样图

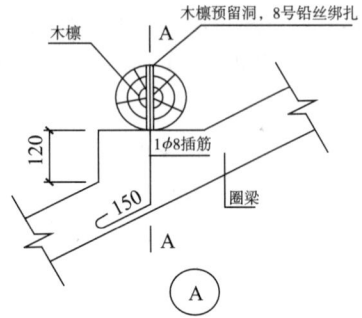

说明：1. 此图为农村地区推荐采用的带有钢筋混凝土斜圈梁的双坡水木屋顶；

2. 此种砖木结构避免了檩条直接搁置于山墙。由于圈梁的存在使得结构整体性增强，木檩搁置于斜圈梁上增加了山墙的抵抗地震作用的强度，使得地震发生时山墙不被压坏；

3. A节点大样图为木檩与钢筋混凝土斜圈梁的链接方式，确保地震发生时屋盖与墙体的连接整体性；

4. A–A剖面图见带斜圈梁双坡水屋顶做法（2）；

5. 图中尺寸以毫米计

带斜圈梁双坡水屋顶做法（1）

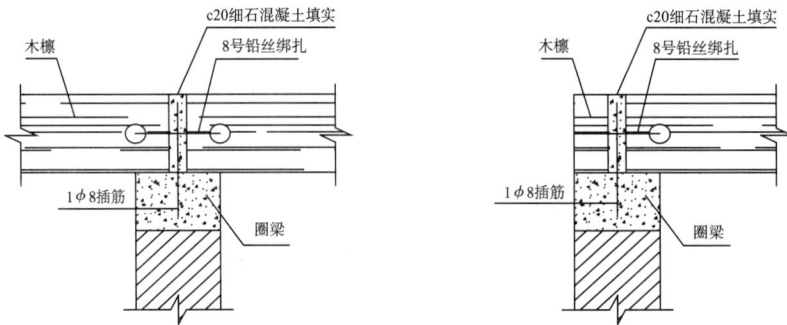

说明：此图为农村地区推荐采用的带有钢筋混凝土斜圈梁的双坡水木屋顶各节点的连接构造

竹帘与木檩的连接

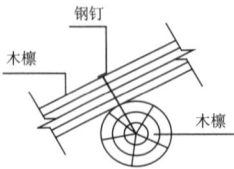

木椽与木檩的连接

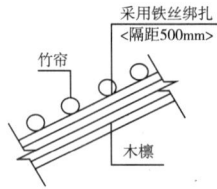

带斜圈梁双坡水屋顶做法（2）

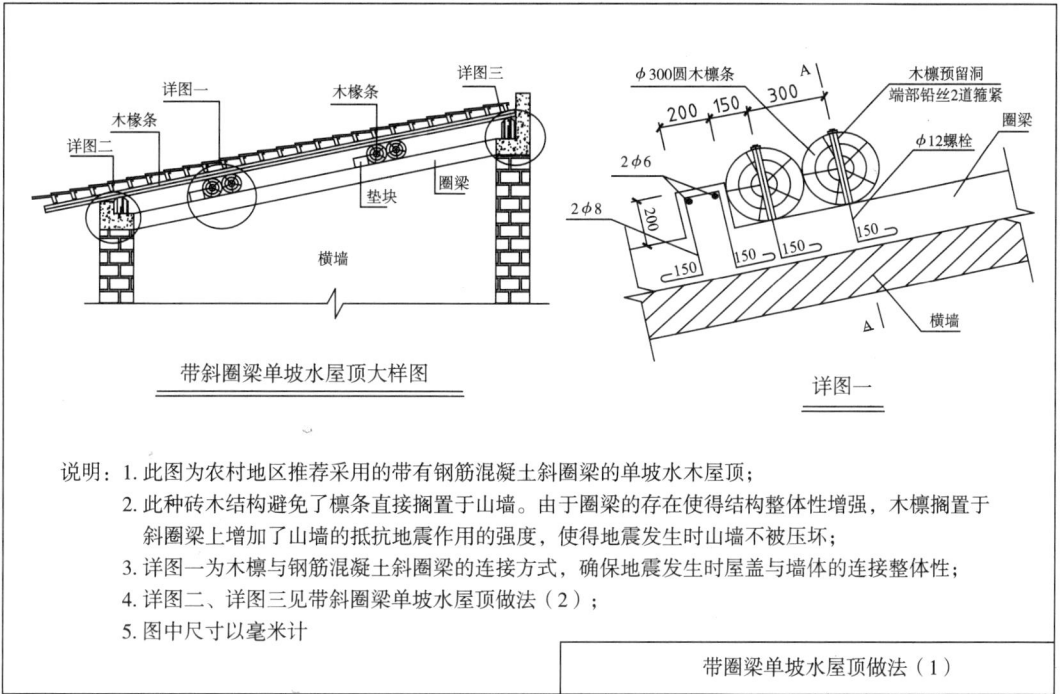

带斜圈梁单坡水屋顶大样图

详图一

说明：1. 此图为农村地区推荐采用的带有钢筋混凝土斜圈梁的单坡水木屋顶；
　　　2. 此种砖木结构避免了檩条直接搁置于山墙。由于圈梁的存在使得结构整体性增强，木檩搁置于斜圈梁上增加了山墙的抵抗地震作用的强度，使得地震发生时山墙不被压坏；
　　　3. 详图一为木檩与钢筋混凝土斜圈梁的连接方式，确保地震发生时屋盖与墙体的连接整体性；
　　　4. 详图二、详图三见带斜圈梁单坡水屋顶做法（2）；
　　　5. 图中尺寸以毫米计

带圈梁单坡水屋顶做法（1）

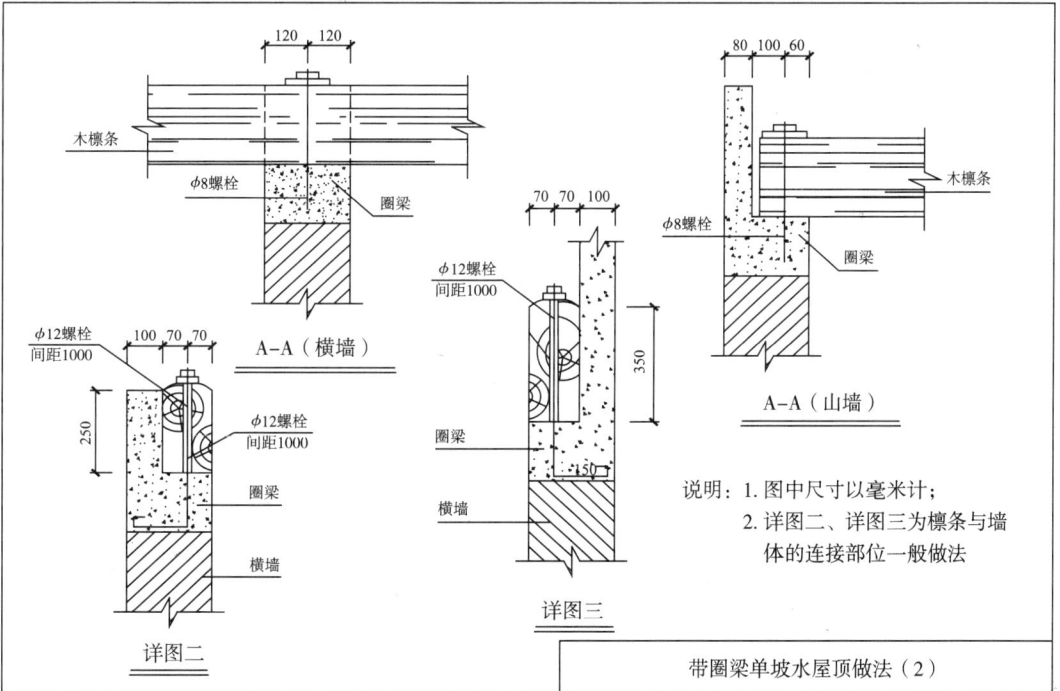

A-A（横墙）

详图二

详图三

A-A（山墙）

说明：1. 图中尺寸以毫米计；
　　　2. 详图二、详图三为檩条与墙体的连接部位一般做法

带圈梁单坡水屋顶做法（2）

9.4.2 砖木农居常用抗震加固技术

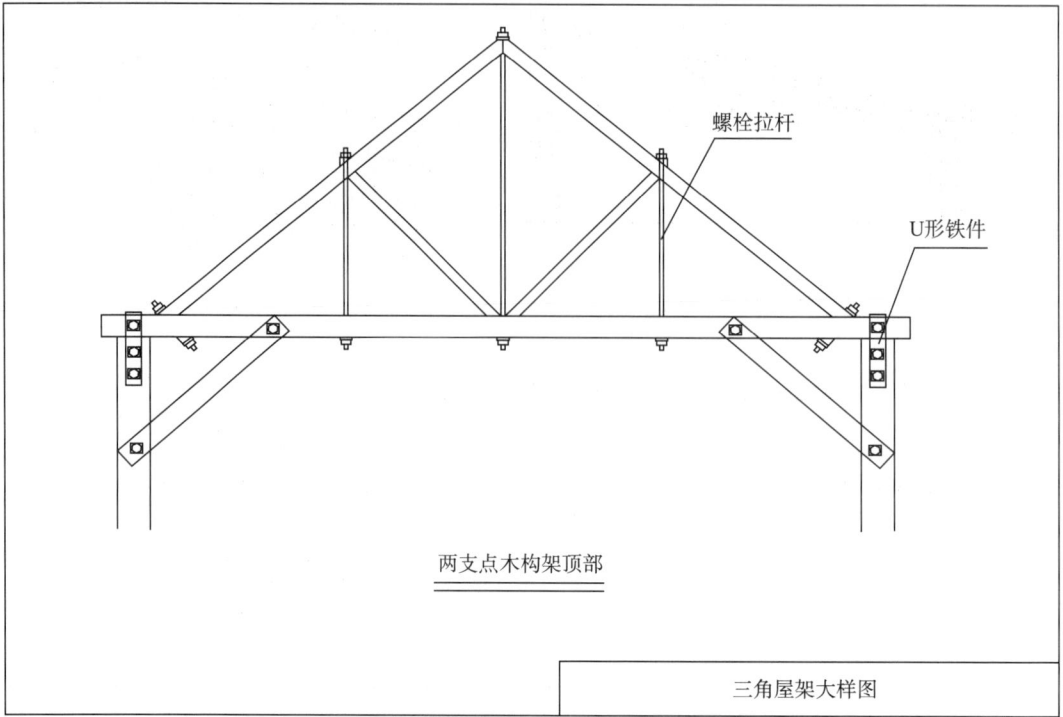

螺栓拉杆

U形铁件

两支点木构架顶部

三角屋架大样图

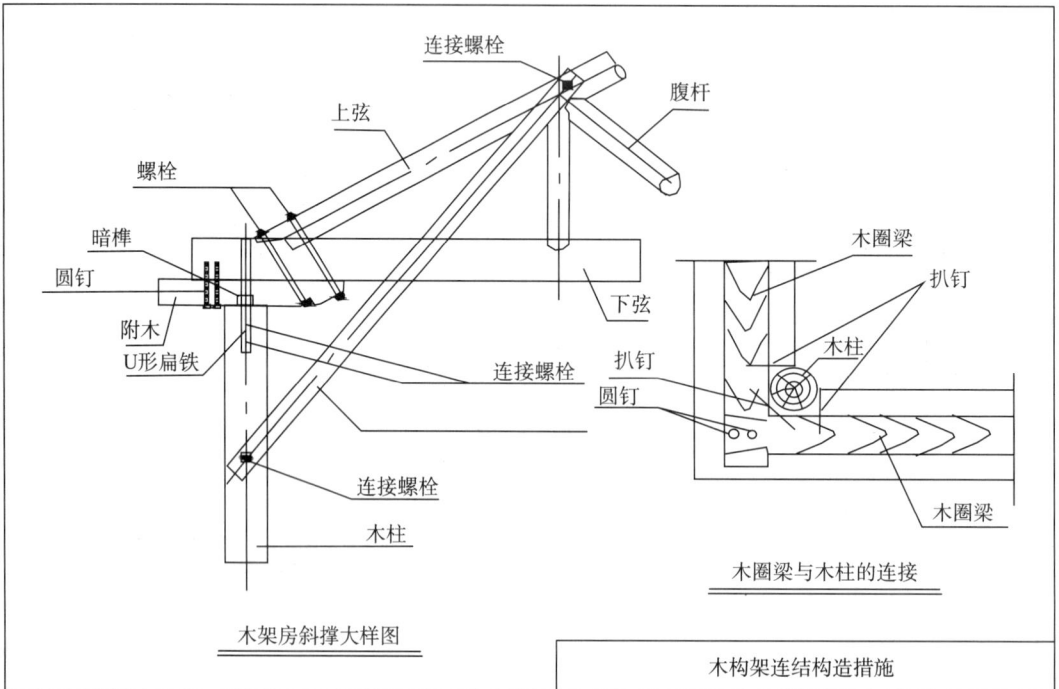

连接螺栓

腹杆

上弦

螺栓

暗榫

圆钉

附木

U形扁铁

下弦

连接螺栓

连接螺栓

木柱

木圈梁

扒钉

扒钉

圆钉

木柱

木圈梁

木架房斜撑大样图

木圈梁与木柱的连接

木构架连结构造措施

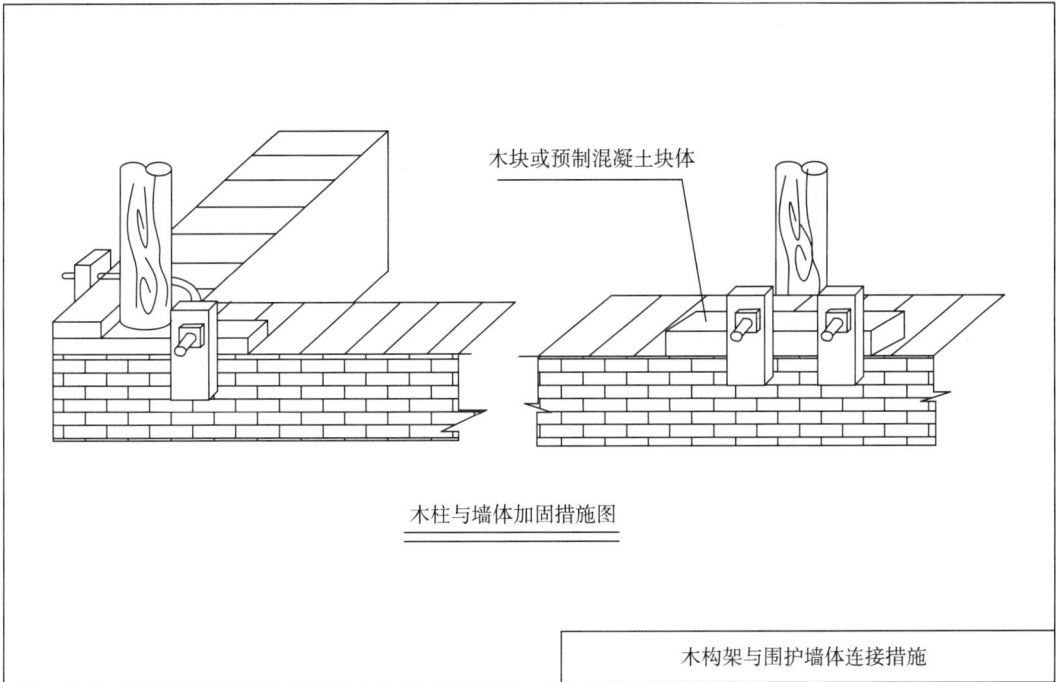

木块或预制混凝土块体

木柱与墙体加固措施图

木构架与围护墙体连接措施

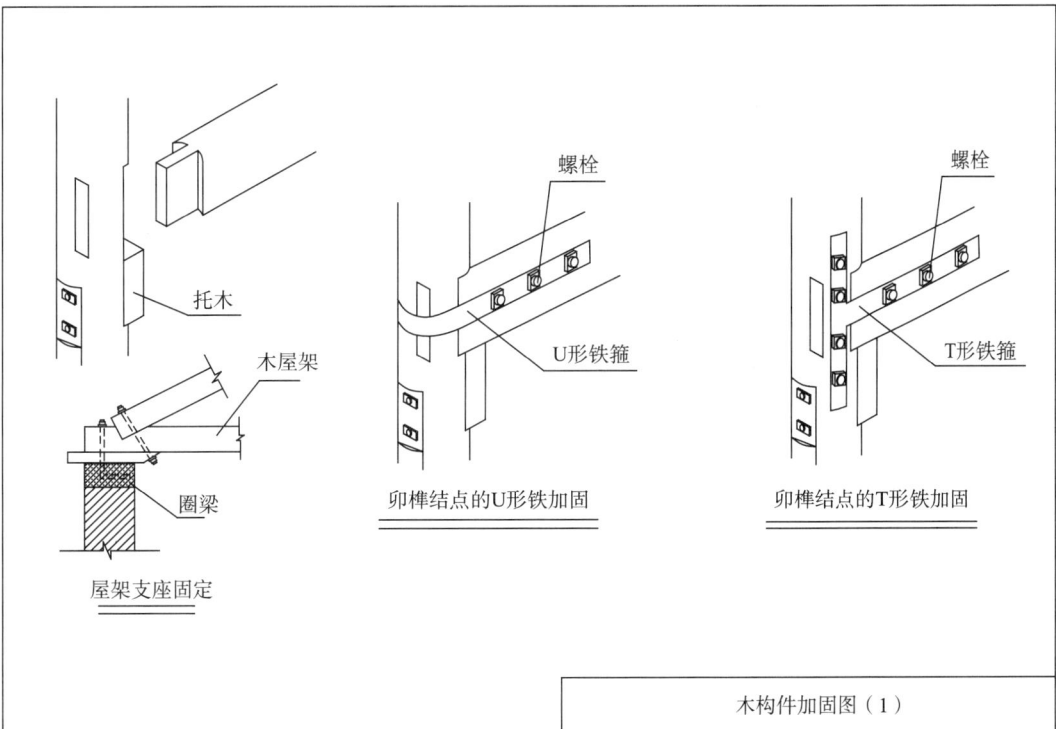

托木

木屋架

圈梁

屋架支座固定

螺栓

U形铁箍

卯榫结点的U形铁加固

螺栓

T形铁箍

卯榫结点的T形铁加固

木构件加固图（1）

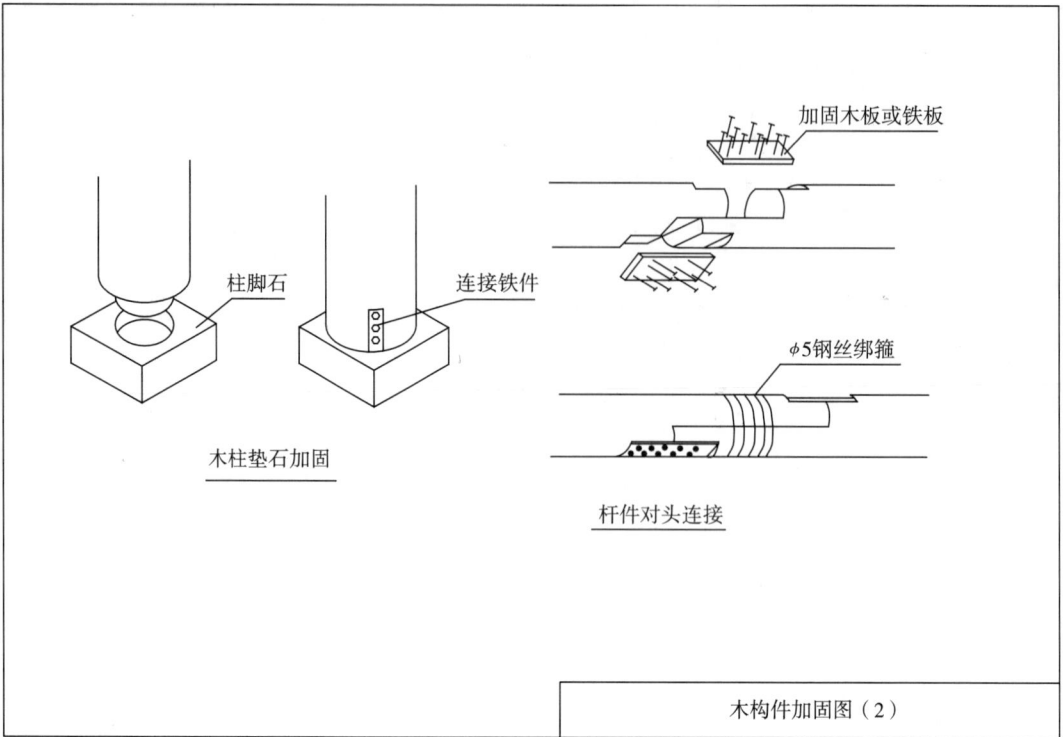

木柱垫石加固

柱脚石　连接铁件

加固木板或铁板

φ5钢丝绑箍

杆件对头连接

木构件加固图（2）

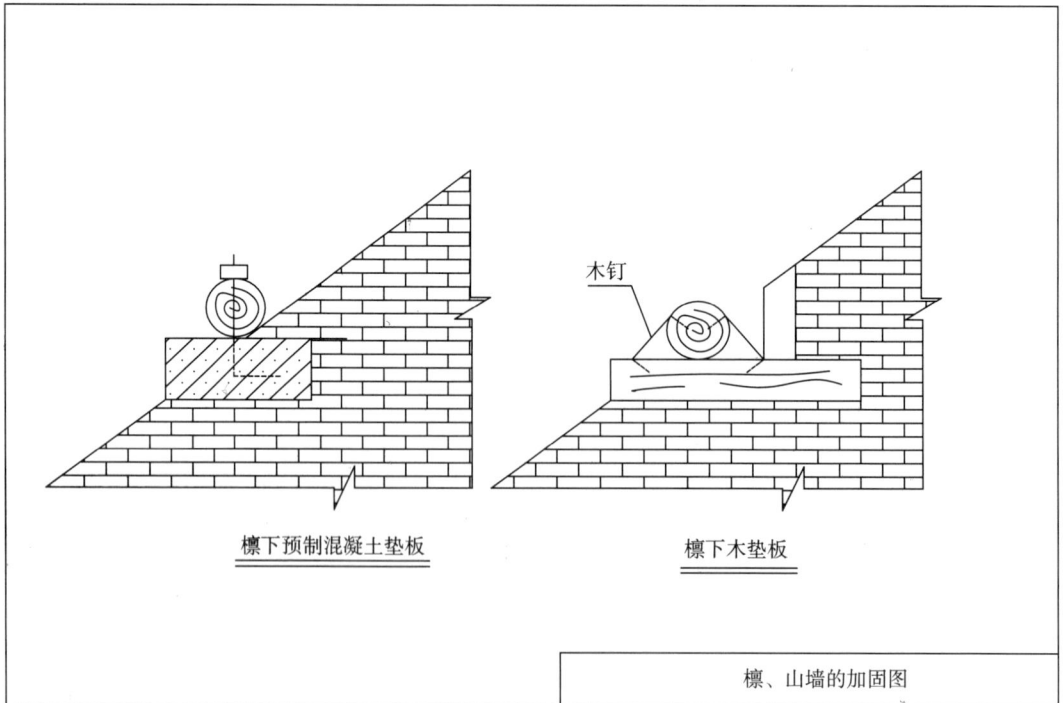

木钉

檩下预制混凝土垫板　檩下木垫板

檩、山墙的加固图

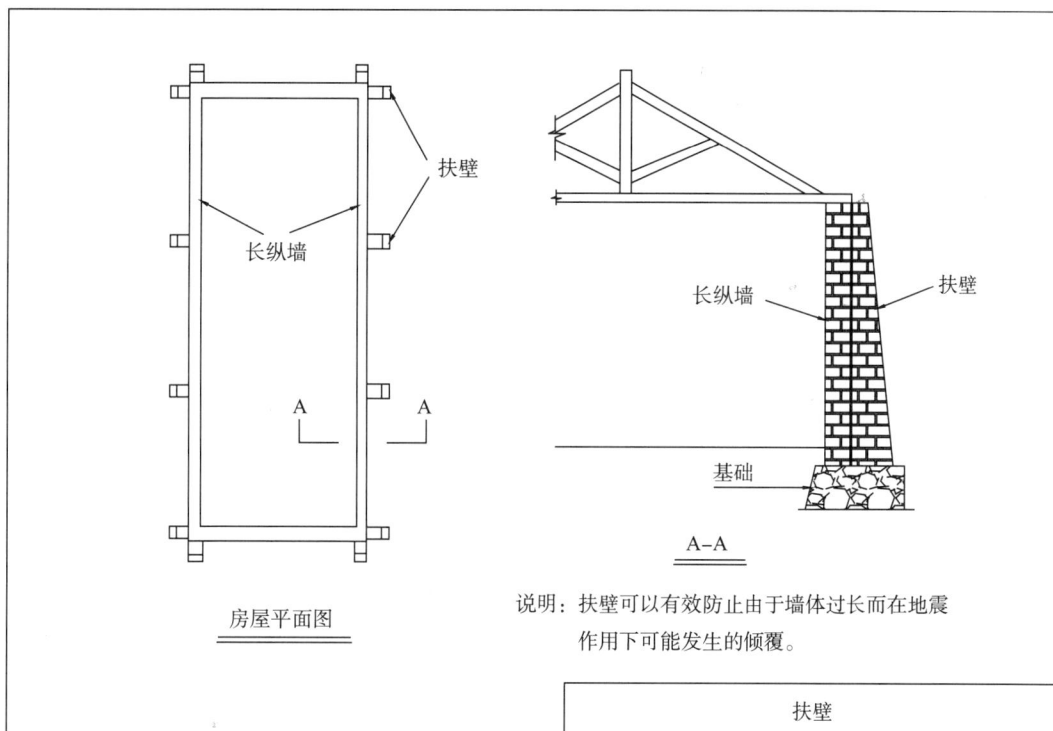

说明：扶壁可以有效防止由于墙体过长而在地震
　　　作用下可能发生的倾覆。

扶壁

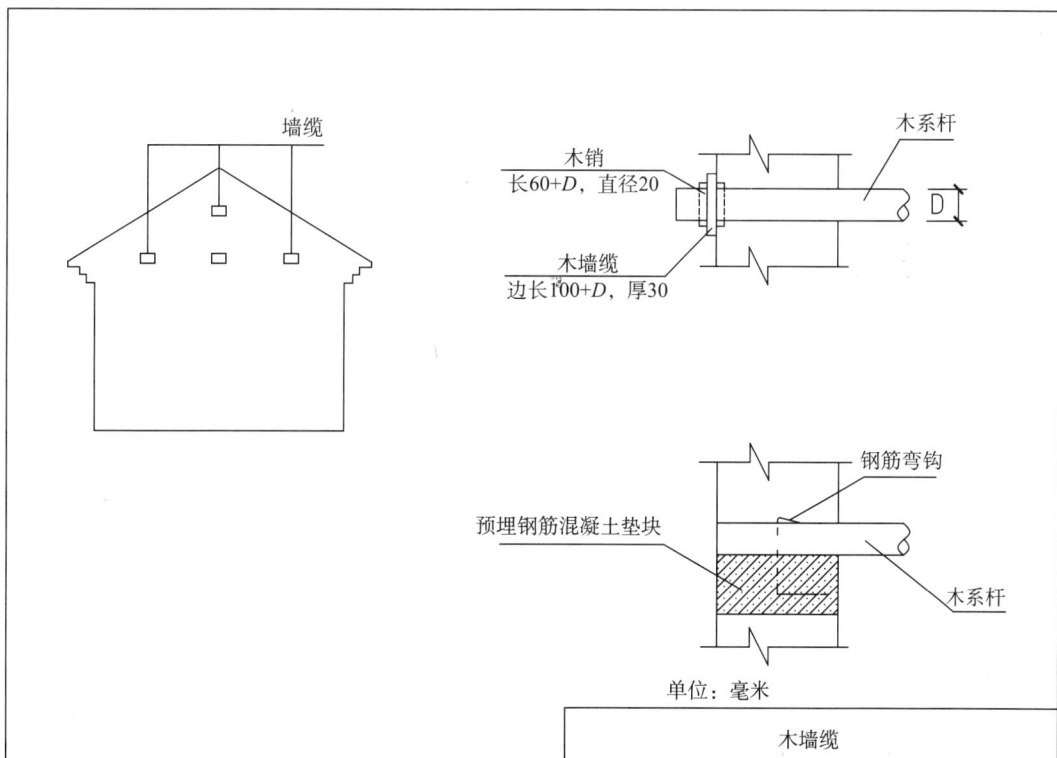

单位：毫米

木墙缆

第十章 单层砖混和多层砌体农居的地震安全技术

10.1 单层砖混和多层砌体农居的地震安全问题

单层砖混结构和多层砌体结构农居的主要地震安全问题一般包括：①墙体的地震安全问题；②结构体系不合理导致的地震安全问题；③缺少抗震构造措施导致的地震安全问题；④屋盖的地震安全问题；⑤附属结构的地震安全问题（周云等，2009）。

以上五个方面地震安全问题一般是由以下原因引起的：①砖混结构和砌体结构所使用的材料本身的强度过低；②不设置抗震构造措施或设置不合理，如纵横墙之间的连接强度不够引起的破坏；③结构体系布置不合理造成的破坏；④由于施工问题或者房屋使用年限过长导致房屋抗震能力差而造成地震时房屋容易破坏。由于单层砖混结构和多层砌体结构农居的墙体及附属构件的地震安全问题与砖木结构的基本相似，在第九章已经详细论述，这里只对其他三个方面的地震安全问题进行论述（任晓崧等，2008）。

10.1.1 结构体系不合理导致的地震安全问题

（1）房屋承重墙过多地采用纵墙。纵墙承重的砌体结构，由于楼板的侧边一般不嵌入横墙内，横向地震作用有很少部分通过板的侧边直接传至横墙，而大部分要通过纵墙经由纵横墙交接面传至横墙。因而，地震时外纵墙因与墙体的拉结不良而成片倒塌，楼板也随之坠落。

（2）纵横墙的布置不均匀对称引起的破坏。

（3）不设置防震缝或防震缝设置不合理引起的房屋震害。由于考虑到设置防震缝会增加房屋造价，而且有时又影响房屋美观，农村民房即使结构体型复杂也很少设置防震缝，这就增大了房屋地震时的震害。

（4）楼梯间的不合理设置，比如楼梯间设置在房屋的尽端和转角处地震时会加大震害。楼梯间比较空敞，楼梯间和顶层外墙的无支承高度为一层半，在地震中的破坏通常比较严重。尤其是楼梯间设置在房屋尽端或房屋转角部位时，其震害更为加剧。

（5）房屋的开间过大导致抗震横墙间距过大，会加大房屋的震害。

（6）鞭梢效应。当建筑物受地震作用时，它顶部的小突出部分由于质量和刚度比较小，在每一个来回的转折瞬间，形成较大的速度，产生较大的位移，就如同鞭子的尖部一样，这种现象称为鞭梢效应。鞭梢效应在屋顶的小阁楼、女儿墙等附属结构较为突出。

（7）农村房屋中常见的梁柱不协调，梁重柱细，即所谓的"强梁弱柱"造成支撑体系在地震作用下承载力不足使得房屋震害加重。

（8）在一些村镇由于建设土地有限，农民建房采用整排修建的方式，此时为了增加室内建筑面积，往往相邻房屋之间共用承重墙，这是不利于地震安全的做法：①公用一堵承重墙增加了墙体的承重要求约2倍；②减小楼板搭接长度近一半；③相邻建筑的楼层数目、建筑方式等不尽相同，地震反应存在差异，共用承重墙增加了地震作用的复杂程度和强度，造成房屋不利于抗震（图10-1）。

图10-1　相邻砌体房屋公用承重墙造成震害严重

10.1.2　缺少抗震构造措施导致的地震安全问题

（1）采用木楼盖时，由于木楼盖与砌体墙体连接不足，使得楼盖和底部结构地震反应存在较大差异而破坏较重（图10-2）（袁中夏等，2008）。

（a）缺乏连接措施的木屋盖震害较重　　　　（b）砌体结构木屋盖坍塌

图10-2　木楼盖与砌体墙体连接不足造成的震害

（2）采用预制楼板时没有足够的连接措施或楼板搭接长度不足而导致地震时楼板脱开（图10-3）。

（3）不设置圈梁或圈梁不闭合，墙体整体性差，导致房屋局部首先破坏。

（4）不设置构造柱或构造柱配筋不足，钢筋搭接不好，致使构造柱未能起到抗震作用。

（5）构造柱与墙体或与圈梁的连接强度不够，使墙体整体性差而导致破坏。

（6）农居建设中为了节省资金而不设置墙体拉结钢筋或拉结钢筋布置不合理增加震害。

（7）高烈度地区未采取任何抗震构造措施，使得房屋抗震性能极差（图10-4）。

图10-3 地震作用下预制楼板脱落　　　图10-4 高烈度区砌体房屋未采取抗震构造措施

10.1.3 屋盖的地震安全问题

农村单层砖混结构和多层砌体结构房屋大多数采用钢筋混凝土预制板，少数地方采用钢筋混凝土檩、椽或钢管做屋架。对于预制板屋盖，如果预制板与墙体连接不牢固，则屋盖容易错动，甚至有预制板掉落的可能，所以预制板屋盖与墙体的连接强度成为屋盖地震安全的主要问题。屋盖的地震安全问题大致包括以下内容：

（1）预制板屋盖与墙体的搭接长度过短，地震时脱开导致预制板掉落（图10-3）。

（2）预制板屋盖与墙体之间虽然搭接长度足够，但是缺少连接措施或连接措施强度不够而造成预制板脱落的屋盖破坏。

（3）地震时屋盖过重容易造成房屋倒塌。沉重的屋顶一旦摆动，对墙体的拉力是非常大的，容易导致底部的墙体和柱子破坏甚至倒塌。比如有的农居为了追求保温采用屋顶覆土的方法，这样增加了屋顶的总重量，对抗震非常不利。

（4）预制屋盖下未设置圈梁，对房屋整体抗震不利。

10.2 单层砖混农居地震安全技术（砌体结构设计规范，1988；林学文，宋福堂，1980；陆鸣等，2006）

10.2.1 单层砖混农居抗震技术的一般规定

（1）优先采用横墙承重体系，避免全部采用纵墙承重体系。

（2）单层砖混结构房屋由于采用混凝土屋盖较重，开间和房高不宜太大。单层砖混房屋的层高不宜超过4.8米。表10-1为建议的不同烈度下砖混结构平房的开间和房高。

对于客厅等需要大开间的地方，可以采取抗震构造措施来消除开间过大带来的安全隐患。设防烈度Ⅶ度及以下区域可对称增设砖垛或者柱，设防烈度Ⅷ度及以上区域应设置柱或者采用构造柱圈梁体系，而且砖墙厚度应当提高。

表 10 – 1　建议的砖混平房开间和房高（单位：米）

砖平房类型	Ⅵ、Ⅶ度		Ⅷ度		Ⅸ度	
	开间	房高	开间	房高	开间	房高
混凝土屋盖	4.5	3.5	4	3	3	3

（3）提高房屋结构的整体性。提高房屋的整体性包括提高连接件的锚固强度，使连接件强度不低于构件强度，还有设置圈梁和构造柱等方法。

（4）纵横墙的间距不应超过表 10 – 2 的规定。

表 10 – 2　抗震横墙的最大间距（单位：米）

屋盖类别	烈　度			
	Ⅵ	Ⅶ	Ⅷ	Ⅸ
钢筋混凝土预制空心板屋盖	16.0	16.0	12.0	7.0
钢筋混凝土现浇板屋盖	20.0	20.0	16.0	11.0

（5）单层砖混结构房屋的局部尺寸限值，宜符合表 10 – 3 的要求。

表 10 – 3　房屋局部尺寸限值（单位：米）

部　位	烈　度		
	Ⅵ、Ⅶ	Ⅷ	Ⅸ
承重窗间墙最小宽度	0.8	1.0	1.3
承重外墙尽端至门窗洞边的最小距离	0.8	1.0	1.3
非承重外墙尽端至门窗洞边的最小距离	0.8	0.8	1.0
内墙阳角至门窗洞边的最小距离	0.8	1.2	1.8

10.2.2　混凝土屋盖的抗震设计和施工要求

屋盖优先采用现浇钢筋混凝土板，也可采用预制圆孔板，但应按照本节的要求做好拉结措施。现浇楼板、屋面板悬挑长度不宜超过 1000 毫米，板厚不小于悬挑长度的 1/10 且不小于 70 毫米。

1）钢筋混凝土预制板屋盖

西北地区常见单层砖混结构房屋的屋盖一般是采用预制板屋盖，其抗震技术的关键就是预制板与墙体的连接构造措施。具体构造措施如下：

（1）预制板伸进外墙的长度不小于 120 毫米，伸进内墙的长度不小于 100 毫米。

（2）安装预制板时，设置板缝钢筋，钢筋采用1φ6，伸进墙内180毫米，并做300毫米水平弯钩。墙体或圈梁与板底做10毫米座浆（图10－5（a））。

（3）当预制板的跨度大于4.8米且与外墙平行放置时，靠外墙的预制板侧边应与墙或圈梁拉结。具体做法为，沿预制板长度方向每米用一根φ6钢筋做拉结钢筋，板缝处做成60毫米竖向弯钩，沿墙处做成300毫米水平弯钩并伸进墙内180毫米（图10－5（b））。

（4）两预制板在内墙纵向相交位置，按图设置钢筋（图10－5（c））。

（5）预制板孔洞用砂浆、碎砖块填实，填实深度为50毫米（图10－5（d））。

（6）板与板之间，板与墙体之间的缝隙用C20细石混凝土填实。

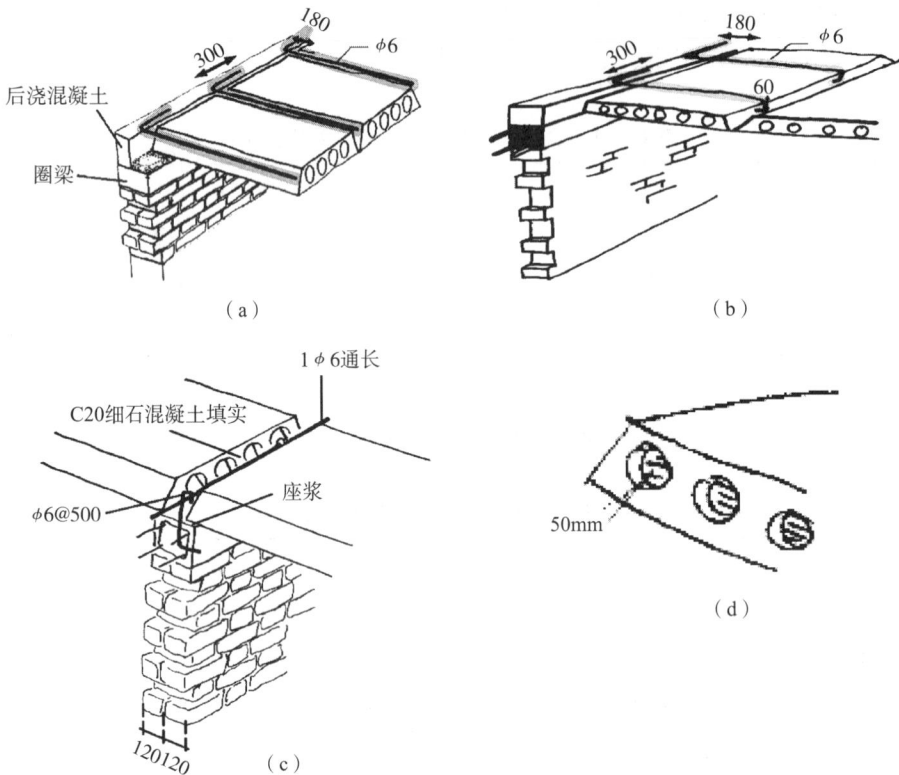

图 10 － 5　预制板与墙体拉结钢筋布置

2）钢筋混凝土现浇板屋盖

（1）钢筋混凝土现浇屋盖宜采用双层双向钢筋，板的最小厚度不小于60毫米。

（2）相邻现浇板的板厚不应相差30毫米以上。

（3）现浇板应控制最小配筋率大于0.25%。

（4）板中受力钢筋的间距，当板厚 $h \leqslant 150$ 毫米时，不宜大于200毫米；当板厚 $h > 150$ 毫米时，不宜大于 $1.5h$，且不宜大于250毫米。

（5）现浇板放在墙上的支撑长度不得小于120毫米。

（6）当现浇板的受力钢筋与墙体平行时，应沿墙体长度方向配置间距不大于200毫米且与墙体垂直的上部构造钢筋，其直径不宜小于8毫米。该构造钢筋伸入板内的长度从墙边算起每边不宜小于板计算跨度 L 的四分之一。

10. 2. 3　附属结构的抗震设计和施工要求

房屋有一些附属构件，如女儿墙和小烟囱等。这些附属构件如果不采取适当的抗震措施，在地震中的危害很大，甚至伤及生命（龚思礼等，2002；沈聚敏，2000）。

1）女儿墙

（1）减轻女儿墙震害最有效的措施是不做女儿墙。如果实在要做，也要做矮女儿墙，高度不要超过 30 厘米，而且不要太厚。

（2）女儿墙的高度超过 30 厘米时，应配置竖向钢筋或钢筋混凝土构造短柱。

（3）绑扎圈梁钢筋时插入女儿墙构造柱钢筋（图 10 – 6（a））。

（4）砌筑女儿墙及绑扎女儿墙钢筋，预留拉结钢筋，长度大于 500 毫米（图 10 – 6（b））。

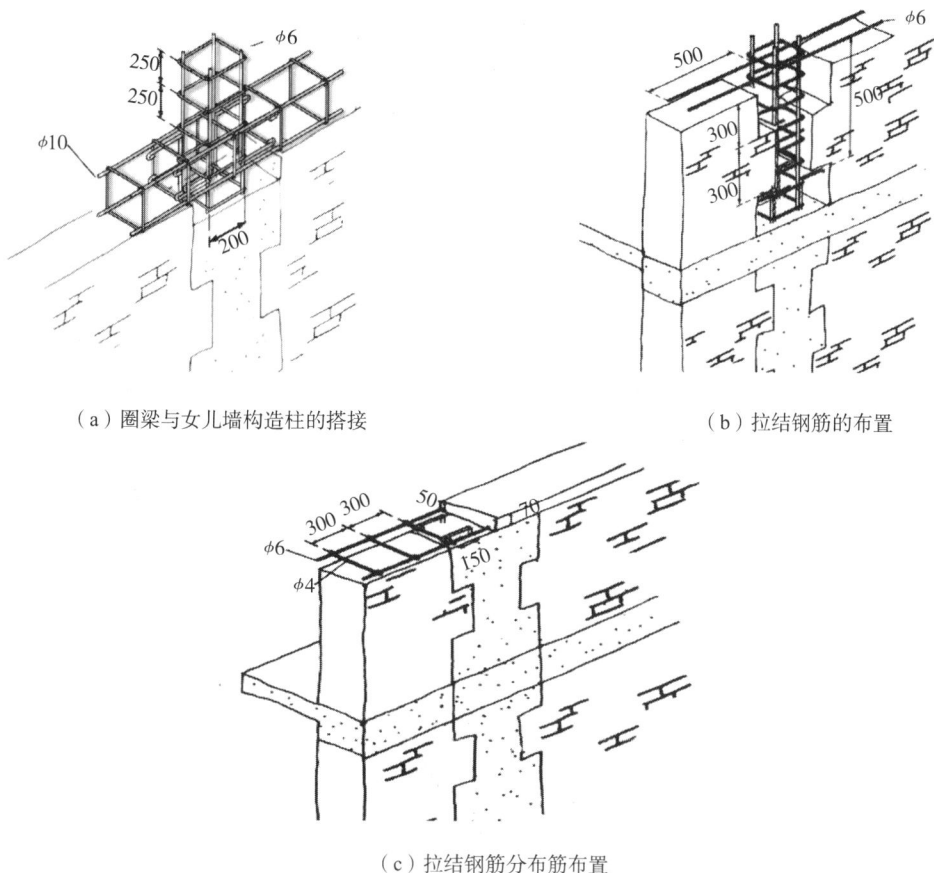

（a）圈梁与女儿墙构造柱的搭接　　　　　　　　　（b）拉结钢筋的布置

（c）拉结钢筋分布筋布置

图 10 – 6　女儿墙配筋构造措施

2）烟囱

烟囱不要设在屋檐部位，尽量远离门窗等出入口；平屋顶的出屋顶小烟囱，可设在屋顶中部。

烟囱不要设置在墙体中间，因为这样会降低墙体强度，而应设置为附壁烟囱（图 10 – 7）。

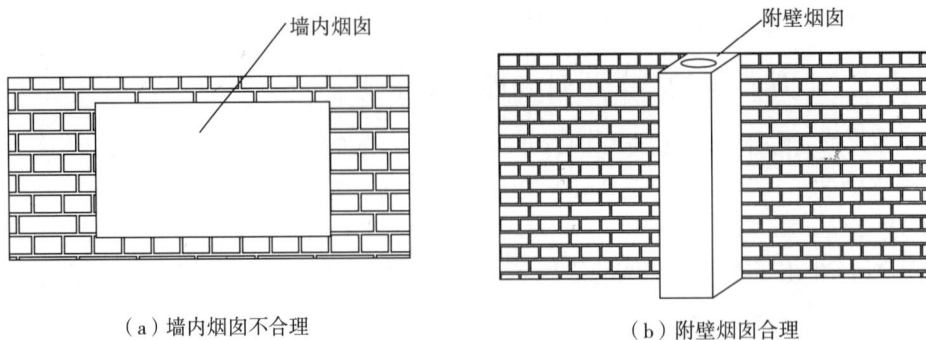

（a）墙内烟囱不合理　　　　　　　　　　（b）附壁烟囱合理

图 10 - 7　墙内烟囱（a）和附壁烟囱（b）

采用附壁烟囱时最好设置与房屋圈梁高度相同并且连接良好的烟囱附加圈梁，烟囱角部设置钢筋混凝土构造柱，具体做法如下：

（1）在屋面处绑扎烟囱附加圈梁钢筋（图 10.8（a））。

（2）绑扎烟囱构造柱钢筋，砌烟囱砖砌体（图 10.8（b））。

（3）浇注烟囱构造柱混凝土，绑扎盖板内钢筋，浇注盖板混凝土，烟囱与墙体同时砌筑（图 10 - 8（c））。

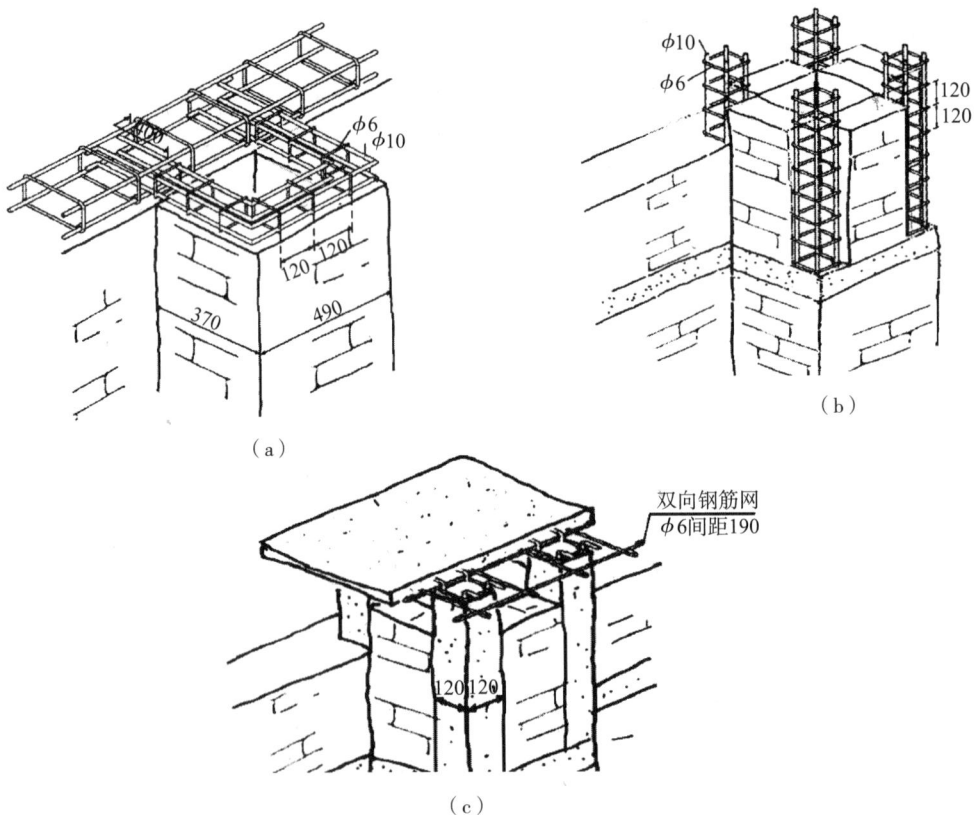

（a）

（b）

（c）

图 10 - 8　烟囱构造与配筋

10.3　多层砌体农居地震安全技术

10.3.1　多孔砖墙体砌筑技术

砌体是由块体和砂浆砌筑而成的整体材料，块体包括砖和砌块。砖包括烧结普通黏土砖、烧结多孔砖、混凝土多孔砖和非烧结硅酸盐砖；砌块主要是普通混凝土小型空心砌块和轻集料（骨料）混凝土小型空心砌块。西北地区农村常见的砖木结构和单层砖混结构常用的砌筑材料为普通烧结黏土砖，在第九章和本章 10.1 节已经详细介绍了其砌筑方法和抗震技术要点。作为砌体结构砌筑材料的一种，多孔砖由于造价低廉，并且能与普通砖相匹配，所以在农村砌体房屋中应用比较普遍。

1）多孔砖的规格

承重黏土多孔砖（简称多孔砖）主要有以下三种型号：

KM1：190 毫米 × 190 毫米 × 90 毫米

KP1：240 毫米 × 115 毫米 × 90 毫米

KP2：240 毫米 × 180 毫米 × 115 毫米

其中，KP1 和 KP2 可与普通砖相匹配，可以砌筑成 120、180、240、370 毫米等厚度的砖墙，在农村应用比较广泛。

2）多孔砖墙体砌筑形式

（1）规格为 190 毫米 × 190 毫米 × 90 毫米的承重多孔砖一般是整砖顺砌，上、下匹竖缝相互错开半匹砖长度（100 毫米），如有半砖规格的，也可采用每匹整砖与半砖相隔的梅花丁砌筑形式，如图 10-9 所示。

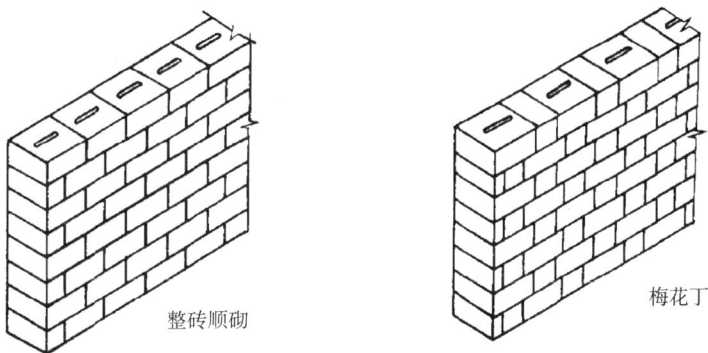

图 10-9　190 毫米 × 190 毫米 × 90 毫米的承重空心砖砌筑形式

（2）规格为 240 毫米 × 115 毫米 × 90 毫米的承重多孔砖一般采用一顺一丁或梅花丁砌筑形式。

（3）规格为 240 毫米 × 180 毫米 × 115 毫米的承重多孔砖一般采用全顺或全丁砌筑的形式。

（4）空心砖墙转角及丁字交接处的砌筑方法：转角及丁字交接处应加砌半砖，使灰缝错开。转角处半块砖砌在外角上，丁字交接处半块砖砌在横墙端头。

（5）非承重空心砖墙，在底部应砌3匹实心砖。在门窗洞口两侧一砖范围内，也应用实心砖砌筑。

3）多孔砖墙体砌筑施工要点

（1）砌砖前应按砌块设计模数进行试摆，在不够整砖处，如无半砖规格时，可采用实心砖补助砌筑。空心砖严禁砍凿。

（2）承重多孔砖的孔洞应为垂直方向，非承重多孔砖的孔洞应为水平方向。

（3）115毫米厚多孔砖隔墙，如墙较高、较长时，应在墙的水平灰缝中加设2ϕ8钢筋，或砌实心砖带，即每隔一定高度砌几皮实心砖。

（4）承重多孔砖中的长圆孔，应顺墙的长方向。

（5）窗台应在多孔砖上做刚性防水后再砌筑一皮实心砖，方准立窗口。

（6）多孔砖砌体竖缝应采用挤浆法和加浆法，确保竖缝灰浆饱满。

（7）女儿墙砌体、地面以下或防潮层以下砌体及外墙勒脚部位的砌体应使用实心砖砌筑，不宜采用空心砖砌筑。

（8）拉结筋与墙体、墙体顶部及构造柱的连接，应符合设计要求及多层砖房抗震规范的规定。

（9）砌筑多孔砖时应采取措施，防止混凝土或砂浆填塞承重空心砖的孔洞。

10.3.2　多层砌体农居抗震技术的一般规定

1）房屋的总高度和高宽比要控制

（1）一般情况下，多层砌体房屋的层数和总高度不应超过表10-4所示尺寸（建筑抗震设计规范，2001；龚思礼等，2002；沈聚敏等，2000）。

表10-4　层高和房屋高度限制（单位：米）

砌块种类	最小墙体厚度（毫米）	烈　度							
		VI		VII		VIII		IX	
		高度	层数	高度	层数	高度	层数	高度	层数
普通黏土砖	240	24	8	21	7	18	6	12	4
多孔黏土砖	240	21	7	21	7	18	6	12	4
	190	21	7	18	6	15	5	—	—
混凝土小砌块	190	21	7	21	7	18	6	—	—

（2）对于医院、教学楼等横墙较少的多层砌体房屋，总高应比表10.4的规定中降低3米，层高相应减少一层。其他横墙较少的房屋应适当降低总高度和减少层数（横墙较少指同一楼层内开间大于4.20米的房间占该层总面积的40%以上）。

（3）普通砖、多孔砖和小砌块承重房屋的层高，不应超过3.6米。

（4）高宽长比例协调。具体对农居而言有如下情况：①一排房屋的房间数不要太多。如果太多，因为场地延伸较长，各部分地震动条件有差异，难免房屋不同部分的地震反应差别较大，因此，造成房屋局部震害加重。②房屋的高度不要太高。农居建材不是很好，抗剪能力有限，容易发生脆性破坏，高度太高，使得水平剪切作用增大，顶端效应显著。③房屋的进深不要太大。农居的进深应控制在 5 米以内，如果进深太大，就需要增设柱子以提高房屋的抗剪能力。

通常，多层砌体房屋高宽比应小于表 10 – 5 中的限值。

表 10 – 5　房屋高宽比的限值

烈度	Ⅵ	Ⅶ	Ⅷ	Ⅸ
最大高宽比	2.5	2.5	2.0	1.5

2）抗震横墙间距要限制

多层砌体结构房屋抗震横墙的间距不应超过表 10 – 6 的要求。

表 10 – 6　抗震横墙最大间距（单位：米）

楼盖类型	烈　度			
	Ⅵ	Ⅶ	Ⅷ	Ⅸ
现浇或整体式钢筋混凝土楼、屋盖	18	18	15	11
装配式钢筋混凝土楼、屋盖	15	15	11	7
木楼、屋盖	11	11	7	4

3）房屋的局部尺寸要限制

（1）房屋局部墙体尺寸应满足表 10 – 7 中的最小限值。

（2）在实际中，外墙的尽端至门窗洞边的最小距离，往往不能满足要求，此时采用加强的构造柱或增加水平配筋措施，以适当放宽限制。但这并不意味着局部尺寸可以用构造柱来代替，若用构造柱来代替必要的墙段就会使砌体结构改变了其结构体系，这对房屋抗震是不利的。

表 10 – 7　房屋局部尺寸限值（单位：米）

房屋局部尺寸限值	地震烈度设防区			
	Ⅵ	Ⅶ	Ⅷ	Ⅸ
承重窗间墙最小宽度	1.0	1.0	1.2	1.5
承重外墙尽端至门窗洞边的最小距离	1.0	1.0	1.2	1.5

续表

房屋局部尺寸限值	地震烈度设防区			
	Ⅵ	Ⅶ	Ⅷ	Ⅸ
非承重外墙尽端至门窗洞边的最小距离	1.0	1.0	1.0	1.0
内墙阳角至门窗洞边的最小距离	1.0	1.0	1.5	2.0
无锚固女儿墙（非入口处）的最大高度	0.5	0.5	0.5	0.0

4）结构体系要合理

（1）优先采用横墙承重的结构类型，其次考虑采用纵横墙共同承重的结构，避免采用纵墙承重。

（2）纵横墙体应分布均匀对称，沿平面内宜对齐，沿竖向应上下连续，同一轴线上的窗间墙宽度宜均匀。

从房屋的纵横墙对称来看，大房间宜布置在房屋的中部，而不宜布置在端头。如果因功能上不能满足上述要求时，应将大房间布置在顶层。

（3）防震缝设置要合理。对于多层砌体结构房屋，当设防烈度为Ⅶ度、Ⅷ度和Ⅸ度且具有下列情况之一时宜设置防震缝：①房屋立面差在6米以上；②房屋有错层，且楼板高差较大；③各部分结构刚度、质量截然不同。

（4）楼梯间不宜设置在房屋的转角部位和墙体尽端，否则应设置构造柱进行加固。

10.3.3 多层砌体屋盖和楼板的抗震设计和施工要求

西北地区多层砌体农居屋盖类型一般有两种，一种是木屋盖，另一种是钢筋混凝土屋盖。木屋盖分为单坡水和两坡水，常见的为两坡水形式；钢筋混凝土屋盖分为预制空心板屋盖和现浇板屋盖两种类型。木屋盖的抗震设计和施工要求参见第九章。混凝土楼板和屋盖的抗震设计和施工要求除参见本章10.2.2外，还应满足以下要求。

（1）现浇钢筋混凝土楼板或屋面板伸进纵、横墙内的长度，均不宜小于120毫米。

（2）钢筋混凝土预制楼板或屋面板，当圈梁未设在板的同一标高时，板端伸进外墙的长度不应小于120毫米，伸进内墙的长度不应小于100毫米，在梁上不应小于80毫米。

（3）当板的跨度大于4米并与外墙平行时，靠外墙的预制板侧边与墙体或圈梁应拉结。

（4）房屋端部大房间的楼盖，Ⅷ度区房屋的屋盖和Ⅸ度区房屋的楼盖、屋盖，圈梁设在板底时，钢筋混凝土预制板应相互拉结，并应与梁、墙或圈梁拉结。

（5）楼、屋盖的钢筋混凝土梁或屋架，应与墙、柱（包括构造柱）或圈梁可靠连接，梁与砖柱的连接不应削弱柱截面，各层独立砖柱顶部应在两个方向均有可靠连接。

（6）坡屋顶房屋的屋架应与顶层圈梁可靠连接，檩条或屋面板应与墙体及屋架可靠连接。房屋出入口的檐口应与屋面构件锚固；Ⅷ度和Ⅸ度区，房屋顶层内纵墙顶宜增砌支撑端山墙的踏步式墙垛。

10.3.4　多层砌体楼梯间和附属结构的抗震设计和施工要求

1）楼梯间的构造要求

（1）Ⅷ度和Ⅸ度时，顶层楼梯间横墙和外墙应沿墙高每隔 500 毫米设 $2\phi6$ 通长钢筋；Ⅸ度时其他各层楼梯间墙体应在休息板平台或楼层半高处设置 60 毫米厚的钢筋混凝土带或配筋砂浆带，砂浆强度等级不应低于 M7.5，钢筋不宜少于 $2\phi10$。

（2）Ⅷ度和Ⅸ度时，楼梯间及门厅内墙阳角处的大梁支承长度不应小于 500 毫米，并应与圈梁连接。

（3）装配式楼梯段应与平台板的梁可靠连接，不应采用墙中悬挑式踏步或踏步竖肋插入墙体的楼梯，不应采用无筋砖砌栏板。

（4）突出屋顶的楼、电梯间，构造柱应伸到顶部，并与顶部圈梁连接，内外墙交接处应沿墙高每隔 500 毫米设拉结钢筋，且每边伸入墙内不应小于 1 米。

2）附属结构和非结构构件的构造要求

女儿墙、烟囱的抗震设计和施工要满足本章 10.2.3 的要求。非结构构件要满足下述构造要求：

（1）隔墙应与主体墙体进行预埋钢筋拉结。

（2）对烟道、风道、垃圾道和屋顶烟囱急通气窗设置一定的加固保护措施，以防地震过程中遭受严重破坏。

（3）对吊顶、灯饰和装饰物设置一定的保护性措施，以防地震中伤人。

10.4　单层砖混和多层砌体的抗震构造措施（砌体结构设计规范，1988；沈聚敏等，2000）

单层砖混和多层砌体结构农居常见的抗震构造措施有墙体加筋、配筋砖圈梁、门窗过梁、钢筋混凝土圈梁和构造柱。墙体加筋和配筋砖圈梁设计和施工参见第九章。本节主要涉及钢筋混凝土构造柱和圈梁、门窗过梁。

10.4.1　钢筋混凝土构造柱和圈梁

1）钢筋混凝土构造柱

（1）钢筋混凝土构造柱的设置部位：

①构造柱设置在连接构造比较薄弱和易于产生应力集中的部位，如墙体转角、纵横墙体交接处、楼梯间的四角等，具体设置要求见表 10-8。

②外廊式和单面走廊式的房屋，应根据房屋增加一层后的层数，按表 10-8 的要求设置构造柱，且单面走廊两侧的纵墙应按外墙处理。

表 10－8 构造柱设置要求

<table>
<tr><th colspan="4">房屋层数</th><th colspan="2" rowspan="2">设置部位</th></tr>
<tr><th>Ⅵ度</th><th>Ⅶ度</th><th>Ⅷ度</th><th>Ⅸ度</th></tr>
<tr><td>4、5</td><td>3、4</td><td>2、3</td><td></td><td rowspan="3">外墙四角，错层部位横墙与外墙交接处，大房间内外墙交接处，较大窗口两侧</td><td>Ⅶ、Ⅷ度时，楼、电梯的四角；隔 15 米或单元隔墙与外纵墙交接处</td></tr>
<tr><td>6、7</td><td>5</td><td>4</td><td>2</td><td>隔开间横墙（轴线）与外墙交接处，山墙与内纵墙交接处，Ⅶ～Ⅸ度时，楼、电梯的四角</td></tr>
<tr><td>8</td><td>6、7</td><td>5、6</td><td>3、4</td><td>内墙（轴线）与外墙交接处，内墙的局部较小墙垛处，Ⅶ～Ⅸ度时，楼、电梯的四角；Ⅸ度时，内纵墙与横墙（轴线）交接处</td></tr>
</table>

（2）多层砌体构造柱措施设置应符合以下要求：

①构造柱最小截面可采用 240 毫米 ×180 毫米，纵向钢筋宜采用 4ϕ 12，箍筋间距不宜大于 250 毫米，且在柱上下端宜适当加密；Ⅶ度区高于 6 层，Ⅷ度区高于 5 层和Ⅸ度区，构造柱纵向钢筋宜采用 4 ϕ 14，箍筋间距不宜大于 200 毫米，房屋四角的构造柱可适当加大截面和配筋。

②与构造柱连接的墙体应砌成马牙槎，并沿墙高每隔 500 毫米设 2ϕ 6 拉结钢筋，各伸入墙体长度不小于 1 米（图 10－10）。

图 10－10 构造柱与墙体的连接（陇南市）

③构造柱与圈梁交接处，纵筋应相互穿过，保证纵筋上下左右贯通。

④构造柱可不单独设置基础，但应深入室外地面下 500 毫米或与埋深小于 500 毫米的基础圈梁相连。

⑤当房屋高度和层数接近表 10－8 中的极限值时，横墙内的构造柱间距不宜大于层高的两倍，下部 1/3 楼层的构造柱间距适当减小。当外纵墙开间大于 3.9 米时，应另设加强

措施，内横墙的构造柱间距不宜大于 4.2 米。

2）钢筋混凝土圈梁

（1）钢筋混凝土圈梁设置要求：

①装配式钢筋混凝土楼、屋盖或木楼、屋盖的多层砌体房屋，横墙承重时应按表 10 - 9 的要求设置圈梁；纵墙承重时每层均应设置圈梁，且抗震横墙上的圈梁间距应适当加密。

表 10 - 9　砖房现浇钢筋混凝土圈梁设置要求

墙类	烈　度		
	Ⅵ、Ⅶ	Ⅷ	Ⅸ
外墙和内纵墙	屋盖处及每层楼盖处	屋盖处及每层楼盖处	屋盖处及每层楼盖处
内横墙	屋盖处间距不应大于7米，楼盖处间距不应大于 15 米，构造柱对应部位	屋盖处及每层楼盖处；屋盖处沿所有横墙，且间距不应大于 7 米；楼盖处间距不应大于 7 米，构造柱对应部位	屋盖处及每层楼盖处；各层所有横墙

②纵墙承重的多层砖房中圈梁沿抗震横墙上的间距，应适当加密。现浇或装配整体式钢筋混凝土楼、屋盖与墙体可靠连接的房屋可不另设圈梁，但楼板沿墙体周边应加强配筋并应与相应的构造柱可靠连接。

（2）钢筋混凝土圈梁构造要求：

① 圈梁平面应闭合，当遇到洞口需切断时应注意上下搭接，搭接长度不小于两者高差的 2 倍且不小于 1 米（图 10 - 11）。

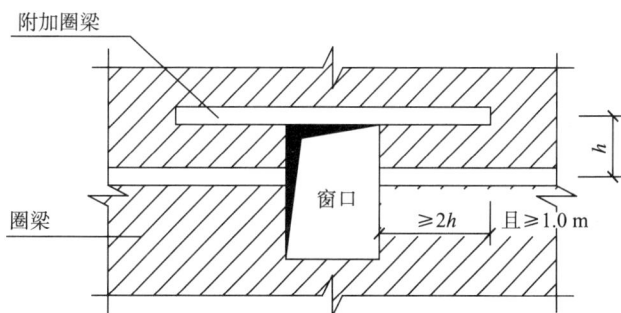

图 10 - 11　圈梁在洞口处不闭合时处理方法

②圈梁宜与预制板设在同一标高处或圈梁紧靠板底，按其与预制板的相对位置又可分为"板平圈梁"、"板底圈梁"和"混合圈梁"（图 10 - 12、10 - 13）。

③ 当横墙的间距大于表 10 - 6 中要求的限值时，应利用梁或板缝中的配筋代替圈梁。

④ 圈梁的截面高度不小于 120 毫米，配筋应符合表 10 - 10 中的要求；但在软弱黏性土、液化土、新近填土或严重不均匀土层上的砌体房屋的基础圈梁，截面高度不应小于 180 毫米，配筋不应低于 4φ12。

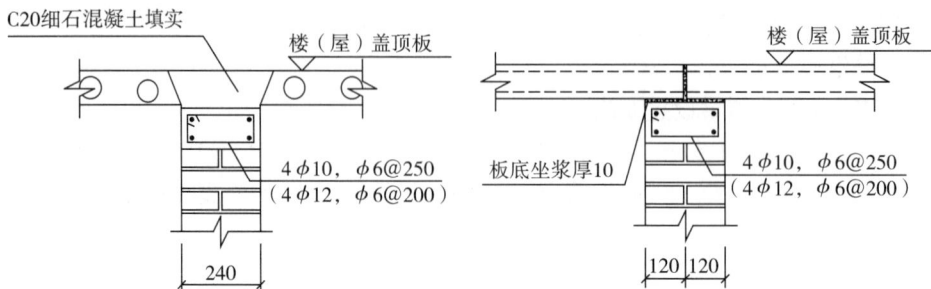

图 10 - 12　板底圈梁

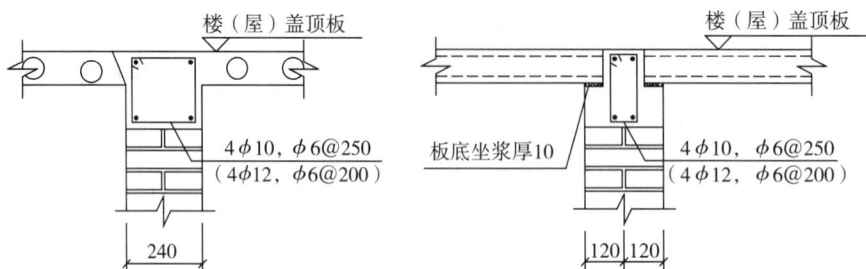

图 10 - 13　板平圈梁

表 10 - 10　单层砖混和多层砌体圈梁配筋要求

配　　筋	烈度		
	Ⅵ、Ⅶ	Ⅷ	Ⅸ
最小箍筋	4 φ 10	4 φ 12	4 φ 14
最大箍筋间距	250	200	150

10.4.2　门窗过梁

1) 过梁的类型

(1) 砖拱：又称砖砌平发券，采用砖块侧砌而成。灰缝上宽下窄，宽不得大于 20 毫米，窄不得小于 5 毫米。砌筑时立砖居中为拱心砖，并将砖拱跨中提高大约跨度的 1/50，以预防凝固前的受力沉降 (图 10 - 14 (a))。

(2) 钢筋砖过梁：是指在洞口顶部配置钢筋，其上用砖平砌，形成能承受弯矩的配筋砖砌体。钢筋采用 φ 6 钢筋，间距小于 120 毫米，伸入墙内 1 ~ 1.5 倍砖长。钢筋砖过梁跨度不超过 2 米，配筋砖带高度不应少于 5 皮砖，且不小于 1/5 洞口跨度 (图 10 - 14 (b))。

(3) 钢筋混凝土过梁：钢筋混凝土过梁承载能力强，跨度大，适应性好。其种类有现浇和预制两种，现浇钢筋混凝土过梁在现场支模，轧钢筋，浇筑混凝土。预制装配式过梁事先预制好后直接进入现场安装，施工速度快，属农村最常用的一种方式，钢筋混凝土过梁如图 10 - 15 所示。

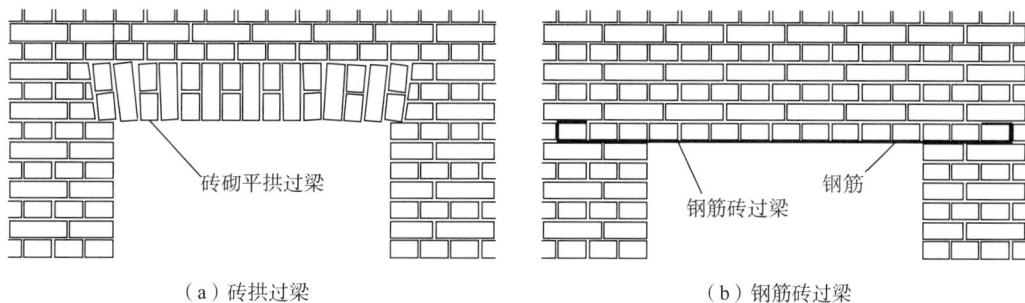

（a）砖拱过梁　　　　　　　　　　（b）钢筋砖过梁

图 10-14　砖拱过梁和钢筋砖过梁

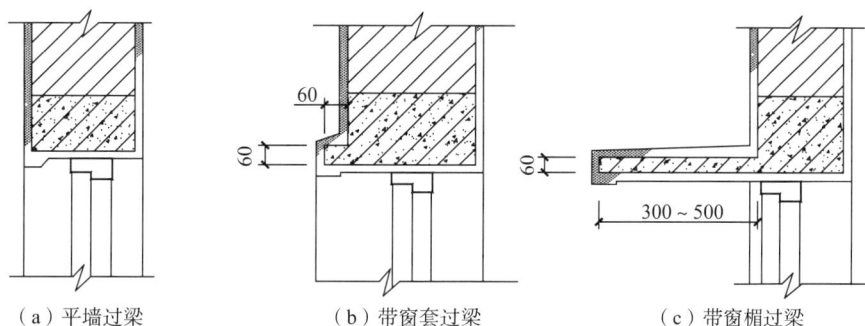

（a）平墙过梁　　　　　（b）带窗套过梁　　　　　（c）带窗楣过梁

图 10-15　钢筋混凝土过梁（单位：毫米）

2）门窗过梁的选取与施工技术

（1）门窗洞口处不应采取无筋砖过梁，过梁深入墙体支撑长度，在Ⅵ～Ⅷ烈度区不应小于 240 毫米，Ⅸ度区不应小于 360 毫米。

（2）抗震设防烈度为Ⅵ、Ⅶ度且洞口净宽 $L < 1.2$ 米时，可设置钢筋砖过梁；当洞口净宽大于上述规定及Ⅷ度以上设防时，应采取钢筋混凝土过梁。

（3）现浇钢筋混凝土圈梁兼作门、窗过梁时，在洞口宽度和洞口两边各 240 毫米范围内局部加筋，该范围内的配筋及截面高度见表 10-11。

表 10-11　圈梁兼作门、窗过梁截面尺寸和钢筋表

门、窗净宽度 L（毫米）	截面高度 h（毫米）	配筋
≤1000	120	2 ϕ 12
1200	120	2 ϕ 14
1500	120	3 ϕ 12
1800	180	3 ϕ 14
2100	180	3 ϕ 12
2400	240	3 ϕ 14
2700	270	3 ϕ 16

10.5　单层砖混和多层砌体农居地震安全图集

10.5.1　预制板屋盖施工图

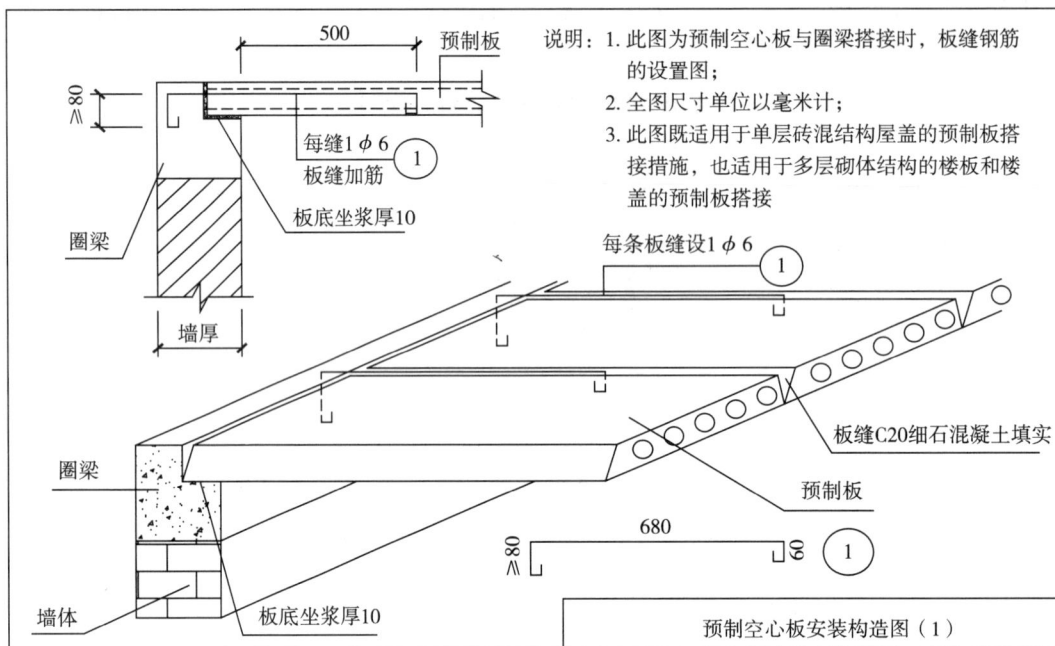

说明：1. 此图为预制空心板与圈梁搭接时，板缝钢筋的设置图；
2. 全图尺寸单位以毫米计；
3. 此图既适用于单层砖混结构屋盖的预制板搭接措施，也适用于多层砌体结构的楼板和楼盖的预制板搭接

预制空心板安装构造图（1）

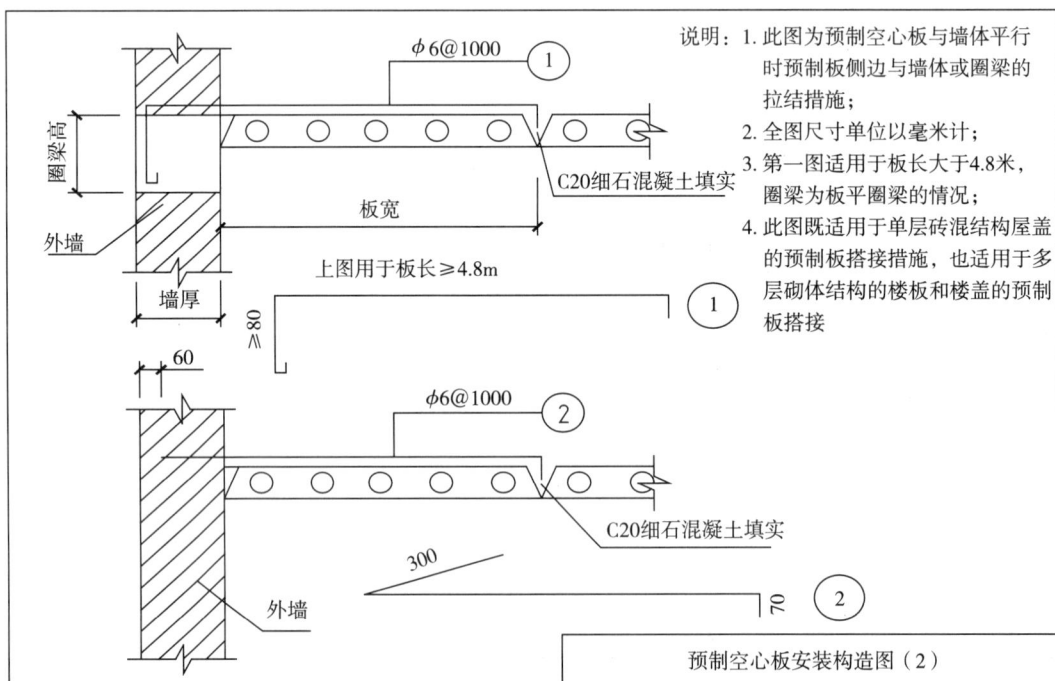

说明：1. 此图为预制空心板与墙体平行时预制板侧边与墙体或圈梁的拉结措施；
2. 全图尺寸单位以毫米计；
3. 第一图适用于板长大于4.8米，圈梁为板平圈梁的情况；
4. 此图既适用于单层砖混结构屋盖的预制板搭接措施，也适用于多层砌体结构的楼板和楼盖的预制板搭接

预制空心板安装构造图（2）

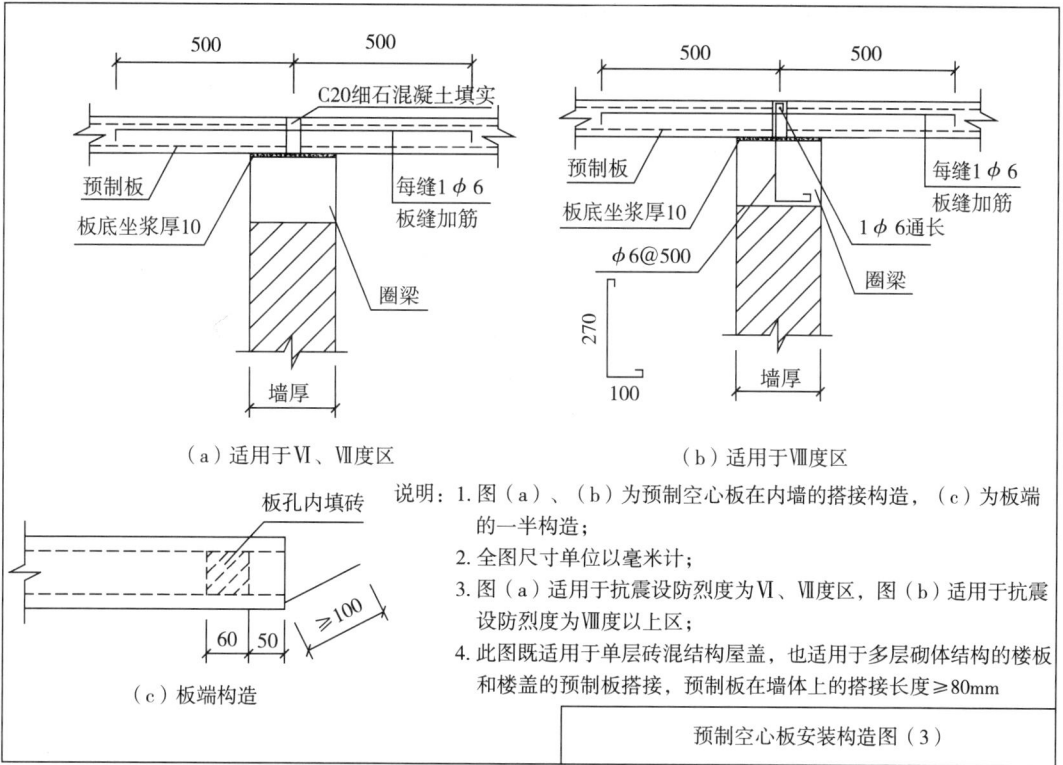

说明：1. 图（a）、（b）为预制空心板在内墙的搭接构造，（c）为板端的一半构造；

2. 全图尺寸单位以毫米计；

3. 图（a）适用于抗震设防烈度为Ⅵ、Ⅶ度区，图（b）适用于抗震设防烈度为Ⅷ度以上区；

4. 此图既适用于单层砖混结构屋盖，也适用于多层砌体结构的楼板和楼盖的预制板搭接，预制板在墙体上的搭接长度≥80mm

预制空心板安装构造图（3）

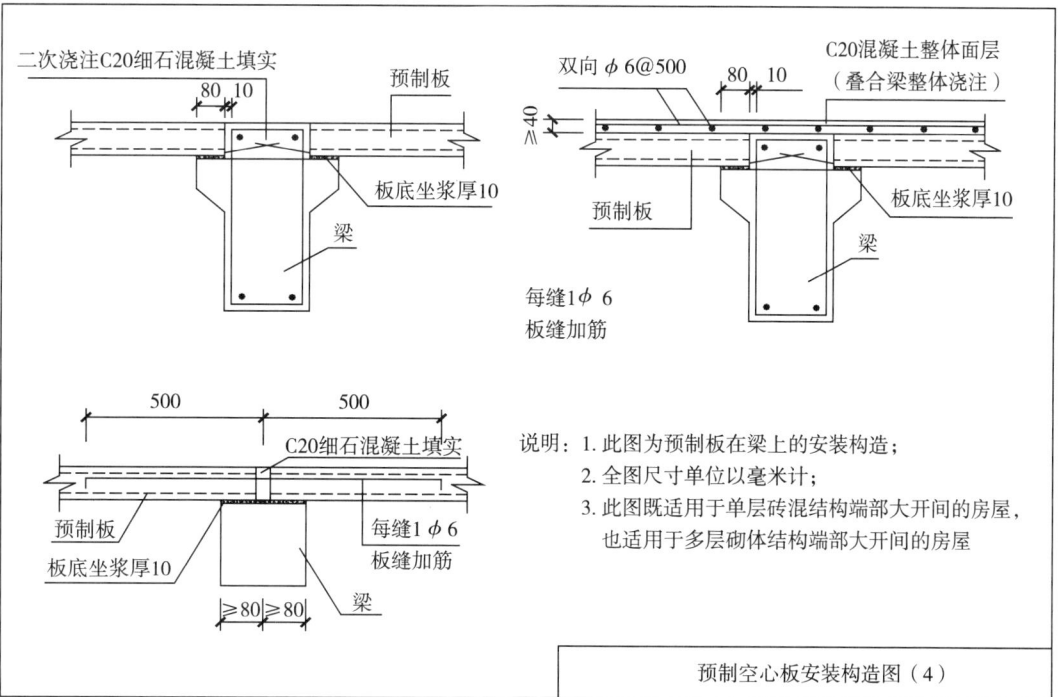

说明：1. 此图为预制板在梁上的安装构造；

2. 全图尺寸单位以毫米计；

3. 此图既适用于单层砖混结构端部大开间的房屋，也适用于多层砌体结构端部大开间的房屋

预制空心板安装构造图（4）

10.5.2 现浇钢筋混凝土板屋盖施工图

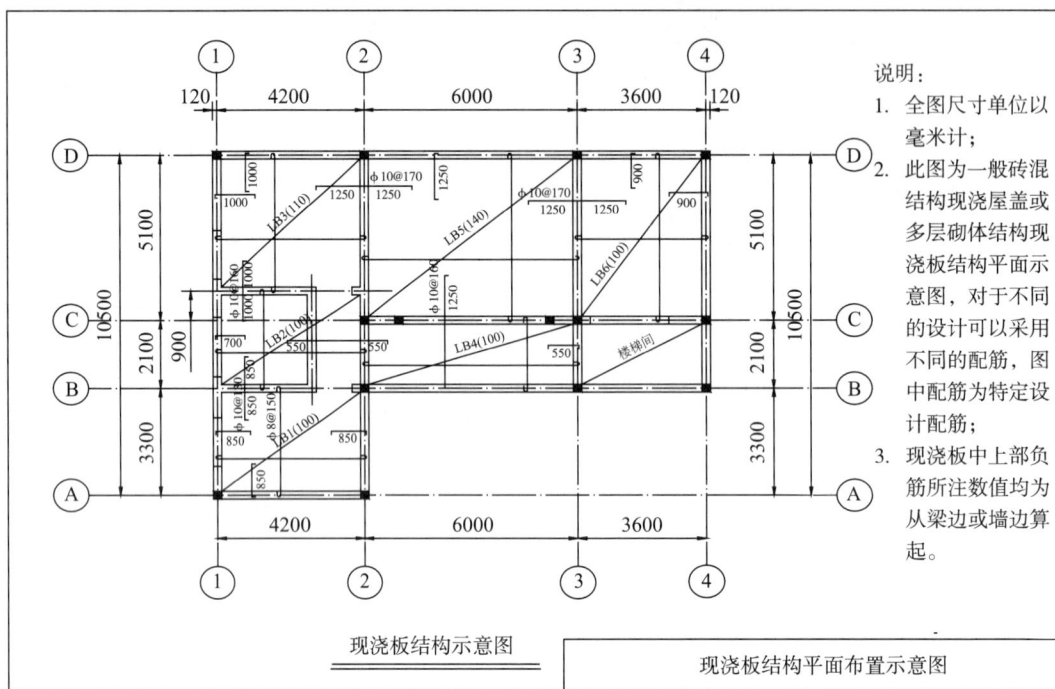

现浇板结构示意图

现浇板结构平面布置示意图

说明：
1. 全图尺寸单位以毫米计；
2. 此图为一般砖混结构现浇屋盖或多层砌体结构现浇板结构平面示意图，对于不同的设计可以采用不同的配筋，图中配筋为特定设计配筋；
3. 现浇板中上部负筋所注数值均为从梁边或墙边算起。

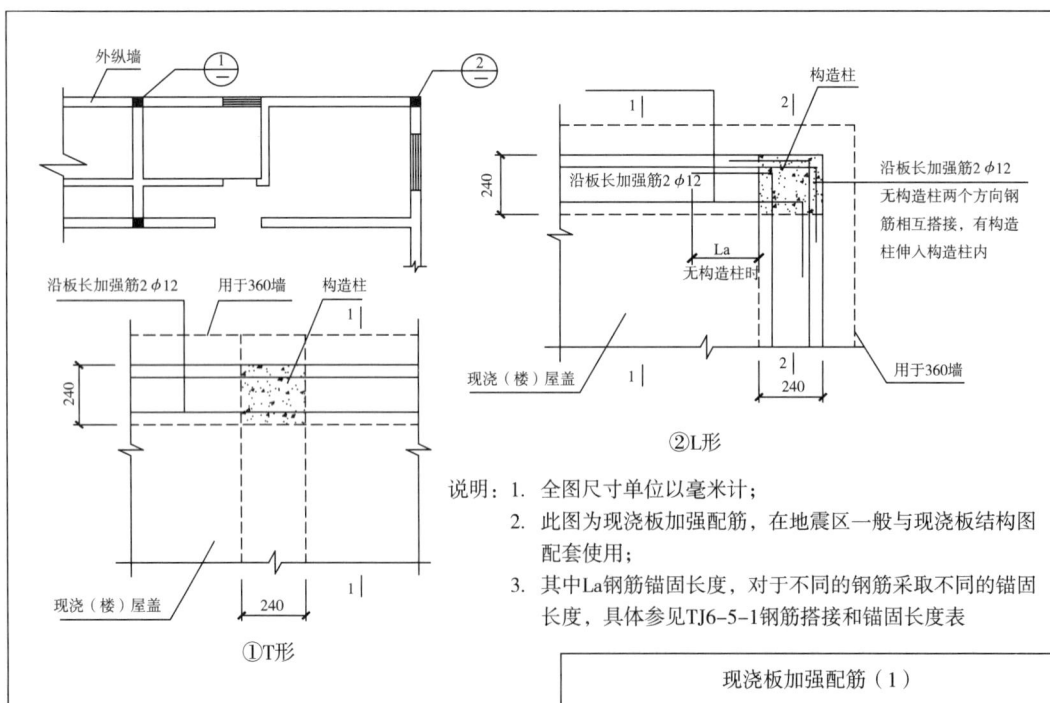

②L形

①T形

现浇板加强配筋（1）

说明：1. 全图尺寸单位以毫米计；
2. 此图为现浇板加强配筋，在地震区一般与现浇板结构图配套使用；
3. 其中La钢筋锚固长度，对于不同的钢筋采取不同的锚固长度，具体参见TJ6-5-1钢筋搭接和锚固长度表

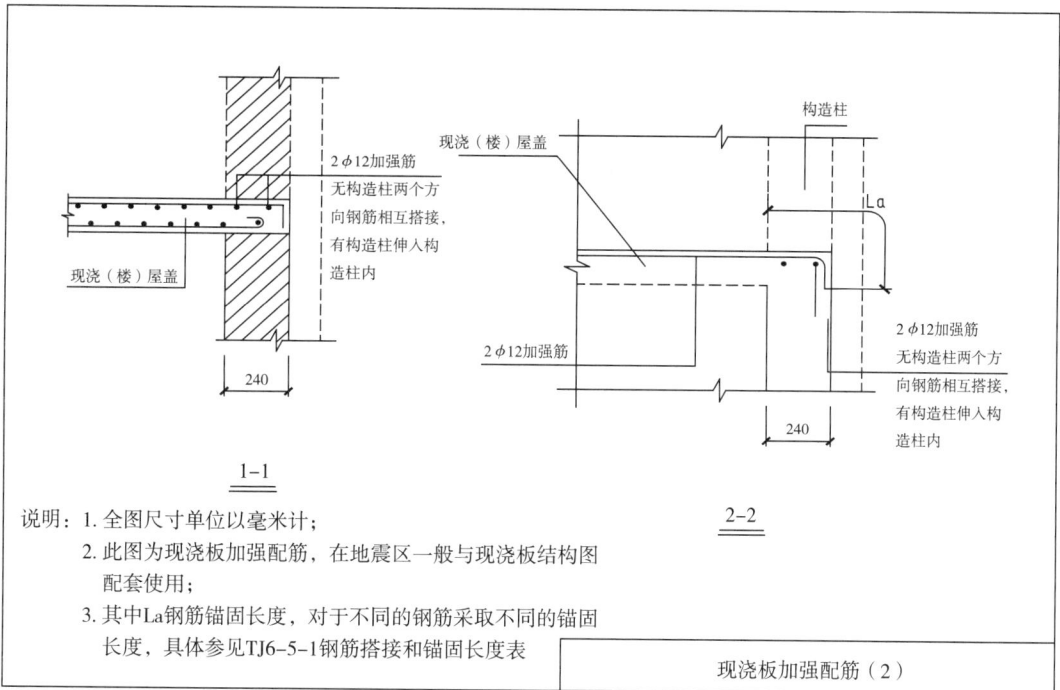

1-1

2-2

说明：1. 全图尺寸单位以毫米计；

2. 此图为现浇板加强配筋，在地震区一般与现浇板结构图
配套使用；

3. 其中La钢筋锚固长度，对于不同的钢筋采取不同的锚固
长度，具体参见TJ6-5-1钢筋搭接和锚固长度表

现浇板加强配筋（2）

10.5.3　单层砖混和多层砌体房屋平屋顶施工图

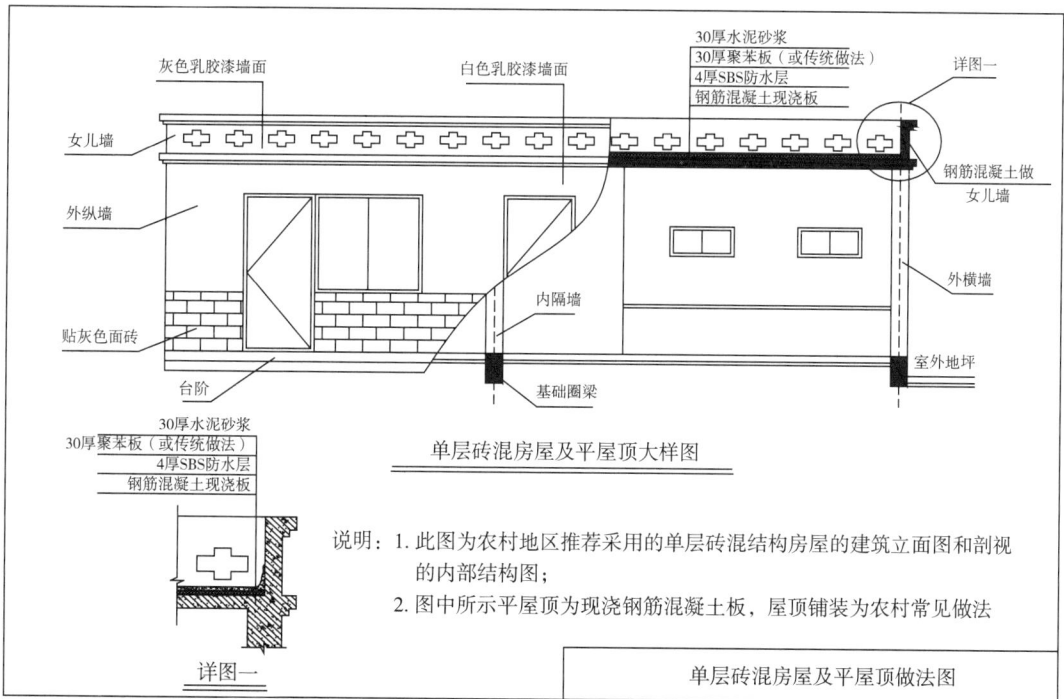

单层砖混房屋及平屋顶大样图

详图一

说明：1. 此图为农村地区推荐采用的单层砖混结构房屋的建筑立面图和剖视
的内部结构图；

2. 图中所示平屋顶为现浇钢筋混凝土板，屋顶铺装为农村常见做法

单层砖混房屋及平屋顶做法图

10.5.4 单层砖混和多层砌体房屋墙体加筋图

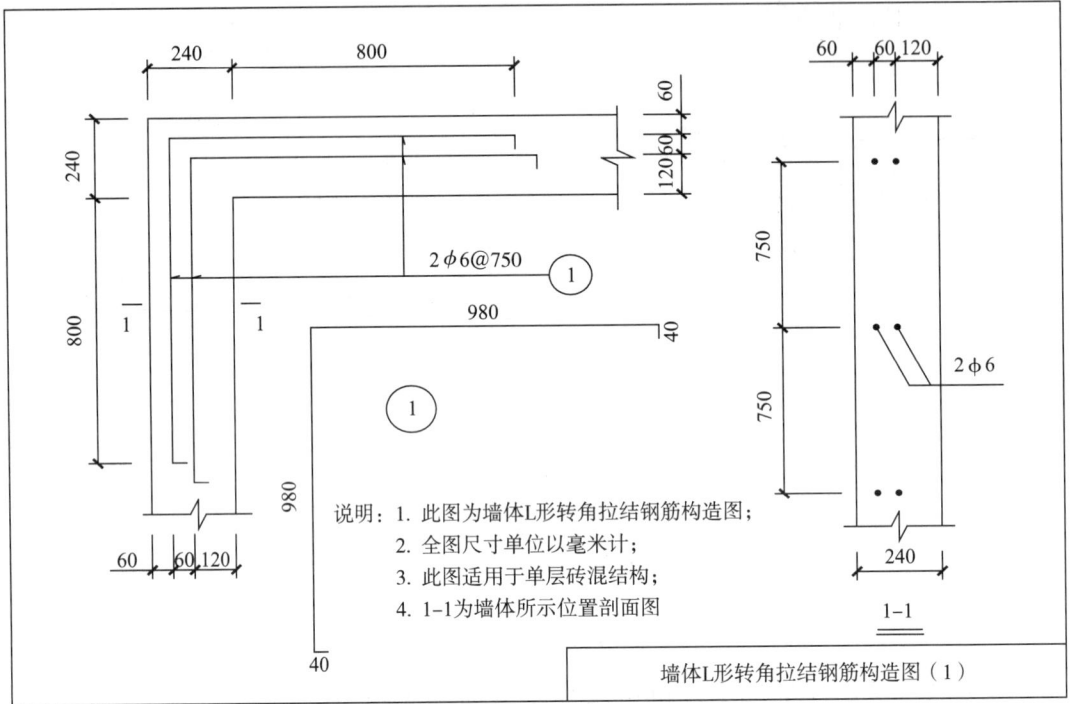

说明：1. 此图为墙体L形转角拉结钢筋构造图；
2. 全图尺寸单位以毫米计；
3. 此图适用于单层砖混结构；
4. 1–1为墙体所示位置剖面图

墙体L形转角拉结钢筋构造图（1）

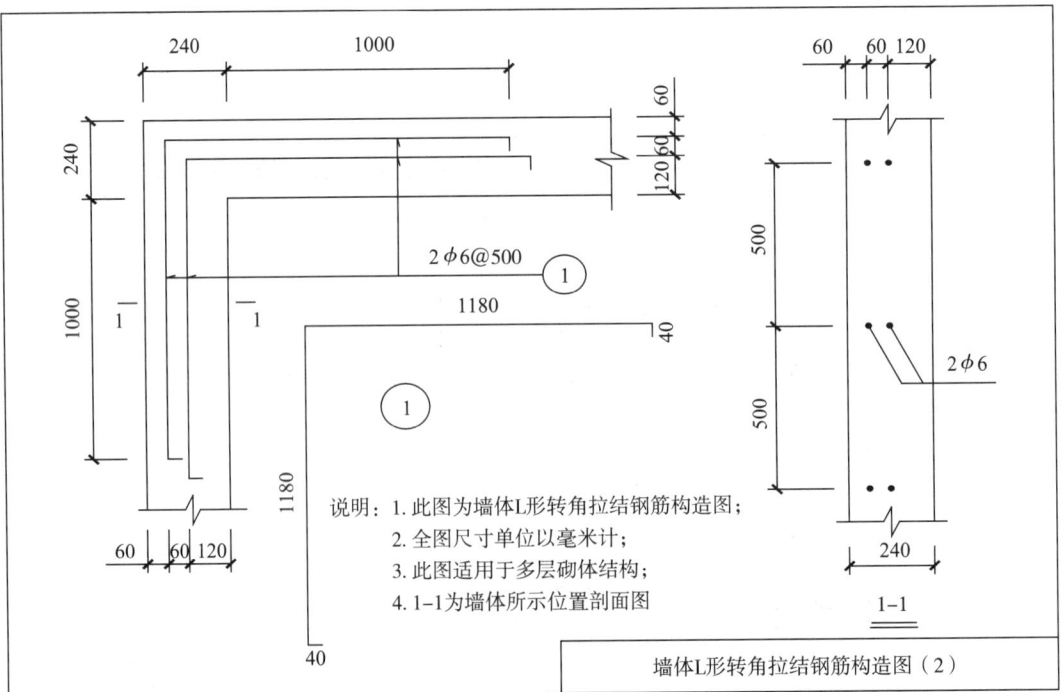

说明：1. 此图为墙体L形转角拉结钢筋构造图；
2. 全图尺寸单位以毫米计；
3. 此图适用于多层砌体结构；
4. 1–1为墙体所示位置剖面图

墙体L形转角拉结钢筋构造图（2）

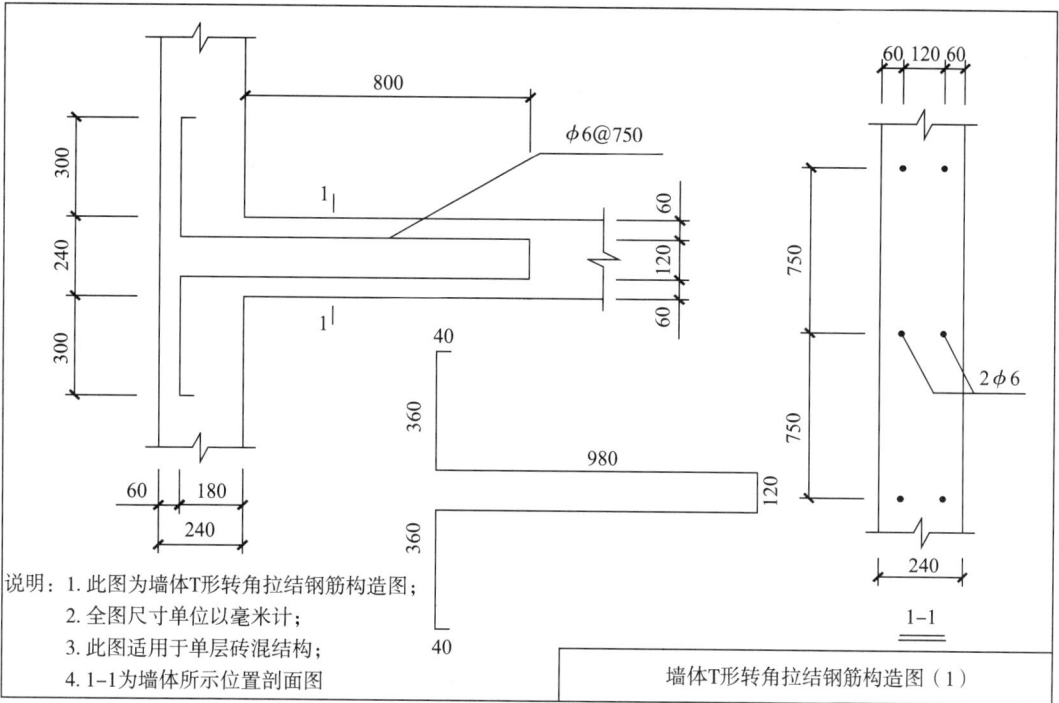

说明：1. 此图为墙体T形转角拉结钢筋构造图；
　　　2. 全图尺寸单位以毫米计；
　　　3. 此图适用于单层砖混结构；
　　　4. 1-1为墙体所示位置剖面图

墙体T形转角拉结钢筋构造图（1）

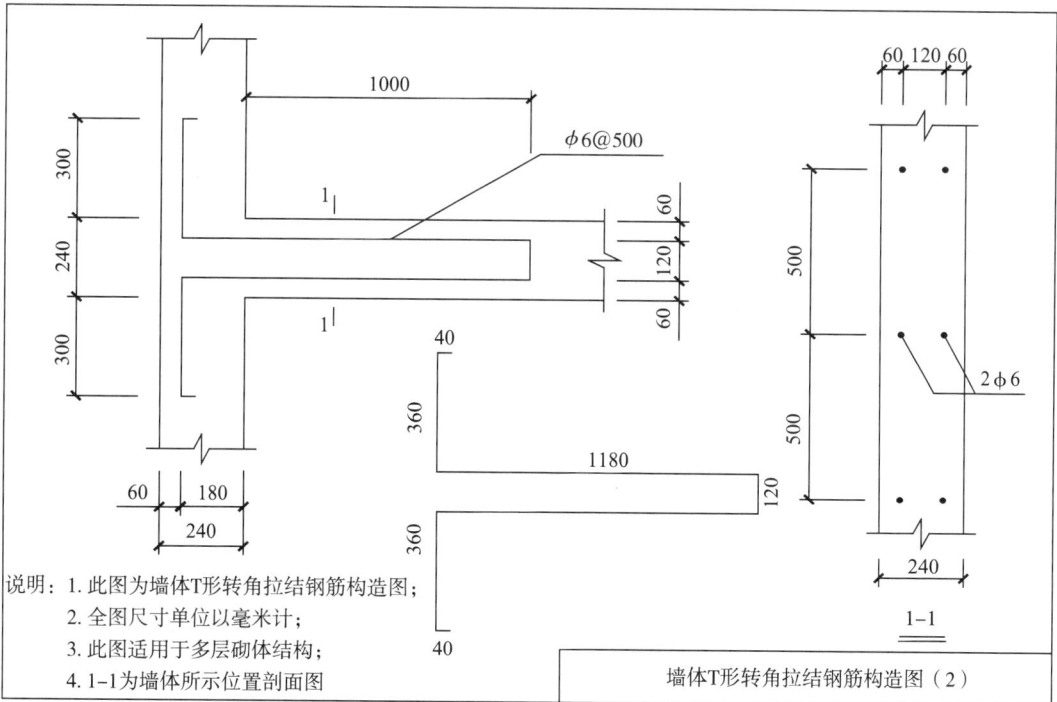

说明：1. 此图为墙体T形转角拉结钢筋构造图；
　　　2. 全图尺寸单位以毫米计；
　　　3. 此图适用于多层砌体结构；
　　　4. 1-1为墙体所示位置剖面图

墙体T形转角拉结钢筋构造图（2）

10.5.5 钢筋混凝土圈梁施工图

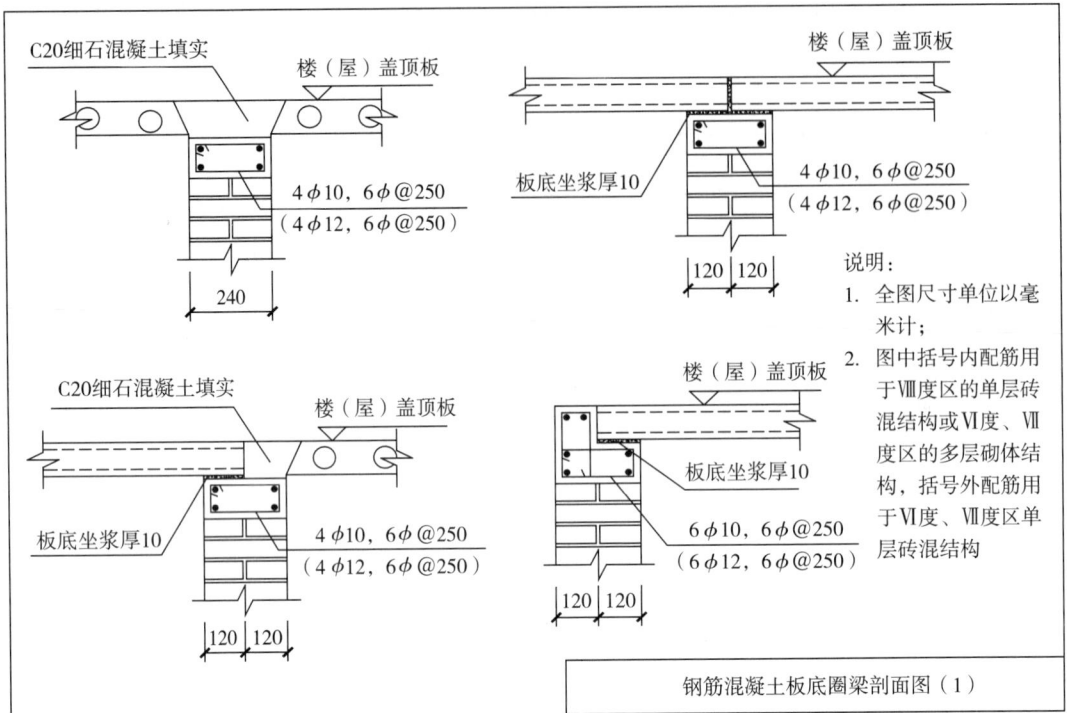

C20细石混凝土填实
楼（屋）盖顶板
4ϕ10, 6ϕ@250
（4ϕ12, 6ϕ@250）
240

楼（屋）盖顶板
板底坐浆厚10
4ϕ10, 6ϕ@250
（4ϕ12, 6ϕ@250）
120 120

说明：
1. 全图尺寸单位以毫米计；
2. 图中括号内配筋用于Ⅷ度区的单层砖混结构或Ⅵ度、Ⅶ度区的多层砌体结构，括号外配筋用于Ⅵ度、Ⅶ度区单层砖混结构

C20细石混凝土填实
楼（屋）盖顶板
板底坐浆厚10
4ϕ10, 6ϕ@250
（4ϕ12, 6ϕ@250）
120 120

楼（屋）盖顶板
板底坐浆厚10
6ϕ10, 6ϕ@250
（6ϕ12, 6ϕ@250）
120 120

钢筋混凝土板底圈梁剖面图（1）

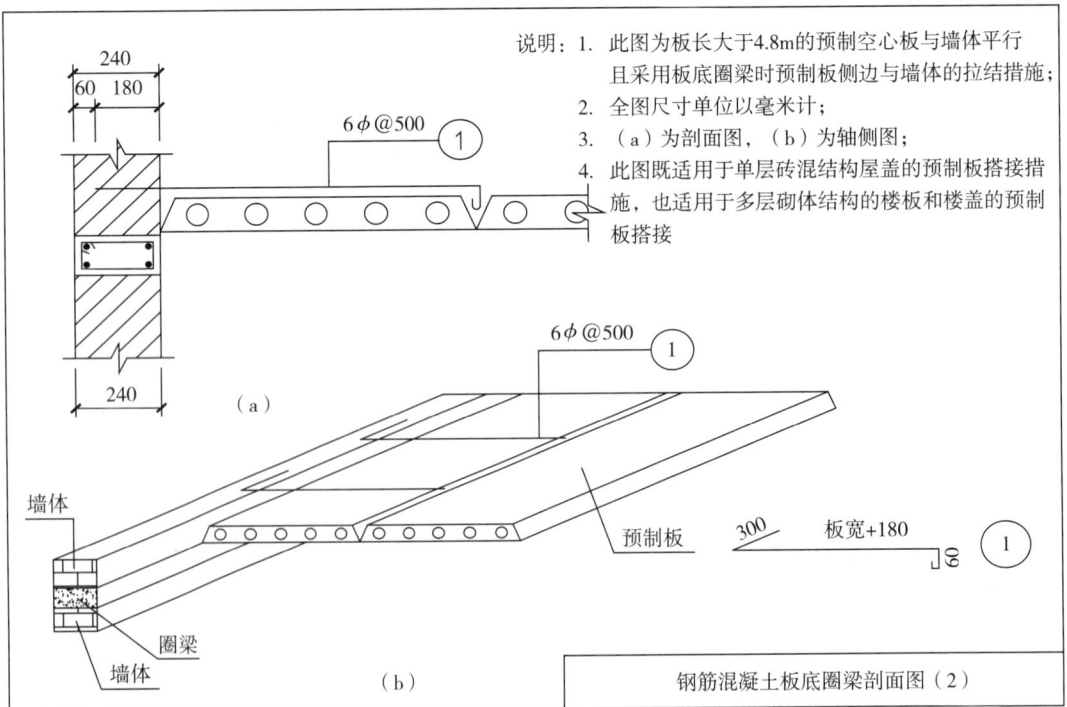

240
60 180
6ϕ@500 ①

（a）
240

说明：1. 此图为板长大于4.8m的预制空心板与墙体平行且采用板底圈梁时预制板侧边与墙体的拉结措施；
2. 全图尺寸单位以毫米计；
3. （a）为剖面图，（b）为轴侧图；
4. 此图既适用于单层砖混结构屋盖的预制板搭接措施，也适用于多层砌体结构的楼板和楼盖的预制板搭接

6ϕ@500 ①

墙体
圈梁
墙体
（b）

预制板
300 板宽+180 ①
60

钢筋混凝土板底圈梁剖面图（2）

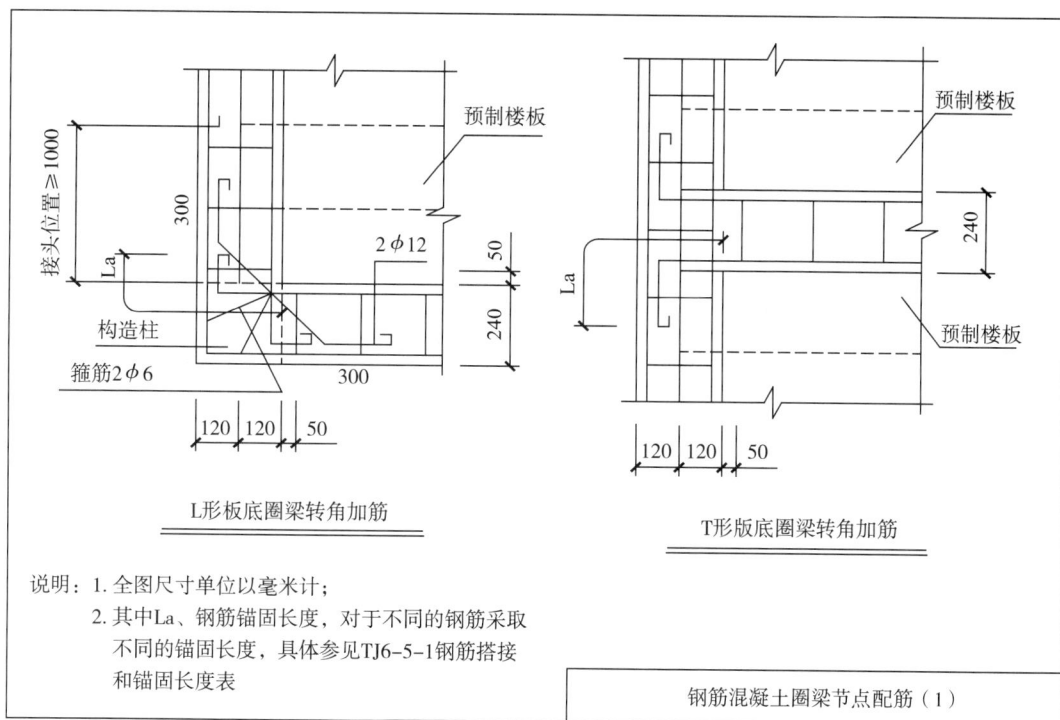

L形板底圈梁转角加筋

T形版底圈梁转角加筋

说明：1. 全图尺寸单位以毫米计；
2. 其中La、钢筋锚固长度，对于不同的钢筋采取不同的锚固长度，具体参见TJ6-5-1钢筋搭接和锚固长度表

钢筋混凝土圈梁节点配筋（1）

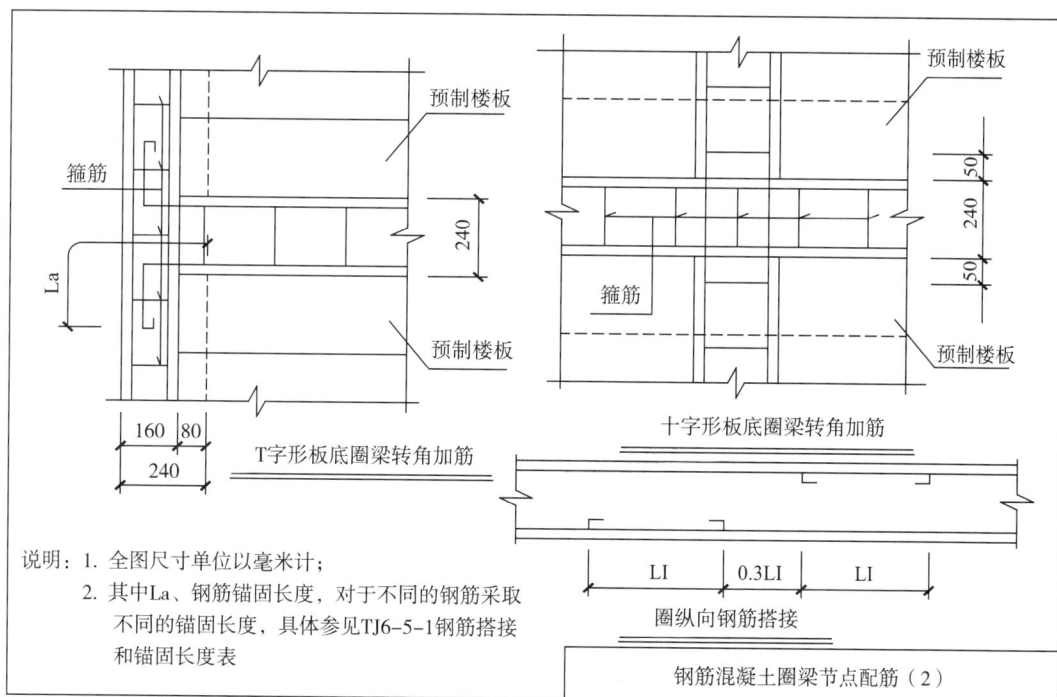

T字形板底圈梁转角加筋

十字形板底圈梁转角加筋

圈纵向钢筋搭接

说明：1. 全图尺寸单位以毫米计；
2. 其中La、钢筋锚固长度，对于不同的钢筋采取不同的锚固长度，具体参见TJ6-5-1钢筋搭接和锚固长度表

钢筋混凝土圈梁节点配筋（2）

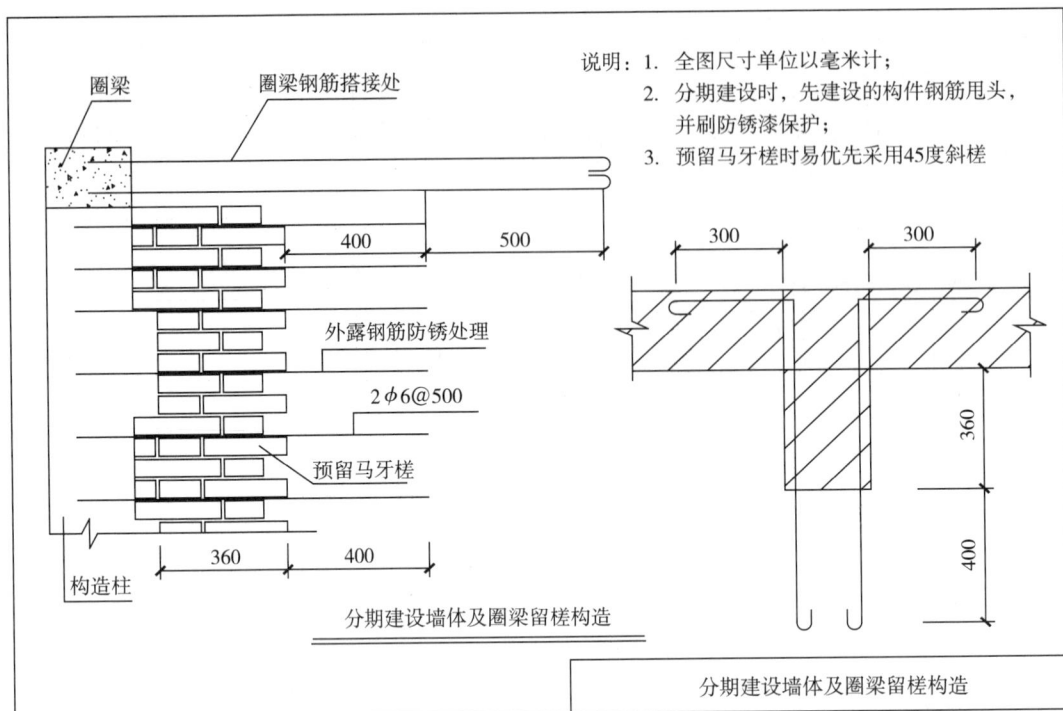

说明：1. 全图尺寸单位以毫米计；
2. 分期建设时，先建设的构件钢筋甩头，并刷防锈漆保护；
3. 预留马牙槎时易优先采用45度斜槎

圈梁

圈梁钢筋搭接处

外露钢筋防锈处理

2φ6@500

预留马牙槎

构造柱

分期建设墙体及圈梁留槎构造

分期建设墙体及圈梁留槎构造

10.5.6　钢筋混凝土构造柱施工图

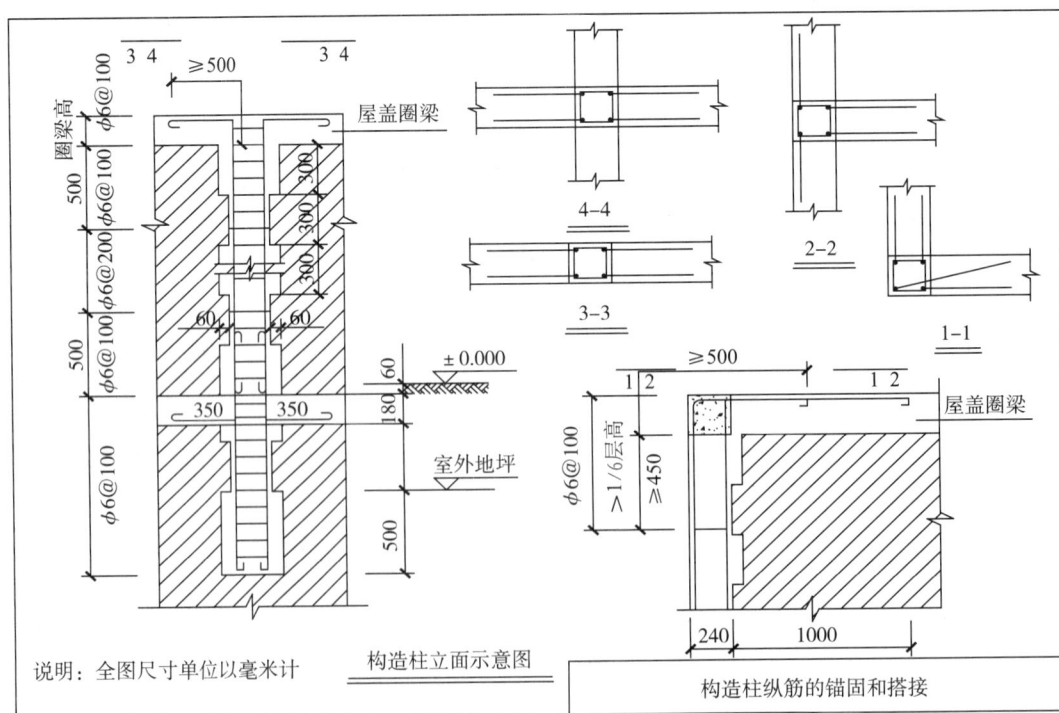

屋盖圈梁

室外地坪

说明：全图尺寸单位以毫米计

构造柱立面示意图

屋盖圈梁

构造柱纵筋的锚固和搭接

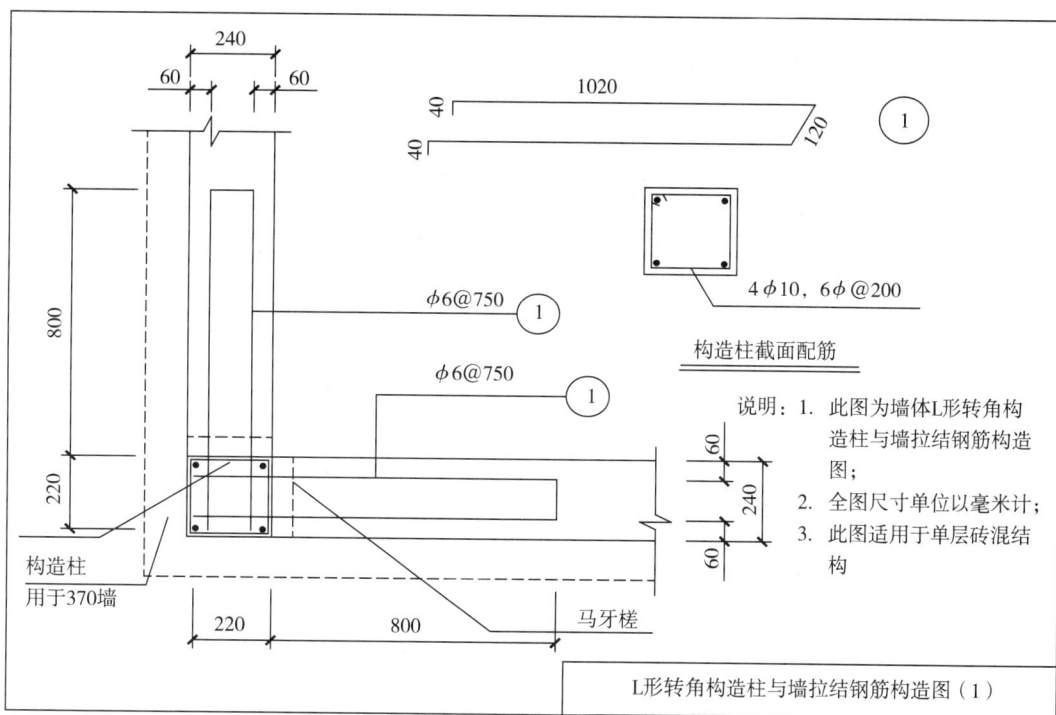

构造柱截面配筋

说明：1. 此图为墙体L形转角构
造柱与墙拉结钢筋构造
图；

2. 全图尺寸单位以毫米计；

3. 此图适用于单层砖混结
构

L形转角构造柱与墙拉结钢筋构造图（1）

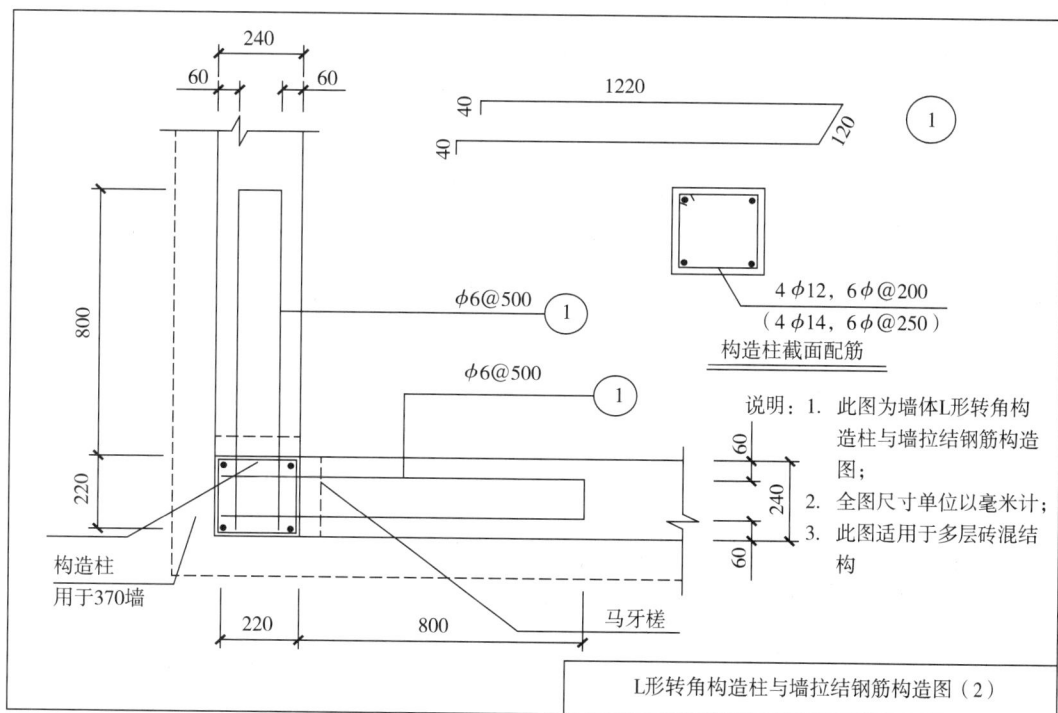

构造柱截面配筋

说明：1. 此图为墙体L形转角构
造柱与墙拉结钢筋构造
图；

2. 全图尺寸单位以毫米计；

3. 此图适用于多层砖混结
构

L形转角构造柱与墙拉结钢筋构造图（2）

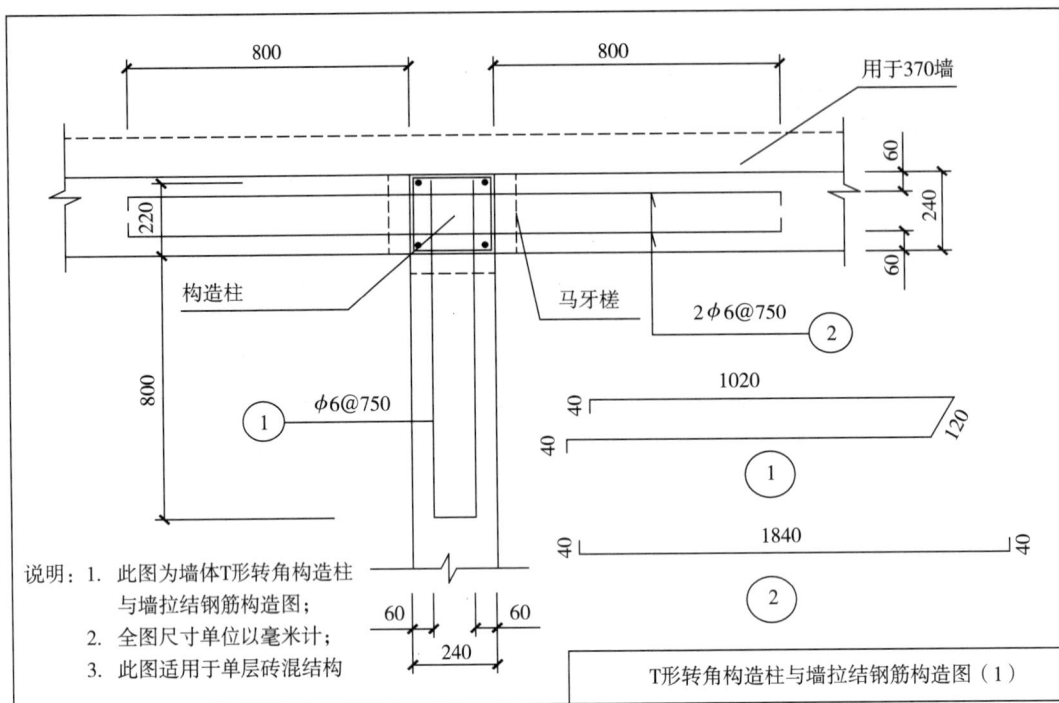

800　　800

用于370墙

构造柱

马牙槎

2φ6@750　②

220

800

①　φ6@750

60
240
60

1020
40　　　120

①

1840
40　　　　40

②

说明：1. 此图为墙体T形转角构造柱
　　　　与墙拉结钢筋构造图；
　　　2. 全图尺寸单位以毫米计；
　　　3. 此图适用于单层砖混结构

60　60
240

T形转角构造柱与墙拉结钢筋构造图（1）

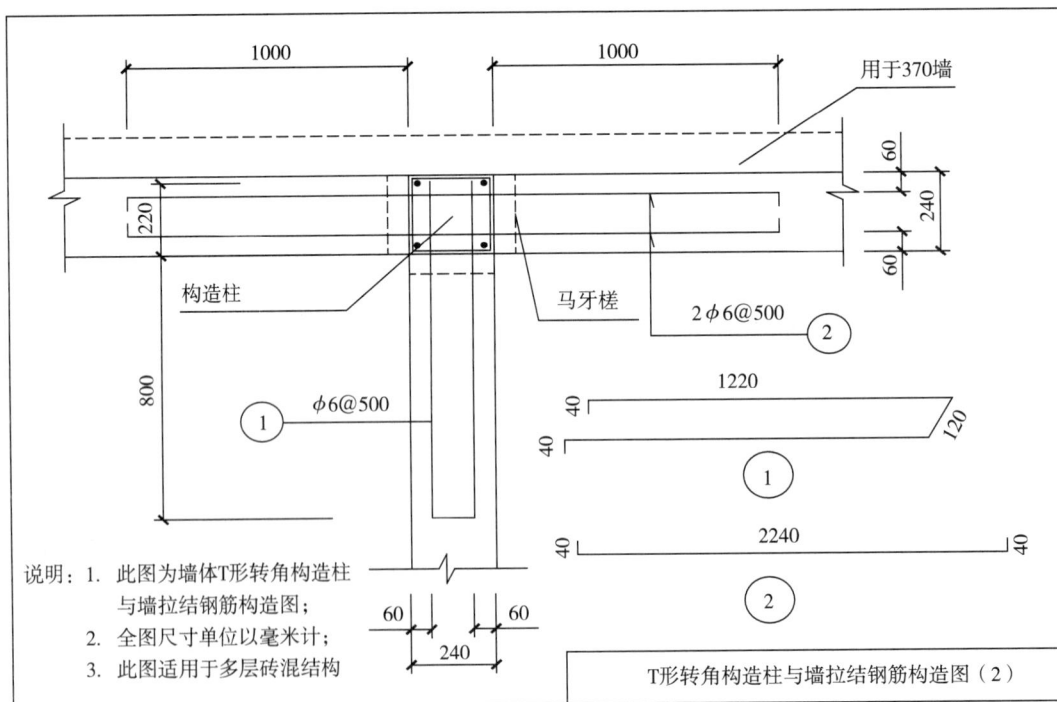

1000　　1000

用于370墙

构造柱

马牙槎

2φ6@500　②

220

800

①　φ6@500

60
240
60

1220
40　　　120

①

2240
40　　　　40

②

说明：1. 此图为墙体T形转角构造柱
　　　　与墙拉结钢筋构造图；
　　　2. 全图尺寸单位以毫米计；
　　　3. 此图适用于多层砖混结构

60　60
240

T形转角构造柱与墙拉结钢筋构造图（2）

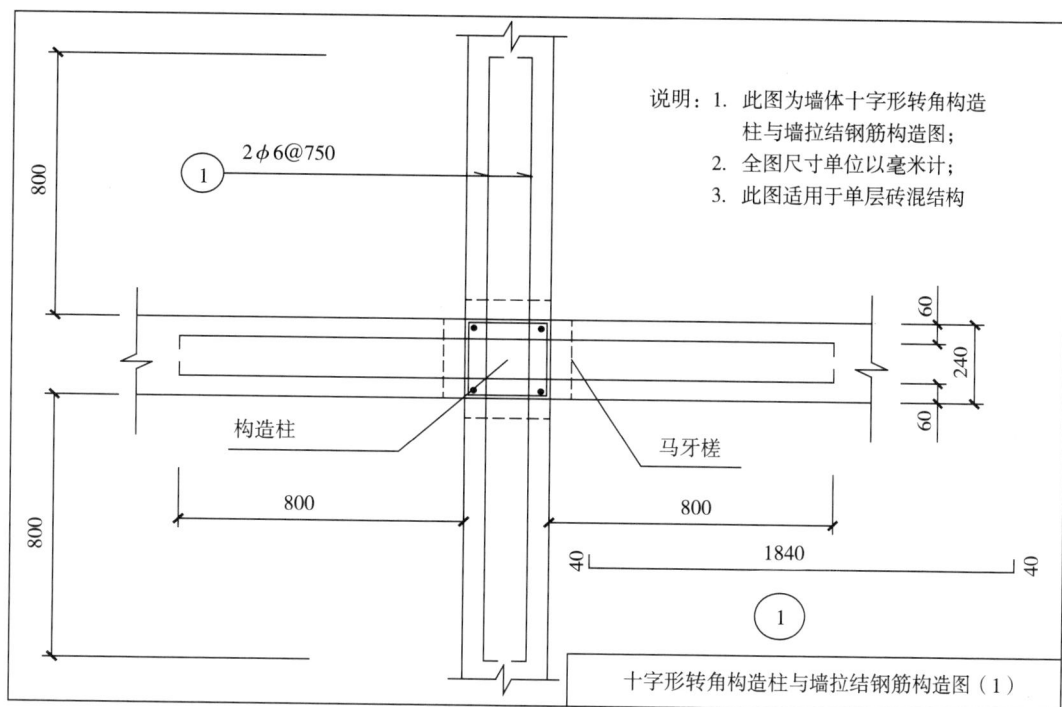

说明：1. 此图为墙体十字形转角构造柱与墙拉结钢筋构造图；
2. 全图尺寸单位以毫米计；
3. 此图适用于单层砖混结构

2φ6@750

构造柱

马牙槎

800　800

800

40　1840　40

60　240　60

十字形转角构造柱与墙拉结钢筋构造图（1）

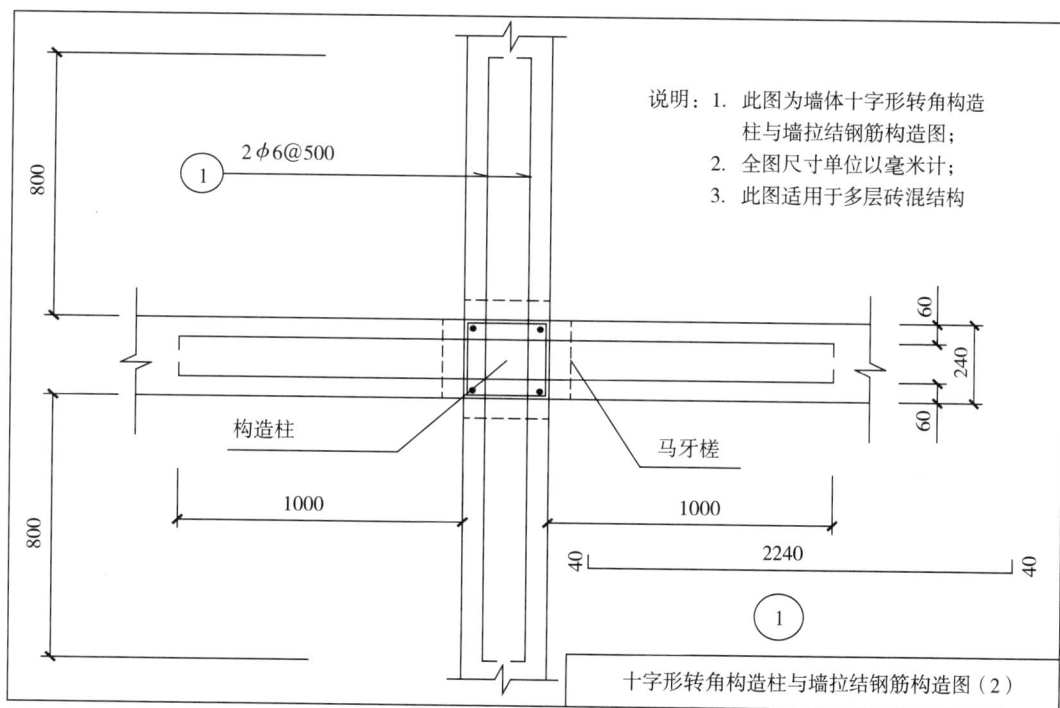

说明：1. 此图为墙体十字形转角构造柱与墙拉结钢筋构造图；
2. 全图尺寸单位以毫米计；
3. 此图适用于多层砖混结构

2φ6@500

构造柱

马牙槎

1000　1000

800

40　2240　40

60　240　60

十字形转角构造柱与墙拉结钢筋构造图（2）

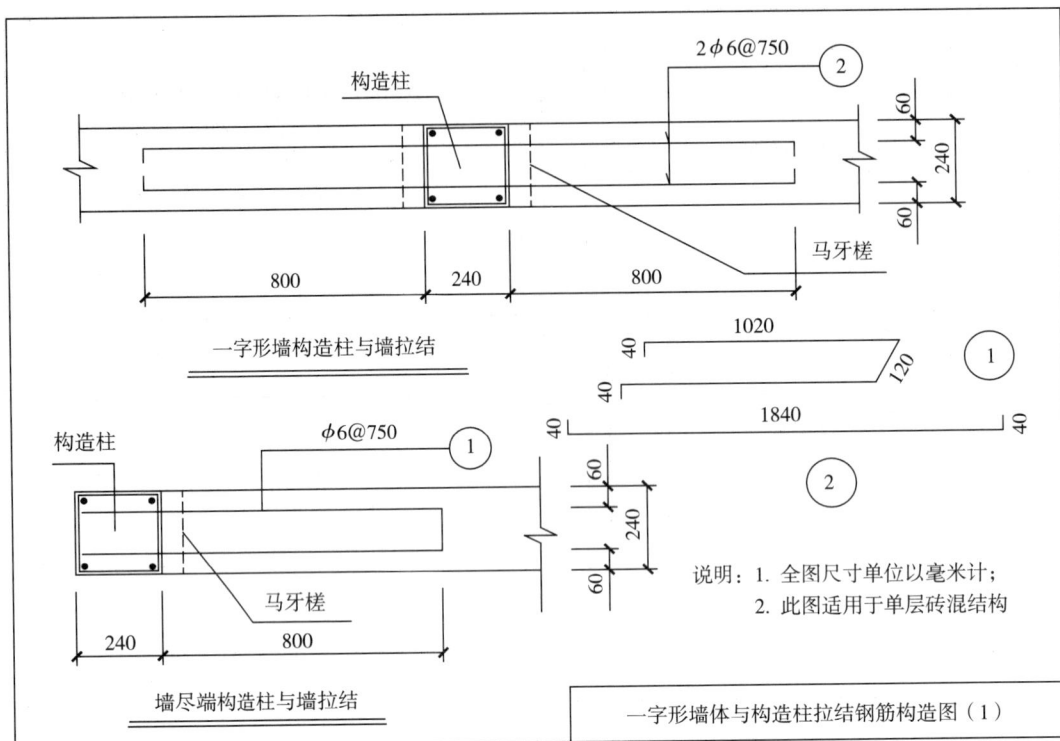

一字形墙体与构造柱拉结钢筋构造图（1）

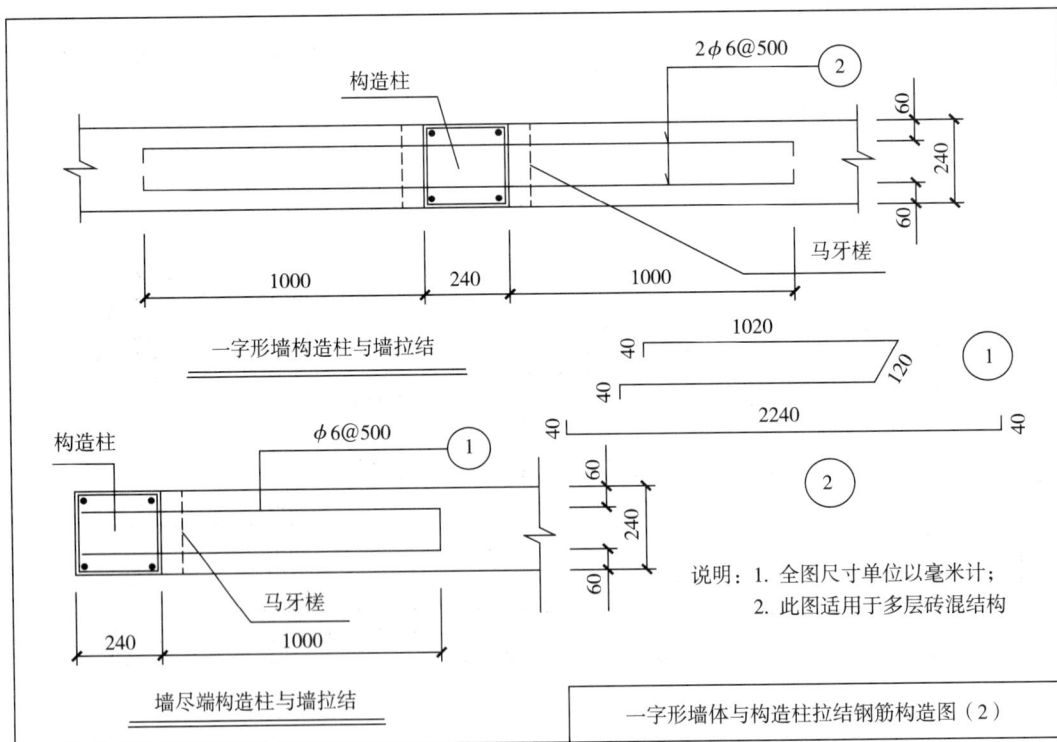

一字形墙体与构造柱拉结钢筋构造图（2）

10.5.7　门窗过梁施工图

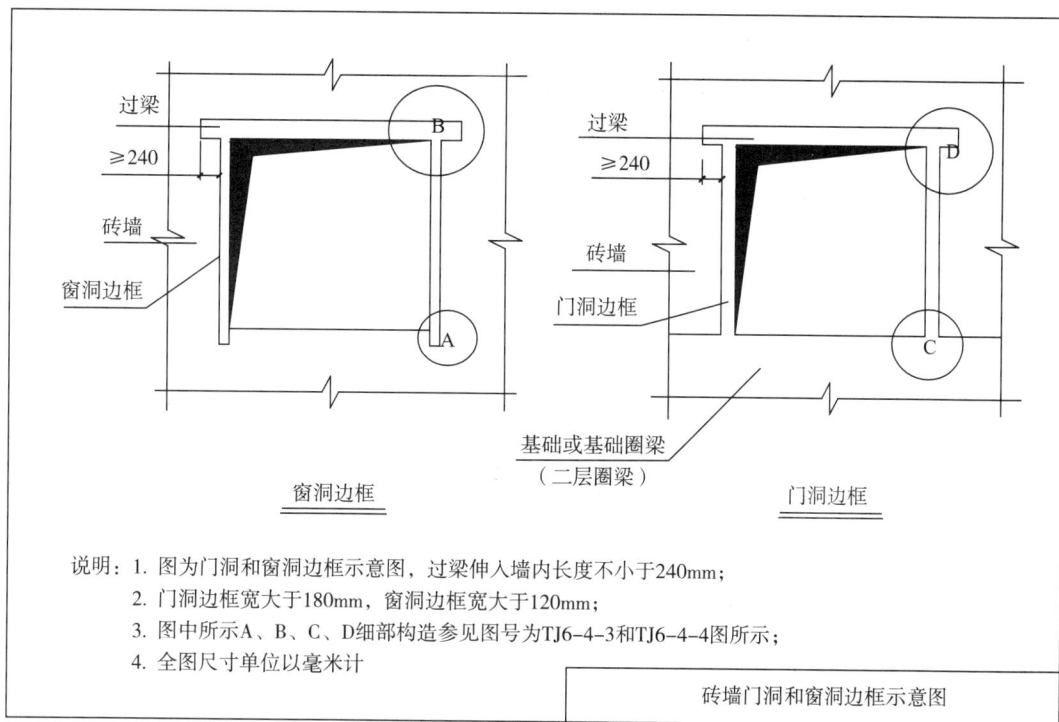

说明：1. 图为门洞和窗洞边框示意图，过梁伸入墙内长度不小于240mm；

　　　2. 门洞边框宽大于180mm，窗洞边框宽大于120mm；

　　　3. 图中所示A、B、C、D细部构造参见图号为TJ6-4-3和TJ6-4-4图所示；

　　　4. 全图尺寸单位以毫米计

砖墙门洞和窗洞边框示意图

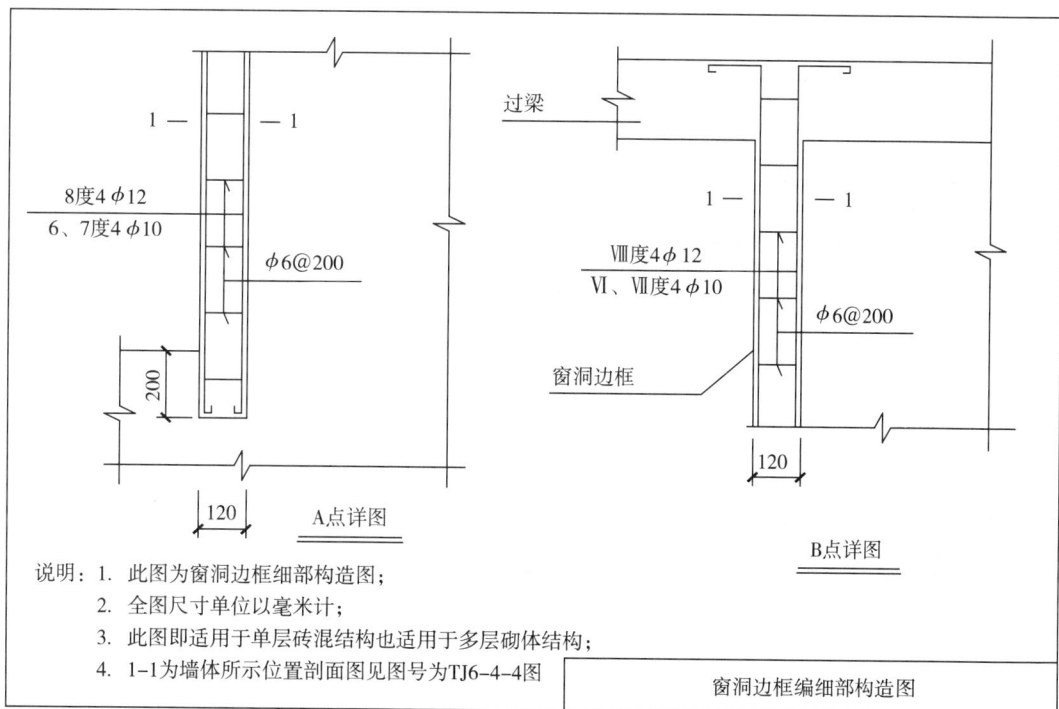

说明：1. 此图为窗洞边框细部构造图；

　　　2. 全图尺寸单位以毫米计；

　　　3. 此图即适用于单层砖混结构也适用于多层砌体结构；

　　　4. 1-1为墙体所示位置剖面图见图号为TJ6-4-4图

窗洞边框编细部构造图

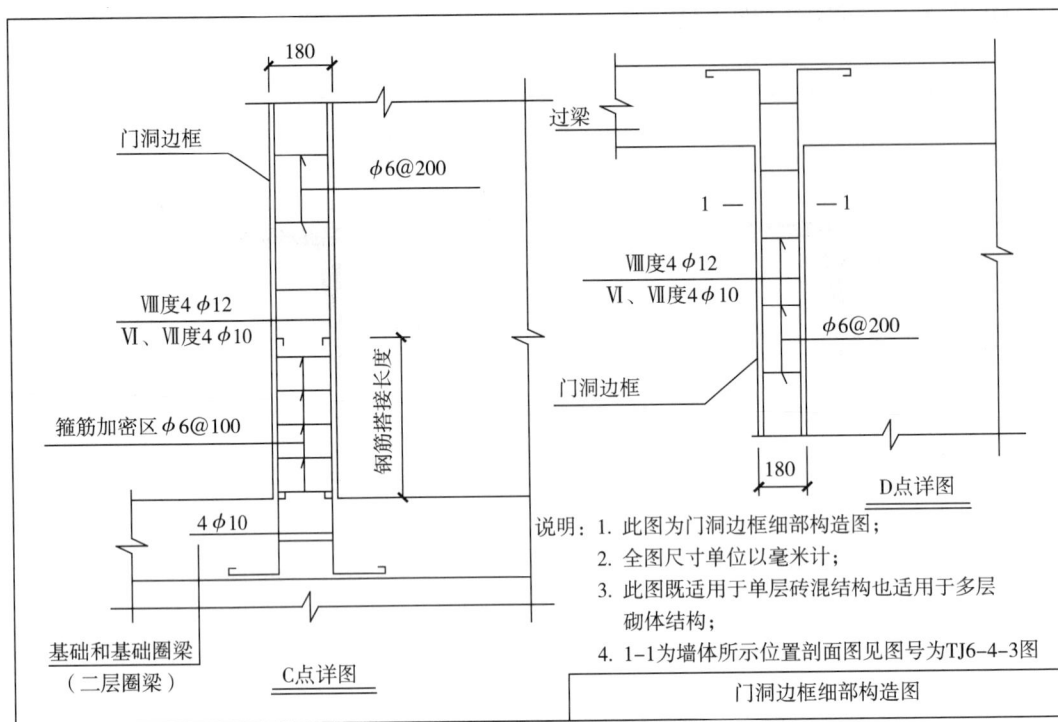

门洞边框

$\phi6@200$

VIII度4ϕ12
VI、VII度4ϕ10

箍筋加密区$\phi6@100$

钢筋搭接长度

4ϕ10

基础和基础圈梁
（二层圈梁）

C点详图

过梁

1——1

VIII度4ϕ12
VI、VII度4ϕ10

$\phi6@200$

门洞边框

D点详图

说明：1. 此图为门洞边框细部构造图；
2. 全图尺寸单位以毫米计；
3. 此图既适用于单层砖混结构也适用于多层
砌体结构；
4. 1—1为墙体所示位置剖面图见图号为TJ6-4-3图

门洞边框细部构造图

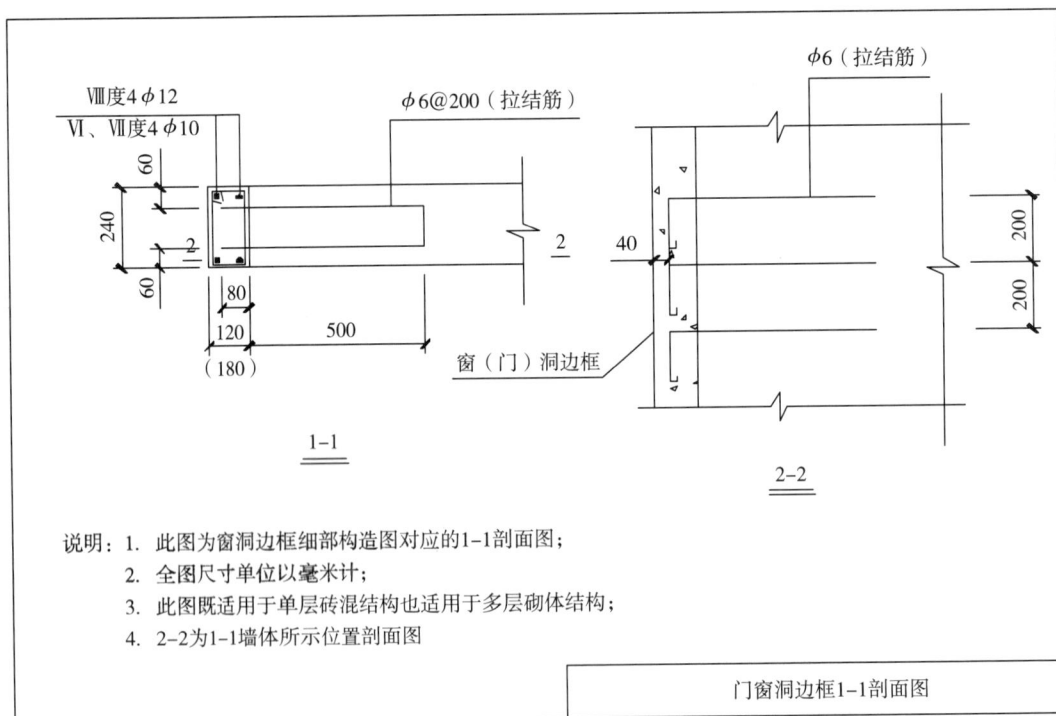

VIII度4ϕ12
VI、VII度4ϕ10

$\phi6@200$（拉结筋）

$\phi6$（拉结筋）

1—1

窗（门）洞边框

2—2

说明：1. 此图为窗洞边框细部构造图对应的1—1剖面图；
2. 全图尺寸单位以毫米计；
3. 此图既适用于单层砖混结构也适用于多层砌体结构；
4. 2—2为1—1墙体所示位置剖面图

门窗洞边框1—1剖面图

10.5.8 钢筋的锚固长度和搭接长度

C20混凝土钢筋的锚固长度La的搭接长度LI

钢 筋	HPB235级钢筋（ϕ）							
	$\phi6$	$\phi8$	$\phi10$	$\phi12$	$\phi14$	$\phi16$	$\phi18$	$\phi20$
锚固长度La	250	250	310	370	430	490	550	620
搭接长度LI	300	300	370	440	520	590	660	740
钢 筋	HPB335级钢筋（ϕ）							
	$\phi6$	$\phi8$	$\phi10$	$\phi12$	$\phi14$	$\phi16$	$\phi18$	$\phi20$
锚固长度La	250	310	390	460	540	620	690	770
搭接长度LI	300	370	460	550	650	740	830	920

钢筋的锚固长度La的搭接长度LI

第十一章　农居的使用和维护

经过选址、建造和采取抗震构造措施使得新建农居的地震安全得到保障。但是，农居的地震安全并未就此停止。正如一台机器的使用和维护决定其寿命一样，农居的使用和维护也是农居寿命和安全有所保障的前提之一。不合理的使用或者缺乏必要的维护，就可能使农居的寿命降低很快，抗震性能也大大降低。因此，对于建成的农居，要通过合理地使用和必要的维护，一方面保证农居正常使用功能，延长其使用寿命，另一方面也使得其地震安全性有所保障。

11.1　农居的使用（窦远明等，2000；葛学礼，2010；王兰民，林学文，2006）

农居是农民生活的重要场所，它服务于农民的生活需求，有时还要与农民的生产发生联系。当人们的生活需求和生产方式有所变化时，也会对房屋的使用提出不同的要求。因此，房屋开始使用后，还会有很多改造。而有时建成的农居周围环境也会发生一些变化。这些改造和变化，有时会对农居的地震安全造成实质性的影响，比如：农居构建的拆除、农居荷载的变化、地基应力和边坡的状态改变等。通常，在农居的使用中，要注意以下问题：

11.1.1　不要随意改造

在农村出于功能需求、空间扩展或者装修的目的，对农居进行随意改造的例子很多。有的家庭在需要开一个小商店时，将原来的墙体打掉，造成农居承重能力降低，地震时大开洞的地方很容易产生破坏。有的为了方便，在原来的承重墙上开一个门洞而不做任何加强措施。还有的在原来是一层的房屋上加盖二层或者在旧墙上加盖房屋，这都是很危险的。图11-1是在甘肃永靖县徐顶乡一栋农居。该户主出于方便和节约的考虑，在原来的土夯院墙上直接加盖砖柱土坯房屋。这就使得墙体缺乏整体性，房屋不同部分在地震中的反应有很大差异，这样的房屋是很不安全的。

图11-2是四川青川县沙洲镇一栋带构造柱和圈梁的砖混结构。该栋房屋其他位置破坏较轻，以局部裂缝为主，但是底层靠边的两间房屋破坏较为严重。究其原因，是图中椭圆标识所在位置原本有一个隔墙，后来因要办幼儿园，将隔墙拆除，形成大空间，加上两旁都有窗户，地震中构造柱位置处局部应力急剧增大，导致构造柱被扭坏，两层墙体局部坍塌，相邻的两个构造柱也受损严重。所幸的是圈梁基本完好，防止了进一步坍塌。可见，对房屋承重墙，哪怕是不起眼的隔墙进行拆除，也会改变房屋的荷载分布，容易造成局部应力集中，不仅地震中是很危险的，就是平常也会有相当的安全隐患。

诸如在墙上随意凿洞、拆除柱子、加盖房屋、扩大门窗尺寸等都会对房屋的安全造成

图 11-1　土夯院墙上加盖砖柱土坯房屋很不安全

图 11-2　拆除承重隔墙导致局部破坏严重

影响。不合理的改造会导致房屋结构的完整性破坏、局部强度丧失、结构荷载分布变化以及附加荷载的增加，这些最终都会降低房屋的安全，缩短房屋的使用寿命。图短期的方便，而忽视安全最后往往得不偿失。如果确实需要对房屋进行改造时，那么一定要做好相应的房屋安全措施。如果扩大了门窗的尺寸，那么就应该采取诸如增加柱子或者加混凝土过梁等措施来保证农居的安全。

11.1.2　不要堆（吊）重物

在很多地方，农民有在房顶上堆晒谷物的习惯，有的农民喜欢在屋檐下悬吊东西。虽然这些习惯很多是出于生产的需要，但是如果不注意也会给农居的安全带来影响。图 11-3 是甘肃清水白沙镇的农居，该农户在屋檐下悬挂了很多玉米。像这样大量悬挂重物会给农居的安全带来危害，如果此时发生地震那就更危险了。

图 11-3　房屋上悬挂过重的东西危害其安全

11.1.3　不要过度装修

装修可以提高房屋的舒适性，也可以美化房屋。但装修要考虑装修措施的合理性，避免装修时对房屋安全带来影响。过度装修是不考虑房屋安全而采取的具有破坏性的装修。

常见的过度装修如：采用大而重的装饰物；为了美观和采光而随意砸墙等。装修时凡造成房屋荷载增加太多或改变荷载分布的都要慎重，任何引起荷载增加或者其分布集中的装修都会对房屋的安全性带来不利影响。在选择装修材料时，也要按照重量轻和对其他构件不造成影响为原则。还有，施工中避免过多穿洞的措施。穿洞太多，使得结构局部强度降低或者构件局部破坏，这都是很危险的。特别是年代较旧的房屋，更不能过度装修。这些房屋，尤其是土木和砖木结构，年代久远已经使得其建筑材料退化、腐朽，如果还继续过度装修，那么很有可能降低房屋的寿命，危害其安全。装修措施都要以不影响或者轻微影响房屋结构完整和构件强度为原则。

11.1.4　不要随便开挖

农居的安全除了决定于其自身状况而外，周围环境也有一定的影响。对于地基，如果周围有开挖，开挖距离房屋太近时，就会显著改变地基应力状况，增加地基中的水平剪切力。所以，在农居周围进行开挖，一是开挖不要太近，一般最好距离在5米以外，土层越软弱，这个距离还需要增加；二是开挖的深度和范围不要太大。开挖1～2米或许影响较小，但是大面积开挖到4米左右，造成地基悬空，地基土缺乏足够的侧限支持就非常危险了。因此，通常不要在距离农居10米以内进行任何开挖。如果必要时，要根据土层的情况和开挖的范围和深度确定安全的距离。

在山区，房屋周围往往有边坡。很多情况下，坡脚对于斜坡的稳定起着重要的支撑作用。对房屋周围的边坡不要随意开挖。如果需要开挖时，一是不要对边坡的稳定性带来不利影响，二是开挖造成对边坡有影响的区域需要采取必要的支护、风化和侵蚀防护措施。图11-4为兰州观象台周围边坡被当地农民开挖出便道，用来行走农用三轮车，而最终导致边坡崩塌。

图11-4　乱挖边坡导致崩塌

11.2　农居的维护

房屋建好使用过程中，由于自然因素和人为因素的影响而逐渐破损，使用价值逐渐降低。有的房屋和设备，由于没有适时地采取预防保养措施或者修理不够及时，造成不应产生的损坏或提前损坏，以致发生房屋破损、倒塌事故，如钢筋混凝土露筋，铁件、白铁落水设备未能油漆保养，门窗铰链松动等，所有这些若不及时保养，都可酿成大祸。为了全面或部分地恢复失去的使用功能，防止、减少和控制其损坏程度，延长使用寿命，达到保值增值的目的，房主需要对房屋进行日常的保养（如定期对外墙进行粉刷等），对破损房屋进行维修与加固，对不同等级的房屋功能进行恢复与改善，从而保持和提高房屋的完好率，使房屋能更好地为房主的居住、生活和工作服务。

　　房屋养护应注意与房屋建筑的结构种类及其外界条件相适应，木结构的防潮防腐防蚁蛀、砖石结构的防潮、钢结构的防锈等养护，都必须结合具体情况给予重视。

11.2.1　地基的维护

　　地基属于隐蔽工程，发现问题采取补救措施都很困难，应给予足够的重视。主要应从以下几方面做好养护工作：

　　（1）防止地基浸水。地基浸水会使地基产生不利的工作条件，因此，对于地基附近的用水设施，如上下水管、暖气管道等，要注意检查其工作情况，防止漏水。同时，要加强对房屋内部及四周排水设施如排水沟、散水等的管理与维修。图 11 - 5 为甘肃文县临江的一间民房，此房屋的排水口距离墙基太近，如果经过长时间的排水、冲刷，必将腐蚀墙体和基础，降低墙体、基础和地基的承载力，给房屋的安全带来威胁。

图 11 - 5　排水孔距墙基太近

　　（2）防止地基腐蚀，保证勒脚完好无损。勒脚位于基础顶面，将上部荷载进一步扩散并均匀传递给基础，同时起到基础防水的作用。勒脚破损或严重腐蚀剥落，会使基础受到传力不合理的间接影响而处于异常的受力状态，也会因防水失效而产生基础浸水的直接后果。所以，勒脚的养护不仅仅是美观的要求，更是地基基础养护的重要部分。图 11 - 6 分别为正在进行地基维护的图片和甘肃礼县盐官镇一间民房由于地基病害导致的墙体开裂。

（a）地基维护　　　　　　　　　　　（b）地基病害导致墙体开裂

图 11 - 6　地基维护与病害

11.2.2　基础的维护

（1）防止基础浸水。基础浸水会使基础产生不利的工作条件，对于基础附近的用水设施，如上下水管、暖气管道等，要注意检查其工作情况，防止漏水。同时，要加强对房屋内部及四周排水设施如排水沟、散水等的管理与维修。

（2）防止基础附近堆放重物。在基础附近的地面堆放大量材料或设备，会形成较大的堆积荷载，使地基由于附加压力增加而产生附加沉降。图 11 - 7 是甘肃清水白沙镇的农居，农户在基础附近堆放了很多玉米和稻草，像这样大量堆放重物会给农居的安全带来危害。

（a）农居基础附近堆放大量玉米　　　　　（b）农居基础附近堆放大量稻草

图 11 - 7　农居基础附近堆放重物

11.2.3　墙体的维护

（1）防止墙体风化。房屋因经受自然界风、霜、雨、雪和冰冻的袭击，会对其外部墙体产生老化和风化的影响，这种影响随着大气干湿度和温度的变化会有所不同，但都会使墙体发生风化剥落，引起质量变化。因此，应在一定时期内对墙体进行加固、油漆保养等措施，提高其安全性。图 11－8 为甘肃清水县白沙乡一间民房在风化作用下，土坯墙发生自然开裂。

（2）防止墙体受潮。墙体因经受雨、雪和冰冻的袭击，会对其外部墙体产生影响，这种影响随着大气干湿度和温度的变化会有所不同。如果墙体受潮而没有及时采取加强措施，会使墙体发生质量变化。因此，应在一定时期内对墙体进行加固、油漆保养等措施，提高其安全性。

（3）防止墙体受虫害。墙体在受虫害影响时会对其承载力产生影响，降低墙体安全性。主要是虫害（白蚁等）、菌类（如霉菌）的作用，使建筑物墙体构件的断面减少、强度降低。因此，应在一定时期内对墙体及构件进行加固、油漆保养等措施，提高其安全性。图 11－9 为甘肃礼县盐官镇一间民房，由于外墙上的梁遭受虫害而朽烂，导致墙体开裂。

图 11－8　土坯墙老化、风化开裂

图 11－9　虫害腐蚀构件，导致外墙开裂

11.2.4　屋盖的维护

屋面工程在房屋中的作用主要是维护、防水、保温等，由于建筑工艺水平的提高，现在又增加了许多新的功能，如采光、绿化、各种活动，以及太阳能采集利用等。屋面工程施工工艺复杂，而最容易受到破坏的是防水层，它又直接影响到房屋的正常使用，并起着对其他结构及构造层的保护作用。所以，防水层的养护也就成为屋面工程维修养护中的核心内容。

屋面防水层受到大气温度变化的影响，风雨侵蚀、冲刷、阳光照射等都会加速其老化，排水受阻或人为损害以及不合理荷载，经常造成局部先行破坏和渗漏，加之防水层维修难度大，基本无法恢复对防水起主要作用的整体性，所以，在使用过程中需要有一个完整的保养制度，以养为主，维修及时有效，以延长其使用寿命，节省返修费用，提高经济效益。屋盖的维护主要包括以下几个内容：

（1）定期清扫，保证各种设施处于有效状态。一般非上人屋面每季度清扫 1 次，防止堆积垃圾、杂物及非预期植物如青苔、杂草的生长，遇有积水或大量积雪时，及时清除，秋季要防止大量落叶、枯枝堆积。上人屋面要经常清扫。在使用与清扫时，应注意保护重要排水设施如落水口以及防水关键部位如大型或体形较复杂建筑的变形缝。

（2）加强屋面使用的管理。在屋面的使用中，要防止产生不合理荷载与破坏性操作。上人屋面在使用中要注意污染、腐蚀等常见病。屋面增设各种设备，如天线、广告牌等，首先要保证不影响原有功能，其次要符合整体技术要求，如对屋面产生荷载的类型与大小会导致何种影响。屋面增设的各种设备在施工过程中，要有专业人员负责，并采用合理的构造方法与必要的保护措施，以免对屋面产生破坏或形成其他隐患，如对人或物造成危险。

（3）通风设施的养护。由于人们在房屋内进行生活或生产，有时这些生产活动和生活方式会对房屋造成不必要的破坏。由于通风设施在房屋建设和使用过程中都是容易被忽略而又容易出问题的部位，因此对通风设施的养护应该加以重视。应确保通风畅通、不留隐患。如人们在房屋内没有合理的设置烟囱、排气装置等，使得房屋内墙体、屋架遭受油烟等的腐蚀，势必会影响墙体和屋架材料的承载力，影响房屋寿命。这种使用上爱护不够或使用不当而产生的破坏应得到重视。图 11 - 10 是甘肃临潭羊永乡的一间民房，由于没有合理的通风设施，而使得墙体和屋架被熏黑。

图 11 - 10　临潭羊永乡农居内厨房排烟不畅造成的房屋损害

11.2.5　楼地面工程的养护

楼地面工程常见的材料多种多样，如水泥砂浆、大理石、水磨石、地砖、塑料、木材、马赛克、缸砖等。水泥砂浆及常用的预制块地面的受损情况有空鼓、起壳、裂缝等，而木地板更容易被腐蚀或蛀蚀。所以，应针对楼地面材料的特性，做好相应的养护工作。

通常需要注意以下几个主要的方面：

（1）保证经常用水房间的有效防水。对厨房卫生间等经常用水的房间，一方面要注意保护楼地面的防水性能，更须加强对上下水设施的检查与保养，防止管道漏水、堵塞，造成室内长时间积水而渗入楼板，导致侵蚀损害。一旦发现问题应及时处理或暂停使用，切不可将就使用，以免形成隐患。

（2）避免室内受潮与虫害。由于混凝土防潮性有限，在紧接土壤的楼层或房间，水分会通过毛细现象透过地板或外墙渗入室内，这是造成室内潮湿的常见原因。室内潮湿不仅影响使用者的身体健康，也会因大部分材料在潮湿环境中容易发生不利的化学反应而变性失效，如腐蚀、膨胀、强度减弱等，造成重大的经济损失。所以，必须针对材料的各项性能指标，做好防潮工作，如保持室内有良好的通风等。建筑虫害包括直接蛀蚀与分泌物腐蚀两种，由于通常出现在较难发现的隐蔽性部位，所以，更须做好预防工作。尤其是分泌物的腐蚀作用，如常见的建筑白蚁病，会造成房屋结构的根本性破坏，导致无法弥补的损伤，使得许多房屋无法使用而被迫重建。无论是木构建筑还是钢砼建筑，都必须对虫害预防工作予以足够的重视。

11.2.6　墙台面及吊顶工程的养护

墙台面及吊顶是房屋装修工作的主要部分，它通常包括多种类型，施工复杂，耗资比重大，维修工序繁琐，常常牵一发而动全身。所以，做好对它的养护工作，延长其综合使用寿命，应满足以下几个要求：

（1）加强保护与其他工程衔接处。墙台面及吊顶工程经常与其他工程相交叉，在相接处要注意防水、防腐、防胀。如水管穿墙加套管保护，制冷、供热管相接处加绝热高强度套管。墙台面及吊顶工程在自身不同工种相接处，也要注意相互影响，采取保护手段与科学的施工措施。

（2）保持清洁与常用的清洁方法。经常保持墙台面及吊顶清洁，不仅是房间美观卫生的要求，也是保证材料处于良好状态所必需的。灰尘与油腻等积累太多，容易导致吸潮、生虫以及直接腐蚀材料。所以，应做好经常性的清洁工作。清洁时需根据不同材料各自性能，采用适当的方法，如防水、防酸碱腐蚀等。

房屋的各种构、部件均有其合理的使用年限，超过年限一般就开始不断出现问题。因此要管好房子，就不能等到问题出现后再采取补救措施，而应该订立科学的修缮制度，以保证房屋的正常使用，延长其整体的使用寿命。例如：房屋的纱窗每3年左右就应该刷一遍铅油保养；门窗、壁橱、墙壁上的油漆、油饰层一般5年左右应重新油漆一遍；外墙每10年应彻底进行1次检修加固；照明电路明线、暗线每年检查线路老化和负荷的情况，必要时可局部或全部更换等。这种定期保养、修缮是保证房屋使用安全、完好的非常重要的步骤。

第十二章　房屋建造工程量估算

房屋建造工程量一般包括了建房时人工用量、机械用量、各种材料的用量和工期安排。是否能够合理地安排人工、机械、工期，以及合理的计划材料用量，这些都直接影响到农民在自建房屋时的花费。合理的房屋建造工程量估算可以减少资金投入，减少工期，反之则会导致花费增多，工期延长，影响到房屋建成后的使用。本章对于农村修建房屋时经常遇到的工程类型给出了简单的估算方法，主要包括农民自建房屋时开挖基坑、边坡等土方量的估算，各基础类型工程量的估算，土坯房屋土坯制作土方量的估算以及砖混结构中现浇混凝土构件所用工程量的估算。本章除了材料的估算外，还涉及到施工过程中所需要的人工和机械使用的估算。人工按照工日来计算，工日即一种表示工作时间的计算单位。通常以 8 小时为一个标准工日，一个工人的一个劳动日，习惯上称为一个工日。机械的使用主要指自建房屋施工时砂浆搅拌机、混凝土搅拌机等，其按照台班来计算。台班作为工程中的常用单位是指机器设备时间利用情况的一种复合计量单位。单位工程机械工作 8 小时称为一个台班。如一台机器工作一个班次称一台班，二台机器工作一个班次或一台机器工作二个班次称为二台班。

12.1　土方量估算（砌体结构，2004；砌体结构设计规范，1988）

12.1.1　人工开挖土方体积换算方法

土方体积分为天然密实体积、虚方体积、夯实后体积、松填体积。天然密实体积是指土体在自然条件下土体体积；虚方指在自然情况下挖出的松散土方，这时的体积称为虚方体积；夯实后体积指回填土夯实后的体积；松填体积指回填土不经夯实后的体积。通常，土方体积以开凿前的天然密实体积（m³）为准，也即根据 12.1.2 节各类型挖方体积计算公式获得的体积。土方的各种体积换算按表 12 - 1 计算。通过表 12 - 1 可以计算例如挖方为 1.0 立方米的天然密实体积，挖出后的松散土方体积即为 1.3 立方米。

表 12 -1　土方折算体积（单位：立方米）

天然密实体积	虚方体积	夯实后体积	松填体积
1.00	1.30	0.87	1.08
0.77	1.00	0.67	0.83
1.15	1.50	1.00	1.25
0.92	1.20	0.80	1.00

12.1.2 基坑土方量和工时计算

1）无放坡基坑挖方体积可按以下公式估算（图 12.1）

$$V = L \cdot A \cdot H \qquad\qquad (12-1)$$

式中，L 为基坑长度；A 为基坑宽度；H 为基坑高度。

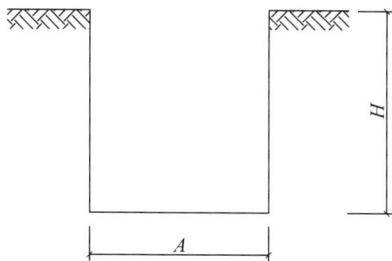

图 12.1 基坑示意图

2）带斜坡基坑挖方体积（图 12.2）

$$V = L \cdot (A+B) \cdot H \qquad\qquad (12-2)$$

式中，L 为基坑长度；B 表示放坡后坡顶至坡脚的水平距离；H 为基坑的垂直高度。

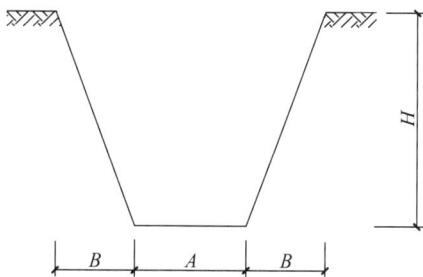

图 12.2 带斜坡基坑示意图

3）基坑开挖工时计算

工时 R 是衡量完成工程的时间，工时的计算首先是确定单人单日所能完成的工程量（单人单日所能完成的工程量用 c 表示），然后由工程总量 M 来确定单人完成该工程的时间，用 R' 来表示。如果该工程由 n 个人来同时完成，则所需要的工时即为 $R = R'/n$。

对于基坑开挖用工时计算，首先要确定单人单日的工作量 c。首先，由于土体类型的不同导致土体的硬度不同，使得人工开挖耗时不同；另外，随着土体深度的增加土体的硬度和密实度也会增加，这也会增加人工开挖的难度，增加开挖时间。在考虑土体的类型和开挖深度不同的前提条件下，基坑开挖单人单日工作量可以由表 12-2 确定。基坑开挖工作量用开挖土方体积（m³）衡量。对于土体类型的分类方法可以参见 6.6 节。

表 12 – 2　基坑开挖单人单日工作量 c（立方米/（人·日））

基坑土体类型	开挖深度 H（单位：米）			
	$0 < H \leq 0.5$	$0.5 < H \leq 1.0$	$1.0 < H \leq 1.5$	$1.5 < H \leq 2.0$
非饱和软土	4	3.5	3	2.5
非饱和中软土	3	2.5	2	1.5
中硬土	2	1	——	——

4）计算实例

例 1　在软土场地上开挖一个深为 1.5 米，宽为 1 米，长为 10 米的基坑（图 12.3），由 2 人来开挖，则工时的计算如下：

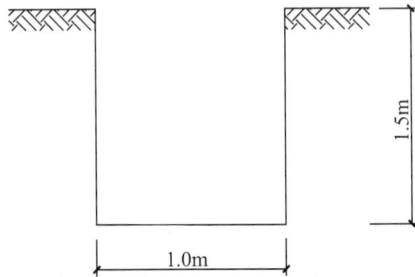

图 12.3　例 1 示意图

按照公式 12 – 1 计算时首先需要按照土层开挖深度分层计算：

（1）0～0.5 米土层开挖用工量

$$V_1 = 10 \times 0.5 \times 1.0 = 5 \text{m}^3$$

$$R'_1 = \frac{V_1}{c_1} = \frac{5}{4} = 1.25（日／人）$$

（2）0.5～1 米土层开挖用工量

$$V_2 = 10 \times 0.5 \times 1.0 = 5 \text{ m}^3$$

$$R'_2 = \frac{V_2}{c_2} = \frac{5}{3.5} = 1.43（日／人）$$

（3）1～1.5 米土层开挖用工量

$$V_3 = 10 \times 0.5 \times 1.0 = 5 \text{ m}^3$$

$$R'_3 = \frac{V_3}{c_3} = \frac{5}{3} = 1.67（日／人）$$

则开挖此基坑单人工时为

$$R' = R'_1 + R'_2 + R'_3 = 1.25 + 1.43 + 1.67 = 4.35（日／人）$$

2 人同时开挖，则该工程的工时为：

$$R = \frac{R'}{n} = \frac{4.35}{2} = 2.2（日）$$

例2　假设在中软土场地上开挖长为10米，深为1.0米，坑底宽度为1.0米，基坑斜坡坡脚至坡顶的水平距离为0.5米（图12.4），由3人开挖。

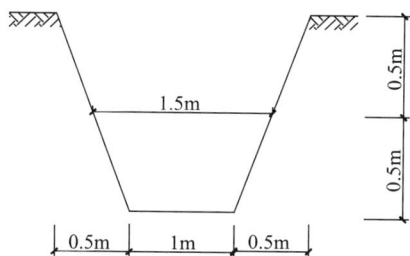

图12.4　例2示意图

则按照公式12-2计算时首先需要按照土层开挖深度分层计算：

（1）0～0.5米土层开挖用工量

计算第一层开挖的土体体积为：

$$V_1 = \frac{1}{2} \times (1.5 + 2) \times 0.5 \times 10 = 8.75 \text{ m}^3$$

$$R'_1 = \frac{V_1}{c_1} = \frac{8.75}{3} = 2.9（日／人）$$

（2）0.5～1.0米土层开挖用工量

计算第二层开挖的土体体积为：

$$V_2 = \frac{1}{2} \times (1.5 + 1) \times 0.5 \times 10 = 6.25 \text{ m}^3$$

$$R'_2 = \frac{V_2}{c_2} = \frac{6.25}{2.5} = 2.5（日／人）$$

则开挖此基坑单人工时为

$$R' = R'_1 + R'_2 = 2.9 + 2.5 = 5.4（日／人）$$

3人同时开挖，则该工程的工时为：

$$R = \frac{R'}{n} = \frac{5.4}{3} = 1.8（日）$$

12.1.3　边坡土方量

1）边坡土方量

边坡开挖土方量可以由以下公式计算（图12.5）：

$$V = \frac{1}{2} \cdot B \cdot H \cdot L \tag{12-3}$$

式中，L 为边坡的长度；B 表示放坡后坡顶至坡脚的水平距离；H 为基坑的垂直高度。

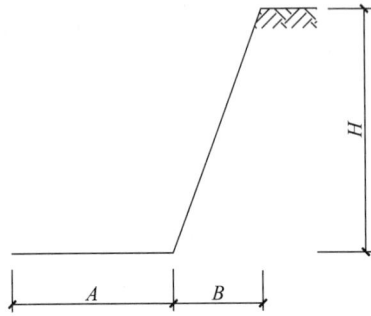

图 12.5　边坡开挖示意图

按土的类型不同，放坡的坡度要求不同。当放坡无特殊要求时，放坡的坡度要求小于等于表 12-3 的高宽比（H/B）的要求，以减少土体在开挖时塌方。

表 12-3　人工开挖边坡放坡坡度高宽比

土壤类别	放坡高度规定（米）	坡度高宽比（H/B）
软弱土、中软土	超过 1.20	1∶0.5
中硬土	超过 1.50	1∶0.33
坚硬土	超过 2.00	1∶0.25

2）边坡开挖工时计算

边坡开挖工时 R 也是衡量完成工程的时间，具体计算工时的计算方法与前述基坑工时的计算方法相同。仍然是首先确定单人单日所能完成的工程量（单人单日所能完成的工程量用 c 表示），然后由工程总量 M 来确定单人完成该工程的时间，用 R' 来表示。如果该工程由 n 个人来同时完成，则所需要的工时则为 $R = R'/n$。对于土体类型的分类方法可以参见 6.6 节。

表 12-4 不同土体人工开挖边坡用工量（m³/（人·日））

边坡土体类型	边坡开挖人工量（m³/（人·日））
非饱和软土	6
非饱和中软土	4
中硬土	3

3）计算实例

在中软场地上开挖边坡，边坡高为 3 米，开挖后坡顶至坡脚的水平距离为 1.5 米，边坡长为 10 米，由 2 人来同时开挖，如图 12.6 所示，则工时的计算如下：

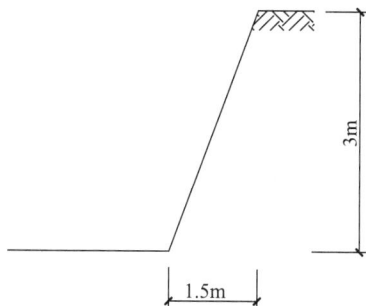

图 12.6 边坡开挖计算实例示意图

计算时首先需要计算边坡开挖的土方量，土方量的计算按照公式 12 - 3 计算如下：

$$V = \frac{1}{2} \times B \times H \times L = \frac{1}{2} \times 1.5 \times 3 \times 10 = 22.5 \ \text{米}^3$$

则该工程需要开挖的土方总量为 22.5 立方米，计算单人完成该工程的工时为：

$$R' = \frac{V}{c} = \frac{22.5}{4} = 5.6 \text{（日／人）}$$

由于该工程由 2 人来同时开挖，则就该工程的工时为：

$$R = \frac{R'}{n} = \frac{5.6}{2} = 2.8 \text{（日／人）}$$

12. 2 砌筑砂浆工程量计算（砌体结构，2004；砌体结构设计规范，1988）

对于砌筑砂浆应按下式计算出各种原材料用量：

$$\text{砌筑砂浆原材料用量} = \text{砌筑砂浆用量} \times \text{砌筑砂浆配合比} \qquad (12 - 4)$$

式中，砌筑砂浆配合比可以查下表 12 - 5。具体的计算方法可以参见后面基础工程量计算中涉及到的砂浆的计算。

表 12 - 5 砌筑砂浆各工料定额

项目		单位	水泥砂浆					水泥混合砂浆				
			M2. 5	M5	M7. 5	M10	M15	M1. 0	M2. 5	M5	M7. 5	M10
材料	水泥 32. 5 级	kg	(169)	(246)	—	—	—	82	(147)	—	—	—
	水泥 42. 5 级	kg	150	210	268	331	445	—	117	194	261	326
	中砂（干净）	m³	1.02	1.02	1.02	1.02	1.02	1.02	1.02	1.02	1.02	1.02
	石灰膏	m³	—	—	—	—	—	0.23	0.18	0.14	0.09	0.04
	水	m³	0.22	0.22	0.22	0.22	0.22	0.60	0.60	0.40	0.40	0.40

12.3　基础工程量计算（砌体结构，2004；砌体结构设计规范，1988；砌体结构设计手册，2002）

基础工程量计算之前首先要计算基础的体积。对于不同的基础体积计算方法相同，具体计算按如下过程进行：

（1）基础与墙（柱）的划分。基础与墙体使用同一种材料时，以底层室内地面为界，室内地面以下即为基础。当基础与墙身使用不同材料时，以基础顶面为界（如图12.7）。

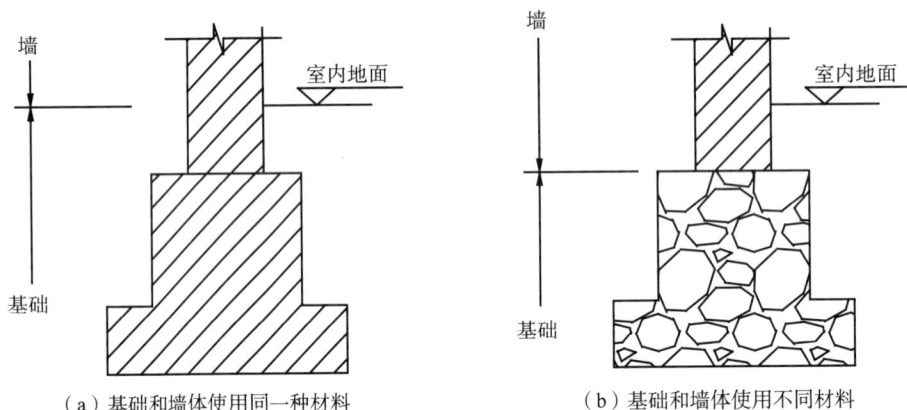

（a）基础和墙体使用同一种材料　　　　　　（b）基础和墙体使用不同材料

图 12.7　基础与墙体的划分

（2）基础体积计算。农村自建房屋中常用的基础形式以条形基础居多，条形基础的体积计算公式如下：

$$条形基础体积 = 基础断面面积 \times 基础长度 \qquad (12-5)$$

式中，基础断面面积的计算按照基础的实际尺寸计算。基础长度的计算，外墙基础按中心线长度计算；内墙基础按内墙净长计算。

12.3.1　石基础工程量计算

石砌基础体积计算直接使用公式 12-5 计算。基础长度按上述规定计算，基础断面积按基础实际尺寸计算。

计算出基础的体积之后，参照《全国统一建筑工程基础定额》（GJD-101-1995）中的砌筑工程定额表，可以计算出人工综合工日数、各种材料的需用量。表 12-6 为施工 1 立方米石基础（包括毛石基础和料石基础两种）时需要用的工日数和材料用量。石基础工程人工工日数和材料用量按下式计算：

$$人工工日数 = 计算基础体积 \times 人工综合工日定额 \qquad (12-6)$$

$$材料用量 = 计算基础体积 \times 相应材料定额 \qquad (12-7)$$

$$机械台班数 = 计算基础体积 \times 相应机械定额 \qquad (12-8)$$

表12-6　石基础工料定额（单位：立方米）

项目		单位	石基础	
			毛石	粗料石
人工	综合工日	工日	1.1010	1.2230
材料	水泥砂浆 M5	m³	0.3930	0.1930
	毛石	m³	1.1220	—
	粗料石	m³	—	1.0400
	水	m³	0.0790	0.0800
机械	砂浆搅拌机 200L	台班	0.0660	0.0230

例如，现有一条形毛石基础其计算得到的体积为 39 立方米，则根据上述公式和表格计算其工程量和材料用量为：

人工工日数 = 39 × 1.1010 工日 = 42.9 工日

水泥砂浆（M5） = 39 × 0.3930 立方米 = 15.3 立方米

毛石 = 39 × 1.1220 立方米 = 43.8 立方米

水 = 39 × 0.0790 立方米 = 3.1 立方米

机械台班数（砂浆搅拌机 200 L） = 39 × 0.0660 台班 = 2.6 台班

通过公式 12-5 和查表 12-5 计算水泥砂浆（M5）各原料用量如下：

水泥（32.5） = 15.3 立方米 × 246 kg/m³ = 3763.8 kg

中砂（干净） = 15.3 立方米 × 1.02 = 15.6 立方米

水 = 15.3 立方米 × 0.22 = 3.37 立方米

则，由上计算得到施工此毛石基础所用的全部工料和工时列于下表 12-7

表12-7　毛石基础工料和工时计算结果

	项目	单位	用料或工时
人工	单人	工日	42.9
机械	砂浆搅拌机 200L	台班	2.6
材料	毛石	m³	43.8
	水泥（32.5）	kg	3763.8
	中砂（干净）	m³	15.6
	水	m³	6.47

12.3.2　砖基础工程量计算（砌体结构设计规范，1988；苑振芳，2002）

砖基础的体积计算方法与前述石砌基础的体积计算方法基本相同。砖基础体积计算也是按公式 12 −5。

计算出砖基础的体积之后,参照(GJD −101 −1995)《全国统一建筑工程基础定额》中的砌筑工程定额表,表 12 −8 给出砖基础施工的人工综合工日数、各种材料的需用量。

表 12 −8 砖基础工料定额(单位:立方米)

项目		单位	砖基础
人工	综合工日	工日	1.2180
材料	水泥砂浆 M5	m³	0.2360
	普通黏土砖	千块	0.5236
	水	m³	0.1050
机械	砂浆搅拌机 200L	台班	0.0390

例如,现有一条形砖基础其计算得到的体积为 39 立方米,则根据基础体积计算公式(12 −5)和表 12 −8 计算其工程量和材料用量为:

人工工日数 = 39 × 1.2180 工日 = 47.5 工日

水泥砂浆(M5) = 39 × 0.2360 立方米 = 9.2 立方米

普通黏土砖 = 39 × 0.5236 千块 = 20.4 千块

水 = 39 × 0.1050 立方米 = 4.1 立方米

机械台班数(砂浆搅拌机 200L) = 39 × 0.0390 台班 = 1.5 台班

通过公式 12 −5 和查表 12 −10 计算水泥砂浆(M5)各原料用量如下:

水泥(32.5) = 9.2 立方米 × 246 kg/m³ = 2263.2 kg

中砂(干净) = 9.2 立方米 × 1.02 = 9.38

水 = 9.2 立方米 × 0.22 = 2.0 立方米

则,由上计算得到施工此砖基础所用的全部工料和工时列于下表 12 −9

表 12 −9 砖基础工料和工时计算结果

项目		单位	用料或工时
人工	单人	工日	47.5
机械	砂浆搅拌机 200 L	台班	1.5
材料	普通黏土砖	千块	20.4
	水泥(32.5)	kg	2263.2
	中砂(干净)	m³	9.38
	水	m³	2.0

12.3.3　灰土基础工程量计算

因为灰土基础与石砌基础和砖基础施工方法上的不同，在基础工程量上的计算也采用不同的办法。灰土基础在填入基坑夯实之前的体积为虚方体积，填入基坑夯实后成为夯实后体积，所以在计算灰土基础用料时，基坑体积即为灰土夯实后的体积，则使用表 12-1 中土的夯实后体积与虚方体积的换算关系即可计算获得施工该基础需要拌合多少方虚方灰土。具体计算参见如下例子。对于一般的灰土基础工料计算都可以参考下述例子进行计算。

例如，要修建一深为 0.5 米，宽为 0.84 米，长为 10 米的灰土基础，则该基坑的体积为：

$$V = 0.5 \times 0.84 \times 10 = 4.2 \text{ m}^3$$

由于基坑体积为灰土夯实后体积，则改基坑所需灰土夯实后的体积为 $V = 4.2$ 立方米。按照表 12-1 中得到：夯实后体积∶虚方体积 = 1∶1.5。

所以，施工该灰土基础需要的虚方体积计算如下：

$$V_{虚} = V_{夯实} \times 1.50 = 6.3 \text{ m}^3$$

由于灰土中石灰和土的体积比为 3∶7，则施工该基础需要的石灰和土的体积为：

$$V_{石灰} = V_{虚} \times \frac{3}{10} = 1.89 \text{ m}^3$$

$$V_{土} = V_{虚} \times \frac{7}{10} = 4.41 \text{ m}^3$$

所以，施工灰土基础所用的工料为：石灰 1.89 立方米，土为 4.41 立方米。

12.3.4　混凝土基础工程量计算

混凝土基础体积计算直接使用公式 12-5。基础长度按前述基础体积计算中的规定计算，基础断面积按基础实际尺寸计算。

计算出基础的体积之后，参照表 12-10 中的混泥土基础工程定额计算出人工综合工日数、各种材料的需用量。具体的人工工日数、材料用量和机械台班数仍按公式 12-6、12-7、12-8 计算。具体的计算过程与后面的钢筋混凝土圈梁和构造柱计算方法相同，可以参考其计算实例。

表 12-10　钢筋混泥土基础工料定额

项　　目		单位	现浇混凝土基础	
			毛石混凝土	混凝土
人工	综合工日	工日	0.837	0.956
材料	现浇混凝土 C20 碎石 40 毫米	m³	0.863	1.015
	草袋子	m²	0.239	0.317
	水	m³	0.789	0.919
	毛石	m³	0.272	—

续表

项 目		单位	现浇混凝土基础	
			毛石混凝土	混凝土
机械	混凝土搅拌机 500 L	台班	0.033	0.039
	混凝土振捣器插入式	台班	0.066	0.077

12.4 土坯制作及计算

西北地区土坯民房依然在非常多的乡村被广泛保留与使用，土坯民房结构类型各地差异较大。土坯的制作工艺分为湿制和干制两种，且各地土坯尺寸均有所差异，但制作方法基本一致。以甘肃省山丹县为例，对土坯的制作方法进行介绍。

山丹县农村地区制作流程相对简单，所使用土坯土料均为就地取材的黄土，在整个夯筑过程中不掺加任何材料。首先对黄土进行浇水，直到黄土接近饱和，呈现为泥状。浇水多少全凭经验来确定，然后放置一段时间，让水分能够充分吸收。再利用图 12.8 所示模具制作土坯，模具尺寸为 300 毫米 × 150 毫米 × 70 毫米，在模具中对填料进行夯实（图 12.9），土坯形成后，还有定期进行浇水养护。山丹地区土坯墙体厚度一般为 40 ～ 50 厘米，长度与高度视场地而有所不同。

图 12.8 土坯模具图

图 12.9 土坯制作图

土坯墙体承重房屋土方工程量计算可按表 12 – 11 中所示计算。

表 12 – 11 土坯房屋土方工程量计算简表

	墙体总体积 V	土坯数	制坯土方量	土方运输车次
无掺和料土坯	墙高（m）×墙厚（m）×墙体总长度（m）	$317 \times V$	$1.3 \times V$	$1.3 \times V/v$（v 为单量车载土方体积）
加掺和料土坯	墙高（m）×墙厚（m）×墙体总长度（m）	$317 \times V$	$1.25 \times V$	$1.25 \times V/v$（v 为单量车载土方体积）

12.5　砖墙用料及工程量计算（砌体结构，2004；砌体结构设计规范，1988；苑振芳，2002）

1）计算步骤

砖墙用料及工程量计算按如下步骤进行：

（1）根据墙体高度、厚度和长度计算出不同类别墙厚墙体的体积（m³）；

（2）根据墙体砌筑厚度类别，查表12-12中砖墙的用料、工日定额；

（3）用墙体的总体积分别乘以各项所需定额值，即可得砖墙用料及工程量，如下式：

$$人工工日数 = 墙体总体积 \times 人工综合工日定额 \qquad (12-9)$$
$$材料用量 = 墙体总体积 \times 相应材料定额 \qquad (12-10)$$
$$机械台班数 = 墙体总体积 \times 相应机械定额 \qquad (12-11)$$

（4）砂浆用料计算可查表12-12中的定额。

表 12-12　砖墙工料定额

项　目		单位	单面清水砖墙（墙厚）			
			1/2 砖	3/4 砖	1 砖	一砖半
人工	综合工日	工日	2.197	2.163	1.887	1.783
材料	水泥砂浆	m³	0.195	0.213	0.225	0.240
	普通黏土砖	千块	0.5641	0.5510	0.5314	0.535
	水	m³	0.105	0.113	0.110	0.107
机械	砂浆搅拌机 200 L	台班	0.033	0.035	0.038	0.040

2）计算实例

现有一砖厚墙体体积为 100 立方米，则根据上述公式和表格计算其工程量和材料用量：

$$人工工日数 = 100 \times 1.887 \ 工日 = 188.7 \ 工日$$
$$水泥混合砂浆（M2.5）= 100 \times 0.2250 \ 立方米 = 22.5 \ 立方米$$
$$普通黏土砖 = 100 \times 0.5314 \ 千块 = 53.14 \ 千块$$
$$水 = 100 \times 0.1100 \ 立方米 = 11 \ 立方米$$
$$机械台班数（砂浆搅拌机 200 L）= 100 \times 0.0390 \ 台班 = 3.9 \ 台班$$

通过公式 12-2 计算水泥砂浆（M2.5）各原料用量如下：

$$水泥（32.5）= 22.5 \times 169 \ kg = 3802.5 \ kg$$
$$中砂（干净）= 22.5 \times 1.02 \ 立方米 = 22.95 \ 立方米$$
$$水 = 22.5 \times 0.22 \ 立方米 = 4.95 \ 立方米$$

则，由上计算得到砌筑该砖墙所需用料及工程量。

12.6　圈梁、构造柱用料计算

1）计算步骤

混凝土工程包括圈梁、构造柱所需的混凝土用料，按如下步骤计算：

（1）计算出圈梁（圈梁体积＝截面面积×圈梁总长）、构造柱（构造柱体积＝构造柱个数×截面面积×构造柱高度）的体积。

（2）分别查表 12－13 圈梁、构造柱工程工料定额。

（3）用圈梁、构造柱体积分别乘以各项所需工程定额值，求和即可得混凝土用料及工程量，如下式：

$$人工工日数 ＝ 圈梁体积 × 圈梁人工综合工日定额 \qquad （12－12）$$
$$材料用量 ＝ 圈梁体积 × 圈梁材料定额 \qquad （12－13）$$
$$机械台班数 ＝ 圈梁体积 × 圈梁机械定额 \qquad （12－14）$$

表 12－13　圈梁、构造柱工程工料定额

项　　目			定额耗用量	
名　　称		单位	圈梁	构造柱
人工	综合工日	工日	2.410	2.562
材料	现浇混凝土 C20 碎石 40 毫米	m³	1.015	0.986
	草袋子	m²	0.826	0.084
	水	m³	0.984	0.899
	水泥砂浆 1∶2	m³		0.031
机械	混凝土搅拌机 500 L	台班	0.039	0.062
	混凝土振捣器插入式	台班	0.077	0.124
	灰浆搅拌机 200 L	台班		0.004

2）计算实例

现修建一两层砖混结构楼房，该楼房的施工平面图、钢筋混凝土圈梁和构造柱的配筋图如图 12－10 所示，屋顶至基础圈梁中心为 6 米。现计算该房屋圈梁和构造柱所用工料。

（1）该房屋如果设有基础圈梁并且圈梁截面积和其他圈梁截面积相等，则该房屋共设有 3 道圈梁。

圈梁的总长度为：

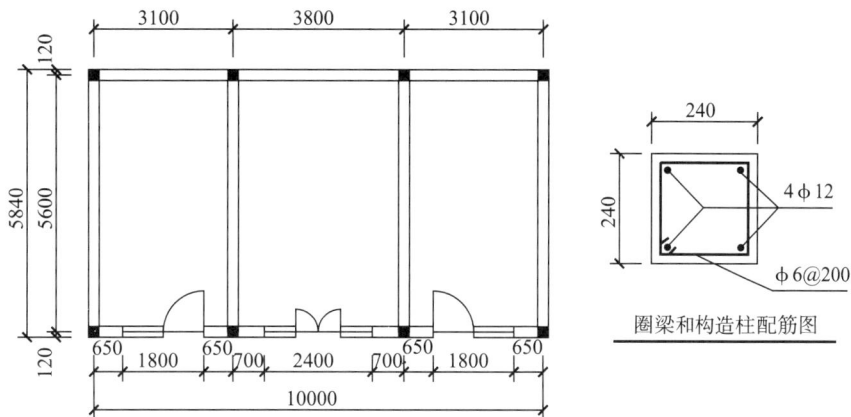

图 12.10　施工平面图及圈梁和构造柱配筋图（单位：毫米）

$$L_{圈梁} = 3 \times \left[(2 \times 10 \text{ 米}) + (4 \times 5.6 \text{ 米}) \right] = 127.2 \text{ 米}$$

圈梁的截面面积为：

$$A_{圈梁} = l_1 \times l_2 = 0.24 \text{ 米} \times 0.24 \text{ 米} = 0.0576 \text{ 平方米}$$

式中，l_1、l_2 为圈梁的截面长度。

圈梁的总体积为：

$$V_{圈梁} = L \times A = 127.2 \text{ 米} \times 0.0576 \text{ 平方米} = 7.32 \text{ 平方米}$$

圈梁所用钢筋混凝土的工料和工时为：

人工工日数 $= 7.32 \times 2.41$ 工日 $= 17.6$ 工日
现浇混凝土 C20 碎石 40 毫米 $= 7.32 \times 1.015$ 立方米 $= 7.4$ 立方米
草袋子 $= 7.32 \times 0.826$ 立方米 $= 6.0$ 立方米
水 $= 7.32 \times 0.984$ 立方米 $= 7.2$ 立方米
混凝土搅拌机 500 L $= 7.32 \times 0.0390$ 台班 $= 0.29$ 台班
混凝土振捣器插入式 $= 7.32 \times 0.077$ 台班 $= 0.56$ 台班

（2）该房屋共设有 8 根构造柱，构造柱高度为屋顶至基础圈梁中心的距离 6 米，则有：

构造柱的总长度为：

$$L_{圈梁} = 8 \times 6 \text{ 米} = 48 \text{ 米}$$

构造柱的截面面积为：

$$A_{构造柱} = l_1 \times l_2 = 0.24 \text{ 米} \times 0.24 \text{ 米} = 0.0576 \text{ 平方米}$$

式中：l_1、l_2 为构造柱的截面长度。

构造柱的总体积为：

$$V_{构造柱} = L_{构造柱} \times A_{构造柱} = 48 \text{ 米} \times 0.0576 \text{ 平方米} = 2.76 \text{ 立方米}$$

构造柱所用钢筋混凝土的工料和工时为：

人工工日数 $= 2.76 \times 2.41$ 工日 $= 7.07$ 工日

现浇混凝土 C20 碎石 40 毫米 $= 2.76 \times 1.015$ 立方米 $= 2.7$ 立方米

草袋子 $= 2.76 \times 0.826$ 立方米 $= 0.23$ 立方米

水 $= 2.76 \times 0.984$ 立方米 $= 2.4$ 立方米

混凝土搅拌机 500 L $= 2.76 \times 0.0390$ 台班 $= 0.17$ 台班

混凝土振捣器插入式 $= 2.76 \times 0.077$ 台班 $= 0.34$ 台班

12.7　现浇混凝土楼板用料计算

现浇楼板浇注所需的混凝土用料如下步骤计算：

（1）计算出现浇楼板的体积（m³）。楼板体积按下述公式计算：

$$现浇钢筋混凝土楼板体积 = 楼板总面积 \times 楼板厚度 \qquad (12-15)$$

（2）查表 12 - 14 现浇混凝土楼板的工程定额。

表 12 - 14　现浇混凝土楼板工程工料定额

项　目			定额耗用量
名　称		单位	现浇楼板
人工	综合工日	工日	1.221
材料	现浇混凝土 C20 碎石 40 毫米	m³	1.015
	草袋子	m²	1.051
	水	m³	1.165
机械	混凝土搅拌机 500 L	台班	0.063
	混凝土振捣器插入式	台班	0.063
	灰浆搅拌机 200 L	台班	0.063

（3）现浇楼板的体积分别乘以各项所需工程定额值，求和即可得混凝土用料及工程量，具体计算按下述 3 个公式计算。计算的方法与圈梁、构造柱工程量的计算方法相同，此处不再赘述。

人工工日数 $=$ 现浇楼板体积 $\times$ 现浇楼板人工综合工日定额 $\qquad (12-16)$

材料用量 $=$ 现浇楼板体积 $\times$ 现浇楼板材料定额 $\qquad (12-17)$

机械台班数 $=$ 现浇楼板体积 $\times$ 现浇楼板机械定额 $\qquad (12-18)$

参 考 文 献

阿肯江·托呼提，亓国庆，陈汉请．新疆南疆地区传统土坯房屋震害及抗震技术措施［J］．工业建筑，2008（38）增刊：189～193．

白建方．认识地震［J］．北京：中国铁道出版社，2010．

曹妍妍，赵登峰．有限元模态分析理论及其应用．机械工程与自动化，2007（01）．

查润华，胡洁，徐芸．我国农村房屋的地震破坏分析和工程抗震处理对策［J］．山西地震，2007，103（3）：27～36．

程绍革，于文，葛学礼．土坯房缩尺模型振动台试验动力相似关系研究［J］．防灾减灾工程学报，2007，27（增刊）：360～362．

代炜，戴光华，陈永明，2003年甘肃民乐－山丹地震民房破坏原因的探讨［J］，高原地震，2004，16（4）：57～62．

东南大学，同济大学，郑州大学．砌体结构［M］，北京：中国建筑工业出版社，2004.7.

董治平、陈玉华、王平等.1954年山丹7.3级地震灾害［J］．中国地震，2007，23（2）：157～165．

窦远明等．农村建设抗震设防的调查与研究．工程抗震，2000，（4）．

范迪璞等．村镇房屋抗震与设计．北京：科学出版社，1991．

高峰，任侠．黄土窑洞地震反应分析［J］，兰州铁道学院学报（自然科学版），2001，20（3）：12～18．

葛学礼，王亚勇，申世元等．村镇建筑地震震害与抗震减灾措施［J］，昆明：云南大学出版社，2004：80～85．

葛学礼，王亚勇，朱立新．建筑抗震设防是减轻地震灾害的根本途径．工程抗震，2003（2）：45～49．

葛学礼，镇（乡）村建筑抗震技术规程实施指南，北京：中国建筑工业出版社，2010.2.

龚思礼等．建筑抗震设计手册［M］．北京：中国建筑工业出版社，2002．

国家地震局分析预报中心，中国西部地震目录：1976～1979（$M \geqslant 1$）．北京：地震出版社，1989．

国家地震局分析预报中心．中国西部地震目录：1970～1975（$M \geqslant 1$），北京：地震出版社，1989．

国家地震局兰州地震研究所，宁夏回族自治区地震队.1920年海原大地震，北京：地震出版社，1980．

韩金良，吴树仁，何淑军等."5·12"汶川8.0级地震次生地质灾害的基本特征及其行程机制浅析［J］．地学前沿，2009，16（3）：306～322．

胡聿贤．地震工程学［M］．北京：地震出版社，2006.1.

黄润秋，李为乐．汶川大地震触发地质灾害的断层效应分析［J］．工程地质学报，2009，17（1）：19～28．

黄润秋等．汶川地震地质灾害研究［M］．北京：科学出版社，2009．

蒋溥，戴丽思．工程地震学概论．北京：地震出版社，1993，10．

金宗长，赵红．农村木骨架及土木骨架房屋的抗震性能分析：1990年甘肃景泰三县地震调查［J］．农房抗震：1992，13～15．

兰青龙，刘志甫，赵向佳，尉燕普．山西地区生土建筑震害特征与防震减灾对策．山西地震，2004（3）．

李勇，黄润秋．汶川8.0级地震的基本特征及其研究进展［J］，四川大学学报，2009，41（3）：7～25．

林学文，宋福堂．民用房的抗震．兰州：甘肃省人民出版社，1980．

刘红玫，林学文．甘肃省农村各种结构类型房屋的地震破坏机理［J］，西北地震学报，2007，29（1）：

75～78.

刘惠珊，张在明．地震区的场地与地基基础．北京：中国建筑工业出版社，1994.5.

陆鸣等．农村民居抗震指南［M］．北京：地震学出版社，2006.

全球重大灾害性地震目录（2150B.C.～1991A.D.），国家地震局震害防御司编译，北京：地震出版
　　社，1996.

任晓崧，翁大根，吕西林．四川灾区砌体结构房屋震害与中小学建筑的抗震设计［J］．工程抗震与加固
　　改造，2008，30（4），71～76.

沈聚敏，周锡元，高小旺．抗震工程学［M］，北京：中国建筑工业出版社，2000，484～487.

施斌，王宝军，张巍等，汶川地震次生地质灾害与灾后调查［J］．高校地质学报，2008，14（3）：
　　387～394.

石玉成，马尔曼，陈永明等．2003年甘肃民乐–山丹6.1、5.8级地震房屋震害分析［J］，西北大地震学
　　报，2005，27（3）：261～266.

石玉成，马尔曼，何文贵等．2003年甘肃民乐–山丹6.1、5.8级地震震害特点及启示［J］，世界地震工
　　程，2006，22（3）：95～101.

石玉成，王兰民，林学文等．黄土生土建筑震害预测研究［J］．西北地震学报，2004，26（3）：
　　206～211.

石玉成，王兰民，张颖．黄土场地覆盖层厚度和地形条件对地震动方法效应的影响［J］，世界地震工程，
　　1999，21（2）：203～208.

时振梁．世界地震目录（1900～1980年 $M \geqslant 6$），北京：地震出版社，1986.

宋波，黄世敏．图说地震．北京：中国建筑工业出版社，2008.

孙崇绍，蔡红卫．我国历史地震滑坡崩塌的发育及分布规律［J］，自然灾害学报，1997，6（1）：
　　25～30.

王继唐．窑洞民居防灾［J］，灾害学报，1993，8（1）：86～90.

王峻．黄土地区农村民房生土建筑墙体材料抗震性能试验研究［J］，西北地震学报，2005，27（2）：
　　158～162.

王兰民，林学文．农村民房抗震理论与技术［M］．兰州：甘肃科学技术出版社，2006.

王兰民，袁中夏，林学文．甘肃省农村民房地震易损性的调查与分析［J］．世界地震工程，2005（4）：
　　16～25.

王兰民．黄土动力学［M］．北京：地震出版社，2003.

王生荣等．黄土土筑墙体抗剪强度的试验研究．工程抗震，1985，（4）.

王亚勇，葛学礼，袁金西．新疆巴楚地震 $M6.8$ 地震房屋震害及经验总结［J］．地震工程与工程振动，
　　2003，23（2）：172～175.

王毅红，王春英，李先顺等．生土结构的土料受压及受剪性能研究［J］，西安科技大学学报，2006：26
　　（4）.

谢洪，王士革，孔纪名．"5·12"汶川地震次生山地灾害的分布与特点［J］，山地学报，2008，26
　　（4）：396～401.

谢康和，周健．岩土工程有限元分析理论与应用，北京：科学出版社，2000.

杨主恩，邓志辉，马文涛等．汶川8.0级地震强震极震区破坏情况与烈度［J］．地震地质，2008，30
　　（2）：349～354.

叶凌云，乔天民，张善元．土坯窑洞弹塑性地震反应分析［J］，工程力学，1997：190～194.

袁丽侠．场地土对地震波的放大效应［J］，世界地震工程，2003，19（1）：113～120.

袁中夏，谭明，马占虎．汶川大地震四川省青川县砖混结构村镇房屋震害分析［J］.

袁中夏，王兰民．农居地震安全指要［M］．兰州：兰州大学出版社，2010，10.

苑振芳. 砌体结构设计手册 [M]. 北京：建筑工业出版社，2002.

张守洁，王兰民，吴建华等. 甘肃省农村民居抗震设防现状与地震安全农居示范工程对策 [J]，震灾防御技术，2006，1（4）：345～351.

张永双，雷伟志，石菊松等. 四川"5·12"地震次生地质灾害的基本特征初析 [J]，地质力学学报，2008，14（2）：109～116.

赵成. 汶川地震甘肃省重灾区次生地质灾害及防治. 甘肃地质，2009，8（2）：53～57.

中国地震动参数区划图 GB18306－2001. 北京：中国标准出版社，2001.

中国地震简目编汇组. 中国地震简目（B. C. 780～A. D. 1986，$M > 4.7$）. 北京：地震出版社，1988，10.

中国地震目录（公元前1970至公元1979年），北京：地震出版社，1984.

中央地震工作小组办公室，中国地震目录（三、四册合订）. 北京：科学出版社，1971.

中央地震工作小组办公室，中国地震目录（一、二册合订）. 北京：科学出版社，1971.

周铁钢，胡昕，余长霞. 新疆石膏－土坯墙民居抗震试验与工程实践 [J]. 地震学报，2008，30（3）：315～320.

周云，邹征敏，张超，吴从晓. 汶川地震砌体结构的震害与改进砌体结构抗震性能的途径和方法 [J]. 防灾减灾工程学报，2009，29（1），109～113.

GB 50011－2001，建筑抗震设计规范 [S]. 北京：中国建筑工业出版社，2001.

GB 50011－2010，建筑抗震设计规范 [S]. 北京：中国建筑工业出版社，2010.

GBJ3－88 砌体结构设计规范. 北京：中国建筑工业出版社，1988.

Building Concrete masonry Homes：Design and Construction Issues U. S Department of Housing and Urban Development，Office of Policy Development and Research，USA，1998.

Building hygienic and earthquake－resistant adobe house using Geomesh Reinforcement，Julio Vargas－Neumann，Daniel Torrealva，Fondo Editorial，Peru，2007.

Construction and maintenance of masonry Houses，marcial Blondet，Pontificia Universidad Católica del Perú，2005.

Construction of Buildings，Volum 1，7th Edition，R. Barry，Blackwell Science，Oxford，U. K.，1999.

Construction manual of Earthquake Resistant Houses Built of Earth，Gernot minke，Gate－Basin，Germany，2001.

Earthquake Tips，C. V. R. murty，Indian Institute of Technology，Kanpur，India，2007.

Earthquake Resistant Construction of Adobe Buildings：A Tutorial，marcial Blondet，Gladys Villa Garcia m Earthquake Engineering Research Institute（EERI），New York，USA，2003.

Guidelines for Earthquake Resistant Non－engineered Construction，International Association of Earthquake Engineering（IAEE），2005.

James Ambrose，Dimitry Vergun，Seismic Design of Buildings [M]，New York：John Wiley & Sons，1985.

Masonry Construction manual，Gunter Pfeifer，Birkhauser，Basel，Switzerland，2001.